Jörg Kahlert

Simulation technischer Systeme

Jörg Kahlert

Simulation technischer Systeme

Eine beispielorientierte Einführung

Mit 249 Abbildungen

Vieweg Praxiswissen

Bibliografische Information der Deutschen Bibliothek
Die Deutsche Bibliothek verzeichnet diese Publikation in der Deutschen Nationalbibliographie; detaillierte bibliografische Daten sind im Internet über <http://dnb.ddb.de> abrufbar.

1. Auflage Juni 2004

Der Vieweg Verlag ist ein Unternehmen von Springer Science+Business Media.
www.vieweg.de

Umschlaggestaltung: Ulrike Weigel, www.CorporateDesignGroup.de
Druck und buchbinderische Verarbeitung: Lengericher Handelsdruckerei, Lengerich
Gedruckt auf säurefreiem und chlorfrei gebleichtem Papier.

Additional material to this book can be downloaded from http://extras.springer.com.

ISBN-13: 978-3-322-80248-4 e-ISBN-13: 978-3-322-80247-7
DOI: 10.1007/978-3-322-80247-7

Vorwort

Die Simulationstechnik ist in den letzten Jahren zu einem unverzichtbaren Bestandteil der Analyse und Entwicklung vor allem technischer und naturwissenschaftlicher Systeme geworden. Dies ist umso erfreulicher, als dem Begriff *Simulation* noch bis vor kurzem etwas "Anrüchiges" anhaftete – zu groß erschien häufig die Diskrepanz zwischen dem mit der Durchführung einer Simulation verbundenen zeitlichen und finanziellen Aufwand und den größtenteils doch recht dürftigen (weil ungenauen) Ergebnissen. So stellte die Simulationstechnik lange Zeit einen Spielplatz für "Exoten" dar, der sich so gar nicht für die auf "harte Berechnungen" fixierten Ingenieure und Naturwissenschaftler zu eignen schien, oder wurde als reines Expertenwerkzeug für einige wenige Spezialanwendungen betrachtet.

Mittlerweile ist sie salonfähig geworden - bevor beispielsweise heutzutage ein neuer Automobiltyp das Licht der Messehallen erblickt, sind praktisch sämtliche seiner Funktionen vorab in einer Vielzahl an Simulationsstudien "auf Herz und Nieren" erprobt worden. Diese Möglichkeit – nämlich etwas zu testen, bevor es in der Realität überhaupt existiert – ist aber nur ein herausragendes Merkmal der Simulationstechnik. Simulationen sind – im Gegensatz zu Experimenten am realen System – in der Regel völlig risikofrei, liefern reproduzierbare und (hinreichende Sorgfalt bei der Modellbildung vorausgesetzt) sehr exakte Ergebnisse; außerdem erlauben sie die Analyse des zugrunde liegenden Systems bei Bedarf auch unter Zeitraffung oder -dehnung. Ein weiterer Pluspunkt ist die Möglichkeit, anhand einer Simulation eine Prognose vorzunehmen, also "in die Zukunft zu schauen". Nicht zuletzt die jedermann zugute kommende Tatsache, dass die Wettervorhersagen in den letzten Jahren eine zuvor völlig undenkbare Qualität entwickelt haben, ist wesentlich den Fortschritten auf dem Gebiet der Systemanalyse und Simulation (in Verbindung mit entsprechend leistungsfähigen Computern) zu verdanken.

Die gestiegene Leistungsfähigkeit moderner Arbeitsplatzrechner bei gleichzeitig immer weiter fallenden Anschaffungskosten entkräftet – in Verbindung mit einer großen Bandbreite an mittlerweile angebotenen Simulationsprogrammen – schließlich auch das Argument des "Expertenwerkzeugs". Eine Vielzahl von Simulationsaufgaben lässt sich heutzutage auf Basis einer Hardware- und Software-Ausstattung bearbeiten, die auch den Etat kleinerer Unternehmen keineswegs sprengt – häufig genügt für einfache Untersuchungen schon ein handelsübliches Spreadsheet-Programm wie beispielsweise EXCEL. Dies sollte potentielle Anwender aber keinesfalls dazu verleiten, solche Simulationswerkzeuge völlig unbedarft und kritiklos einzusetzen: So wie ein ungeschickter Hobby-Handwerker mit einer Kreissäge (oder auch nur einem Hammer...) eine Menge Schaden anrichten kann, bringt auch der unbedachte Einsatz eines Simulationsprogramms mehr Schaden (in Form unbrauchbarer Ergebnisse) als Nutzen mit sich. Eine Simulation kann immer nur so gut sein wie das Modell, auf dem sie beruht – eine Tatsache, die manchmal ganz drastisch als "Garbage In-Garbage Out"-Effekt bezeichnet wird.

Ein Buch zur Simulation technischer Systeme muss – will es nicht nur "an der Oberfläche kratzen" – zwangsläufig eine Gratwanderung darstellen zwischen der Allgemeinverständlichkeit auf der einen Seite und der mathematisch exakten Darstellung der Zusammenhänge auf der anderen. Dies gilt sowohl für den Bereich der Modellbildung, die die Grundlage der späteren Simulation darstellt, als auch für das Verständnis der numerischen Integrationsverfahren zur rechnergestützten Lösung der aus der Modellbildung hervorgegangenen Differentialgleichungen. Ganz ohne Differential-, Integral- und Matrizenrechnung geht es in diesem Zusammenhang leider nicht – der der Mathematik weniger zugeneigte Leser möge dies nachsehen. Dennoch wurde versucht, diese Ausflüge in die höhere Mathematik auf das Allernotwendigste zu beschränken; Hinweise auf tiefer gehende Informationsquellen zu Einzelthemen erlauben dem interessierten Leser bei Bedarf ein genaueres Studium der exakten Verhältnisse.

Begeben wir uns auf einen kurzen Streifzug durch das Buch. Im ersten Kapitel lernen wir zunächst die Grundbegriffe und -probleme der Simulationstechnik anhand eines einfachen, für jedermann leicht nachvollziehbaren Beispiels kennen und legen damit den Grundstein für das Verständnis der nachfolgenden, vertiefenden Teile des Buches. So widmet sich das anschließende Kapitel zwei sehr intensiv den Themen Modellbildung und Systemanalyse – beide unabdingbare Voraussetzungen für die spätere Durchführung der eigentlichen Simulationsexperimente und kritische Hinterfragung der erhaltenen Ergebnisse. Da wir uns im Rahmen des Buches nahezu ausschließlich mit der Simulation kontinuierlicher technischer Systeme beschäftigen wollen, bilden mathematische Modelle in Form linearer und nichtlinearer Differentialgleichungen und die Ermittlung der zugrunde liegenden Modellparameter (Systemidentifikation) den Kern dieses Abschnittes.

Das dritte Kapitel steht im Zeichen der Vielzahl unterschiedlicher Integrationsverfahren zur numerischen Lösung der bei der Modellbildung entstehenden Differentialgleichungen und -gleichungssysteme. In diesem Zusammenhang treffen wir auf explizite bzw. implizite Verfahren auf der einen Seite sowie Ein- und Mehrschrittverfahren auf der anderen. Neben der Vorstellung der verfahrensspezifischen Rechenvorschriften – immer verdeutlicht anhand konkreter Fallbeispiele in Verbindung mit entsprechenden Programmlistings – stellen wir uns insbesondere die Frage nach dem mit dem jeweiligen Verfahren verbundenen Rechenaufwand und der erzielbaren Genauigkeit der Ergebnisse. Den Abschluss des Kapitels bilden dann die Integrationsverfahren mit variabler Schrittweite zur Lösung besonders "anspruchsvoller" Simulationsaufgaben.

Kapitel vier stellt anschließend anhand eines durchgängigen Beispiels unterschiedliche Arten von Simulationswerkzeugen vor. Dabei beginnen wir mit der "Do it yourself"-Programmierung auf Basis konventioneller Programmiersprachen und gehen dann über zu den so genannten Simulationssprachen, deren wohl wichtigsten Vertreter ACSL wir etwas detaillierter beleuchten. Quasi als "Einstimmung" auf Kapitel fünf steigen wir schließlich ein in die Darstellung dynamischer Systeme in Form von Blockschaltbildern und die darauf basierende Simulation mit Hilfe blockorientierter Simulationssysteme.

Das abschließende Kapitel fünf beginnt mit einer kurzen Einführung in das blockorientierte Simulationssystem *BORIS* und die zugehörige Prozessvisualisierung, den *Flexible Animation Builder* – beide Tools befinden sich als Light-Versionen auf der Begleit-CD. Wir nutzen diese Werkzeuge anschließend, um das in den mehr theorieorientierten Kapiteln eins bis drei erarbeitete Wissen anhand einer Vielzahl höchst unterschiedlicher Beispiele experimentell zu vertiefen. Jedes Beispiel enthält dabei zunächst eine Beschreibung des zugrunde liegenden technischen Systems, aus der dann ein geeignetes mathematisches Modell bzw. Strukturbild entwickelt wird. Für einen konkreten Satz von Modell- und Simulationsparametern werden anschließend Simulationsläufe durchgeführt, die Ergebnisse analysiert und schließlich Anregungen für weitergehende Untersuchungen gegeben. Aufgrund der großen Bandbreite und unterschiedlichen Komplexität der vorgestellten Beispiele wird dadurch jeder Anwender in die Lage versetzt, später eigene Simulationsaufgaben ohne allzu große Scheu und dennoch mit Bedacht anzugehen und möglichst schnell zu qualitativ und quantitativ verwertbaren Ergebnissen zu gelangen.

Danksagung

Frau Dietlind Auerbach und Frau Monika Schleif danke ich für die akribische Durchsicht des Manuskriptes und ihre (in der Regel erfolgreichen) Versuche, mir Verstöße gegen die alte oder neue Rechtschreibung nachzuweisen. Herrn Dipl.-Ing. Michael Schulze Gronover gebührt Dank für die Prüfung der zahlreichen Formeln und Beispiele auf Korrektheit. Herrn Dipl.-Ing. Thomas Zipsner vom Vieweg Verlag schließlich sei gedankt für zahlreiche fruchtbare Diskussionen insbesondere über Zielrichtung und Ausgestaltung des Buches.

Last but not least danke ich meinen Söhnen Moritz und Till dafür, dass sie während der Entstehungsphase des Buches im häuslichen Umfeld die Lautstärke ihrer PlayStation zumindest für einen Großteil der Zeit soweit gedrosselt haben, dass ein halbwegs konzentriertes schriftstellerisches Arbeiten auch ohne zusätzliche schalldämmende Maßnahmen möglich war.

Hamm, im März 2004 *Jörg Kahlert*

Inhaltsverzeichnis

1 EINFÜHRUNG: SIMULATION EINES FADENPENDELS 1

1.1 Modellbildung 1

1.2 Numerische Lösung der Bewegungsgleichung 3

1.3 Beispielrechnung 5

1.4 Schlussfolgerungen 7

2 MODELLBILDUNG 9

2.1 Der Systembegriff 9

2.2 Systemanalyse 15
- 2.2.1 Experimentelle Systemanalyse 15
- 2.2.2 Analytische Untersuchungen anhand der Systemgleichungen 16
- 2.2.3 Analyse auf Basis von Simulationen 18

2.3 Typen von Systemmodellen 20
- 2.3.1 Maßstabsgetreue Modelle 20
- 2.3.2 Modelle auf Basis von System-Analogien 21
- 2.3.3 Klassifizierung dynamischer Systeme 31
- 2.3.4 Mathematische Modelle 34
- 2.3.5 Elementare lineare Übertragungsglieder 54

2.4 Bestimmung der Modellparameter (Identifikation) 74
- 2.4.1 Verfahren nach *Küpfmüller* 74
- 2.4.2 Verfahren nach *Strejc* 77
- 2.4.3 Verfahren nach *Strejc* für PT_n-Modell 80
- 2.4.4 Verfahren nach *Naslin* für PT_2-Modell mit unterschiedlichen Zeitkonstanten 83
- 2.4.5 Identifikation schwingfähiger PT_2-Glieder 86
- 2.4.6 Approximation durch Übertragungsfunktion höherer Ordnung 88

2.5 Testsignale für dynamische Systeme 93

3 NUMERISCHE INTEGRATIONSVERFAHREN 98

3.1 Einschrittverfahren 99
- 3.1.1 Explizites *Euler*-Verfahren 100
- 3.1.2 Implizites *Euler*-Verfahren 110
- 3.1.3 Halbschrittverfahren 112
- 3.1.4 Trapezverfahren 116
- 3.1.5 *Simpson*-Verfahren 121
- 3.1.6 Standard-*Runge-Kutta*-Verfahren 124
- 3.1.7 Verallgemeinerte *Runge-Kutta*-Verfahren 129

3.2 Mehrschrittverfahren 131
3.2.1 Mittelpunktsregel 132
3.2.2 *Adams-Bashforth*-Verfahren 2. Ordnung 134
3.2.3 *Adams-Bashforth*-Verfahren höherer Ordnung 137
3.2.4 *Adams-Moulton*-Verfahren 138
3.2.5 *Gear*-Verfahren 140

3.3 Charakterisierung von Integrationsverfahren 141
3.3.1 Stabilität von Integrationsverfahren 142
3.3.2 Rechenaufwand und Genauigkeit 151

3.4 Verfahren mit variabler Schrittweite 154

4 SIMULATIONSWERKZEUGE 162

4.1 Herkömmliche Programmiersprachen 162

4.2 Simulationssprachen 169
4.2.1 Die Simulationssprache ACSL 169
4.2.2 Integrationsverfahren in ACSL 173
4.2.3 Standard-Operatoren in ACSL 175
4.2.4 Das ACSL-Laufzeitsystem 180

4.3 Blockorientierte Simulationsumgebungen 185
4.3.1 Darstellung von Systemen in Blockschaltbildern 186
4.3.2 Leistungsmerkmale blockorientierter Simulationsumgebungen 188

5 DAS BLOCKORIENTIERTE SIMULATIONSSYSTEM BORIS 191

5.1 Einführung 191
5.1.1 Die Benutzeroberfläche von BORIS 191
5.1.2 Arbeiten mit Systemblöcken 192
5.1.3 Ziehen von Verbindungen 196
5.1.4 Steuerung der Simulation 197
5.1.5 Visualisierung und Weiterverarbeitung von Simulationsergebnissen 202
5.1.6 Weitere Programmmerkmale 204

5.2 Prozessvisualisierung mit dem Flexible Animation Builder 205
5.2.1 Leistungsumfang des Moduls 205
5.2.2 Einfügen eines FAB-Moduls 206
5.2.3 Konfigurierung der Modulein- und -ausgänge 207
5.2.4 Die FAB-Grafik- und -Bedienelemente 208
5.2.5 Spezifizierung von Elementeigenschaften 212
5.2.6 Das I/O-Kontrollfenster 215
5.2.7 Einfaches Anwendungsbeispiel: Inverses Doppelpendel 216

5.3 Ausgewählte Simulationsbeispiele 221
5.3.1 Nichtlineares Fadenpendel 221
5.3.2 RC-Glied 223
5.3.3 Mechanischer Schwinger 225
5.3.4 Tanksystem 227

5.3.5 Stabpendel 233
5.3.6 Ofensystem 234
5.3.7 Verladekran 236
5.3.8 Gekoppelte Dynamos 242
5.3.9 Drei-Körper-Problem 243
5.3.10 Fadenpendel mit Anschlag 247
5.3.11 Springender Ball 251
5.3.12 Schwinger mit variabler Masse (zeitvariantes System) 254
5.3.13 Füllstandsregelkreis mit Abtast-Regler 258
5.3.14 Beschleunigungsvorgang bei PKW 265
5.3.15 Stabilisierung eines inversen Doppelpendels 272
5.3.16 Abfördersystem 278
5.3.17 Feder-Masse-System mit Anschlägen 283
5.3.18 Lithium-Cluster-Dynamik 286

LITERATUR **291**

SACHWORTVERZEICHNIS **295**

BEGLEIT-SOFTWARE ZUM BUCH **299**

1 Einführung: Simulation eines Fadenpendels

Zur Einführung in die Grundprinzipien der Simulationstechnik wollen wir zunächst ein einfaches mechanisches System in Form eines Pendels nach Bild 1-1 betrachten.

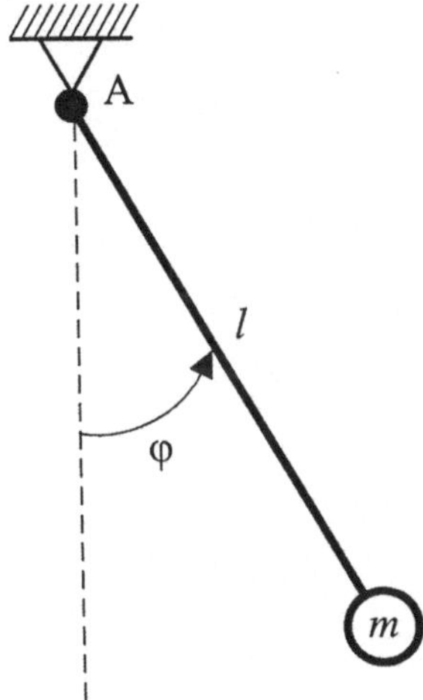

Bild 1-1 Fadenpendel

Das Pendel besteht aus einer Kugel der Masse *m*, die an einem (als masselos angesehenen) Seil der Länge *l* befestigt ist. Das andere Seilende ist mit einer festen Aufhängung A verbunden. Wir interessieren uns für die Winkelauslenkung φ des Pendels bzw. ihre zeitliche Änderung, die Winkelgeschwindigkeit $\omega = \dot{\varphi}$.

Befindet sich das Pendel zunächst im nicht ausgelenkten Zustand ($\varphi = 0$) und ist auch seine Winkelgeschwindigkeit null, so verbleibt es in diesem Zustand, solange keine äußere Kraft einwirkt. Dieser Zustand wird daher als *Ruhelage* oder auch *Gleichgewichtslage* des Systems bezeichnet. Lenken wir nun jedoch das Pendel z. B. per Hand um einen bestimmten Winkel $\varphi_0 > 0$ (d. h. nach rechts) aus und lassen es anschließend los, so wird es eine Schwingung, d. h. oszillierende Bewegung ausführen, die durch den zeitlichen Verlauf des Winkels $\varphi(t)$ und der Winkelgeschwindigkeit $\omega(t)$ charakterisiert werden kann. Wir wollen nachfolgend versuchen, diese beiden zeitlichen Verläufe zu ermitteln.

1.1 Modellbildung

Der erste Schritt auf diesem Weg besteht darin, die so genannte *Bewegungsgleichung* des Pendels zu ermitteln. Dazu führen wir zunächst alle Kräfte bzw. Drehmomente auf, die auf das Pendel einwirken; ihre Summe ist dann maßgebend für die Bewegung des Pendels.

Dieses Vorgehen ist in unserem Beispiel recht einfach – die einzige Kraft, die auf die Masse wirkt, ist die Gewichtskraft* $F_0 = m\,g$ (g ist dabei die Erdbeschleunigung von $9.81\,\mathrm{m/s^2}$). Für die Bewegung des Pendels ist aber nur derjenige Anteil F_R dieser Kraft entscheidend, der senkrecht zum Seil wirkt – die so genannte *Rückstellkraft* (Bild 1-2). Zwischen beiden Kräften gilt der Zusammenhang

$$F_\mathrm{R} = F_0 \sin\varphi. \tag{1.1}$$

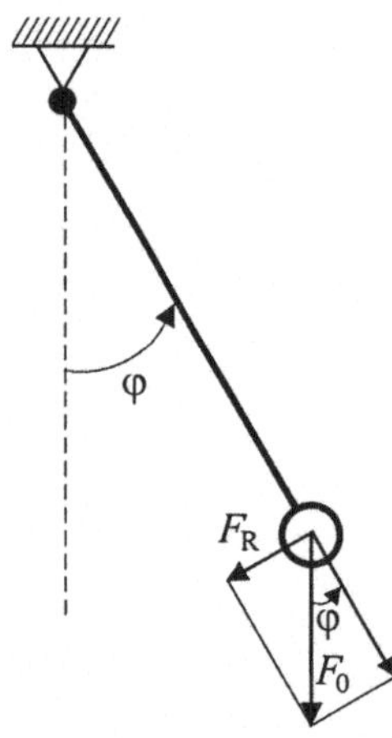

Bild 1-2 Rückstellkraft des Pendels

Das einzige auf das Pendel einwirkende Drehmoment – wir wollen es mit M_R bezeichnen – ergibt sich nun als Produkt aus Rückstellkraft und Seillänge zu

$$M_\mathrm{R} = F_\mathrm{R}\,l = F_0\,l\,\sin\varphi = m\,g\,l\,\sin\varphi. \tag{1.2}$$

Um das Problem ein wenig zu vereinfachen, nehmen wir an, dass nur kleine Winkelauslenkungen auftreten. Der Sinusterm in Gleichung 1.2 kann dann durch das Argument selbst ersetzt werden, da für kleine Auslenkungen die Beziehung

$$\sin\varphi \approx \varphi \tag{1.3}$$

gilt. Gleichung (1.2) vereinfacht sich damit auf die Beziehung

$$M_\mathrm{R} = m\,g\,l\,\varphi. \tag{1.4}$$

Dieses Rückstellmoment bewirkt nunmehr die Bewegung des Pendels gemäß der Beziehung

$$\textit{Rückstellmoment} = -\textit{Trägheitsmoment} \times \textit{Winkelbeschleunigung}\ ,$$

* Wir setzen dabei stillschweigend voraus, dass bei der Pendelbewegung keinerlei Luftreibung oder sonstige Reibung (z. B. im Aufhängungspunkt) auftritt, die Schwingung also ungedämpft verläuft.

wobei das negative Vorzeichen darauf beruht, dass das Rückstellmoment zu einer *Verkleinerung* der Winkelauslenkung führt. Das Trägheitsmoment J des Pendels (geringe Ausdehnung der Masse vorausgesetzt) ist durch die Gleichung

$$J = m l^2 \tag{1.5}$$

gegeben, sodass die Bewegungsgleichung des Pendels letztlich lautet

$$\begin{aligned} M_R &= -J\ddot{\varphi} \\ \Rightarrow m g l \varphi &= -m l^2 \ddot{\varphi} \\ \Rightarrow \ddot{\varphi} &= -\frac{g}{l}\varphi. \end{aligned} \tag{1.6}$$

Als interessantes Zwischenergebnis können wir dieser Modellgleichung entnehmen, dass die Pendelmasse m dort gar nicht mehr auftaucht – unter den von uns getroffenen Vereinfachungen scheint die Pendelbewegung also von der Pendelmasse unabhängig zu sein.

1.2 Numerische Lösung der Bewegungsgleichung

Bei der Pendelgleichung 1.6 handelt es sich mathematisch gesehen um eine lineare Differentialgleichung zweiter Ordnung für die Winkelauslenkung φ. Diese Differentialgleichung lässt sich mit Mitteln der höheren Mathematik exakt lösen, sofern der Anfangszustand des Pendels (d. h. Winkelauslenkung und –geschwindigkeit zum Zeitpunkt $t = 0$) bekannt ist. Wir wollen auf die Herleitung dieser Lösung verzichten, die Lösung selbst aber angeben, um an späterer Stelle eine Referenz für unsere simulatorisch ermittelten Lösungen zu haben. Die Lösung lautet

$$\varphi(t) = \frac{\dot{\varphi}(t=0)}{\sqrt{g/l}} \sin\left(\sqrt{g/l}\, t\right) + \varphi(t=0) \cos\left(\sqrt{g/l}\, t\right). \tag{1.7}$$

Um simulatorisch zu einer Lösung zu gelangen, wollen wir zunächst versuchen, die zeitlichen Ableitungen der Winkelauslenkung (Differentialquotienten) durch die einfacher handhabbaren Differenzenquotienten zu ersetzen. Dazu wird zunächst rein formell die erste Ableitung der Winkelauslenkung $\dot{\varphi}$ wieder durch die Winkelgeschwindigkeit ω ersetzt. Wir können dann die Pendelgleichung 1.6 – bei der es sich ja um eine Differentialgleichung zweiter Ordnung handelte – ersetzen durch zwei Differentialgleichungen erster Ordnung, nämlich

$$\begin{aligned} \dot{\varphi} &= \omega \\ \dot{\omega} &= -\frac{g}{l}\varphi. \end{aligned} \tag{1.8}$$

In diesen beiden Gleichungen nähern wir nun die zeitlichen Ableitungen auf der jeweils linken Seite der Gleichungen durch die entsprechenden Differenzenquotienten an, also

$$\begin{aligned} \dot{\varphi} &\cong \frac{\Delta\varphi}{\Delta t} \\ \dot{\omega} &\cong \frac{\Delta\omega}{\Delta t}\,. \end{aligned} \tag{1.9}$$

Wählen wir die Zeitdifferenz Δt klein genug (was dies genau bedeutet, werden wir an späterer Stelle untersuchen), so sind zeitliche Ableitung und Differenzenquotient nahezu identisch und wir können Gleichung 1.8 ersetzen durch die Beziehung

$$\begin{aligned} \frac{\Delta\varphi}{\Delta t} &= \omega \\ \frac{\Delta\omega}{\Delta t} &= -\frac{g}{l}\varphi. \end{aligned} \tag{1.10}$$

Mit Hilfe dieser beiden Gleichungen können wir nunmehr den zeitlichen Verlauf der beiden interessierenden Größen φ und ω ausgehend von ihren (bekannten) Werten zum Zeitpunkt $t = 0$ schrittweise ermitteln, indem wir die äquidistanten Zeitpunkte

$$\begin{aligned} t_0 &= 0 \\ t_1 &= \Delta t \\ t_2 &= 2\Delta t \\ &\vdots \\ t_k &= k\Delta t \\ t_{k+1} &= (k+1)\Delta t \end{aligned}$$

betrachten. Gleichung (1.10) lässt sich dann nämlich schreiben als

$$\begin{aligned} \frac{\varphi(t_{k+1}) - \varphi(t_k)}{\Delta t} &= \omega(t_k) \\ \frac{\omega(t_{k+1}) - \omega(t_k)}{\Delta t} &= -\frac{g}{l}\varphi(t_k) \end{aligned} \tag{1.11}$$

bzw. nach Umformung als

$$\begin{aligned} \varphi(t_{k+1}) &= \varphi(t_k) + \Delta t\,\omega(t_k) \\ \omega(t_{k+1}) &= \omega(t_k) - \Delta t\frac{g}{l}\varphi(t_k). \end{aligned} \tag{1.12}$$

Da auf den rechten Seiten der Gleichungen jeweils nur Werte zum ("alten") Zeitpunkt t_k auftreten, auf den linken Seiten jedoch nur Werte zum ("neuen") Zeitpunkt t_{k+1}, stellt das Gleichungssystem eine Vorschrift dar, wie sich ausgehend vom Anfangszustand des Pendels (Zeitpunkt $t_0 = 0$) der Pendelzustand schrittweise für *jeden beliebigen* Zeitpunkt t_{k+1} berechnen lässt. Wir erhalten dann als Lösung der Bewegungsgleichung eine bezüglich der Zeit t äquidistante Folge von Amplitudenwerten für Winkelauslenkung und -geschwindigkeit, die wir im Folgenden zur Unterscheidung von der exakten Lösung (in diesem Fall gegeben durch Gleichung 1.7) als *numerische* Lösung bezeichnen wollen. Für die Werte zum Zeitpunkt $t = t_1 = \Delta t$ ergibt sich beispielsweise ausgehend von den bekannten Anfangswerten zum Zeitpunkt $t = t_0 = 0$

$$\varphi(t_1) = \varphi(0) + \Delta t \omega(0)$$

$$\omega(t_1) = \omega(0) - \Delta t \frac{g}{l} \varphi(0),$$

für die Werte zum Zeitpunkt $t = t_2 = 2\Delta t$

$$\varphi(t_2) = \varphi(t_1) + \Delta t \omega(t_1)$$

$$\omega(t_2) = \omega(t_1) - \Delta t \frac{g}{l} \varphi(t_1)$$

usw.

1.3 Beispielrechnung

Wir wollen die iterative Lösung der Bewegungsgleichung auf Basis des Gleichungssystems 1.12 anhand eines Beispiels genauer studieren. Dazu wählen wir folgende Zahlenwerte:

$$g = 9.81\,\mathrm{m/s^2}$$

$$l = 9.81\,\mathrm{m}$$

$$\varphi_0 = \varphi(0) = 0.5$$

$$\dot{\varphi}_0 = \dot{\varphi}(0) = 0$$

$$\Delta T = 0.05\,\mathrm{s}$$

Als exakte Lösung ergibt sich gemäß Gleichung 1.7 in diesem Fall für die Winkelauslenkung

$$\varphi(t) = 0.5 \cos t. \tag{1.13}$$

Zunächst beschränken wir uns darauf, den Wert der Winkelauslenkung für die ersten zehn Zeitpunkte zu berechnen und mit den exakten Werten nach Gleichung 1.13 zu vergleichen. Es ergeben sich folgende Ergebnisse (auf fünf Nachkommastellen gerundet):

k	t/s	$\varphi(t)_{\text{exakt}}$	$\varphi(t)_{\text{numerisch}}$
0	0	0.5	0.5
1	0.05	0.49938	0.5
2	0.10	0.49750	0.49875
3	0.15	0.49439	0.49625
4	0.20	0.49003	0.49250
5	0.25	0.48446	0.48752
6	0.30	0.47767	0.48130
7	0.35	0.46969	0.47386
8	0.40	0.46053	0.46522
9	0.45	0.45022	0.45539
10	0.50	0.43879	0.44440

Wir erkennen, dass exakte und numerische Werte zumindest für diese ersten Zeitpunkte einigermaßen übereinstimmen. Für eine genauere Analyse wollen wir die Endzeit auf einen Wert von $t_{End} = 20\,\text{s}$ erhöhen, die numerische Lösung nacheinander für Schrittweiten von $\Delta t = 0.001\,\text{s},\ 0.01\,\text{s},\ 0.05\,\text{s}$ und $0.1\,\text{s}$ ermitteln und die auf diese Weise berechneten Zeitverläufe der exakten Lösung grafisch gegenüberstellen. Wir erhalten die in Bild 1-3 gezeigten Ergebnisse.

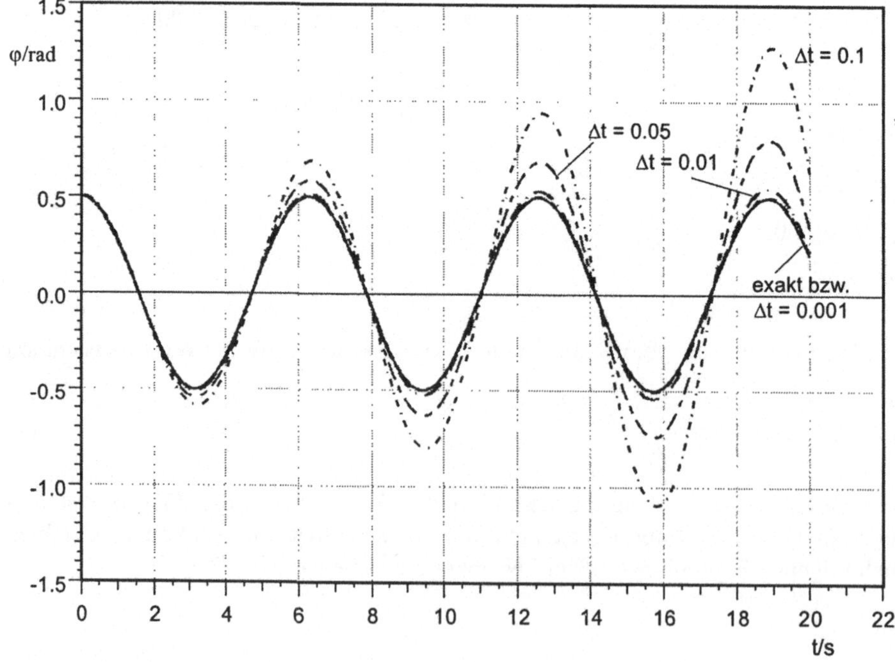

Bild 1-3 Simulationsergebnisse für unterschiedliche Schrittweiten

Da bei der Aufstellung der Pendelgleichungen etwaige Reibungskräfte vernachlässigt wurden, ergibt sich als exakte Lösung wie erwartet eine ungedämpfte harmonische Oszillation des Pendels um die Ruhelage bei $\varphi = 0$ gemäß Gleichung 1.13. Wie wir erkennen können, stimmen die numerisch ermittelten Zeitverläufe insbesondere für große Zeiten mit der exakten Lösung umso schlechter überein, je größer die Schrittweite Δt gewählt wird. Bei einer sehr großen Schrittweite wie $\Delta t = 0.1\,\mathrm{s}$ ergeben sich auch für kleine Zeiten bereits erhebliche Abweichungen von der exakten Lösung in Form einer aufklingenden Schwingung.

Um die sich bei großen Schrittweiten ergebenden "falschen" numerischen Lösungen als solche zu erkennen, bedarf es hier keines Ingenieurstudiums, sondern es genügt der "gesunde Menschenverstand": Ein Aufklingen der Pendelschwingung würde bedeuten, dass die Gesamtenergie des Pendels mit der Zeit immer weiter zunimmt. Dies kann jedoch in der Realität nicht sein, da dem Pendel ja von außen keinerlei Energie zugeführt wird. Wir sollten uns aber von diesem einfachen Beispiel nicht täuschen lassen – in der Praxis sind fehlerhafte Simulationsergebnisse (leider) nur in den wenigsten Fällen so offensichtlich erkennbar wie hier!

Starten Sie das Programm FADENPENDEL.EXE von der Begleit-CD. Es ermöglicht für das vorgestellte Beispiel die Ermittlung und grafische Darstellung der numerischen Lösung für frei wählbare Werte von $\varphi_0, \dot{\varphi}_0$ und Δt und den Vergleich mit der exakten Lösung (Bild 1-4). Lassen Sie sich beide Lösungen für unterschiedliche Parameter ermitteln und analysieren Sie die Ergebnisse besonders im Hinblick auf den Einfluss der Schrittweite.

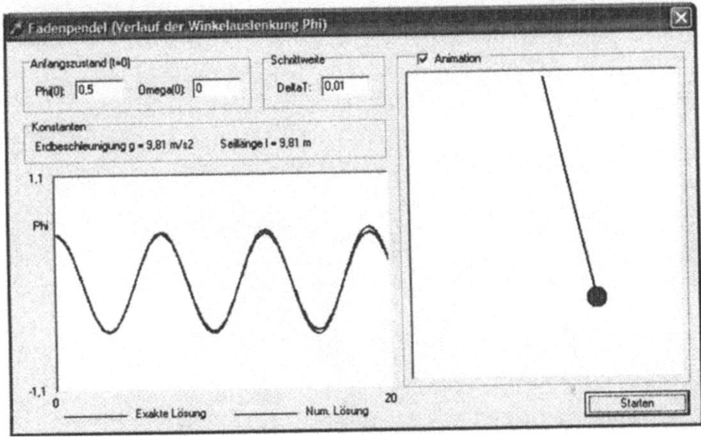

Bild 1-4 Programm FADENPENDEL.EXE

1.4 Schlussfolgerungen

Was können wir anhand des behandelten Beispiels schlussfolgern? Die Lösung von Simulationsaufgaben scheint folgende Handlungsschritte bzw. Merkmale aufzuweisen:

- Der erste Handlungsschritt besteht in der *Modellbildung*. Diese beinhaltet das Aufstellen eines mathematischen Modells, welches das vorliegende System (hier das Fadenpendel) hinreichend genau beschreibt. In unserem Beispiel bestand das Modell aus einer Differentialgleichung zweiter Ordnung (Gleichung 1.6).
- Die eigentliche Simulation besteht nun darin, das im ersten Schritt aufgestellte mathematische Modell numerisch für bestimmte (in der Regel äquidistante) Zeitpunkte auszuwerten. Dazu muss versucht werden, das Modell in eine oder mehrere iterativ zu lösende Gleichungen umzuformen, die dann ausgehend von einem bekannten Anfangszustand des Systems schrittweise gelöst werden können (*Iteration*). In der Regel gelingt dies dadurch, dass die zeitlichen Ableitungen der Zustandsgrößen des Modells (in unserem Beispiel Winkelauslenkung und -geschwindigkeit) durch geeignete *Differenzenquotienten* ersetzt werden*. Aus den ursprünglichen Differentialgleichungen entstehen auf diese Weise "normale" (d. h. algebraische) Gleichungen, die allerdings das Systemverhalten nur noch zu diskreten Zeitpunkten $t = t_k = k\Delta t$ beschreiben (*Zeitdiskretisierung*).
- Maßgeblichen Einfluss auf die Genauigkeit des erhaltenen Ergebnisses hat dabei die Schrittweite Δt zwischen den einzelnen Iterationsschritten. Je kleiner diese Schrittweite gewählt wird, umso mehr Schritte sind bis zum Erreichen der Endzeit (in unserem Beispiel 20 s) erforderlich, umso geringer scheinen aber auch die Abweichungen von der exakten Lösung zu sein (*Diskretisierungsfehler*). Da die exakte Lösung in der Praxis in den meisten Fällen formelmäßig nicht bekannt ist (ansonsten wäre die Simulation in der Regel überflüssig), kommt der Abschätzung einer geeigneten Schrittweite entscheidende Bedeutung zu.

In den nachfolgenden Kapiteln sollen nunmehr diese Punkte genauer "unter die Lupe genommen" werden.

* Wir werden später in Kapitel 3 *Numerische Integrationsverfahren* sehen, dass tatsächlich nicht direkt Differenzenquotienten angesetzt, sondern die Differentialgleichungen vielmehr zunächst in Integralgleichungen überführt werden, die wir dann durch numerische *Integration* zu lösen versuchen. Dies spielt aber für das Verständnis der Grundidee an dieser Stelle keinerlei Rolle.

2 Modellbildung

2.1 Der Systembegriff

Wie die einführenden Betrachtungen im vorangegangenen Kapitel gezeigt haben, steht vor einer Simulation in der Regel die Aufgabe der *Modellbildung* an. Dabei stellt der Begriff des *Systems* eine zentrale Rolle dar. Wir wollen uns daher – bevor wir in die Modellbildung selbst einsteigen – mit dem Systembegriff im (vorwiegend) technischen Sinne und damit zusammenhängenden Begriffen vertraut machen. Dazu betrachten wir eine Reihe von Definitionen aus unterschiedlichen Quellen. Wir beginnen mit der Defintion nach DIN 66 201:

> *Ein **System** ist ein abgegrenzter Teil eines größeren Ganzen, der aus einzelnen **Komponenten** zusammengesetzt ist, die durch **Materie-**, **Energie-** oder **Informationsfluss** miteinander verknüpft sind.*
>
> *Das **Systemverhalten** wird durch die **Ausgangsgrößen** charakterisiert und ist im Allgemeinen durch **Eingangsgrößen** beeinflussbar.*

DIN 19 226 hält eine weitere Definition bereit; sie lautet hier:

> *Ein **System** ist eine in einem betrachteten Zusammenhang gegebene Anordnung von **Gebilden**, die miteinander in **Beziehung** stehen. Diese Anordnung wird aufgrund bestimmter Vorgaben gegenüber ihrer Umgebung abgegrenzt.*

Eine schon etwas ältere Definition finden wir bei *MacFarlane* [1], der ein System wie folgt charakterisiert:

> *Wir definieren ein **System** als eine geordnete Zusammenstellung technischer oder abstrakter **Objekte**.*

In der Literatur existiert eine Vielzahl mehr oder weniger ähnlich lautender Definitionen des (technischen) Systembegriffs; wir können die allen Definitionen gemeinsamen Charakteristika aber bereits unserer bescheidenen Auswahl entnehmen. Bild 2-1 stellt den Systembegriff dazu grafisch dar, wobei die Bezeichnungen an die Definition nach DIN 66 201 angelehnt wurden.

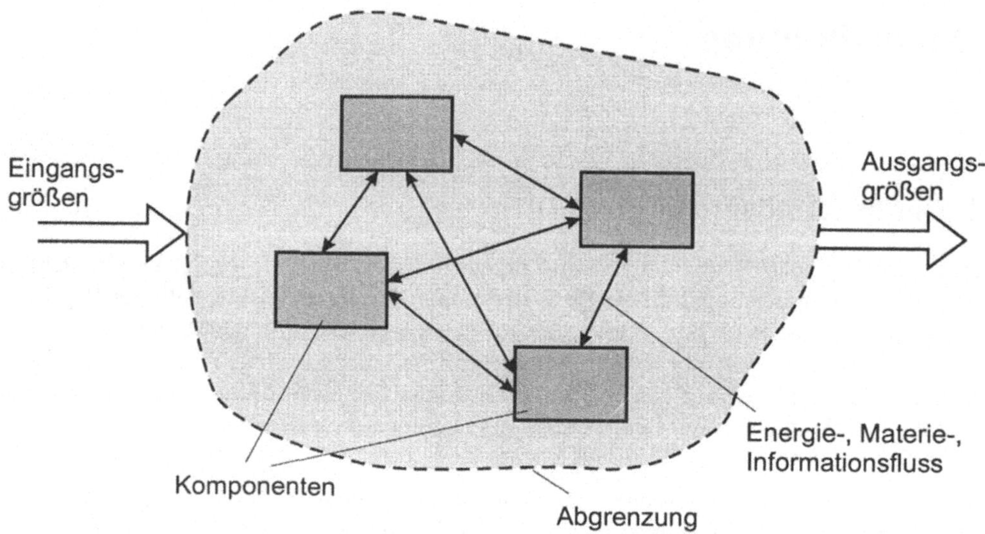

Bild 2-1 Grafische Veranschaulichung des Systembegriffs

Wir wollen – bevor wir einzelne Punkte anhand eines Beispiels vertiefen – zunächst folgende Merkmale eines Systems festhalten:

- Ein System besteht aus (i. Allg. mehreren) Komponenten (Objekten, Modulen, Gebilden, ...), die in der Form miteinander verknüpft sind, dass sie aufeinander einwirken. Diese Einwirkung kann jeweils wechselseitig sein (wie in Bild 2-1 skizziert), aber auch nur einseitig. Ebenso ist es möglich, dass einige Komponenten nur von jeweils einem Teil der anderen Komponenten oder auch von gar keiner anderen Komponente beeinflusst werden sowie umgekehrt. Grafisch werden diese Verknüpfungen durch Wirklinien dargestellt. Bei technischen Systemen wird die Wechselwirkung zwischen den Komponenten durch Materie-, Energie- oder Informationsfluss erzeugt. Die Gesamtheit aller Wechselwirkungen wird als *Struktur* des Systems bezeichnet.
- Die Komponenten selbst können ihrerseits häufig ebenfalls als Systeme (*Subsysteme*) aufgefasst werden. Große Systeme können also durch Zusammenfügen kleiner und kleine Systeme durch Unterteilung (*Dekomposition*) großer Systeme gebildet werden.
- Das System ist durch eine Abgrenzung, die man sich als "Hüllfläche" vorstellen kann, aus seiner Umwelt (der "Außenwelt") herausgelöst. Diese Abgrenzung ist nicht "naturgegeben", sondern muss in Abhängigkeit von der konkreten Aufgabenstellung in sinnvoller Weise gewählt werden.
- Die durch die Abgrenzung "geschnittenen" Wirklinien zwischen System und Außenwelt stellen die Gesamtheit der Ein- und Ausgangsgrößen des Systems dar. Über die Variation der Eingangsgrößen kann das Systemverhalten beeinflusst werden, über die Beobachtung (Messung) der Ausgangsgrößen kann das Systemverhalten charakterisiert werden. Dabei kann eine Eingangsgröße auf eine oder auch mehrere Komponenten gleichzeitig Einfluss nehmen. Welche der denkbaren Ein- bzw. Ausgangsgrößen im konkreten

Fall Beachtung finden und welche vernachlässigt werden bzw. unberücksichtigt bleiben, hängt wiederum in starkem Maße von der Aufgabenstellung ab.

- Das Systemverhalten wird darüber hinaus bestimmt durch gewisse (in der Regel zeitunveränderliche) Größen, die als *Systemparameter* bezeichnet werden. Diese beschreiben zusammen mit der Systemstruktur das System in eindeutiger Weise.

Wir wollen versuchen, die aufgelisteten Merkmale eines Systems in einem konkreten Beispielsystem wiederzufinden: dem System *Mensch*. Betrachten wir zunächst den Menschen als "Ganzes", so fällt die Wahl einer sinnvollen Abgrenzung nicht schwer – sie wird durch die "Außenhülle" des Menschen, d. h. seine Haut gebildet (Bild 2-2 oben links). Die Struktur dieses "Gesamtsystems" auch nur annähernd zu beschreiben, sollte sicherlich eher das Ziel eines biologischen oder medizinischen Fachwerks sein, sodass wir hier aus naheliegenden Gründen darauf verzichten wollen. Zumindest sind wir aber in der Lage, einige typische Systemparameter zu benennen; hierzu gehören beispielsweise Körpergröße und –gewicht, aber auch etwa die Augenfarbe eines Menschen oder sein Lungenvolumen.

Ebenso sollte es uns möglich sein, einige der denkbaren Ein- und Ausgangsgrößen zu benennen. Betrachten wir dazu einen Menschen in Aktion wie den Radfahrer in Bild 2-2. Wir können ihn als ein System auffassen, das angeregt durch bestimmte Eingangsgrößen (die durch die Sensorik des Fahrers wie seine Augen und Ohren erfasst werden) ein bestimmtes Fahrverhalten an den Tag legt, welches durch die Aktorik des Fahrers (d. h. seine Gliedmaßen) in Wechselwirkung mit Rad und Straße charakterisiert wird. Eingangsgrößen wären dann etwa der visuell vom Fahrer erfasste Straßenverlauf oder die dem Tachometer entnommene aktuelle Geschwindigkeit, Ausgangsgrößen das von den Armen auf das Lenkrad ausgeübte Drehmoment oder die Trittfrequenz des Fahrers.

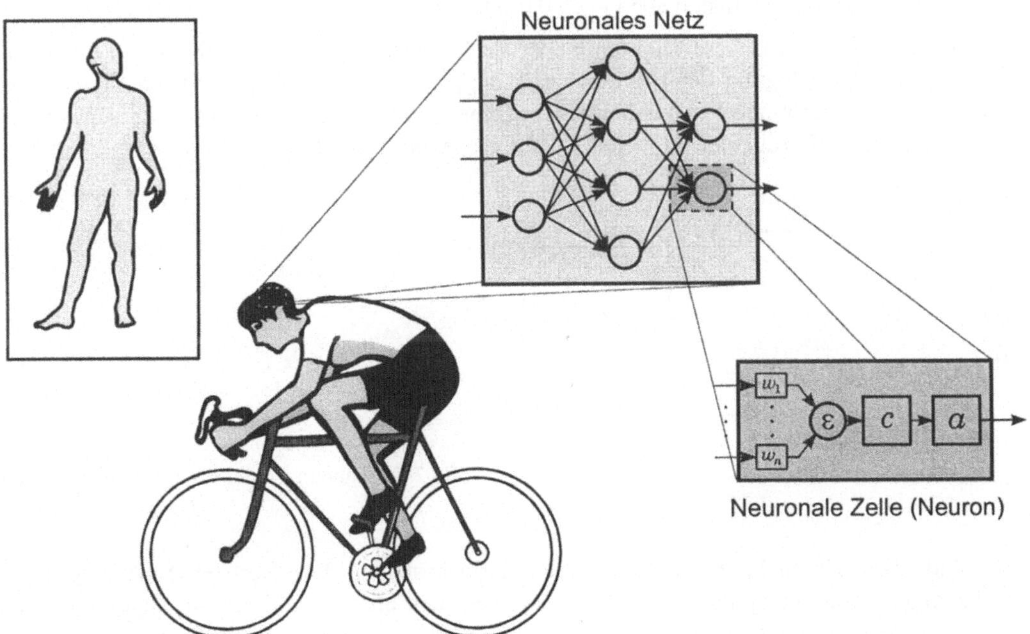

Bild 2-2 System "Mensch"

Sobald unser Radfahrer sein Rad besteigt, erzeugt er auf diese Weise eine starke Wechselwirkung zwischen dem bereits betrachteten System *Mensch* und dem System *Fahrrad*. Es könnte daher angebracht sein, beide Systeme zu einem neuen System *Mensch auf Fahrrad* zu verschmelzen und dieses nunmehr als (im Vergleich zu den Einzelsystemen komplexeres) Gesamtsystem zu betrachten. Wir erhalten dann eine neue Abgrenzung von der Außenwelt, die jetzt beispielsweise u. a. zwischen Radreifen und Fahrbahn verläuft. Weiterhin ergeben sich neue bzw. weitere Eingangsgrößen (z. B. die Steigung der Straße), Ausgangsgrößen (z. B. die Geschwindigkeit des Rades) oder auch Systemparameter (z. B. Raddurchmesser, Übersetzung oder Reifenluftdruck).

Umgekehrt kann es bei einer konkreten Aufgabenstellung sinnvoll sein, das System *Mensch* als Ganzes zu verlassen und sich lediglich mit einem Teilsystem zu beschäftigen. Soll z. B. die Fahrstrategie unseres Radfahrers in einem Radrennen analysiert oder modelliert werden, so ist eine Konzentration auf die "oberen" Körperregionen des Fahrers empfehlenswert – es müssen die in seinem Gehirn ablaufenden Denkvorgänge betrachtet werden. Diese laufen in einem hochkomplexen Nervensystem ab, welches aus einer Vielzahl von miteinander kommunizierenden Nervenzellen (*Neuronen*) gebildet wird und in grober Näherung durch ein neuronales Netz modelliert werden kann [12]. Dieses neuronale Netz stellt dann als Teilsystem des Systems *Mensch* ein eigenständiges System dar, dessen Eingangsgrößen durch die Potentiale an den Eingängen der Neuronen der Eingangsschicht (*Input Layer*) des Netzes gebildet werden, während die Ausgänge durch die Potentiale an den Ausgängen der Neuronen der Ausgangsschicht (*Output Layer*) gegeben sind (Bild 2-2 oben rechts). Auch dieses Teilsystem lässt sich weiter zerlegen; beispielsweise lässt sich jedes einzelne Neuron ebenfalls als (Teil-)System betrachten, dessen Eingangsgrößen die Eingangspotentiale des Neurons (synaptische Verbindungen des Neurons) und dessen Ausgangsgröße das Ausgangspotential (Axon) darstellt (Bild 2-2 unten rechts). Theoretisch ist auf diese Weise eine Dekomposition des Systems bis auf atomare Ebene (für Spezialisten auch noch darunter...) denkbar.

Wir wollen ein zweites, wesentlich einfacher strukturiertes System betrachten, um die Wahlfreiheit bei der Festlegung der Systemabgrenzung, der relevanten Ein- und Ausgangsgrößen sowie der Systemparameter zu verdeutlichen. Dabei handelt es sich um ein elektrisches Übertragungssystem in Form eines einfachen Spannungsteilers nach Bild 2-3.

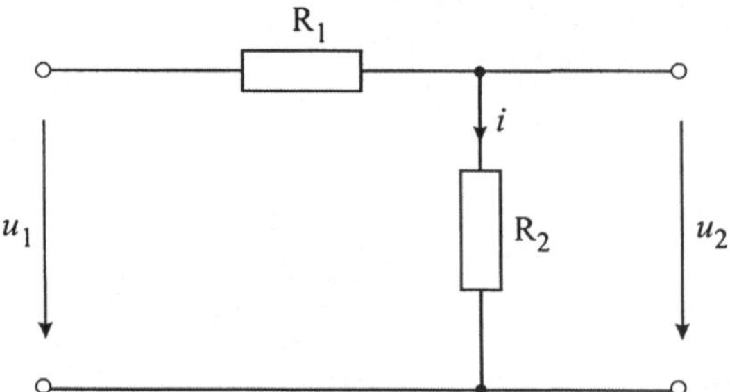

Bild 2-3 Spannungsteiler als elektrisches System

Die Aufgabenstellung könnte beispielsweise darin bestehen, den Wert der Spannung u_2 in Abhängigkeit von der Spannung u_1 bei bekannten (und als zeitlich konstant angenommenen) ohmschen Widerständen R_1 und R_2 zu ermitteln. Für den abgebildeten Spannungsteiler ergibt sich die gesuchte Beziehung dann formelmäßig zu

$$u_2 = \frac{R_2}{R_1 + R_2} u_1. \tag{2.1}$$

Wollen wir zusätzlich verdeutlichen, dass sich die Spannungen zeitlich ändern können, so können wir Gleichung 2.1 ausführlicher schreiben als

$$u_2(t) = \frac{R_2}{R_1 + R_2} u_1(t). \tag{2.2}$$

Wir haben in diesem Fall eine Systemdarstellung des Spannungsteilers gewählt, bei dem die Spannung u_1 als Eingangsgröße und die Spannung u_2 als Ausgangsgröße fungiert; die ohmschen Widerstände R_1 und R_2 stellen die Systemparameter dar (Bild 2-4). In Gleichung 2.2 wird dies dadurch deutlich, dass u_2 auf der linken und u_1 auf der rechten Seite der Gleichung auftritt; die Systemparameter (ohmschen Widerstände) sind *nicht* von der Zeit t abhängig.

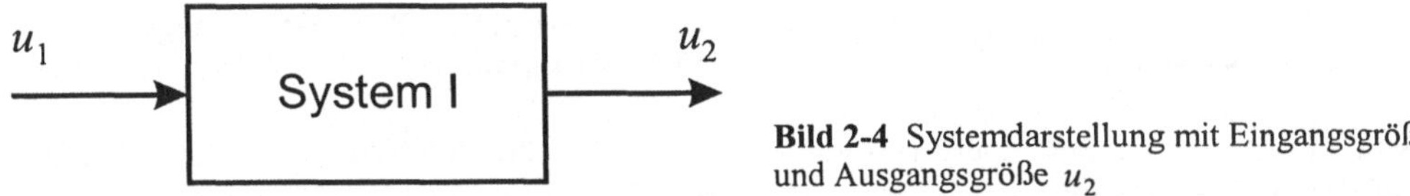

Bild 2-4 Systemdarstellung mit Eingangsgröße u_1 und Ausgangsgröße u_2

Sind wir statt an der Spannung u_2 am Verlauf des Stromes i in Abhängigkeit von der Spannung u_1 interessiert, so lautet die entsprechende Beziehung aufgrund des ohmschen Gesetzes

$$i(t) = \frac{1}{R_1 + R_2} u_1(t). \tag{2.3}$$

Unser System hat nun bei unveränderter Eingangsgröße die Ausgangsgröße i (Bild 2-5).

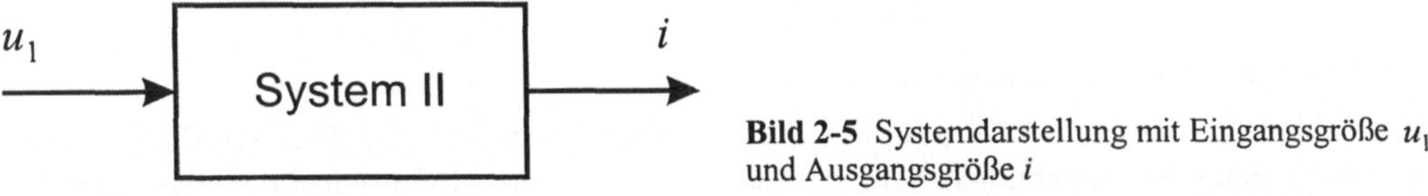

Bild 2-5 Systemdarstellung mit Eingangsgröße u_1 und Ausgangsgröße i

Selbstverständlich können wir – sofern uns sowohl die Spannung u_2 als auch der Strom i interessiert – die Gleichungen 2.2 und 2.3 zu einem Gleichungssystem zusammenfassen; wir erhalten dann eine Systemdarstellung mit einer Eingangsgröße und *zwei* Ausgangsgrößen (Bild 2-6).

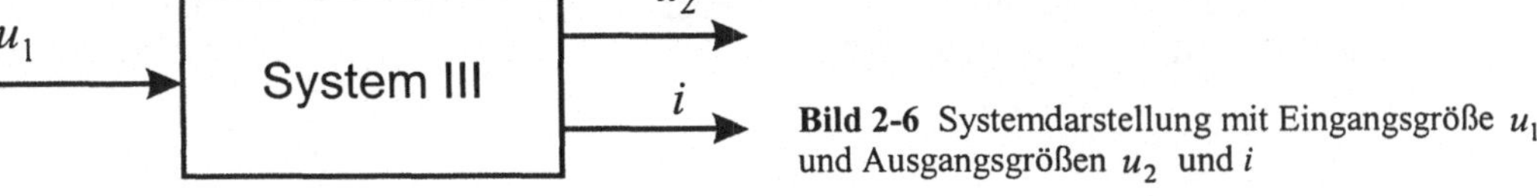

Bild 2-6 Systemdarstellung mit Eingangsgröße u_1 und Ausgangsgrößen u_2 und i

Nehmen wir nunmehr einmal an, unser Spannungsteiler werde nicht durch eine eingeprägte Spannung u_1 am Eingang gespeist, sondern vielmehr durch eine *Stromquelle* mit einem eingeprägten Strom $i(t)$. Wir interessieren uns für die Frage, welche Gesamtspannung u_1 über den ohmschen Widerständen sich daraus ergibt. Die formelmäßige Lösung erhalten wir wieder durch Anwendung des ohmschen Gesetzes; sie lautet

$$u_1(t) = i(t)\ (R_1 + R_2) \tag{2.4}$$

und stellt gerade die Umkehrung von Gleichung 2.3 dar. Was bedeutet dies für unsere Systemdarstellung? Ein- und Ausgangsgröße haben im Vergleich mit Bild 2-5 ihre Plätze getauscht – der Strom stellt jetzt die Eingangsgröße unseres Systems dar, die Spannung u_1 die Ausgangsgröße (Bild 2-7).

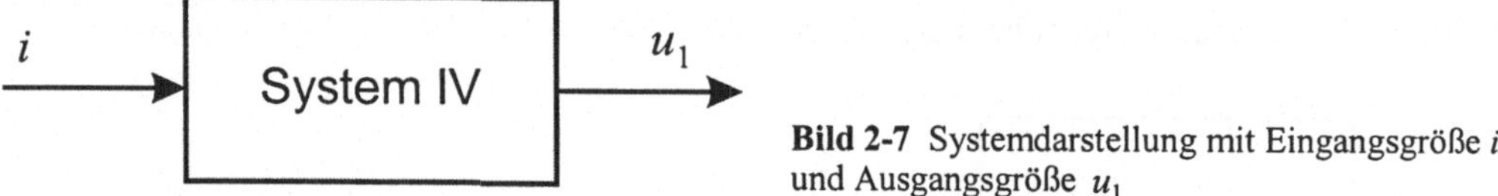

Bild 2-7 Systemdarstellung mit Eingangsgröße i und Ausgangsgröße u_1

Wir wollen unser Gedankenexperiment ein letztes Mal fortführen. Nehmen wir an, der ohmsche Widerstand R_2 sei im Gegensatz zum Widerstand R_1 in starkem Maße temperaturabhängig, wobei die lineare Beziehung

$$R_2(t) = K_1\ T(t) \tag{2.5}$$

gelte. T sei darin die Temperatur des Widerstandes und K_1 ein konstanter Faktor. Weiterhin wollen wir stark vereinfachend annehmen, dass die Temperatur proportional zu der über dem Widerstand abfallenden Spannung sei – es gelte also

$$T(t) = K_2\ u_2(t) \tag{2.6}$$

mit dem Proportionalitätsfaktor K_2.

Unsere Aufgabe sei es, den Verlauf des Widerstandes R_2 in Abhängigkeit von der Spannung u_1 am Eingang des Spannungsteilers zu ermitteln. Dazu verknüpfen wir die Gleichungen 2.2, 2.5 und 2.6 und lösen sie nach R_2 auf. Wir erhalten

$$R_2(t) = K_1 K_2 u_1(t) - R_1. \tag{2.7}$$

Eingangsgröße unseres Systems ist bei dieser Betrachtungsweise also die Spannung u_1, die Ausgangsgröße bildet nunmehr aber der ursprüngliche Systemparameter R_2. Neben dem ohmschen Widerstand R_1, der weiterhin einen Systemparameter darstellt, kommen jetzt noch die Koeffizienten K_1 und K_2 hinzu (Bild 2-8).

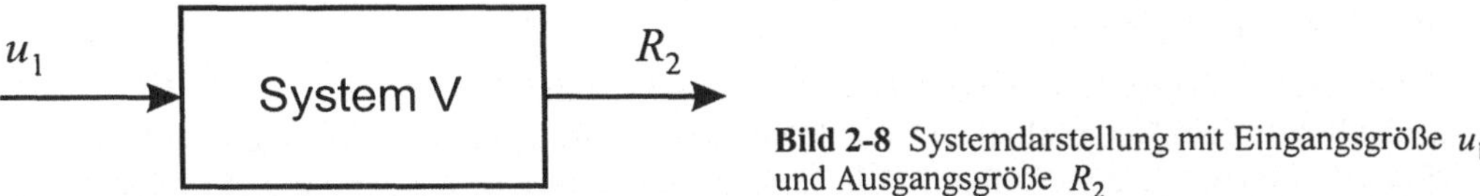

Bild 2-8 Systemdarstellung mit Eingangsgröße u_1 und Ausgangsgröße R_2

2.2 Systemanalyse

Ziel der *Systemanalyse* ist die Bestimmung der Abhängigkeit der Ausgangsgrößen des Systems von seinen Eingangsgrößen sowie den Systemparametern. Es geht also darum, beurteilen zu können, wie die Ausgangsgrößen des Systems auf bestimmte Verläufe der Eingangsgrößen reagieren und welchen Einfluss dabei die inneren Parameter des Systems haben. Diese Analyse kann auf verschiedene Arten erfolgen.

2.2.1 Experimentelle Systemanalyse

Das naheliegendste Verfahren zur Systemanalyse besteht darin, diese direkt in experimenteller Form am realen System vorzunehmen. Dazu regt man das System mit geeignet erscheinenden Eingangsgrößenverläufen – so genannten *Testsignalen* – an (wir werden an späterer Stelle noch typische Testsignale kennen lernen) und ermittelt parallel dazu mit entsprechenden Messapparaturen die Verläufe der Ausgangsgrößen. Für diese Vorgehensweise spricht, dass sie – sofern bei der Experimentdurchführung keine unvorhergesehenen Störungen auftreten – sehr zuverlässige Daten liefert, da die Messergebnisse ja vom realen System stammen. Dennoch spricht eine Vielzahl von Punkten gegen die experimentelle Systemanalyse, von denen wir hier nur die wichtigsten kurz ansprechen wollen [4]:

- Experimente am realen System können sehr *langwierig* sein; dies gilt insbesondere dann, wenn das System sehr träge auf Änderungen der Eingangsgrößen reagiert (große Zeitkonstanten im System). So kann es beispielsweise in verfahrenstechnischen Anlagen nach der sprunghaften Änderung einer Eingangsgröße (z. B. einer Ventilstellung) Stunden dauern, bis sich die interessierende Ausgangsgröße (z. B. eine bestimmte Stoffkonzentration) endgültig auf ihren neuen Wert eingestellt hat. Soll im Rahmen der Systemanalyse dabei etwa der Einfluss eines bestimmten Systemparameters (z. B. einer Rohrleitungslänge) untersucht werden, so kann sich die Analyse aufgrund der Vielzahl durchzuführender Einzelexperimente über Wochen oder Monate hinziehen.
- Experimente am realen System sind in den meisten Fällen sehr *kostenaufwändig*. Diese Kosten setzen sich zusammen u. a. aus den Anschaffungskosten für geeignete Messapparaturen (Sensorik), den Ressourcen für den Betrieb des Systems im interessierenden Arbeitsbereich (Energiekosten wie z. B. Heizkosten o. ä.) sowie den Kosten für das an der Systemanalyse beteiligte Personal.
- Experimente am realen System können an *Messproblemen* scheitern oder zumindest durch sie beeinflusst werden. Beispielsweise können für die Messung bestimmter Systemgrößen keine Sensoren auf dem Markt verfügbar sein oder aber nur zu unvertretbar hohen Preisen; auch ist es denkbar, dass die Messung bestimmter Größen einen derart schwerwiegenden Eingriff in das System selbst darstellt, dass die Messergebnisse damit

verfälscht oder im Extremfall sogar unbrauchbar werden (man denke an die *Heisenbergsche Unschärferelation*!).

- Experimente am realen System können *risikobehaftet* sein. So kann es in einem chemischen Prozess bei "ungeschickter" Wahl der Eingangsgrößen u. U. zu exothermen Reaktionen kommen, die eine Gefahr für die untersuchte Anlage und sogar das sich in der Anlagenumgebung aufhaltende Personal darstellen können. Ein weiteres Beispiel dafür sind Crashtests mit Personenwagen, die daher außerhalb von Actionfilmen privater und auch öffentlich-rechtlicher TV-Sender in der Regel mit Dummies anstelle von Stuntmen oder semiprofessionellen Autofahrern durchgeführt werden.
- Experimente am realen System können *undurchführbar* sein, da es das reale System *noch nicht* oder *nicht mehr* gibt. So muss beispielsweise in der Automobilindustrie bei der Neuentwicklung eines Fahrzeugtyps ein Großteil der Fahreigenschaften bereits weit vor der Entwicklung des ersten Prototyps ("Erlkönigs") untersucht und optimiert werden. Manchmal führt eine solche Vorab-Systemanalyse dann sogar dazu, dass das geplante System aus Kostengründen oder aufgrund anderer Erkenntnisse aus der Systemanalyse tatsächlich niemals "real" wird, da von einer Serienfertigung Abstand genommen wird.

2.2.2 Analytische Untersuchungen anhand der Systemgleichungen

Liegt (z. B. als Ergebnis einer Modellbildung) ein mathematisches Systemmodell in Form der Systemgleichungen vor, so kann man versuchen, durch Analyse dieser Systemgleichungen Aussagen über das Systemverhalten zu treffen. Der wesentliche Vorteil dieser theoretischen Systemanalyse liegt darin, dass die erhaltenen Ergebnisse in den meisten Fällen *globalen* Charakter besitzen, d. h. Aussagen über das generelle Systemverhalten liefern und nicht nur den Verlauf der Ausgangsgrößen bei bestimmten Eingangsgrößenverläufen. Leider erweist sich die analytische Vorgehensweise in der Praxis in den allermeisten Fällen als viel zu komplex bzw. undurchführbar, sodass sie auf einige einfache, mehr akademische Aufgabenstellungen beschränkt ist. Wir wollen dies an einem kurzen Beispiel erläutern.

Gegeben sei ein System mit der Ausgangsgröße $y(t)$, bei dem die Änderung der Ausgangsgröße zum Zeitpunkt t – also die zeitliche Ableitung $\dot{y}(t)$ – proportional zur Ausgangsgröße selbst sei, wobei die Proportionalität durch den Koeffizienten a gemäß der Systemgleichung

$$\dot{y} = \frac{\mathrm{d}y}{\mathrm{d}t} = a\,y \tag{2.8}$$

charakterisiert sei. Das System soll der Einfachheit halber keine Eingangsgrößen aufweisen. Wir wollen ferner annehmen, dass die Ausgangsgröße des Systems zum Zeitpunkt $t = 0$, dem gedachten Anfangspunkt unserer Betrachtungen, den Wert

$$y(t = 0) = y_0 \tag{2.9}$$

habe (*Anfangswert* des Systems). Eine derartige Modellgleichung ergibt sich – wie wir an späterer Stelle noch im Detail sehen werden – beispielsweise für das RC-Netzwerk nach Bild 2-9, wobei die Ausgangsgröße y durch die Spannung u_2 gegeben ist und die Eingangsspannung u_1 identisch null ist, d. h. die Eingangsklemmen kurzgeschlossen sind (Bild 2-10). Der Systemparameter a ergibt sich in diesem Fall zu $a = -1/RC$. Wir interessieren uns für den Verlauf der Ausgangsgröße für unterschiedliche Werte des Systemparameters a und des Anfangswertes y_0.

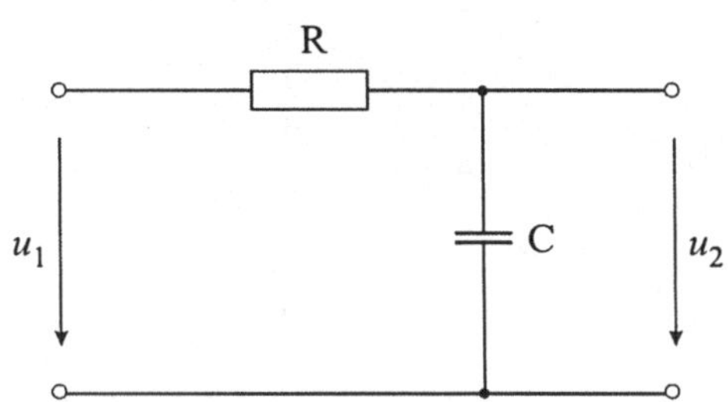

Bild 2-9 RC-Glied

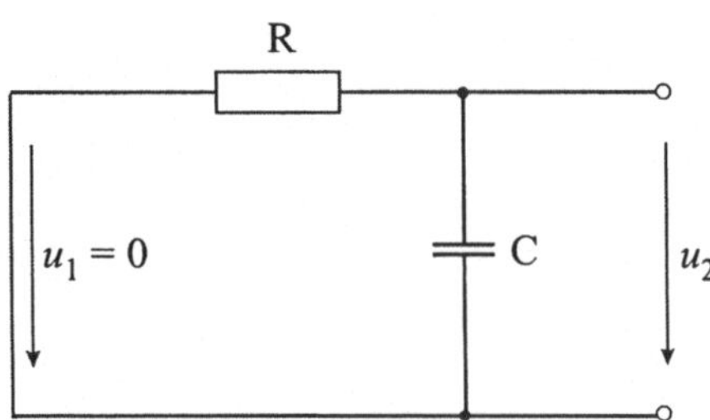

Bild 2-10 RC-Glied mit Kurzschluss am Eingang

Die Systemgleichung 2.8 stellt *eine lineare Differentialgleichung erster Ordnung mit konstanten Koeffizienten* dar, deren (exakte) Lösung auf analytischem Wege ermittelt werden kann (siehe z. B. [3]). Wir wollen an dieser Stelle auf die Herleitung verzichten und die Lösung direkt angeben; sie lautet

$$y(t) = y_0 e^{at} . \tag{2.10}$$

Die Lösung ist also gegeben durch eine Zeitfunktion, die (wie in Gleichung 2.9 gefordert) zum Zeitpunkt $t = 0$ den Wert y_0 aufweist und deren weiterer Verlauf dann vom Parameter a abhängt:

- Für $a > 0$ ergibt sich ein exponentiell ansteigender Verlauf, der umso stärker ansteigt, je größer a ist. Für große Zeitwerte strebt $y(t)$ in diesem Fall gegen unendlich. Ein solches System wird in der Systemtheorie als (monoton) *instabil* bezeichnet.
- Für $a < 0$ ergibt sich ein exponentiell abklingender Verlauf, der umso schneller abklingt, je größer der Betrag von a ist. Für große Zeitwerte strebt $y(t)$ in diesem Fall gegen 0. In der Systemtheorie heißt ein solches System *stabil*. Der Kehrwert des Betrags von a wird als *Zeitkonstante* T bezeichnet; es gilt also $T = 1/|a|$.
- Für $a = 0$ behält $y(t)$ seinen Anfangswert für alle Zeiten bei. Das System ist in diesem Falle *grenzstabil*.

Bild 2-11 zeigt den Verlauf von $y(t)$ für die unterschiedlichen Fälle. Da ohmscher Widerstand R und Kapazität C im RC-Netzwerk nach Bild 2-10 immer positive Werte aufweisen, liegt hier immer der Fall $a < 0$, d. h. ein stabiles System vor. Diese Eigenschaft gilt im Übrigen für *alle* passiven linearen Netzwerke.

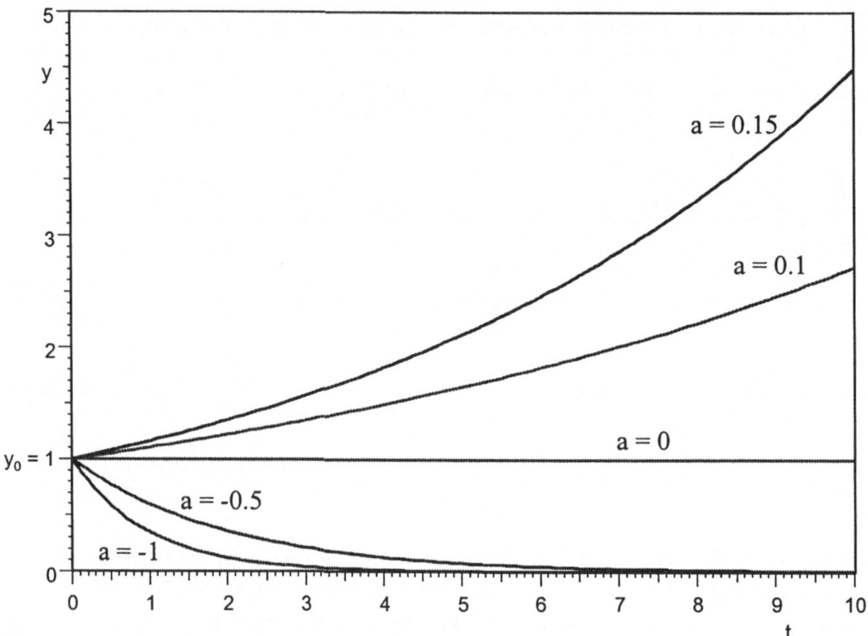

Bild 2-11 Verlauf von $y(t)$ für einen Anfangswert von $y_0 = 1$ und unterschiedliche Werte von a.

2.2.3 Analyse auf Basis von Simulationen

Simulation im allgemeinen Sinne ist die Untersuchung des Systemverhaltens am Modell. Die Vorgehensweise entspricht dabei prinzipiell der in Abschnitt 2.2.1 erläuterten experimentellen Systemanalyse, wobei die Experimente jedoch nicht am *realen System*, sondern an einem geeigneten *Systemmodell* durchgeführt werden. Wir werden im Folgenden den Simulationsbegriff noch etwas enger fassen, indem wir davon ausgehen, dass die Simulation mit Hilfe eines *Computers* (*Computersimulation*) und auf Basis eines *mathematischen Systemmodells* stattfinden soll. Wir werden aber auf weitere Typen von Systemmodellen in Kürze noch zu sprechen kommen.

Im Vergleich zur experimentellen Systemanalyse am "Originalsystem" zeichnet sich die Analyse auf Basis von Simulationen vor allem durch folgende Vorteile aus:

- *Zeitersparnis*: Die Simulation eines bestimmten Vorgangs muss nicht zwangsläufig "in Echtzeit" erfolgen, sondern kann auf dem Computer mit wesentlich höherer Geschwindigkeit ablaufen. Prozesse, bei denen Ausgleichsvorgänge in der Realität mehrere Stunden oder Tage in Anspruch nehmen, lassen sich damit u. U. in einigen wenigen Sekunden simulieren.
- *Kostenersparnis*: Zur Anregung des Modells durch geeignete Eingangsgrößenverläufe in der Simulation ist keinerlei Energiebedarf notwendig (sieht man einmal von der Leistungsaufnahme des Computers ab); die Computersimulation ist somit ressourcenschonend.

- *Reproduzierbarkeit*: Die Computersimulation liefert bei gleichen Verläufen der Eingangsgrößen auch gleiche Verläufe der Ausgangsgrößen, während es bei Experimenten am realen System durch Störungen (z. B. Messrauschen) auch bei ansonsten identischen Randbedingungen immer wieder zu unterschiedlichen Ergebnissen kommt.
- *Risikofreiheit*: Die Durchführung von Computersimulationen birgt keinerlei Gefährdung für Anlage und Bedienpersonal. Daher lassen sich auch Experimente in Betriebsbereichen durchführen, die an der realen Anlage aus Sicherheitsgründen unbedingt vermieden werden müssen.
- *Änderung von Systemparametern*: In der Simulation ist die Untersuchung des Einflusses einzelner Systemparameter auf das Systemverhalten in einfacher Weise durch Änderung entsprechender Konstanten im Systemmodell und erneute Durchführung des Experimentes möglich. Im realen System kann eine derartige Änderung eines Parameters (z. B. einer Schwungmasse eines mechanischen Systems) mit sehr viel Aufwand verbunden oder sogar nahezu unmöglich sein.

Die Systemanalyse auf Basis von Simulationen ist in der Regel kein einmaliger, linear ablaufender Vorgang, sondern vielmehr eine Art "Simulationskreislauf" wie in Bild 2-12 dargestellt, bei dem man sich der gesuchten Lösung schrittweise nähert. Dabei wird durch eine erste – auf theoretischen Überlegungen oder Experimenten am realen System beruhende – Systemanalyse ein hypothetisches mathematisches Modell erstellt (Zweig *Analyse* in Bild 2-12). Dieses wird dann durch Zeitdiskretisierung in ein entsprechendes Computermodell, d. h. letztlich in ein ablauffähiges Programm, umgesetzt (Zweig *Programmierung*). Durch eine Simulation auf Basis dieses Computermodells können nun Ausgangsgrößenverläufe ermittelt werden, die mit denen am realen System im Experiment ermittelten Verläufen verglichen werden. Dabei wird das Computermodell mit den gleichen Eingangsgrößenverläufen angeregt wie zuvor das reale System. Dieser Vergleich wird als *Validierung* des Modells bezeichnet. Abhängig vom Ergebnis der Validierung kann es anschließend notwendig sein, das mathematische Modell anzupassen (z. B. durch Änderung von Modellparametern) oder sogar strukturell zu modifizieren oder aber das Computermodell zu überarbeiten, beispielsweise durch Wahl einer anderen Diskretisierungsschrittweite (Zweig *Korrektur*). Der Kreislauf wird daher so lange fortgesetzt, bis die Abweichungen zwischen Experiment und Simulation hinreichend gering sind, das mathematische Modell also hinreichend genau ist. Danach kann das entsprechende Computermodell dann für die "eigentlich" interessierenden Simulationsläufe benutzt werden.

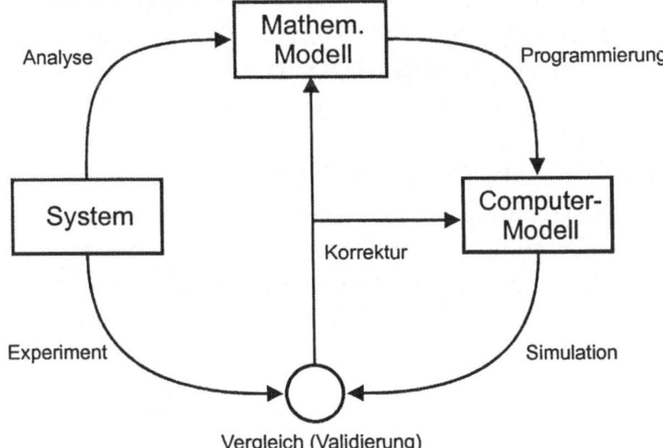

Bild 2-12 Simulationskreislauf

2.3 Typen von Systemmodellen

Ziel der Modellbildung ist ein dem realen System in dem für die Aufgabenstellung interessierenden Rahmen hinreichend genaues Simulationsmodell. Da wir Simulation bereits an früherer Stelle als *Computersimulation* aufgefasst hatten, benötigen wir nachfolgend Simulationsmodelle für eine rechnergestützte Verarbeitung; dies werden in der Regel *mathematische Modelle* sein, die wir an späterer Stelle noch im Detail diskutieren werden. Neben diesem Modelltypus gibt es aber weitere Typen, die zumindest kurz angesprochen werden sollen. Generell ist der Schwierigkeitsgrad der Modellbildung abhängig von der Herkunft des zu modellierenden Prozesses (Bild 2-13). Während wir beispielsweise in der Soziologie oder Politik vorwiegend auf Systeme mit "Black-Box"-Verhalten treffen, die einer Modellbildung kaum zugänglich sind, weisen die uns interessierenden technischen Systeme eine weitaus größere Transparenz ("White-Box"-Verhalten) auf, sodass sich in der Regel mit vertretbarem Aufwand Modelle hinreichender Genauigkeit erstellen lassen.

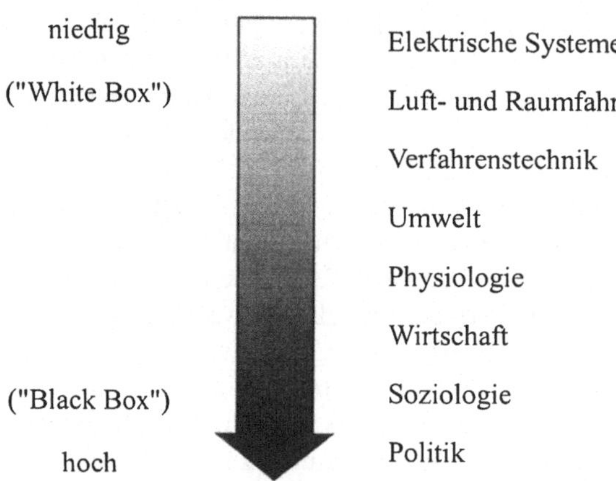

Bild 2-13 Schwierigkeitsgrad der Modellbildung in unterschiedlichen Disziplinen

2.3.1 Maßstabsgetreue Modelle

Bei maßstabsgetreuen Modellen ist das reale System als Ganzes oder zumindest in wesentlichen Teilen im Modell originalgetreu nachgebildet – der Leser mag in diesem Zusammenhang an die ins Kindesalter zurückreichende Sammlung von Matchbox-Autos, die Leserin an ihre Barbie*-Puppensammlung denken (oder umgekehrt). Das Modell kann dabei prinzipiell auch Originalgröße besitzen, wird meist aber – je nach Zweck des Modells und Größe des Originals – gegenüber dem realen System verkleinert oder vergrößert sein (Bild 2-14). Dient das Modell als Simulationsgrundlage, so genügt es, wenn die problemrelevanten Teile hinreichend genau nachgebildet werden. Soll beispielsweise der Prototyp eines neuen Automodells im Windkanal auf seine Aerodynamik (Luftwiderstand) hin analysiert oder optimiert werden, so genügt es in der Regel, die äußere Form des Wagens nachzubilden, während das Wageninnere ohne Einfluss auf das Strömungsverhalten ist und damit beim Modellaufbau außen vor bleiben kann (Bild 2-14 unten).

---

* Diesbezüglich mehren sich unter Experten in jüngster Zeit die Diskussionen darüber, ob wirklich *alle* Körperteile maßstabsgerecht dargestellt werden...

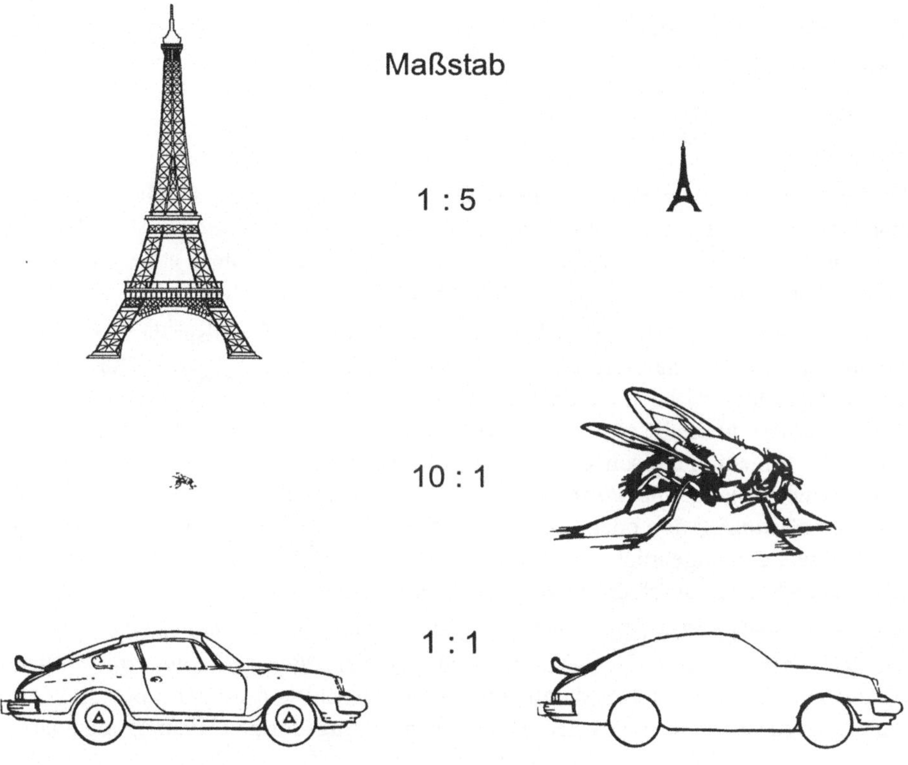

Bild 2-14 Maßstabsgetreue Modelle

2.3.2 Modelle auf Basis von System-Analogien

Zwischen technischen Systemen unterschiedlicher Art (z. B. elektrischen und mechanischen Systemen) existieren gewisse Analogien bezüglich der Systemgrößen und ihrer Beziehungen. Diese Analogien lassen sich nutzen, um z. B. ein zu analysierendes mechanisches System durch ein analoges elektrisches System (welches dann das Systemmodell darstellt) zu ersetzen, an diesem dann die interessierenden Untersuchungen (z. B. in Form von experimentellen Studien oder auch analytischen Untersuchungen) durchzuführen und die erhaltenen Ergebnisse anschließend wieder auf das mechanische (Original-) System zu übertragen. Diese Vorgehensweise wurde noch bis vor einigen Jahren recht intensiv auf so genannten *Analogrechnern* benutzt, bei denen das Systemmodell durch "Verdrahtung" entsprechender elektronischer Bauelemente (beispielsweise Operationsverstärker-Schaltungen und Potentiometer) aufgebaut wurde; heutzutage spielen Analogrechner wegen der gestiegenen Leistungsfähigkeit und gesunkenen Anschaffungskosten von Digitalrechnern nur noch eine untergeordnete Rolle.

Um den Grundgedanken dieser Vorgehensweise zu verstehen, wollen wir etwas weiter ausholen. Technische Systeme können unterschiedlichen Typs sein; wir kennen

- elektrische Systeme,

- mechanisch-translatorische Systeme,
- mechanisch-rotatorische Systeme,
- Strömungssysteme (hydraulisch oder pneumatisch) und
- thermische Systeme.

Alle genannten Systemtypen – wir wollen im Folgenden voraussetzen, dass es sich jeweils um *lineare* Systeme handelt – weisen bestimmte Gemeinsamkeiten, d. h. Analogien bezüglich ihrer Zustandsgrößen und der Beziehungen zwischen diesen auf. Wir wollen diese etwas abstrakte Formulierung zunächst an der Typklasse des elektrischen Systems erläutern.

Technische Systeme besitzen zunächst in der Regel zwei Typen von Zustandsgrößen: die *flow*-Zustandsgröße und die *effort*-Zustandsgröße. Die *flow*-Zustandsgröße (engl. *flow*: Durchfluss) oder kurz *f*-Zustandsgröße wird auch als *Durchgangsgröße* oder *Durchgröße* bezeichnet, da gewisse Größen dieser Art durch die zur Messung der Größen herangezogenen Messinstrumente *hindurch*laufen. Bei einem elektrischen System stellt der Strom i die *f*-Zustandsgröße dar – er *fließt* durch ein Amperemeter. Die *effort*- oder kurz *e*-Zustandsgröße (engl. *effort*: Aufwand) wird auch als *Überbrückungsgröße* oder *Quergröße* bezeichnet, da sie messtechnisch jeweils zwischen zwei Punkten, dem eigentlichen Messpunkt und einem Bezugspunkt, erfasst wird; sie wird beim elektrischen System durch die elektrische Spannung u repräsentiert.

Neben den beiden Zustandsgrößen (die manchmal auch als *Intensitätsgrößen* bezeichnet werden) weist das technische System auch entsprechende *Bilanzgrößen* (*akkumulierte* Größen, *Quantitätsgrößen*) auf. Diese entstehen durch Integration der Zustandsgrößen über die Zeit, d. h. die Zustandsgrößen stellen die zeitlichen Ableitungen der zugehörigen Bilanzgrößen dar:

$$\frac{\mathrm{d}}{\mathrm{d}t}(\mathit{Bilanzgr\ddot{o}\beta e}) = \mathit{Zustandsgr\ddot{o}\beta e}$$

Zur Unterscheidung von den Zustandsgrößen werden die Bilanzgrößen zusätzlich mit dem Index *a* (für *akkumuliert*) versehen und somit als f_a- bzw. e_a-Bilanzgröße bezeichnet. Beim elektrischen System ergibt sich die f_a-Bilanzgröße durch Integration des Stroms und wird damit durch die Ladung q gebildet. Die e_a-Bilanzgröße erhalten wir durch Integration der Spannung in Form des magnetischen Flusses Φ.

Sowohl für die Speicherung der *f*-Zustandsgröße als auch der *e*-Zustandsgröße besitzt das technische System Bauelemente, die als Speicherglieder (Energiespeicher) fungieren und dementsprechend als *f*- bzw. *e*-Speicher bezeichnet werden. Beim elektrischen System dient zur Speicherung des Stroms die Kapazität C und zur Speicherung der elektrischen Spannung die Induktivität L. Diese Speicher bilden jeweils das "Koppelglied" zwischen den entsprechenden Zustands- und Bilanzgrößen.

Die in einem technischen System gespeicherte Energie setzt sich zusammen aus zwei Arten von Energie, die wir (in Anlehnung an mechanische Systeme) als *potentielle Energie* E_p und *kinetische Energie* E_k bezeichnen wollen. Die potentielle Energie ergibt sich als Integral der *f*-Zustandsgröße über die e_a-Bilanzgröße. Für elektrische Systeme gilt also

$$\begin{aligned} E_\mathrm{p} &= \int f \, \mathrm{d}e_\mathrm{a} \\ &= \int i \, \mathrm{d}\Phi \\ &= \int i \, \mathrm{d}Li \\ &= \frac{1}{2} L i^2, \end{aligned} \tag{2.11}$$

die "potentielle" Energie entspricht bei diesem Systemtyp also der in der vom Strom i durchflossenen Induktivität L gespeicherten magnetischen Energie. Die kinetische Energie ergibt sich als Integral der e-Zustandsgröße über die f_a-Bilanzgröße. Für elektrische Systeme gilt demzufolge

$$\begin{aligned} E_\mathrm{k} &= \int e \, \mathrm{d}f_\mathrm{a} \\ &= \int u \, \mathrm{d}q \\ &= \int u \, \mathrm{d}Cu \\ &= \frac{1}{2} C u^2, \end{aligned} \tag{2.12}$$

die "kinetische" Energie entspricht also der in der auf die Spannung u aufgeladenen Kapazität C gespeicherten elektrischen Energie.

Neben den beiden Typen von Energiespeichern besitzt jeder technische Systemtyp einen *Verbraucher*, der eine irreversible Umwandlung von (z. B. elektrischer) Energie in Wärmeenergie bewirkt. Die am Verbraucher umgesetzte Leistung p ergibt sich dabei als Produkt der beiden Zustandsgrößen – es gilt also für ein elektrisches System

$$\begin{aligned} p &= e\,f \\ &= u\,i\,. \end{aligned} \tag{2.13}$$

Den Verbraucher stellt bei diesem Systemtyp der ohmsche Widerstand R dar, wobei für die umgesetzte Leistung aufgrund des ohmschen Gesetzes die Gleichung

$$p = u\,i = \frac{u^2}{R} = i^2 R$$

gilt.

Die Beziehungen zwischen Zustandsgrößen, Bilanzgrößen und Systemparametern (Speicher, Verbraucher) lassen sich in übersichtlicher Form grafisch darstellen, indem man die Größen als Ecken eines Vierecks auffasst und die Beziehungen als Pfeile darstellt. Diese Darstellungsform, die erstmalig von *Paynter* gewählt wurde, wird folgerichtig als *Payntersches Viereck* bezeichnet (Bild 2-15).

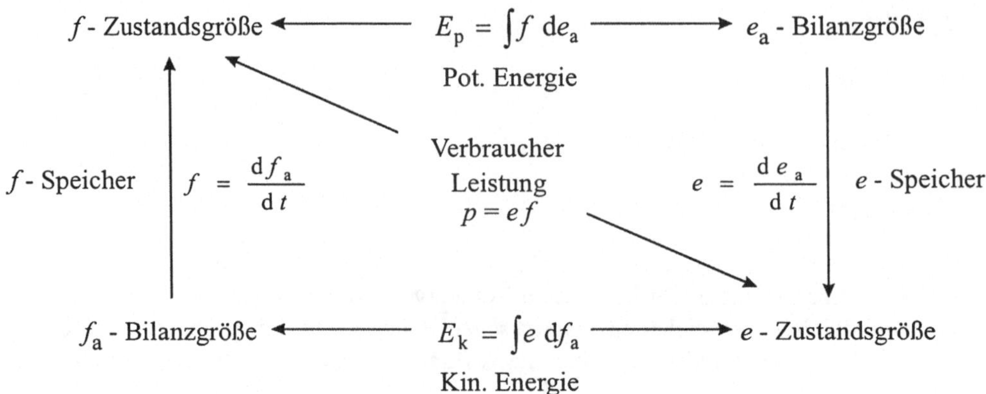

Bild 2-15 Struktur des Paynterschen Vierecks

Betrachten wir nunmehr den Typ des mechanisch-translatorischen Systems. Die beiden interessierenden Zustandsgrößen sind hier die Kraft f und die Geschwindigkeit v. Die Zuordnung dieser beiden Größen zur f- bzw. e-Zustandsgröße ist bei diesem Systemtyp nicht eindeutig; beide Analogien sind möglich [13]. Zumeist wird die *Analogie 2. Art* gewählt, bei der die Kraft als f-Zustandsgröße und die Geschwindigkeit als e-Zustandsgröße gewählt wird, da diese Zuordnung zu schaltungstreuen mechanischen "Netzwerken" führt; wir werden dazu in Kürze ein Beispiel betrachten. Als f_a-Bilanzgröße erhalten wir dann den Impuls p und als e_a-Bilanzgröße die Verschiebung (Weg) x.

Den f-Speicher bildet beim mechanisch-translatorischen System die träge Masse m, die in der Masse gespeicherte kinetische Energie ist in diesem Fall gegeben durch

$$\begin{aligned} E_k &= \int v \, dp \\ &= \int v \, dmv \\ &= \frac{1}{2} mv^2. \end{aligned} \tag{2.14}$$

Den e-Speicher stellt die Feder mit der Federsteifigkeit k dar, wobei die Federkraft proportional zur Auslenkung der Feder ist. Für die in der Feder gespeicherte potentielle Energie gilt dann

$$\begin{aligned} E_p &= \int f \, dx \\ &= \int k \, x \, dx \\ &= \frac{1}{2} kx^2. \end{aligned} \tag{2.15}$$

Als Verbraucher fungiert im mechanisch-translatorischen System der Dämpfer mit der Dämpfung d, wobei die auftretende Reibungskraft geschwindigkeitsproportional ist. Wir erhalten dann für die im Dämpfer umgesetzte Leistung die Beziehung

$$p = v\,f = v^2 d\,. \tag{2.16}$$

Bild 2-16 stellt die Analogien zwischen den jeweiligen Systemkomponenten (Speicher und Verbraucher) noch einmal gegenüber. Bei den Komponentengleichungen ist dabei zu beachten, dass die Federsteifigkeit k beim mechanisch-translatorischen System dem Kehrwert der Induktivität L beim elektrischen System entspricht; außerdem entspricht die Dämpfung d des mechanisch-translatorischen Systems dem Kehrwert des ohmschen Widerstandes R in der Komponentengleichung des elektrischen Verbrauchers.

Wir wollen die Analogien zwischen beiden Systemtypen an einem einfachen Beispiel überprüfen. Dazu betrachten wir als mechanisch-translatorisches System zunächst den gedämpften Schwinger nach Bild 2-17, der von einer eingeprägten Kraft F angeregt wird. Wir interessieren uns in diesem Fall exemplarisch für die Federkraft f_k.

Zur Analyse des Schwingers setzen wir zunächst die "Knotengleichung" für die im Punkt P angreifenden Kräfte an. Es gilt dann

$$f_m + f_d + f_k = F, \tag{2.17}$$

wobei f_m die auf die Masse einwirkende Kraft, f_d die Dämpferkraft und f_k die Federkraft ist. Ersetzen wir nun f_m und f_d durch die entsprechenden Komponentengleichungen, so erhalten wir

$$m\dot{v} + d\,v + f_k = F. \tag{2.18}$$

Um die Geschwindigkeit aus dieser Gleichung zu eliminieren, differenzieren wir die Komponentengleichung der Feder und lösen sie nach v auf:

$$\begin{aligned} & f_k = k\int v\,\mathrm{d}t \\ \Rightarrow\quad & \dot{f}_k = k\,v \\ \Rightarrow\quad & v = \frac{1}{k}\dot{f}_k \end{aligned} \tag{2.19}$$

Setzen wir diese Beziehung in Gleichung 2.18 ein, so erhalten wir schließlich die lineare Differentialgleichung 2. Ordnung

$$\boxed{\frac{m}{k}\ddot{f}_k + \frac{d}{k}\dot{f}_k + f_k = F}\,. \tag{2.20}$$

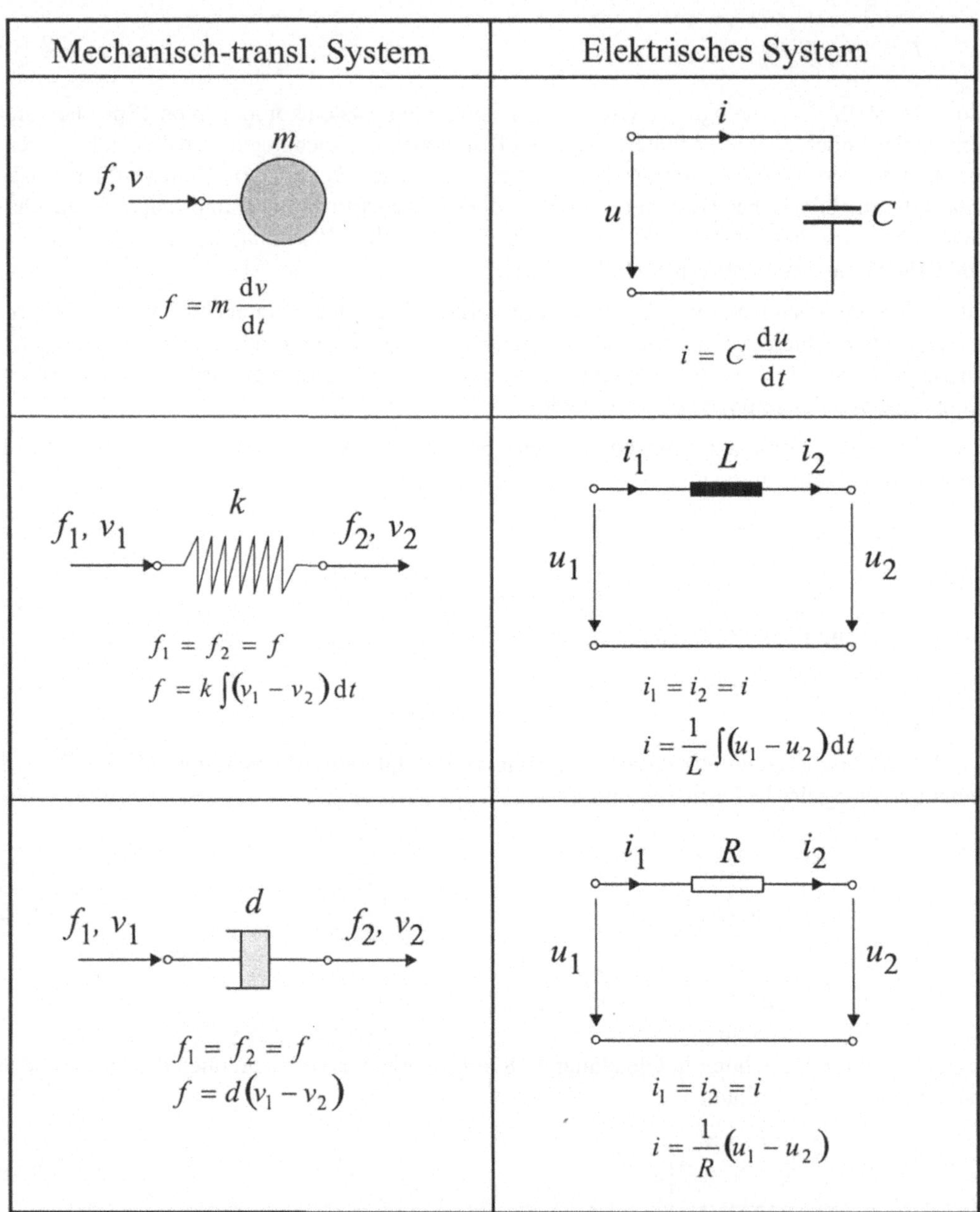

Bild 2-16 Analogien zwischen mechanisch-translatorischen und elektrischen Systemen

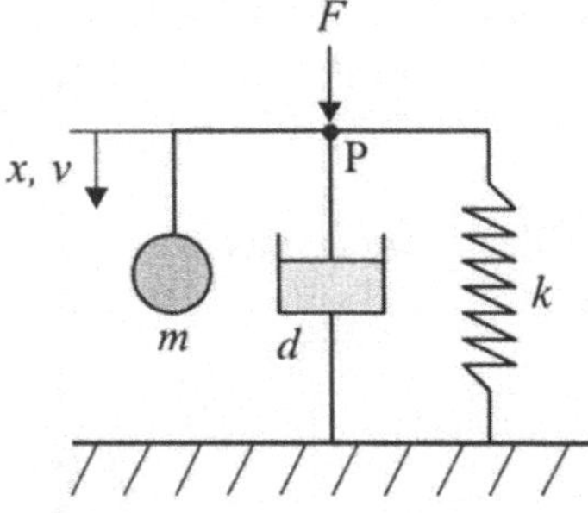

Bild 2-17 Gedämpfter mechanischer Schwinger

Bild 2-18 zeigt den analogen elektrischen Schwingkreis, der von einem eingeprägten Strom I gespeist wird. Die Federkraft entspricht hier dem durch die Induktivität fließenden Strom i_L. Das 1. Kirchhoffsche Gesetz (Knotengleichung) liefert für die Ströme die Beziehung

$$i_C + i_R + i_L = I. \tag{2.21}$$

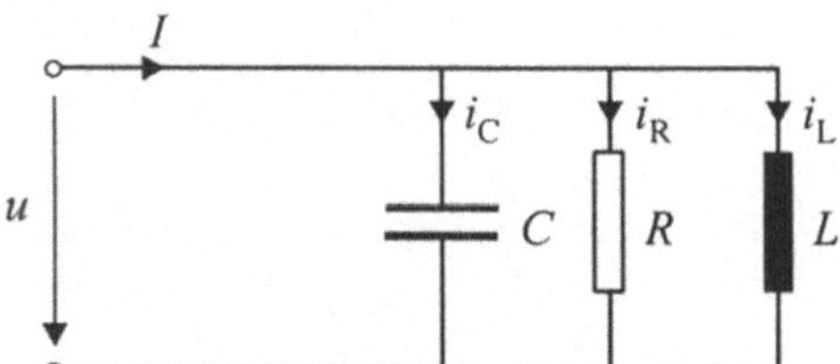

Bild 2-18 Analoger elektrischer Schwingkreis

Wir ersetzen die durch Kondensator bzw. ohmschen Widerstand fließenden Ströme zunächst wiederum durch die entsprechenden Komponentengleichungen und erhalten auf diese Weise

$$C\dot{u} + \frac{1}{R}u + i_L = I. \tag{2.22}$$

Um die Spannung u zu eliminieren, differenzieren wir die Komponentengleichung der Induktivität und stellen sie nach u um; wir erhalten dann

$$\begin{aligned} & i_L = \frac{1}{L}\int u \, dt \\ \Rightarrow \quad & \dot{i}_L = \frac{1}{L}u \\ \Rightarrow \quad & u = L\dot{i}_L. \end{aligned} \tag{2.23}$$

Setzen wir diese Beziehung in Gleichung 2.22 ein, erhalten wir für unser elektrisches Netzwerk letztendlich die Beziehung

$$\boxed{LC\ddot{i}_{\mathrm{L}} + \frac{L}{R}\dot{i}_{\mathrm{L}} + i_{\mathrm{L}} = I}\,. \tag{2.24}$$

Wie unschwer zu erkennen ist, entspricht diese Gleichung strukturell der für den mechanischen Schwinger erhaltenen Gleichung 2.20, wobei die Analogien

$$\boxed{\begin{array}{l} F \mathrel{\hat{=}} I, \quad f_{\mathrm{k}} \mathrel{\hat{=}} i_{\mathrm{L}} \\ m \mathrel{\hat{=}} C, \; k \mathrel{\hat{=}} \frac{1}{L}, \; d \mathrel{\hat{=}} \frac{1}{R} \end{array}} \tag{2.25}$$

gelten.

Wir wollen ein zweites, etwas komplexeres Beispiel betrachten: die Radaufhängung eines Kraftfahrzeugs, wie sie in Bild 2-19 skizziert ist. Es handelt sich dabei ersichtlich um einen Zwei-Massen-Schwinger, sodass die Gesamtordnung des Systems vier beträgt.

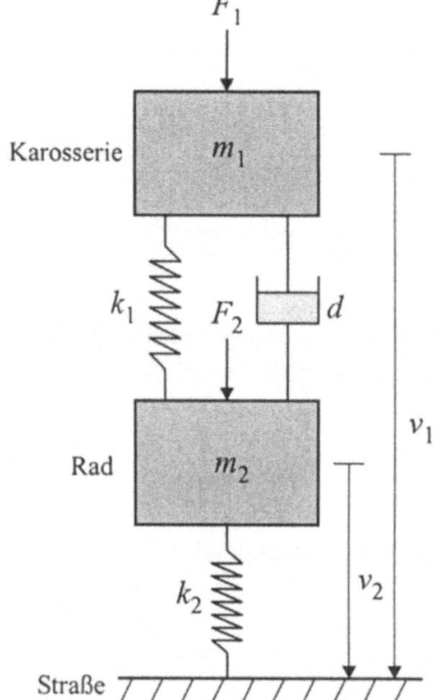

Bild 2-19 Radaufhängung eines Kraftfahrzeugs

Bild 2-20 zeigt das analoge elektrische Netzwerk, wobei statt der "elektrischen" Parameter bereits die entsprechenden Systemparameter des mechanischen Systems (Massen, Federkonstanten und Dämpfung) eingetragen sind. Dieses Netzwerk kann nun mit Hilfe der aus der Analyse linearer Netzwerke bekannten Methoden modelliert werden.

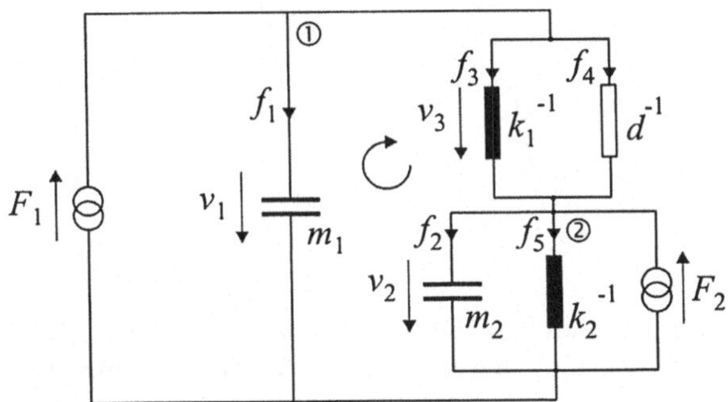

Bild 2-20 Analoges elektrisches Netzwerk

Zunächst wenden wir die Knotenregel an. Diese besagt, dass die Summe aller in einen Knoten hineinfließenden Ströme null ergeben muss. Wir erhalten für die Knoten ① und ② die Gleichungen

$$\begin{aligned} F_1 &= f_1 + f_3 + f_4 \\ F_2 &= f_2 + f_5 - (f_3 + f_4) \end{aligned} \tag{2.26}$$

Die Maschenregel (2. Kirchhoffsches Gesetz) besagt, dass die Summe aller Spannungen bei einem Umlauf in einer Masche ebenfalls null ergeben muss; wir erhalten für unser Netzwerk daher die Maschengleichung

$$v_1 = v_2 + v_3 \, . \tag{2.27}$$

Schließlich benötigen wir zur Analyse noch die Komponentengleichungen für Kapazitäten, Induktivitäten sowie den ohmschen Widerstand. Sie lauten

$$\begin{aligned} f_1 &= m_1 \frac{\mathrm{d}v_1}{\mathrm{d}t} \\ f_2 &= m_2 \frac{\mathrm{d}v_2}{\mathrm{d}t} \\ \frac{\mathrm{d}f_3}{\mathrm{d}t} &= k_1 v_3 \\ f_4 &= d\, v_3 \\ \frac{\mathrm{d}f_5}{\mathrm{d}t} &= k_2 v_2 \end{aligned} \tag{2.28}$$

Als Zustandsgrößen wählen wir die Spannungen v_1 und v_2 sowie die Ströme f_3 und f_5. Als Differentialgleichungssystem für unser Netzwerk ergibt sich dann nach einigen einfachen Umformungen

$$\begin{pmatrix} \dot{v}_1 \\ \dot{v}_2 \\ \dot{f}_3 \\ \dot{f}_5 \end{pmatrix} = \begin{pmatrix} -d/m_1 & d/m_1 & -1/m_1 & 0 \\ d/m_2 & -d/m_2 & 1/m_2 & -1/m_2 \\ k_1 & k_1 & 0 & 0 \\ 0 & k_2 & 0 & 0 \end{pmatrix} \cdot \begin{pmatrix} v_1 \\ v_2 \\ f_3 \\ f_5 \end{pmatrix} + \begin{pmatrix} 1/m_1 & 0 \\ 0 & 1/m_2 \\ 0 & 0 \\ 0 & 0 \end{pmatrix} \cdot \begin{pmatrix} F_1 \\ F_2 \end{pmatrix} \tag{2.29}$$

Wir wollen die Analogiebetrachtungen damit abschließen. Die Vorgehensweise bei mechanisch-rotatorischen Systemen, Strömungssystemen und thermischen Systemen ist prinzipiell die gleiche; speziell bei Strömungssystemen und thermischen Systemen ist jedoch zu beachten, dass diese Systemtypen in der Regel *verteilte Parameter* aufweisen, sodass die Analogie zu den konzentrierten Bauelementen elektrischer Netzwerke nur eingeschränkt gilt. Wir werden auf das Problem der Modellierung von Systemen mit verteilten Parametern an späterer Stelle noch einmal zurückkommen. Bild 2-21 gibt einen Überblick über Zustandsgrößen, Bilanzgrößen, Speicher und Verbraucher aller Systemtypen. Interessant ist dabei, dass thermische Systeme auch insofern eine Besonderheit aufweisen, als dass für die e-Zustandsgröße (nämlich die Temperatur) *kein* entsprechender Speichertyp und somit auch keine zugehörige Bilanzgröße existiert.

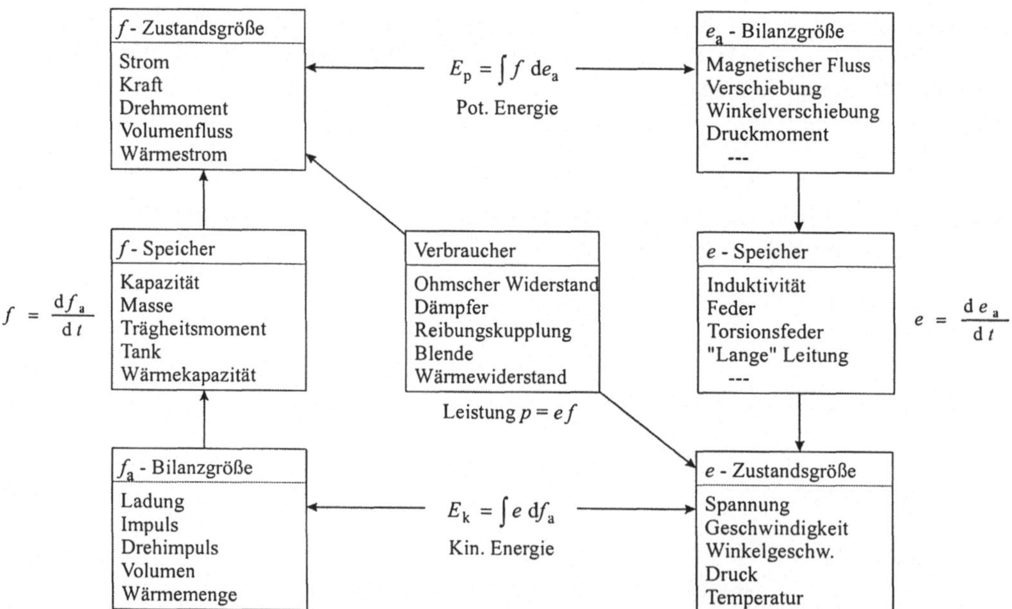

Bild 2-21 Payntersches Viereck für unterschiedliche Systemtypen (Reihenfolge von oben nach unten: elektrisch, mechanisch-translatorisch, mechanisch-rotatorisch, Strömungssystem, thermisch)

2.3.3 Klassifizierung dynamischer Systeme

Die Klassifizierung eines Systems kann – unabhängig davon, welche Funktion das System in einer übergeordneten Struktur wahrnimmt – anhand einer Vielzahl von Systemeigenschaften vorgenommen werden. Dabei gilt allgemein, dass gewisse Eigenschaften ein System als besonders "angenehm" in Bezug auf die mathematische Handhabbarkeit erscheinen lassen, während andere Systemeigenschaften die Systemanalyse erschweren.

Eine der wesentlichsten Systemeigenschaften überhaupt ist die *Linearität*. Grundlage dafür ist die Gültigkeit des *Superpositionsprinzips*, häufig auch als *Überlagerungsgesetz* bezeichnet. Dieses Prinzip besagt zunächst, dass die Reaktion eines linearen Systems auf eine Summe von Eingangssignalen gleich der Summe der Reaktionen auf die Einzelsignale ist. Mathematisch formuliert:

Die Eingangsgröße $u_1(t)$ führe zur Ausgangsgröße $y_1(t)$

Die Eingangsgröße $u_2(t)$ führe zur Ausgangsgröße $y_2(t)$

$$\Downarrow$$

$u(t) = u_1(t) + u_2(t)$ führt zur Ausgangsgröße $y(t) = y_1(t) + y_2(t)$

Weiterhin muss das Verstärkungsprinzip gelten:

Die Eingangsgröße $u_1(t)$ führe zur Ausgangsgröße $y_1(t)$

Die Eingangsgröße $u(t) = c_1 u_1(t)$ führt zur Ausgangsgröße $y(t) = c_1 y_1(t)$

Beide Prinzipien lassen sich zusammenfassen zur Forderung

Die Eingangsgröße $u_1(t)$ führe zur Ausgangsgröße $y_1(t)$

Die Eingangsgröße $u_2(t)$ führe zur Ausgangsgröße $y_2(t)$

$$\Downarrow$$

$u(t) = c_1 u_1(t) + c_2 u_2(t)$ führt zur Ausgangsgröße $y(t) = c_1 y_1(t) + c_2 y_2(t)$

Diese Forderung gilt für *beliebige* Eingangsgrößen $u_1(t)$, $u_2(t)$ und Faktoren c_1, c_2 !

Die Eigenschaft der Linearität hat weit reichende Konsequenzen. Sie ermöglicht es, anhand geeigneter *Testsignale* Aussagen über das Systemverhalten zu gewinnen, die sich dann aufgrund des Superpositionsprinzips unmittelbar auf allgemeinere Eingangsgrößen übertragen lassen. Auch die mathematische Handhabbarkeit des Systemmodells profitiert ganz erheblich von der Linearität. Darauf werden wir in Kürze noch genauer eingehen.

Bei *nichtlinearen* Systemen gilt das Superpositionsprinzip demgegenüber nicht. Ein einfaches Beispiel dafür stellt eine Begrenzungskennlinie dar, wie sie in Bild 2-22 skizziert ist und typischerweise bei einfachen Stellgliedern wie etwa Ventilen auftritt*. Schalten wir auf ein der-

---

* Streng genommen handelt es sich bei diesem Kennlinienglied natürlich um kein dynamisches, sondern um ein statisches System.

artiges Kennlinienglied etwa ein sinusförmiges Eingangssignal $u_1(t) = u_{\max} \sin t$, so passiert dieses das Kennlinienglied – sieht man von der konstanten Verstärkung $y_{\max} / u_{\max}$ ab – unverändert und wir erhalten am Ausgang das Signal $y_1(t) = y_{\max} \sin t$. Geben wir nunmehr die Eingangsgröße $u(t) = 2u_1(t)$ vor, so besitzt diese die Amplitude $2u_{\max}$, sodass die Begrenzung des Gliedes aktiv wird und das Ausgangssignal auf den Bereich $\pm y_{\max}$ beschneidet. Die für Linearität erforderliche Beziehung

$$y(t) \overset{!}{=} 2y_1(t)$$

ist hier also nicht erfüllt. Das Kennlinienglied weist Linearität nur für Eingangssignale mit $|u(t)| \leq u_{\max}$ auf.

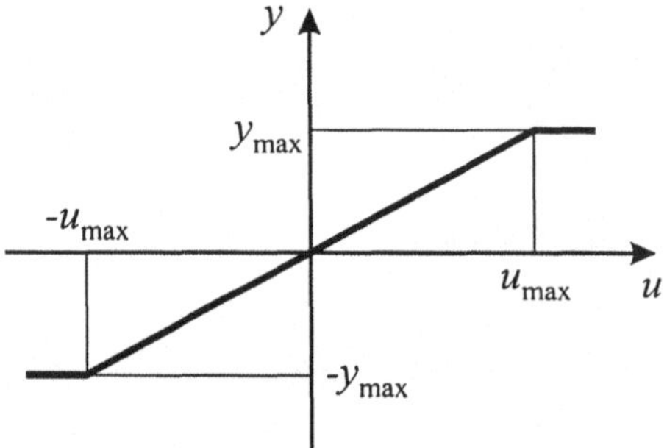

Bild 2-22 Beispiel für ein nichtlineares System

Als *zeitinvariant* werden solche Systeme bezeichnet, deren Übertragungseigenschaften sich mit der Zeit nicht ändern. Dies bedeutet insbesondere, dass das Systemmodell keine von der Zeit abhängigen Parameter aufweist. Demgegenüber kann ein *zeitvariantes* System unterschiedliches Verhalten aufweisen, je nachdem, zu welchem Zeitpunkt wir das System betrachten. So sind beispielsweise Flugkörper häufig zeitvariante Systeme, da sich ihre Masse während des Fluges durch den Verbrauch von Treibstoff ändert. Bei zeitvarianten Systemen spielt einerseits die Geschwindigkeit der Änderung von Systemparametern eine Rolle, andererseits auch die Art (sprungförmige Änderung, Drifterscheinungen, ...).

Zu den am schwersten zugänglichen Systemen gehören solche mit *verteilten Parametern*. Diese zeichnen sich dadurch aus, dass alle oder einzelne Zustandsgrößen des Systems nicht nur von der Zeit, sondern zusätzlich von anderen Größen, meist Ortskoordinaten, abhängig sind. Zu dieser Klasse gehören im wesentlichen Strömungs- und thermische Systeme, wie sie typischerweise in der Verfahrenstechnik auftreten. Betrachten wir als Beispiel einen langgestreckten Raum, der von einer Wärmequelle an einem Ende des Raumes geheizt wird (Bild 2-23). Dann werden wir die Temperaturerhöhung zunächst nur in unmittelbarer Nähe der Wärmequelle spüren, während sie sich am entgegengesetzten Ende des Raumes erst nach einer gewissen Zeit bemerkbar macht. Die Temperatur als interessierende Zustandsgröße hängt in diesem Fall also nicht nur von der Zeit, sondern zumindest auch von der Ortskoordinate z ab. Sind womöglich auch Höhe und Breite des Raumes nicht mehr vernachlässigbar, so kommen zwei zusätzliche Ortskoordinaten hinzu. Demgegenüber besitzen etwa elektrische Netzwerke (zumindest in gewissen Frequenzbereichen) oder mechanische Systeme im allgemeinen *konzentrierte Parameter*. Die einzige unabhängige Variable ist hier die Zeit.

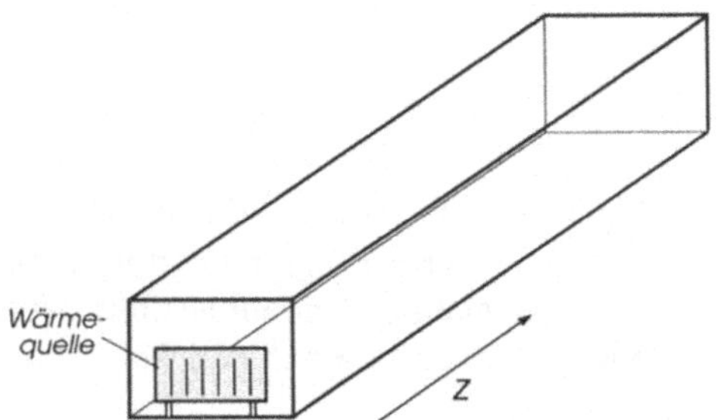

Bild 2-23 Beispielsystem mit verteilten Parametern

Als letzte Eigenschaft wollen wir die *Kausalität* eines Übertragungssystems betrachten. Das Kausalitätsprinzip besagt, dass die Ausgangsgröße eines Systems zum Zeitpunkt $t = t_0$ nur von Werten der Eingangsgröße für Zeiten $t \leq t_0$ abhängen darf – also Werten, die in der Gegenwart oder Vergangenheit liegen, nicht aber von zukünftigen Werten. Umgangssprachlich formuliert bedeutet dies, dass ein kausales System keinerlei "hellseherische" Fähigkeiten aufweisen darf (die Wirkung darf erst *nach* der Ursache auftreten). Aus dieser Formulierung wird unmittelbar klar, dass reale technische Systeme in jedem Fall kausal sind. Die Forderung nach Kausalität ist daher unkritisch.

Neben den bisher erläuterten Systemeigenschaften gibt es eine Vielzahl weitergehender Merkmale, von denen zumindest der Begriff der *Stabilität*, einer der zentralen Begriffe beispielsweise der Regelungstechnik, noch kurz angesprochen werden soll. Dabei ist die Frage nach der Stabilität eines Systems nicht ohne weiteres eindeutig beantwortbar, da es – speziell für nichtlineare Systeme – eine ganze Reihe unterschiedlicher Definitionen gibt. Am anschaulichsten ist wohl der Begriff der *BIBO-Stabilität* (Bounded Input - Bounded Output). Danach heißt ein Übertragungssystem genau dann stabil, wenn es auf *jede beschränkte Eingangsgröße* mit einer *beschränkten Ausgangsgröße* antwortet. Zur Erläuterung zeigt Bild 2-24 mögliche Verläufe der Ausgangsgröße bei einem Eingangssprung für ein stabiles und ein instabiles System.

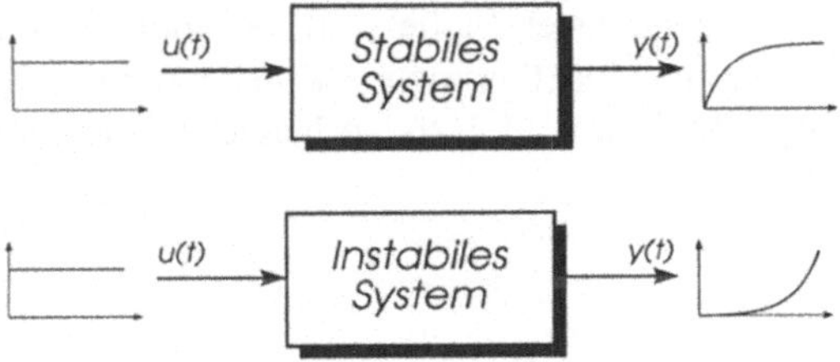

Bild 2-24 Zum Begriff der BIBO-Stabilität

2.3.4 Mathematische Modelle

2.3.4.1 Übersicht

Für die Durchführung von Computersimulationen benötigen wir ein *mathematisches Modell* des zu simulierenden Systems, welches dann – entweder durch direkte Programmierung oder indirekt beispielsweise über eine blockorientierte Simulationsumgebung – in ein ausführbares Computerprogramm überführt wird. Mathematische Modelle können unterschiedlicher Natur sein; wir kennen u. a.

- Ablaufdiagramme, Flussdiagramme oder *Petri*-Netze
- Tabellen oder Kennlinien bzw. Kennfelder
- Mathematische Gleichungen bzw. Gleichungssysteme
- Differentialgleichungen bzw. Differentialgleichungssysteme
- ...

Ablaufdiagramme, Flussdiagramme und die komplexeren *Petri*-Netze eignen sich vorwiegend zur Modellierung von ereignisdiskreten Systemen – wir werden sie im Folgenden daher nicht weiter betrachten. Tabellen und Kennlinien bzw. Kennfelder tauchen zumeist im Zusammenhang mit der Beschreibung des statischen Systemverhaltens auf, insbesondere wenn dieses Verhalten anhand experimenteller Messungen erfasst wurde. Bild 2-25 zeigt als Beispiel das Kennfeld eines Verbrennungsmotors. Dargestellt ist in diesem Fall die Motorleistung in Abhängigkeit von Drehzahl (Abszissenachse) und Drehmoment (Ordinatenachse) des Motors. Zur rechnerinternen Verarbeitung müssen Kennlinien und Kennfelder zunächst diskretisiert, d. h. durch eine endliche Anzahl von Stützstellen repräsentiert werden, zwischen denen dann bei der späteren Simulation z. B. linear interpoliert wird. Alternativ dazu kann auch zuvor eine Approximation durch geeignete mathematische Funktionen (z. B. Polynome) erfolgen, die dann wiederum direkt im Simulationsprogramm ausgewertet werden können.

Mathematische Gleichungen (z. B. algebraischer oder trigonometrischer Natur) treten in einer Vielzahl von Modellstrukturen und an den unterschiedlichsten Stellen auf, beispielsweise zur Beschreibung des statischen Systemverhaltens oder zur Modellierung einfacher Systemkomponenten. Betrachten wir etwa einen Summationspunkt nach Bild 2-26, so lautet die zugehörige Systemgleichung trivialerweise

$$y = \sum_{i=1}^{n} u_i .$$

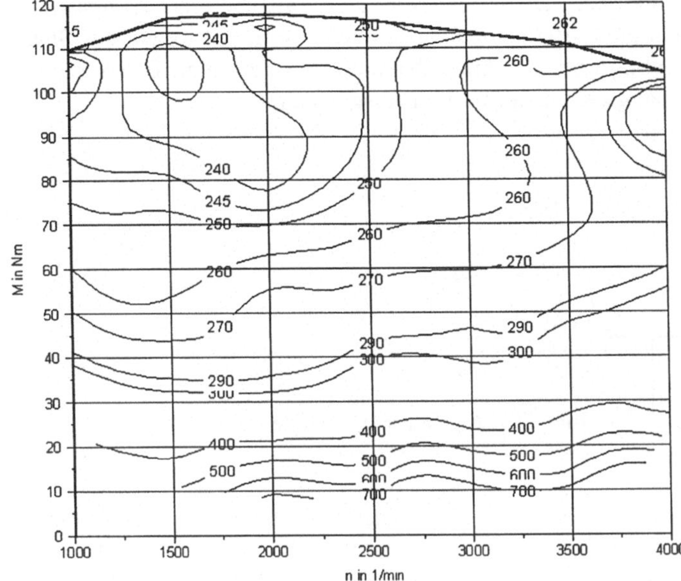

Bild 2-25 Motor-Kennfeld

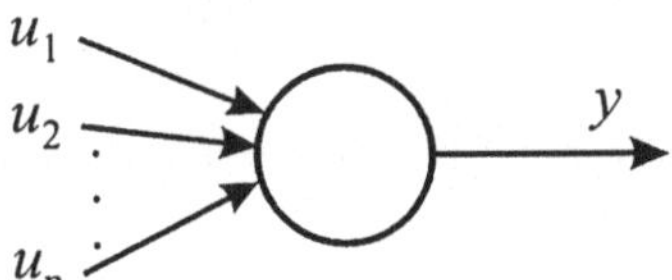

Bild 2-26 Summationspunkt

Da es sich bei dieser Systemgleichung um eine *explizite* Gleichung der Form

$$y = f(u_1, u_2, \ldots u_n)$$

handelt (die Ausgangsgröße taucht nur auf der linken Seite der Gleichung auf, die Eingangsgrößen befinden sich ausschließlich auf der rechten Seite), kann sie unmittelbar im Simulationsprogramm umgesetzt werden. Schwieriger wird es, wenn die Gleichung *impliziter* Natur ist, d. h. sich nicht unmittelbar nach der Ausgangsgröße auflösen lässt. Die Gleichung hat dann bei n Eingangsgrößen und einer Ausgangsgröße die Gestalt

$$F(u_1, u_2, \ldots u_n, y) = 0$$

bzw. bei nur einer Eingangsgröße

$$F(u, y) = 0. \tag{2.30}$$

Gleichungen dieser Art tauchen in Simulationsstrukturen beispielsweise dann auf, wenn ein Signal direkt – d. h. ohne Verzögerung – auf den Systemeingang zurückgekoppelt wird, wie es bei der Struktur in Bild 2-27 der Fall ist. Man spricht in diesem Fall von einer so genannten *algebraischen Schleife* (auch wenn die Systemgleichung in diesem Beispiel wegen des Sinusterms strenggenommen keine algebraische Gleichung darstellt). Im gezeigten Beispiel lautet die Gleichung für den Zusammenhang zwischen Ein- und Ausgangsgröße

$$y = \sin(u - y)$$

$$\Rightarrow \qquad y - \sin(u - y) = 0.$$

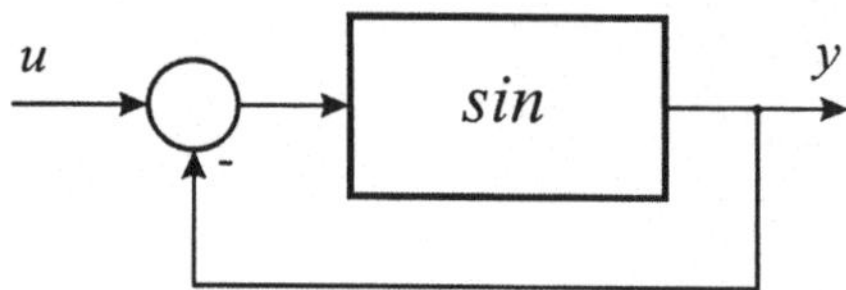

Bild 2-27 Algebraische Schleife

Zur Lösung derartiger Gleichungen existiert eine Reihe numerischer Verfahren. Am bekanntesten ist wohl das *Newton*-Verfahren [18], welches ausgehend von einem vorzugebenden Startwert $y^{(0)}$ die gesuchte Nullstelle von $F(u, y)$ nach der Iterationsvorschrift

$$y^{(i+1)} = y^{(i)} - \frac{F(u, y^{(i)})}{F'(u, y^{(i)})}$$

zu finden versucht. Darin ist $F'(u, y)$ die Ableitung von $F(u, y)$ nach y. Für unser Beispiel erhalten wir

$$F(u, y) = y - \sin(u - y)$$

$$\Rightarrow \qquad F'(u,\ y) = 1 + \cos(u - y).$$

Die Iterationsvorschrift lautet demnach

$$y^{(i+1)} = y^{(i)} - \frac{y^{(i)} - \sin(u - y^{(i)})}{1 + \cos(u - y^{(i)})}.$$

Betrachten wir z. B. einen Eingangswert von $u = 1$ und wählen einen Startwert von $y^{(0)} = 5$, so erhalten wir den in nachfolgender Tabelle dargestellten Iterationsverlauf für die ersten zehn Iterationen. Wie zu erkennen ist, ist der Ausgangsgrößenwert nach dem siebten Iterationsschritt im Rahmen der dargestellten Stellenzahl exakt bestimmt.

i	$y^{(i)}$	$y^{(i)} - \sin(u - y^{(i)})$
0	5.0000	4.2432
1	-7.2510	-8.1732
2	6.0741	5.1389
3	2.2786	3.2362
4	-0.2338	-1.1776
5	0.6512	0.3094
6	0.4917	0.0050
7	0.4890	0.0000
8	0.4890	0.0000
9	0.4890	0.0000
10	0.4890	0.0000

Je nach Typ der Funktion $F(u, y)$ kann Gleichung 2.30 eine, mehrere oder auch gar keine Lösung besitzen. Ob das *Newton*-Verfahren überhaupt konvergiert und falls ja, gegen welche Lösung, hängt dann jeweils wesentlich von der Wahl des Startwertes $y^{(0)}$ ab. Je näher dieser an der gesuchten Lösung liegt, umso wahrscheinlicher und schneller wird diese in der Regel auch gefunden.

Starten Sie das Programm NEWTON.EXE von der Begleit-CD. Dieses Programm ermöglicht die Lösung der algebraischen Schleife mit Hilfe des *Newton*-Verfahrens für das vorgestellte Beispiel. Geben Sie in den entsprechenden Editierfeldern jeweils verschiedene Werte für Eingangsgröße, Startwert und Anzahl der Iterationen ein und überprüfen Sie, inwieweit die korrekte Lösung gefunden wird.

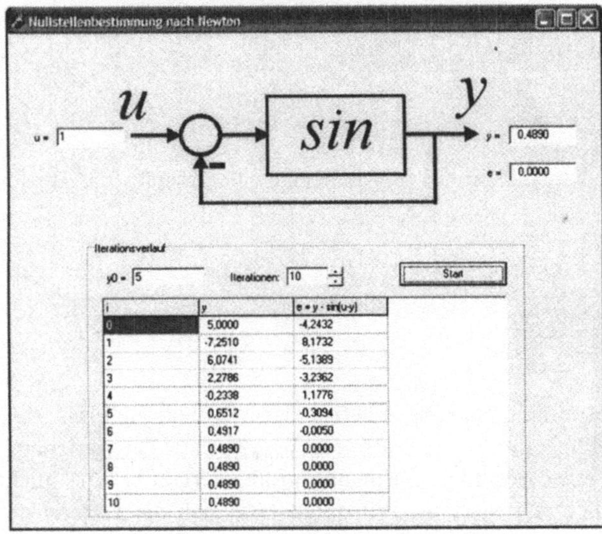

Bild 2-28 Programm NEWTON

Differentialgleichungen und Differentialgleichungssysteme dienen zur Modellierung der dynamischen Anteile zeitkontinuierlicher Systeme; ihre Lösung bringt verglichen mit den bisher angesprochenen Modelltypen die größten Schwierigkeiten – insbesondere im Hinblick auf die numerische Genauigkeit – mit sich. Aus diesem Grunde werden wir uns mit diesen Modelltypen in den folgenden Abschnitten detaillierter beschäftigen.

2.3.4.2 Lineare Differentialgleichungen

Wir betrachten zunächst die lineare Differentialgleichung n-ter Ordnung

$$y^{(n)} + a_{n-1}y^{(n-1)} + \ldots + a_1\dot{y} + a_0 y = b_m u^{(m)} + b_{m-1}u^{(m-1)} + \ldots + b_1\dot{u} + b_0 u, \quad m \le n \qquad (2.31)$$

für ein (lineares) System mit der Eingangsgröße u und der Ausgangsgröße y. Darin ist $y^{(n)}$ die n-te Ableitung der Ausgangsgröße nach der Zeit und $u^{(m)}$ die m-te Ableitung der Eingangsgröße. Die Konstanten $a_{n-1} \ldots a_0$ bzw. $b_m \ldots b_0$ sind dabei zunächst *formale* Modellparameter, die in der Regel keine direkte physikalische Bedeutung haben, sondern sich auf irgendeine Art und Weise aus den physikalischen Parametern zusammensetzen. Werfen wir unseren Blick noch einmal zurück auf den elektrischen Schwingkreis nach Bild 2-18. Die Differentialgleichung für den Zusammenhang zwischen Eingangsgröße (eingeprägter Strom I) und Ausgangsgröße (Spulenstrom i_L) lautete dort

$$LC\ddot{i}_L + \frac{L}{R}\dot{i}_L + i_L = I$$

bzw. nach Division beider Seiten durch LC

$$\ddot{i}_L + \frac{1}{RC}\dot{i}_L + \frac{1}{LC}i_L = \frac{1}{LC}I.$$

Dies entspricht der allgemeinen Differentialgleichung 2. Ordnung

$$\ddot{y} + a_1\dot{y} + a_0 y = b_0 u,$$

wobei für den Zusammenhang zwischen formalen und physikalischen Parametern die Beziehungen

$$a_1 = \frac{1}{RC}, \; a_0 = \frac{1}{LC}, \; b_0 = \frac{1}{LC}$$

gelten.

Eine wesentliche Eigenschaft der Differentialgleichung 2.31 ist, dass sie lediglich das *Ein-/Ausgangsverhalten* des Systems beschreibt, ihre Lösung also nur den Verlauf der Ausgangsgröße des Systems bei Anregung durch einen bestimmten Eingangsgrößenverlauf liefert – nicht jedoch Informationen über *innere* Größen des Systems. Prinzipiell lässt sich die Lösung der Differentialgleichung bei bekanntem Eingangsgrößenverlauf $u(t)$ und der Kenntnis der Ausgangsgröße und ihrer ersten bis n-ten Ableitung zum Zeitpunkt $t = 0$ mit Hilfe der Differentialrechnung analytisch berechnen (siehe z. B. [13]). Wir wollen uns an dieser Stelle mit dem Wissen begnügen, dass sich die Lösung der Differentialgleichung zusammensetzt aus zwei Teilen, von denen der erste die Lösung der so genannten *homogenen Differentialgleichung*

$$y^{(n)} + a_{n-1}y^{(n-1)} + \ldots + a_1\dot{y} + a_0 y = 0$$

darstellt und aus einer Summe von Exponentialfunktionen (bei schwingfähigen Systemen ergänzt um Sinus- bzw. Kosinusterme) besteht, während der zweite Anteil vom Eingangsgrößenverlauf $u(t)$ abhängt.

2.3.4.3 Nichtlineare Differentialgleichungen

Als Beispiel für ein System, das durch eine nichtlineare Differentialgleichung beschrieben wird, betrachten wir den Feder-Masse-Schwinger nach Bild 2-29. Wir wollen zunächst annehmen, dass die Rückstellkraft F_R der Feder proportional zur Federauslenkung ist, also durch die Gleichung

$$F_R = k\,x$$

gegeben ist (Hooksche Feder). Als Differentialgleichung für den Schwinger erhalten wir dann

$$m\,\ddot{x} + k\,x = m\,g,$$

eine lineare Differentialgleichung zweiter Ordnung für einen ungedämpften Schwinger.

Ersetzen wir die Hooksche Feder nunmehr durch eine progressive Feder, bei der die Rückstellkraft z. B. gemäß der Gleichung

$$F_R = k\,x^3$$

mit der Auslenkung x ansteigt, so erhalten wir als resultierende Differentialgleichung

$$m\,\ddot{x} + k\,x^3 = m\,g,$$

also eine nichtlineare Differentialgleichung zweiter Ordnung.

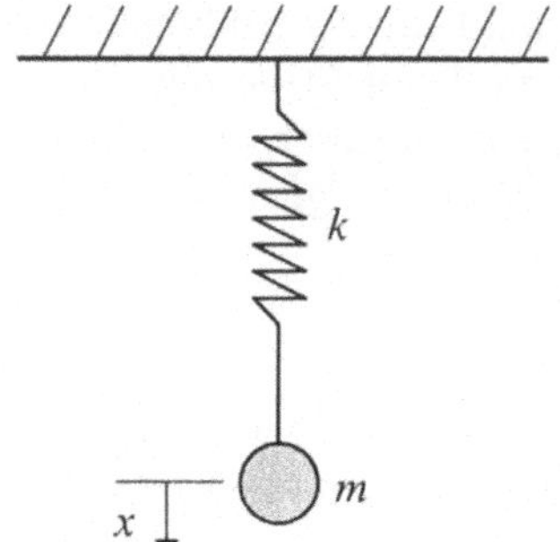

Bild 2-29 Feder-Masse-System

Im Gegensatz zu linearen Differentialgleichungen sind nichtlineare Differentialgleichungen in der Regel nicht mehr analytisch lösbar. Gegebenenfalls kann man die Differentialgleichung jedoch um einen bestimmten Arbeitspunkt *linearisieren*, sodass eine lineare Differentialgleichung entsteht, die das System dann jedoch nur in unmittelbarer Umgebung des Arbeitspunktes hinreichend genau beschreibt. Wir werden diese Vorgehensweise bei der Besprechung nichtlinearer Differentialgleichungssysteme noch eingehender betrachten.

2.3.4.4 Übertragungsfunktionen

Eine zur linearen Differentialgleichung alternative Beschreibung linearer Systeme stellt die so genannte *Übertragungsfunktion* dar. Sie bietet gegenüber der Differentialgleichung insbesondere Vorteile bei der Bearbeitung zusammengesetzter Systeme (z. B. Reihenschaltungen von Übertragungsgliedern), da die Übertragungsfunktion des Gesamtsystems in solchen Fällen recht einfach aus den Übertragungsfunktionen der Teilsysteme ermittelt werden kann. Die mathematische Grundlage der Übertragungsfunktion bildet die *Laplace-Transformation*, bei der die Zeitfunktionen $u(t)$ und $y(t)$ in die entsprechenden Laplace-Transformierten $U(s)$ und $Y(s)$ übergehen (s ist die Variable der Laplace-Transformation und entspricht der Variablen t im Zeitbereich). Wir wollen uns mit der zugrunde liegenden mathematischen Theorie – die ohne Zweifel eine gewisse Komplexität aufweist – nicht näher beschäftigen, da wir sie zum Verständnis der späteren Themen nicht benötigen. Es soll uns genügen zu erfahren, wie wir aus einer linearen Differentialgleichung die analoge Übertragungsfunktion ermitteln können (und umgekehrt).

Dazu betrachten wir zunächst noch einmal Gleichung 2.31

$$y^{(n)} + a_{n-1}y^{(n-1)} + \ldots + a_1\dot{y} + a_0 y = b_m u^{(m)} + b_{m-1}u^{(m-1)} + \ldots + b_1\dot{u} + b_0 u, \quad m \le n$$

für ein System mit der Eingangsgröße $u(t)$ und der Ausgangsgröße $y(t)$. Zur Ermittlung der Übertragungsfunktion werden nun beide Seiten der Laplace-Transformation unterzogen*. Der entscheidende Punkt dabei ist, dass die Ableitung einer Zeitfunktion nach der Zeit im Laplace-Bereich der *Multiplikation mit der Laplace-Variablen s* entspricht. Es gilt also für die einzelnen Zeitfunktionen beim Übergang in den Laplace-Bereich

* Wir setzen nachfolgend stillschweigend voraus, dass alle Anfangswerte verschwinden, d. h. null sind.

$$y(t) \rightarrow Y(s)$$
$$\dot{y}(t) \rightarrow sY(s)$$
$$\ddot{y}(t) \rightarrow s^2Y(s)$$
$$\vdots$$
$$y^{(n)} \rightarrow s^nY(s)$$

bzw.

$$u(t) \rightarrow U(s)$$
$$\dot{u}(t) \rightarrow sU(s)$$
$$\ddot{u}(t) \rightarrow s^2U(s)$$
$$\vdots$$
$$u^{(m)} \rightarrow s^mU(s).$$

Damit geht unsere Differentialgleichung über in

$$s^nY(s) + a_{n-1}s^{n-1}Y(s) + \ldots + a_1sY(s) + a_0Y(s) = b_ms^mU(s) + b_{m-1}s^{m-1}U(s) + \ldots + b_1sU(s) + b_0U(s).$$

Durch die Laplace-Transformation wird aus der Differentialgleichung also eine "ganz normale" algebraische Gleichung! Die Übertragungsfunktion $G(s)$ selbst ist in nun definiert als der Quotient aus der Laplace-Transformierten von Ausgangsgröße und Eingangsgröße. Wir erhalten also

$$G(s) = \frac{Y(s)}{U(s)} = \frac{b_ms^m + b_{m-1}s^{m-1} + \ldots + b_1s + b_0}{s^n + a_{n-1}s^{n-1} + \ldots + a_1s + a_0}.$$

Die Informationsmenge, die eine Übertragungsfunktion über ein System enthält, ist mit derjenigen einer linearen Differentialgleichung absolut identisch. Auch die Übertragungsfunktion beschreibt (daher auch ihr Name) lediglich das Ein-/Ausgangsverhalten des Systems, liefert also keinerlei Informationen über seine inneren Zustände.

Betrachten wir nun beispielsweise die Reihen- oder Parallelschaltung mehrerer Teilsysteme, so können wir die Übertragungsfunktion des Gesamtsystems jeweils auf einfache Weise aus den Übertragungsfunktionen der Teilsysteme ermitteln (Bild 2-30). So gilt für die Übertragungsfunktion einer Reihenschaltung

$$G(s) = G_1(s) \cdot G_2(s) \cdot \ldots \cdot G_n(s)$$

und im Falle einer Parallelschaltung

$$G(s) = G_1(s) + G_2(s) + \ldots + G_n(s).$$

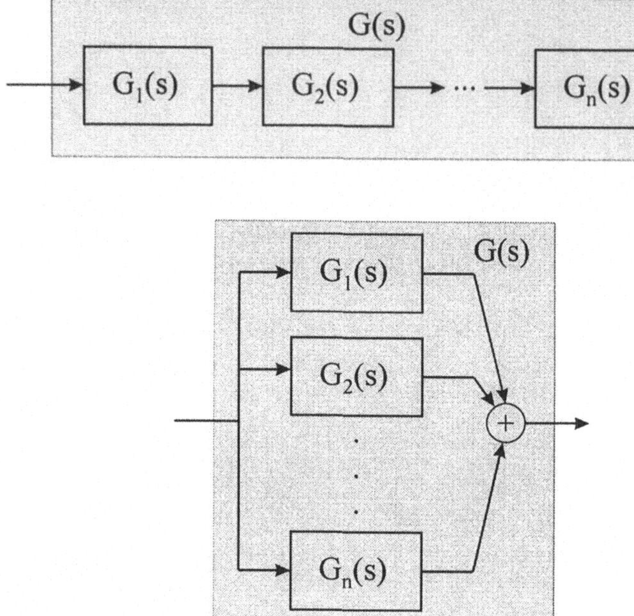

Bild 2-30 Übertragungsfunktion von Reihen- und Parallelschaltungen

Wir betrachten als Beispiel die Struktur nach Bild 2-31. Die Übertragungsfunktion dazu lautet

$$G(s) = \left(\frac{1}{s} + \frac{1}{s+1}\right)\frac{1}{s} = \frac{2s+1}{s^2+s} \cdot \frac{1}{s} = \frac{2s+1}{s^3+s^2}.$$

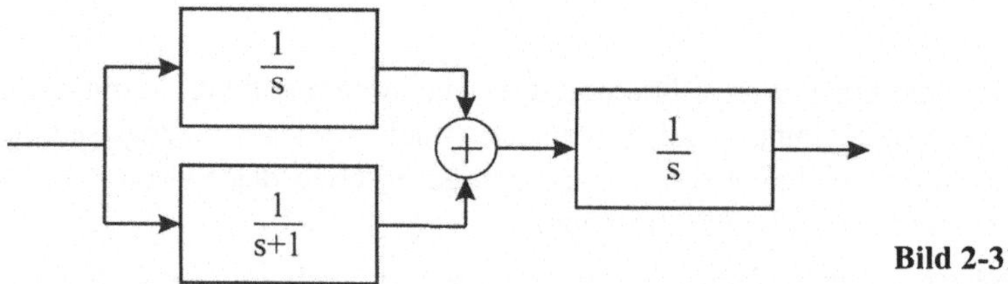

Bild 2-31

2.3.4.5 Lineare Differentialgleichungssysteme

Wie wir bereits sehen konnten, lassen sich lineare Systeme n-ter Ordnung durch eine Differentialgleichung der Form 2.31 beschreiben, die das Ein-/Ausgangsverhalten des Systems widerspiegelt. Eine alternative Darstellungsform, die einen Einblick auch in das "Innere" des Systems gestattet, ist die eines Systems von n linearen Differentialgleichungen 1. Ordnung. Dieses hat für ein System mit einer Eingangsgröße und einer Ausgangsgröße die Form

$$\dot{\underline{x}} = \underline{\underline{A}}\,\underline{x} + \underline{b}\,u, \quad y = \underline{c}^{\mathrm{T}}\,\underline{x} + d\,u$$

oder ausgeschrieben

$$\begin{pmatrix} \dot{x}_1 \\ \dot{x}_2 \\ \vdots \\ \dot{x}_n \end{pmatrix} = \begin{pmatrix} a_{11} & a_{12} & \dots & a_{1n} \\ a_{21} & a_{22} & \dots & a_{2n} \\ \vdots & \vdots & \vdots & \vdots \\ a_{n1} & a_{n2} & \dots & a_{nn} \end{pmatrix} \cdot \begin{pmatrix} x_1 \\ x_2 \\ \vdots \\ x_n \end{pmatrix} + \begin{pmatrix} b_1 \\ b_2 \\ \vdots \\ b_n \end{pmatrix} \cdot u, \quad y = \begin{pmatrix} c_1 & c_2 & \dots & c_n \end{pmatrix} \cdot \begin{pmatrix} x_1 \\ x_2 \\ \vdots \\ x_n \end{pmatrix} + d\,u. \tag{2.32}$$

Dabei repräsentiert der Vektor $\underline{x}$ die *n Zustandsgrößen* des Systems. Diese sind dadurch charakterisiert, dass die Kenntnis des Systemszustands $\underline{x}(t_0)$ zu einem beliebigen Zeitpunkt t_0 für die Vorhersage des zukünftigen Systemverhaltens (d. h. des Systemverhaltens für $t > t_0$) bei einem beliebigen Eingangsgrößenverlauf $u(t > t_0)$ ausreicht; jede Zustandsgröße entspricht dabei einem (unabhängigen) Energiespeicher im System. Das obige Differentialgleichungssystem wird daher häufig auch als *Zustandsraumdarstellung* bezeichnet. Die Wahl der Zustandsgrößen ist in der Regel nicht eindeutig; wir werden dazu in Kürze ein Beispiel betrachten.

Die Matrix $\underline{\underline{A}}$ wird als *Systemmatrix* bezeichnet und charakterisiert im Wesentlichen die innere Systemdynamik. Der Vektor $\underline{b}$ wird *Eingangsvektor* genannt; er zeigt an, wie die Eingangsgröße u auf die einzelnen Zustandsgrößen wirkt. Entsprechend kennzeichnet der *Ausgangsvektor* $\underline{c}$, wie sich die Ausgangsgröße aus den Zustandsgrößen zusammensetzt. Der *Durchgriff d* schließlich beschreibt den unmittelbaren (d. h. nicht zeitverzögerten) Einfluss der Eingangsgröße auf die Ausgangsgröße.

Bevor wir ein Beispiel betrachten sei angemerkt, dass sich diese Form der Modelldarstellung in einfacher Weise auch auf Systeme mit mehreren Eingangsgrößen und/oder Ausgangsgrößen erweitern lässt; im allgemeinen Fall eines linearen Systems mit m Eingangsgrößen und l Ausgangsgrößen lautet Gleichung 2.32 dann

$$\dot{\underline{x}} = \underline{\underline{A}}\,\underline{x} + \underline{\underline{B}}\,\underline{u}, \quad \underline{y} = \underline{\underline{C}}\,\underline{x} + \underline{\underline{D}}\,\underline{u}. \tag{2.33}$$

Die *Eingangsmatrix* $\underline{\underline{B}}$ hat in diesem Fall die Dimension $n \times m$, die *Ausgangsmatrix* $\underline{\underline{C}}$ die Dimension $l \times n$ und die Durchgangsmatrix $\underline{\underline{D}}$ die Dimension $l \times m$. Die Eingangsgrößen schließlich werden durch den *Eingangsvektor* $\underline{u}$ mit der Dimension m und die Ausgangsgrößen durch den *Ausgangsvektor* $\underline{y}$ mit der Dimension l repräsentiert.

Wir betrachten zur Verdeutlichung noch einmal den elektrischen Schwingkreis nach Bild 2.18, für den wir seinerzeit eine lineare Differentialgleichung zweiter Ordnung für den Spulenstrom i_{L} hergeleitet hatten. Wir wollen nun versuchen, das Netzwerk durch ein System von zwei Differentialgleichungen erster Ordnung zu beschreiben. Als erste Zustandsgröße und gleichzeitig Ausgangsgröße wählen wir wiederum den Spulenstrom i_{L}, als zweite Zustandsgröße die Spannung u. Eingangsgröße unseres Systems ist weiterhin der eingeprägte Strom I. Die erste Differentialgleichung des gesuchten Differentialgleichungssystems entspricht dann unmittelbar der Komponentengleichung der Spule; sie lautet

$$\dot{i}_L = \frac{1}{L} u.$$

Zur Ermittlung der zweiten Differentialgleichung gehen wir zunächst wieder aus von der Knotengleichung für die Ströme

$$i_C + i_R + i_L = I.$$

Diese Gleichung lösen wir nach dem Kondensatorstrom auf und erhalten

$$i_C = I - i_R - i_L.$$

Setzen wir hierin nun die Komponentengleichungen für Kondensator und ohmschen Widerstand ein, so ergibt sich

$$C\dot{u} = I - \frac{1}{R}u - i_L$$

und nach Division durch C und Umstellung

$$\dot{u} = -\frac{1}{RC}u - \frac{1}{C}i_L + \frac{1}{C}I.$$

Damit ist unser Differentialgleichungssystem für die gewählten Zustandsgrößen komplett – es lautet

$$\underbrace{\begin{pmatrix} \dot{i}_L \\ \dot{u} \end{pmatrix}}_{\dot{\underline{x}}} = \underbrace{\begin{pmatrix} 0 & \frac{1}{L} \\ -\frac{1}{C} & -\frac{1}{RC} \end{pmatrix}}_{\underline{A}} \cdot \underbrace{\begin{pmatrix} i_L \\ u \end{pmatrix}}_{\underline{x}} + \underbrace{\begin{pmatrix} 0 \\ \frac{1}{C} \end{pmatrix}}_{\underline{b}} \cdot I, \quad y = \underbrace{\begin{pmatrix} 1 & 0 \end{pmatrix}}_{\underline{c}^T} \cdot \begin{pmatrix} i_L \\ u \end{pmatrix}.$$

Die Wahl der Zustandsgrößen ist nicht eindeutig. In unserem Fall können wir beispielsweise statt der Spannung u auch den Strom i_R durch den ohmschen Widerstand als Zustandsgröße wählen. Wir brauchen dann gemäß ohmschem Gesetz lediglich u durch den Ausdruck $i_R R$ zu ersetzen und die Gleichungen umzustellen. Als Differentialgleichungssystem erhalten wir dann

$$\begin{pmatrix} \dot{i}_L \\ \dot{i}_R \end{pmatrix} = \begin{pmatrix} 0 & \frac{R}{L} \\ -\frac{1}{RC} & -\frac{1}{C} \end{pmatrix} \cdot \begin{pmatrix} i_L \\ i_R \end{pmatrix} + \begin{pmatrix} 0 \\ \frac{1}{RC} \end{pmatrix} \cdot I, \quad y = \begin{pmatrix} 1 & 0 \end{pmatrix} \cdot \begin{pmatrix} i_L \\ i_R \end{pmatrix}.$$

Beide Differentialgleichungssysteme beschreiben *dasselbe* System und sind daher bezüglich des Ein-/Ausgangsverhalten identisch*. Sie enthalten aber gegenüber einer Differentialgleichung n-ter Ordnung bzw. der entsprechenden Übertragungsfunktion *mehr* Informationen über das System, da sich aus ihnen nicht nur die Ausgangsgröße, sondern darüber hinaus auch sämtliche jeweils gewählten Zustandsgrößen des Systems ermitteln lassen.

Umgekehrt lässt sich jede lineare Differentialgleichung n-ter Ordnung in ein System von n Differentialgleichungen erster Ordnung mit identischem Ein-/Ausgangsverhalten überführen. Dieses Gleichungssystem ist nicht eindeutig – es gibt sogar unendlich viele "passende" Differentialgleichungssysteme, die sich nur in der Wahl der Zustandsgrößen unterscheiden. Die einfachste Möglichkeit stellt die so genannte *Regelungsnormalform* (*Frobenius*-Form) dar, die sich direkt aus den Koeffizienten der Differentialgleichung

$$y^{(n)} + a_{n-1}y^{(n-1)} + \ldots + a_1\dot{y} + a_0 y = b_m u^{(m)} + b_{m-1}u^{(m-1)} + \ldots + b_1\dot{u} + b_0 u, \quad m \le n$$

ergibt. Bei dieser Darstellung wird die erste Zustandsgröße x_1 so gewählt, dass für die Ausgangsgröße

$$y = b_0 x_1 + b_1 \dot{x}_1 + \ldots + b_n x_1^{(n)}$$

gilt. Es lässt sich zeigen, dass die Zustandsraumdarstellung dann die Form

$$\begin{aligned}
\dot{x}_1 &= x_2 \\
\dot{x}_2 &= x_3 \\
\dot{x}_3 &= x_4 \\
&\vdots \\
\dot{x}_{n-1} &= x_n \\
\dot{x}_n &= -a_0 x_1 - a_1 x_2 - a_2 x_3 - a_3 x_4 \ldots - a_{n-1} x_n + u \\
y &= (b_0 - b_n a_0)x_1 + (b_1 - b_n a_1)x_2 + \ldots + (b_{n-1} - b_n a_{n-1})x_n + b_n u
\end{aligned}$$

bzw. in Matrixdarstellung

* Lineare Differentialgleichungssysteme lassen sich in eine bezüglich des Ein-/Ausgangsverhaltens analoge Differentialgleichung höherer Ordnung bzw. in eine Übertragungsfunktion überführen. Dies ist jedoch bei Systemen höherer Ordnung mit einigem mathematischen Aufwand verbunden, sodass wir an dieser Stelle nicht näher darauf eingehen wollen. Die Umrechnung der beiden von uns aufgestellten Differentialgleichungssysteme würde in diesem Fall zu *identischen* Differentialgleichungen führen.

$$\underline{\dot{x}} = \begin{pmatrix} 0 & 1 & 0 & 0 & \dots & 0 \\ 0 & 0 & 1 & 0 & \dots & 0 \\ 0 & 0 & 0 & 1 & \dots & 0 \\ \vdots & & & & \ddots & \vdots \\ 0 & 0 & 0 & 0 & 0 & 1 \\ -a_0 & -a_1 & -a_2 & -a_3 & \dots & -a_{n-1} \end{pmatrix} \cdot \underline{\dot{x}} + \begin{pmatrix} 0 \\ 0 \\ 0 \\ \vdots \\ 0 \\ 1 \end{pmatrix} \cdot u$$

$$y = (b_0 - b_n a_0 \quad b_1 - b_n a_1 \quad \dots \quad b_{n-1} - b_n a_{n-1}) \cdot \underline{x} + b_n u$$

hat. Bei technischen Systemen gilt in der Regel $m < n$; der Koeffizient b_n (und damit auch der Durchgriff d) wird dann zu null und die Ausgangsgrößenberechnung vereinfacht sich zu

$$y = \begin{pmatrix} b_0 & b_1 & \dots & b_{n-1} \end{pmatrix} \cdot \underline{x} \,.$$

Wie wir erkennen können, tauchen in der letzten Zeile der Systemmatrix $\underline{A}$ gerade die Koeffizienten der linken Seite der Differentialgleichung mit negativem Vorzeichnen auf; ansonsten weist die Systemmatrix nur Nullen und Einsen auf. Der Eingangsvektor $\underline{b}$ enthält lediglich in der letzten Zeile eine Eins und sonst nur Nullen, während wir die Koeffizienten der rechten Seite der Differentialgleichung im Ausgangsvektor $\underline{c}$ wiederfinden. Das Aufstellen der Regelungsnormalform kann daher für $m < n$ völlig ohne "Rechenarbeit" erfolgen.

Wir betrachten zur Abwechlung mal wieder ein mechanisches System, nämlich den Schwinger nach Bild 2.32. Die Dämpferkraft sei proportional zur Geschwindigkeit und die Rückstellkraft der Feder proportional zur Federauslenkung. Eingangsgröße $u(t)$ sei die auf die Masse einwirkende äußere Kraft, Ausgangsgröße $y(t)$ die Position der Masse. Zunächst wollen wir das System durch eine Differentialgleichung zweiter Ordnung modellieren. Dazu bilden wir die Summe aller an der Masse angreifenden Kräfte. Es gilt dann

$$m\,\ddot{y} = u - d\,\dot{y} - k\,y$$

bzw. nach Umstellung und Division durch m

$$\ddot{y} + \underbrace{\frac{d}{m}}_{a_1}\dot{y} + \underbrace{\frac{k}{m}}_{a_0}y = \underbrace{\frac{1}{m}}_{b_0}u \,.$$

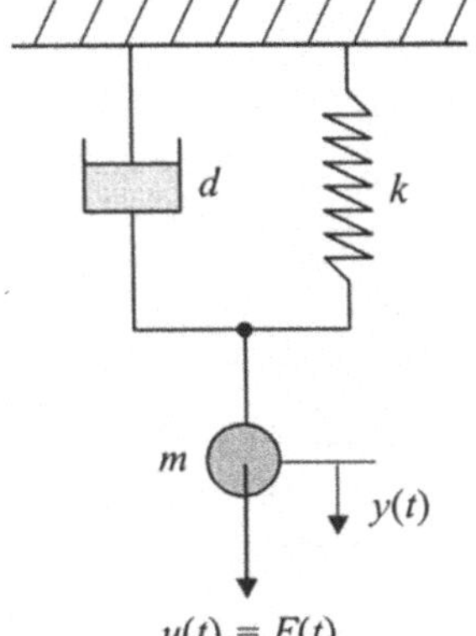

Bild 2-32 Mechanischer Schwinger

Bringen wir diese Differentialgleichung nunmehr in ein Zustandsraummodell in der Regelungsnormalform, so erhalten wir

$$\underline{\dot{x}} = \begin{pmatrix} 0 & 1 \\ -\dfrac{k}{m} & -\dfrac{d}{m} \end{pmatrix} \cdot \underline{x} + \begin{pmatrix} 0 \\ 1 \end{pmatrix} \cdot u, \quad y = \begin{pmatrix} \dfrac{1}{m} & 0 \end{pmatrix} \cdot \underline{x}\,.$$

Wir hatten oben erwähnt, dass ein Zustandsraummodell in der Regel mehr Informationen über das Systemverhalten liefert als eine Differentialgleichung höherer Ordnung. Dies könnte nunmehr zu dem Schluss führen, durch die Umwandlung der Differentialgleichung in die Zustandsraumdarstellung hätten wir einen Informationsgewinn in die Systemdarstellung "hineintransformiert". Dies ist natürlich nicht der Fall, da die in der Regelungsnormalform auftretenden Zustandsgrößen im Allgemeinen keinen direkten physikalischen Bezug haben. Wir können dies am gerade betrachteten Beispiel erkennen. Für die Ausgangsgröße $y(t)$ (Position der Masse) gilt in der Regelungsnormalform

$$y = \frac{1}{m} x_1 \Rightarrow x_1 = m\, y,$$

d. h. die erste Zustandsgröße entspricht dem Produkt aus Masse und Position der Masse. Für die zweite Zustandsgröße gilt

$$\dot{x}_1 = x_2 \Rightarrow x_2 = m\, \dot{y} = m\, v,$$

d. h. die zweite Zustandsgröße entspricht dem Produkt aus Masse und Geschwindigkeit der Masse.

Der Zusammenhang zwischen den Zustandsgrößen in der Regelungsnormalform wird noch deutlicher, wenn wir sie uns in einem Blockschaltbild anschauen (Bild 2-33). Wir können erkennen, dass sich – ausgehend von der ersten Zustandsgröße x_1 – die anderen Zustandsgrößen jeweils durch Differentiation ergeben.

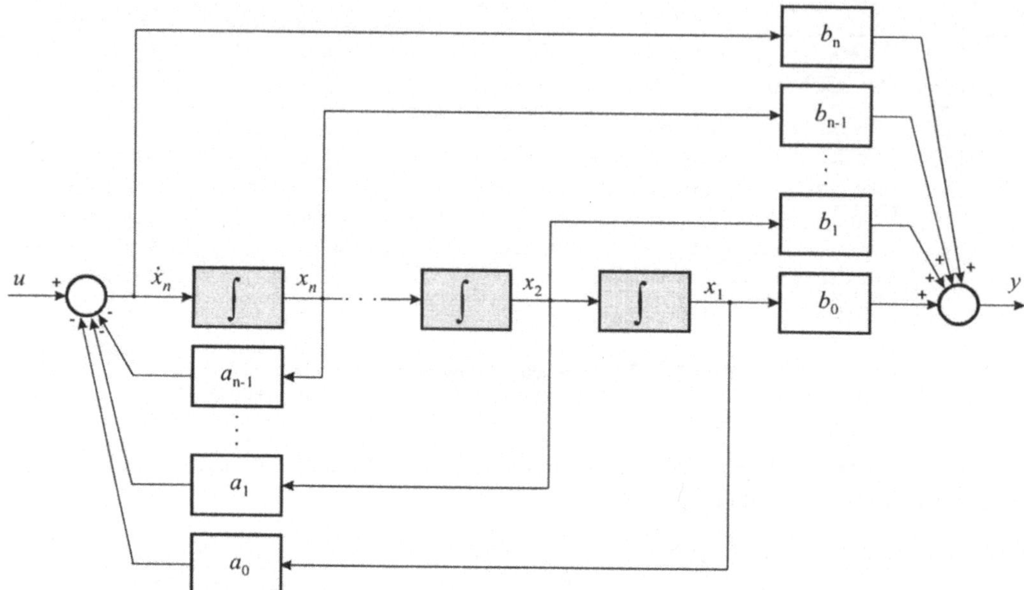

Bild 2-33 Blockschaltbild zur Regelungsnormalform

2.3.4.6 *Nichtlineare Differentialgleichungssysteme*

Nichtlineare zeitkontinuierliche und zeitinvariante Systeme n-ter Ordnung mit m Eingangsgrößen und l Ausgangsgrößen haben in Zustandsraumdarstellung die Form

$$\begin{aligned} \underline{\dot{x}} &= \underline{f}(\underline{x}, \underline{u}) \\ \underline{y} &= \underline{g}(\underline{x}, \underline{u}) \end{aligned} \tag{2.34}$$

oder ausgeschrieben

$$\begin{aligned}
\dot{x}_1 &= f_1(x_1, x_2, \ldots, x_n, u_1, u_2, \ldots, u_m) \\
\dot{x}_2 &= f_2(x_1, x_2, \ldots, x_n, u_1, u_2, \ldots, u_m) \\
&\vdots \\
\dot{x}_n &= f_n(x_1, x_2, \ldots, x_n, u_1, u_2, \ldots, u_m) \\
y_1 &= g_1(x_1, x_2, \ldots, x_n, u_1, u_2, \ldots, u_m) \\
y_2 &= g_2(x_1, x_2, \ldots, x_n, u_1, u_2, \ldots, u_m) \\
&\vdots \\
y_l &= g_l(x_1, x_2, \ldots, x_n, u_1, u_2, \ldots, u_m).
\end{aligned}$$

Diese Darstellung entpricht dem Gleichungssystem 2.33 im linearen Fall, wobei jetzt jedoch anstelle der Matrizen $\underline{A}$ und $\underline{B}$ die (zumindest teilweise) nichtlinearen Funktionen $f_1 \ldots f_n$ und anstelle der Matritzen $\underline{C}$ und $\underline{D}$ die Funktionen $g_1 \ldots g_l$ auftreten.

Für bestimmte Problemstellungen kann es sinnvoll oder sogar zwingend erforderlich sein, das nichtlineare Zustandsraummodell in ein "möglichst ähnliches" lineares Modell zu überführen - d. h. das System zu *linearisieren*. Damit dies überhaupt halbwegs gelingen kann, ist es in der Regel notwendig, sich bei der Linearisierung auf einen bestimmten Arbeitspunkt des Systems festzulegen* und das lineare "Ersatzmodell" dann so zu wählen, dass es zumindest in der unmittelbaren Umgebung um diesen Arbeitspunkt mit dem nichtlinearen System möglichst gut übereinstimmt. Man spricht in diesem Fall von der *Linearisierung um einen Arbeitspunkt.*

Bevor wir die Linearisierung mathematisch eingehender betrachten, wollen wir uns ihre Bedeutung zunächst an einem einfachen Fall grafisch klar machen. Dazu betrachten wird die nichtlineare Kennlinie $y = f(u)$ nach Bild 2-34.

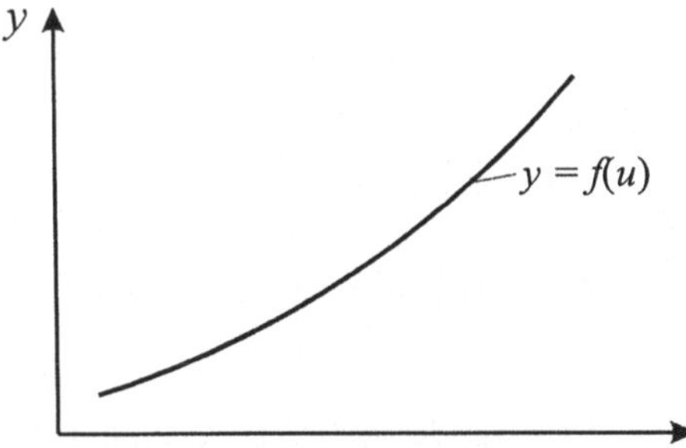

Bild 2-34 Nichtlineare Kennlinie

Wollen wir diese Kennlinie nun linearisieren, so bedeutet dies grafisch, dass wir sie durch eine *Gerade* annähern müssen. Nehmen wir an, uns interessiere zunächst das Systemverhalten im Arbeitspunkt A_1 (gegeben durch $\overline{u}_1$ und $\overline{y}_1$ nach Bild 2-35), so erhalten wir die entsprechende Gerade, indem wir die Tangente an die Kennlinie durch genau diesen Arbeitspunkt legen. Die Gleichung dieser Geraden – bezogen auf die Abweichungen Δu und Δy vom Arbeitspunkt – ist dann gegeben durch

$$\Delta y = k_1 \Delta u$$

mit

$$\Delta y = y - \overline{y}_1$$
$$\Delta u = u - \overline{u}_1.$$

Linearisieren wir stattdessen um den Arbeitspunkt A_2 (gegeben durch $\overline{u}_2$ und $\overline{y}_2$), so erhalten wir eine Gerade mit der Gleichung

* In den meisten Fällen wird es sich bei diesem Arbeitspunkt um eine Ruhelage des Systems handeln.

$$\Delta y = k_2 \Delta u \ .$$

Bild 2-35 verdeutlicht die Zusammenhänge. Wir können erkennen, dass in diesem Fall die Beziehung

$$k_2 > k_1$$

gilt, da die Kennlinie im zweiten Arbeitspunkt eine größere Steigung aufweist als im ersten.

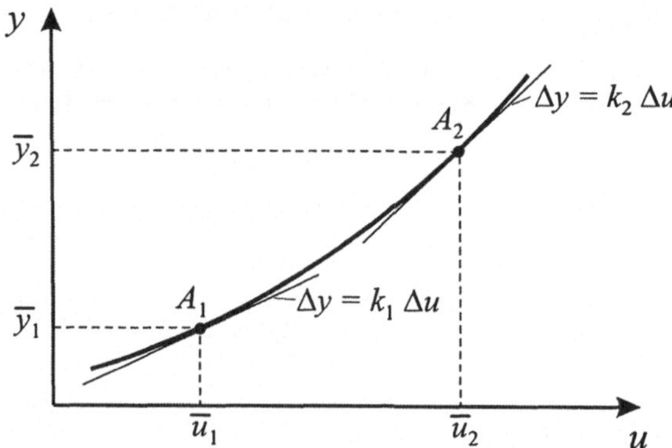

Bild 2-35 Linearisierung der Kennlinie

Formelmäßig erhält man die jeweilige Geradensteigung k_1 bzw. k_2 durch Berechnung der Ableitung der Kennlinienfunktion $f(u)$ im Arbeitspunkt A_1 bzw. A_2. Es gilt also

$$k_1 = \left.\frac{\partial y(u)}{\partial u}\right|_{u=\overline{u}_1}$$

$$k_2 = \left.\frac{\partial y(u)}{\partial u}\right|_{u=\overline{u}_2} \ .$$

Betrachten wir nun aber tatsächlich unser nichtlineares Zustandsraummodell. Der Arbeitspunkt ist hier spezifiziert durch den Zustandsvektor $\overline{\underline{x}}$ und den Eingangsvektor $\overline{\underline{u}}$. Zur Linearisierung werden die Funktionen $\underline{f}(\underline{x}, \underline{u})$ und $\underline{g}(\underline{x}, \underline{u})$ nun um diesen Arbeitspunkt in eine so genannte *Taylor*-Reihe entwickelt. Diese Reihe approximiert die Funktionen jeweils durch einen linearen Term sowie weitere Terme höherer Ordnung (Restterme), die dann vernachlässigt werden; der lineare Term bildet das lineare Ersatzmodell im gewählten Arbeitspunkt. Formelmäßig sieht dies wie folgt aus:

$$\underline{\dot{x}} = \underline{f}(\overline{\underline{x}},\overline{\underline{u}}) + \underbrace{\left.\frac{\partial \underline{f}(\underline{x},\underline{u})}{\partial \underline{x}}\right|_{\substack{\underline{x}=\overline{\underline{x}}\\ \underline{u}=\overline{\underline{u}}}} \cdot (\underline{x}-\overline{\underline{x}}) + \left.\frac{\partial \underline{f}(\underline{x},\underline{u})}{\partial \underline{u}}\right|_{\substack{\underline{x}=\overline{\underline{x}}\\ \underline{u}=\overline{\underline{u}}}} \cdot (\underline{u}-\overline{\underline{u}})}_{\text{Linearer Term}} + \underbrace{\ldots}_{\text{Terme höherer Ordnung}}$$

$$\underline{y} = \underline{g}(\overline{\underline{x}},\overline{\underline{u}}) + \underbrace{\left.\frac{\partial \underline{g}(\underline{x},\underline{u})}{\partial \underline{x}}\right|_{\substack{\underline{x}=\overline{\underline{x}}\\ \underline{u}=\overline{\underline{u}}}} \cdot (\underline{x}-\overline{\underline{x}}) + \left.\frac{\partial \underline{g}(\underline{x},\underline{u})}{\partial \underline{u}}\right|_{\substack{\underline{x}=\overline{\underline{x}}\\ \underline{u}=\overline{\underline{u}}}} \cdot (\underline{u}-\overline{\underline{u}})}_{\text{Linearer Term}} + \underbrace{\ldots}_{\text{Terme höherer Ordnung}}$$

Betrachten wir nunmehr nur noch die Abweichungen vom Arbeitspunkt, so entsprechen die beiden Summanden des jeweiligen linearen Terms den Matrizen $\underline{A}$ und $\underline{B}$ bzw. $\underline{C}$ und $\underline{D}$ des zugehörigen linearen Zustandsraummodells. Ausgeschrieben gelten also die Beziehungen

$$\underline{A} = \begin{bmatrix} \frac{\partial f_1(\underline{x},\underline{u})}{\partial x_1} & \cdots & \frac{\partial f_1(\underline{x},\underline{u})}{\partial x_n} \\ \vdots & \ddots & \vdots \\ \frac{\partial f_n(\underline{x},\underline{u})}{\partial x_1} & \cdots & \frac{\partial f_n(\underline{x},\underline{u})}{\partial x_n} \end{bmatrix}_{\substack{\underline{x}=\overline{\underline{x}}\\ \underline{u}=\overline{\underline{u}}}}, \quad \underline{B} = \begin{bmatrix} \frac{\partial f_1(\underline{x},\underline{u})}{\partial u_1} & \cdots & \frac{\partial f_1(\underline{x},\underline{u})}{\partial u_m} \\ \vdots & \ddots & \vdots \\ \frac{\partial f_n(\underline{x},\underline{u})}{\partial u_1} & \cdots & \frac{\partial f_n(\underline{x},\underline{u})}{\partial u_m} \end{bmatrix}_{\substack{\underline{x}=\overline{\underline{x}}\\ \underline{u}=\overline{\underline{u}}}}$$

$$\underline{C} = \begin{bmatrix} \frac{\partial g_1(\underline{x},\underline{u})}{\partial x_1} & \cdots & \frac{\partial g_1(\underline{x},\underline{u})}{\partial x_n} \\ \vdots & \ddots & \vdots \\ \frac{\partial g_l(\underline{x},\underline{u})}{\partial x_1} & \cdots & \frac{\partial g_l(\underline{x},\underline{u})}{\partial x_n} \end{bmatrix}_{\substack{\underline{x}=\overline{\underline{x}}\\ \underline{u}=\overline{\underline{u}}}}, \quad \underline{D} = \begin{bmatrix} \frac{\partial g_1(\underline{x},\underline{u})}{\partial u_1} & \cdots & \frac{\partial g_1(\underline{x},\underline{u})}{\partial u_m} \\ \vdots & \ddots & \vdots \\ \frac{\partial g_l(\underline{x},\underline{u})}{\partial u_1} & \cdots & \frac{\partial g_l(\underline{x},\underline{u})}{\partial u_m} \end{bmatrix}_{\substack{\underline{x}=\overline{\underline{x}}\\ \underline{u}=\overline{\underline{u}}}}$$

Diese Matrizen, die die partiellen Ableitungen der Systemfunktionen nach den Zustands- bzw. Eingangsgrößen im Arbeitspunkt enthalten, werden auch als *Jacobi*-Matrizen bezeichnet.

Wir wollen uns diesen formelmäßig doch eher "bedrückenden" Sachverhalt an einem einfachen Beispiel verdeutlichen. Dazu betrachten wir eine modifizierte Form des Fadenpendels, das wir bereits im einführenden Kapitel des Buches vorgestellt haben. Damit unser Pendel auch Drehungen von 180° und mehr "verkraften" kann, ersetzen wir den Faden in diesem Fall durch einen starren Stab, den wir aber wiederum als masselos ansehen wollen. Außerdem soll angenommen werden, dass auf das Pendel ein (bremsendes) Reibungsmoment M_{B} wirkt, das gemäß der Gleichung

$$M_{\mathrm{B}} = d\, l^2\, \dot{\varphi}$$

der Winkelgeschwindigkeit proportional ist, wobei die Konstante d den Dämpfungsgrad angibt. Die Bewegungsgleichung des Pendels lautet dann (vgl. Gleichung 1.6)

$$\ddot{\varphi}+\frac{d}{m}\dot{\varphi}+\frac{g}{l}\sin\varphi=0.$$

Wie unschwer zu erkennen ist, handelt es sich bei dieser Bewegungsgleichung um eine nichtlineare Differentialgleichung zweiter Ordnung. Wir wollen sie zunächst überführen in ein System von zwei Differentialgleichungen erster Ordnung, indem wir wie bereits im einleitenden Kapitel die Winkelgeschwindigkeit ω einführen. Das entsprechende (nichtlineare) Zustandsraummodell lautet dann

$$\dot{\varphi}=\omega$$

$$\dot{\omega}=-\frac{d}{m}\omega-\frac{g}{l}\sin\varphi\,.$$

Untersuchen wir das System nunmehr im Hinblick auf mögliche Ruhelagen. Diese sind dadurch gekennzeichnet, dass das System ohne äußere Einwirkungen in diesem Zustand verharrt. Mathematisch bedeutet dies, dass die Ableitungen sämtlicher Zustandsgrößen in einer Ruhelage zu null werden. Für unser Stabpendel ergeben sich die Ruhelagen daher aus dem Gleichungssystem

$$0=\omega$$

$$0=-\frac{d}{m}\omega-\frac{g}{l}\sin\varphi\,.$$

Die Lösungen dazu lauten

$$\omega=0$$

$$\sin\varphi=0\Rightarrow\varphi=n\,\pi,\quad n=0,\pm 1,\pm 2,\ldots$$

Das System besitzt also mehrere Ruhelagen, von denen wegen der Periodizität der Sinusfunktion nur die Fälle

(1) $\omega=0,\ \varphi=0$

(2) $\omega=0,\ \varphi=\pi$

interessant sind. Bild 2-36 zeigt beide Fälle; qualitativ unterscheiden sich die Ruhelagen insbesondere dadurch, dass Ruhelage (1) stabil ist (das Pendel kehrt nach einer kleinen Auslenkung in die Ruhelage zurück), während Ruhelage (2) ganz offensichtlich instabil ist – eine Erfahrung, die jeder schon einmal gemacht hat, wenn er versucht hat, einen Besen oder ähnliches Gerät auf den Fingerspitzen zu balancieren.

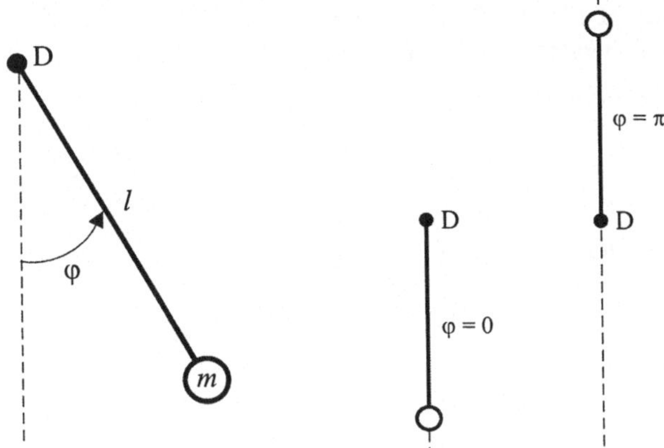

Bild 2-36 Stabpendel mit Ruhelagen

Widmen wir uns jetzt unserer eigentlichen Aufgabe, nämlich der Linearisierung des nichtlinearen Pendelmodells um die beiden Ruhelagen. Blicken wir auf das allgemeine nichtlineare Zustandsraummodell nach Gleichung 2.34 zurück, so haben wir es hier lediglich mit den Funktionen $\underline{f}(\varphi,\omega)$ zu tun, da wir weder einen Eingangsgrößenvektor $\underline{u}$ noch einen Ausgangsgrößenvektor $\underline{y}$ vorliegen haben. Wir können unser Zustandsraummodell also schreiben als

$$\begin{aligned}\dot{\varphi} &= \omega = f_1(\varphi,\omega)\\ \dot{\omega} &= -\frac{d}{m}\omega - \frac{g}{l}\sin\varphi = f_2(\varphi,\omega).\end{aligned}$$

Die *Jacobi*-Matrix mit den partiellen Ableitungen von $\underline{f}(\varphi,\omega)$ lautet dann

$$\underline{A} = \begin{pmatrix} \dfrac{\partial f_1(\varphi,\omega)}{\partial\varphi} & \dfrac{\partial f_1(\varphi,\omega)}{\partial\omega} \\ \dfrac{\partial f_2(\varphi,\omega)}{\partial\varphi} & \dfrac{\partial f_2(\varphi,\omega)}{\partial\omega} \end{pmatrix} = \begin{pmatrix} 0 & 1 \\ -\dfrac{g}{l}\cos\varphi & -\dfrac{d}{m} \end{pmatrix}.$$

Für die erste Ruhelage ergibt sich daraus

$$\underline{A} = \begin{bmatrix} 0 & 1 \\ -\dfrac{g}{l}\cos\varphi & -\dfrac{d}{m} \end{bmatrix}_{\substack{\varphi=0\\ \omega=0}} = \begin{pmatrix} 0 & 1 \\ -\dfrac{g}{l} & -\dfrac{d}{m} \end{pmatrix}$$

und somit als lineares Zustandsraummodell für kleine Abweichungen $\Delta\varphi, \Delta\omega$ von der Ruhelage

$$\begin{aligned}\dot{\Delta\varphi} &= \Delta\omega\\ \dot{\Delta\omega} &= -\frac{g}{l}\Delta\varphi - \frac{d}{m}\Delta\omega.\end{aligned}$$

Dieses Differentialgleichungssystem entspricht für $d = 0$ gerade demjenigen, das wir im einführenden Kapitel für das ungedämpfte Fadenpendel hergeleitet hatten.

Für die zweite Ruhelage erhalten wir für die *Jacobi*-Matrix

$$\underline{A} = \begin{bmatrix} 0 & 1 \\ -\frac{g}{l}\cos\varphi & -\frac{d}{m} \end{bmatrix}_{\substack{\varphi=\pi \\ \omega=0}} = \begin{pmatrix} 0 & 1 \\ +\frac{g}{l} & -\frac{d}{m} \end{pmatrix}$$

und somit als lineares Zustandsraummodell

$$\Delta\dot{\varphi} = \Delta\omega$$

$$\Delta\dot{\omega} = \frac{g}{l}\Delta\varphi - \frac{d}{m}\Delta\omega.$$

Wie wir unschwer erkennen können, unterscheiden sich die für die beiden Ruhelagen ermittelten linearisierten Modelle bezüglich des Vorzeichens auf der rechten Seite der Differentialgleichung für $\Delta\dot{\omega}$. Die beiden linearen Ersatzmodelle weisen also grundsätzlich unterschiedliches Verhalten auf, was sich insbesondere in den oben bereits erwähnten voneinander abweichenden Stabilitätseigenschaften der Ruhelagen ausdrückt.

2.3.5 Elementare lineare Übertragungsglieder

Lineare Übertragungsglieder haben für die Systemdynamik wegen ihrer relativ einfachen Behandlung und der Möglichkeit der Katalogisierung eine extrem hohe Bedeutung; häufig lässt sich der Zugang zu komplexen Modellen durch Zerlegung (Dekomposition) in einzelne elementare Übertragungsglieder wesentlich vereinfachen. Insbesondere blockorientierte Simulationssysteme, die wir in späteren Kapiteln noch eingehend studieren werden, greifen dieses Prinzip auf. In den folgenden Abschnitten wollen wir daher die wichtigsten linearen Grundglieder mit den zugehörigen mathematischen Modellen und Parametern kennen lernen.

2.3.5.1 Proportionalglied (P-Glied)

Bei einem Proportionalglied (P-Glied) sind Eingangsgröße $u(t)$ und Ausgangsgröße $y(t)$ über die Beziehung

$$y = K_P u$$

miteinander verknüpft; die Konstante K_P wird als *Proportionalbeiwert* – umgangssprachlich häufig auch als *Verstärkungsfaktor* oder kurz *Verstärkung* – bezeichnet. Die zugehörige Übertragungsfunktion lautet

$$G(s) = K_P.$$

Bild 2-37 zeigt Blockschaltbild* und Sprungantwort des P-Gliedes. Dabei repräsentiert die Sprungantwort $h(t)$ den Verlauf der Ausgangsgröße $y(t)$ des Gliedes bei einer zum Zeitpunkt $t = 0$ einsetzenden, sprungförmigen Eingangsgröße $u(t)$ mit der Amplitude 1 (siehe auch Abschnitt 2.5 *Testsignale für dynamische Systeme*).

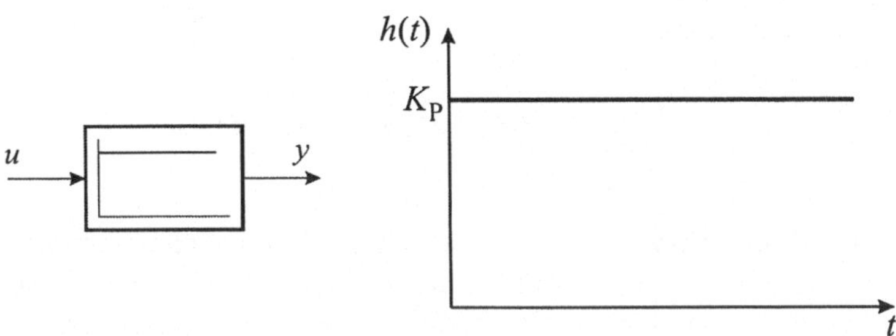

Bild 2-37 Blockschaltbild und Sprungantwort des P-Gliedes

Da die Ausgangsgröße des P-Gliedes unmittelbar von der Eingangsgröße abhängt, handelt es sich um ein statisches Übertragungsglied; das Übertragungsverhalten kann daher auch durch eine (lineare) Kennlinie gemäß Bild 2-38 charakterisiert werden. Die Steigung der Kennlinie entspricht in diesem Fall dem Proportionalbeiwert K_P des Gliedes.

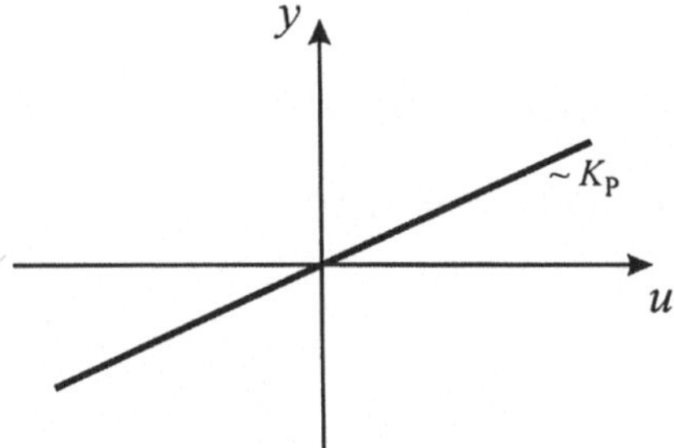

Bild 2-38 Kennlinie des P-Gliedes

Wir wollen zunächst ein mechanisches Beispiel für ein P-Glied betrachten. Bild 2-39 zeigt dazu einen Hebel, wie er etwa bei einer einfachen Füllstandsregelung ohne Hilfsenergie (Toiletten-Spülkasten!) zum Einsatz kommt. Eingangsgröße sei die Auslenkung u (normiert auf den nicht ausgelenkten Hebel), Ausgangsgröße die resultierende Auslenkung y (ebenfalls normiert). Der Zusammenhang zwischen beiden Größen lässt sich dann grafisch einfach herleiten; er lautet

$$y = \frac{l_2}{l_1} u.$$

* Dies ist ein kleiner Vorgriff auf Kapitel 4.3.1 – dort werden wir uns ausführlicher mit der Darstellung von Übertragungsgliedern in Form von Blockschaltbildern beschäftigen.

Der Proportionalbeiwert ist also in diesem Fall durch das Verhältnis der beiden Hebellängen gegeben und kann daher durch Verlagerung des Hebeldrehpunktes beeinflusst werden.

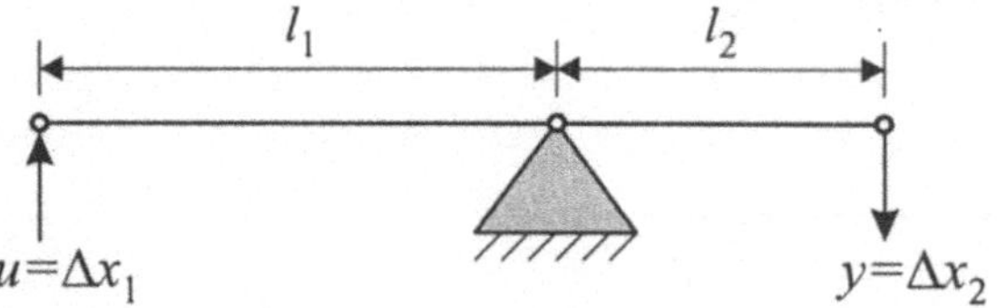

Bild 2-39 Mechanisches P-Glied

Bild 2-40 zeigt einen beschalteten Operationsverstärker (OP) als Beispiel für ein elektronisches P-Glied [17]. Eingangsgröße des Gliedes ist in diesem Fall die Spannung u_1, Ausgangsgröße die Spannung u_2. Betrachten wir den Operationsverstärker als ideal, so weist er eine Verstärkung von unendlich auf und der Eingangsstrom ist null. Die Differenzspannung u_d zwischen invertierendem und nicht-invertierendem Eingang des Operationsverstärkers muss dann verschwinden; der invertierende Eingang befindet sich daher auf "virtueller Masse". Wegen des verschwindenden Eingangsstroms des Operationsverstärkers gilt für die Ströme

$$i_2 = -i_1$$

und somit nach dem ohmschen Gesetz

$$\frac{u_2}{R_2} = -\frac{u_1}{R_1}.$$

Auflösen dieser Gleichung nach der Ausgangsspannung u_2 ergibt schließlich

$$u_2 = -\frac{R_2}{R_1} u_1. \tag{2.35}$$

Der Proportionalbeiwert ist bei dieser Schaltung also durch das Verhältnis der beiden Widerstände gegeben. Wegen der invertierenden Eigenschaft des Operationsverstärkers hat er negatives Vorzeichen.

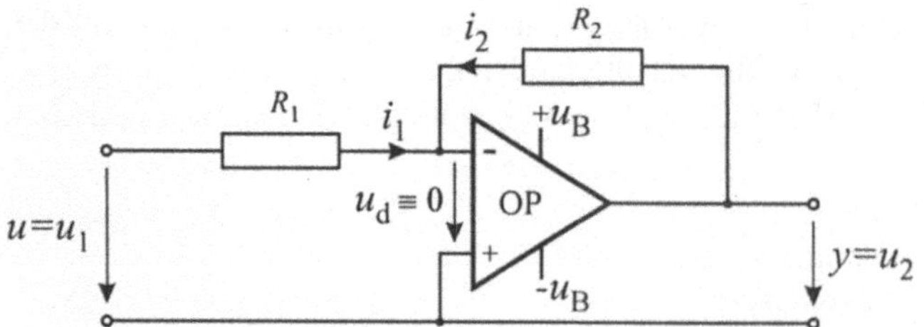

Bild 2-40 Elektronisches P-Glied

Wir wollen das Übertragungsverhalten der OP-Schaltung noch etwas eingehender studieren, um einer Problematik auf die Spur zu kommen, die typisch für die Modellierung durch lineare

Systeme ist: der *Ausgangsgrößenbegrenzung*. Nehmen wir an, wir möchten beispielsweise im Rahmen eines Einsatzes der Schaltung als Regler in einem Regelkreis einen (betragsmäßig) sehr großen Proportionalbeiwert einstellen, so können wir dies erreichen, indem wir einen sehr kleinen Wert für den Widerstand R_1 und einen sehr großen Wert für den Widerstand R_2 wählen; für einen Proportionalbeiwert von $K_P = 1000$ kämen etwa die Widerstandswerte $R_1 = 100\,\Omega$ und $R_2 = 100\,\mathrm{k}\Omega$ in Frage. Bei einer Eingangsspannung von $u_1 = -1\,\mathrm{V}$ ergäbe sich bei diesen Widerstandswerten dann gemäß Gleichung 2.35 rein rechnerisch eine Ausgangsspannung von $u_2 = 1000\,\mathrm{V}$.

Selbstverständlich werden wir an einer real aufgebauten Schaltung nicht eine Ausgangsspannung von 1 kV messen können; vielmehr wird unser Voltmeter vermutlich eine Spannung von etwa 15 V anzeigen. Diese Spannung entspricht ungefähr der Betriebsspannung u_B der Schaltung – und stellt damit die in der Praxis maximal mögliche Ausgangsspannung des elektronischen P-Gliedes dar. Analog dazu ist die Ausgangsspannung nach unten durch $-u_B$ begrenzt. Die tatsächliche Kennlinie unserer Schaltung entspricht daher dem in Bild 2-41 dargestellten Verlauf. Dies bedeutet insbesondere, dass die Proportionalität zwischen Ein- und Ausgangsspannung (und damit die Linearität) nur in einem bestimmten Arbeitsbereich der Eingangsgröße (Proportionalbereich) gilt, der durch die Beziehung

$$-\frac{R_1}{R_2}u_B \le u_1 \le \frac{R_1}{R_2}u_B$$

gegeben ist. Dieser Proportionalbereich ist umso kleiner, je größer betragsmäßig der Proportionalbeiwert $K_P = -R_2 / R_1$ ist. Verlässt die Eingangsspannung den Proportionalbereich, so geht die Ausgangsgröße in die Begrenzung und die Schaltung weist nichtlineares Verhalten auf.

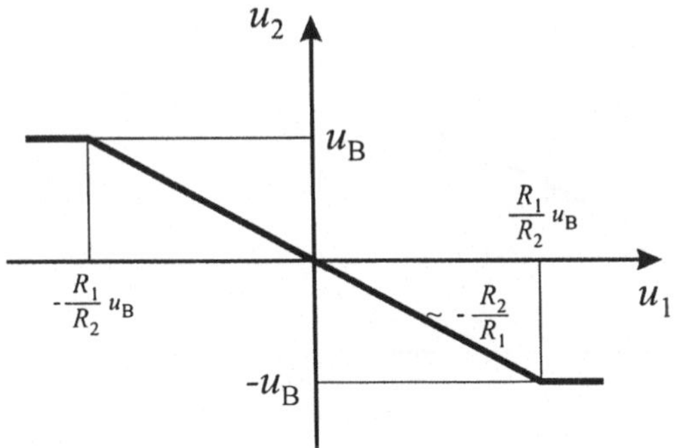

Bild 2-41 Kennlinie des elektronischen P-Gliedes

Nahezu jedes reale System weist eine solche Form der Ausgangsgrößenbegrenzung auf. Dies gilt auch für den zuvor aufgeführten mechanischen Hebel, bei dem die Begrenzung in der Praxis durch irgendeine Form eines mechanischen Anschlags gegeben sein wird. Denken wir beispielsweise an eine Wippe auf einem Kinderspielplatz, so ist die Begrenzung der Wippenauslenkung dort durch den Erdboden bzw. die meist an den Wippenenden befindlichen Gummipuffer festgelegt. Bei der Modellierung von Systemen durch lineare Übertragungsglieder ist daher stets zu bedenken, ob während der späteren Simulation der Proportionalbereich verlassen werden kann oder nicht. Sollte ein Verlassen des Proportionalbereichs nicht ausgeschlossen werden können, so sind die Ausgangsgrößenbegrenzung bzw. weitergehende Nichtlinearitäten durch entsprechende Systemgleichungen mit zu modellieren. Dies gilt naturgemäß nicht nur für die Modellierung durch P-Glieder, sondern in vollkommen analoger Weise auch für die im Nachfolgenden noch vorgestellten Übertragungsglieder.

2.3.5.2 Integrierer (I-Glied)

Beim Integrierglied (I-Glied) ist der Zusammenhang zwischen Ein- und Ausgangsgröße gegeben durch die Beziehung

$$y = K_{\mathrm{I}} \int u(t)\,\mathrm{d}t$$

bzw. die Differentialgleichung

$$\dot{y} = K_{\mathrm{I}} u.$$

Die zugehörige Übertragungsfunktion lautet dann

$$G(s) = \frac{K_{\mathrm{I}}}{s}.$$

Die Ausgangsgröße ergibt sich beim I-Glied also durch Integration der Eingangsgröße. Bei einer sprungförmigen Eingangsgröße wächst die Ausgangsgröße somit linear mit der Zeit an und strebt theoretisch gegen unendlich (Bild 2-42).

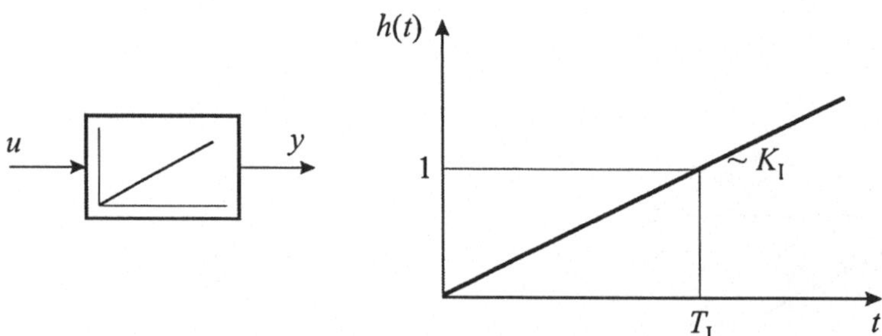

Bild 2-42 Blockschaltbild und Sprungantwort des I-Gliedes

Die Konstante K_{I} wird in Analogie zum P-Glied als *Integrierbeiwert* bezeichnet. Der Kehrwert $T_{\mathrm{I}} = 1/K_{\mathrm{I}}$ gibt an, nach welcher Zeit die Sprungantwort des I-Gliedes den Wert 1 erreicht hat und wird *Integrations-Zeitkonstante* genannt. Trotz dieser Bezeichnung muss T_{I} *nicht* zwangsläufig die Dimension einer Zeit haben; dies gilt vielmehr nur dann, wenn Ein- und Ausgangsgröße des Gliedes die gleiche Dimension haben – wir werden dies unmittelbar an einem Beispiel verdeutlichen.

Wir betrachten einen zylinderförmigen Wassertank mit der Grundfläche A (Bild 2-43). Eingangsgröße des Systems sei der Zufluss q in m^3/s, Ausgangsgröße die Füllhöhe h des Tanks in m. Zum Zeitpunkt $t = 0$ sei der Tank leer ($h = 0$). Dann gilt für den Zusammenhang zwischen q und h die Beziehung

$$h = \frac{1}{A} \int q \, \mathrm{d}t.$$

Dies ist die Gleichung eines I-Gliedes mit dem Integrierbeiwert

$$K_\mathrm{I} = \frac{1}{A}$$

bzw. der Integrations-Zeitkonstanten

$$T_\mathrm{I} = \frac{1}{K_\mathrm{I}} = A.$$

Der Tank füllt sich also bei konstantem Zufluss umso schneller, je kleiner die Grundfläche des Tanks ist. Wir können erkennen, dass die Zeitkonstante in diesem Fall die Dimension einer Fläche hat. Es gilt allgemein

$$[T_\mathrm{I}] = \frac{[u]}{[y]}[t],$$

im Fall unseres Wassertanks also

$$[T_\mathrm{I}] = \frac{\mathrm{m}^3/\mathrm{s}}{\mathrm{m}}\mathrm{s} = \mathrm{m}^2.$$

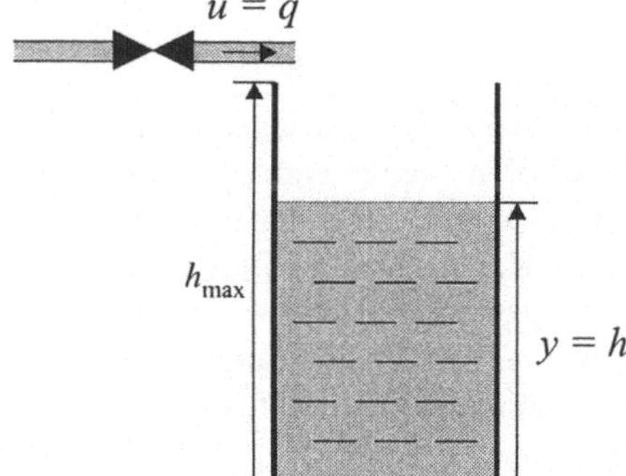

Bild 2-43 Wassertank

Wie die in vorangegangenem Abschnitt vorgestellten P-Glieder weist auch der Wassertank eine Ausgangsgrößenbegrenzung auf; sie ist in diesem Falle gegeben durch die Tankhöhe $h_{\max}$, sodass gilt

$$0 \le h \le h_{\max}.$$

2.3.5.3 Differenzierer (D-Glied)

Die Ausgangsgröße des Differenziergliedes (D-Gliedes) ist proportional zur zeitlichen Änderung der Eingangsgröße. Die entsprechende Differentialgleichung lautet

$$y = K_{\mathrm{D}}\, \dot{u},$$

die zugehörige Übertragungsfunktion

$$G(s) = K_{\mathrm{D}} s.$$

Die Konstante K_{D} wird als *Differenzierbeiwert* bezeichnet; häufig findet man in der Literatur auch die zu K_{D} analoge *Differentiations-Zeitkonstante* T_{D}.

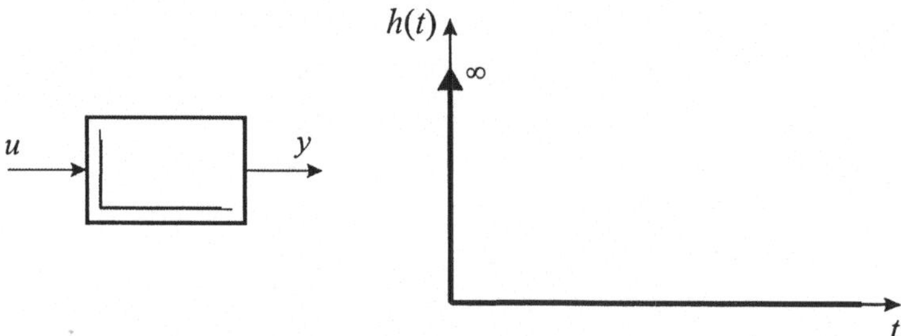

Bild 2-44 Blockschaltbild und Sprungantwort des D-Gliedes

Bild 2-44 zeigt Blocksymbol und Sprungantwort des D-Gliedes. Die Sprungantwort besteht aus einem theoretisch unendlich hohen und unendlich schmalen Impuls zum Zeitpunkt $t = 0$. Streng genommen ist die Sprungfunktion zum Zeitpunkt $t = 0$ natürlich gar nicht differenzierbar, da sie dort eine Unstetigkeit aufweist. Man kann sie aber in diesem Bereich annähern durch eine sehr steile lineare Flanke, sodass sich als Ausgangsgröße ein sehr schmaler, endlich hoher Rechteckimpuls mit der Fläche eins ergibt. Lässt man nun die Steilheit der Flanke gegen unendlich laufen, so wird der Impuls immer schmaler und höher und endet im Grenzfall im in Bild 2-44 dargestellten so genannten *Dirac*-Impuls $\delta(t)$.

Bild 2-45 zeigt als Beispiel ein elektronisches D-Glied. Wir wollen das Übertragungsverhalten der Schaltung wiederum kurz herleiten. Für die Ströme gilt – da der Eingangsstrom des Operationsverstärkers null ist – die Beziehung

$$i_2 = -i_1.$$

Da sich der invertierende Eingang des Operationsverstärkers auf virtueller Masse befindet, erhalten wir den Strom i_2 aus dem ohmschen Gesetz zu

$$i_2 = \frac{u_2}{R}.$$

Für den Strom i_1 ergibt sich aus der Komponentengleichung für den Kondensator

$$i_1 = C\,\dot{u}_1.$$

Damit erhalten wir die Beziehung

$$\frac{u_2}{R} = -C\,\dot{u}_1 \Rightarrow u_2 = -R\,C\,\dot{u}_1.$$

Der Differentiationsbeiwert unseres elektronischen D-Gliedes ist also gegeben durch

$$K_{\mathrm{D}} = -R\,C.$$

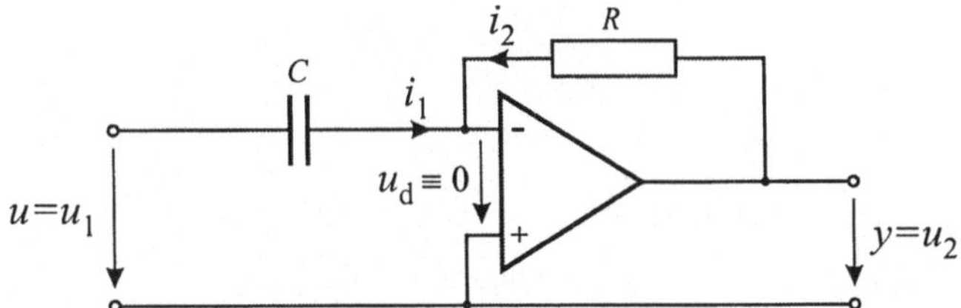

Bild 2-45 Elektronisches D-Glied

2.3.5.4 *Verzögerungsglied 1. Ordnung (PT$_1$-Glied)*

Bei einem Verzögerungsglied 1. Ordnung (PT$_1$-Glied) strebt die Ausgangsgröße nach einer sprungförmigen Änderung der Eingangsgröße exponentiell mit einer bestimmten Anfangssteigung asymptotisch gegen einen stationären Endwert. Das PT$_1$-Glied wird beschrieben durch die Differentialgleichung

$$T\,\dot{y} + y = K_{\mathrm{P}}\,u$$

bzw. die zugehörige Übertragungsfunktion

$$G(s) = \frac{K_{\mathrm{P}}}{1 + Ts}.$$

Bild 2-46 zeigt Blockschaltbild und Sprungantwort des PT_1-Gliedes. Der Parameter K_P wird als *Proportionalbeiwert, Übertragungsbeiwert* oder *Verstärkungsfaktor* des Gliedes bezeichnet. Die *Zeitkonstante* T entspricht dem Kehrwert der Anfangssteigung der Sprungantwort und ist ein Maß für den Grad der Verzögerung: Je kleiner die Zeitkonstante ist, umso schneller läuft die Sprungantwort gegen ihren Endwert.

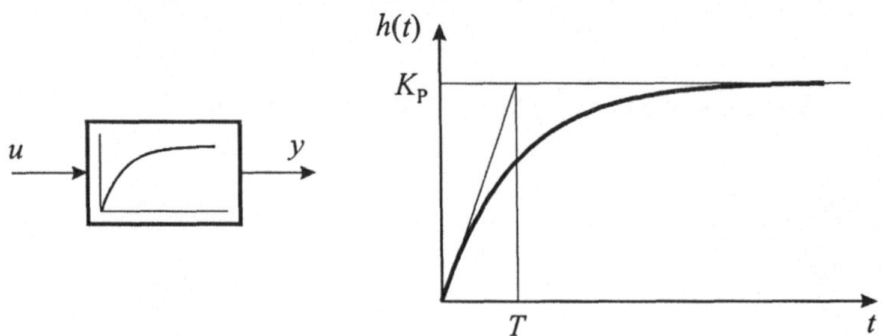

Bild 2-46 Blockschaltbild und Sprungantwort des PT_1-Gliedes

Als Beispiel betrachten wir eine fremderregte Gleichstrommaschine mit Last wie sie in Bild 2-47 dargestellt ist [32, 37]. Eingangsgröße sei die Ankerspannung u_A, Ausgangsgröße die Winkelgeschwindigkeit der Last, ω_L.

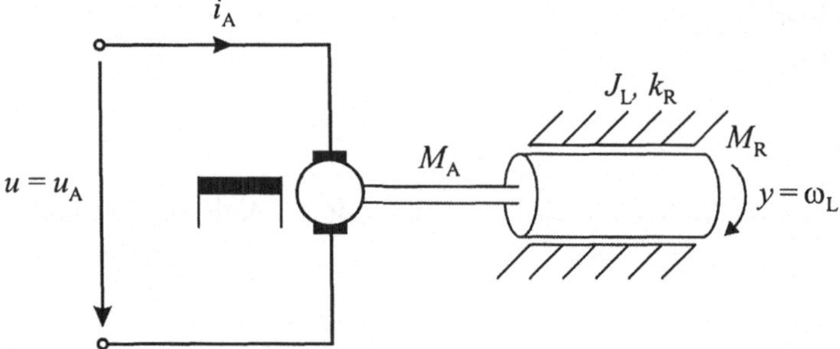

Bild 2-47 Fremderregte Gleichstrommaschine mit Last

Zunächst wenden wir das Newtonsche Gesetz für mechanisch-rotatorische Systeme an und erhalten für das Gesamtmoment die Beziehung

$$J_L \dot{\omega}_L = M_A - M_R. \tag{2.36}$$

Darin ist J_L das Trägheitsmoment der Last, M_A das Antriebsmoment und M_R das Reibungsmoment. Dieses kann als näherungsweise proportional zur Winkelgeschwindigkeit angenommen werden, sodass mit der Reibungskonstanten k_R gilt

$$M_R = k_R \omega_L. \tag{2.37}$$

Betrachten wir jetzt den Ankerstromkreis. Die Anwendung der Maschenregel liefert hier die Gleichung

$$u_{\mathrm{A}} = R_{\mathrm{A}} i_{\mathrm{A}} + L_{\mathrm{A}} \dot{i}_{\mathrm{A}} + u_{\mathrm{ind}},$$

wobei R_{A} den ohmschen Widerstand des Ankers, L_{A} seine Induktivität und u_{ind} die in der Maschine induzierte Spannung (Gegen-EMK) bezeichnet. Letztere ist proportional zur Maschinendrehzahl, d. h. es gilt mit der Maschinenkonstanten k_1

$$u_{\mathrm{A}} = R_{\mathrm{A}} i_{\mathrm{A}} + L_{\mathrm{A}} \dot{i}_{\mathrm{A}} + k_1 \omega_{\mathrm{L}}.$$

Vernachlässigen wir nunmehr die Ankerinduktivität – was bei kleinen Maschinen sicherlich zulässig ist – und lösen die Gleichung nach dem Ankerstrom auf, so erhalten wir

$$i_{\mathrm{A}} = \frac{1}{R_{\mathrm{A}}} u_{\mathrm{A}} - \frac{k_1}{R_{\mathrm{A}}} \omega_{\mathrm{L}}. \tag{2.38}$$

Das Antriebsmoment der Maschine ist proportional zum Ankerstrom, es gilt mit der Maschinenkonstanten k_2

$$M_{\mathrm{A}} = k_2 \, i_{\mathrm{A}}. \tag{2.39}$$

Setzen wir die Gleichungen 2.37, 2.38 und 2.39 in Gleichung 2.36 ein, so erhalten wir

$$J_{\mathrm{L}} \dot{\omega}_{\mathrm{L}} = \frac{k_2}{R_{\mathrm{A}}} u_{\mathrm{A}} - \frac{k_1 k_2}{R_{\mathrm{A}}} \omega_{\mathrm{L}} - k_{\mathrm{R}} \omega_{\mathrm{L}}$$

$$\Rightarrow \qquad \dot{\omega}_{\mathrm{L}} + \frac{1}{J_{\mathrm{L}}} \left(\frac{k_1 k_2}{R_{\mathrm{A}}} + k_{\mathrm{R}} \right) \omega_{\mathrm{L}} = \frac{k_2}{J_{\mathrm{L}} R_{\mathrm{A}}} u_{\mathrm{A}}$$

$$\Rightarrow \qquad \frac{J_{\mathrm{L}} R_{\mathrm{A}}}{k_1 k_2 + R_{\mathrm{A}} k_{\mathrm{R}}} \dot{\omega}_{\mathrm{L}} + \omega_{\mathrm{L}} = \frac{k_2}{k_1 k_2 + R_{\mathrm{A}} k_{\mathrm{R}}} u_{\mathrm{A}}.$$

Letztere Gleichung stellt die Differentialgleichung eines PT_1-Gliedes mit dem Übertragungsbeiwert

$$K_{\mathrm{P}} = \frac{k_2}{k_1 k_2 + R_{\mathrm{A}} k_{\mathrm{R}}}$$

und der Zeitkonstanten

$$T = \frac{J_{\mathrm{L}} R_{\mathrm{A}}}{k_1 k_2 + R_{\mathrm{A}} k_{\mathrm{R}}}$$

dar.

2.3.5.5 Verzögerungsglied 2. Ordnung (PT_2-Glied)

Ein Verzögerungsglied 2. Ordnung (PT_2-Glied) besitzt zwei voneinander unabhängige Energiespeicher. Je nach den Dämpfungseigenschaften unterscheidet man dabei zwischen schwingungsfähigen PT_2-Gliedern und solchen mit aperiodischem Verhalten.

Das PT_2-Glied besitzt die Differentialgleichung

$$\frac{1}{\omega_0^2}\ddot{y} + \frac{2D}{\omega_0}\dot{y} + y = K_P u \tag{2.40}$$

und die zugehörige Übertragungsfunktion

$$G(s) = \frac{K_P}{\left(\dfrac{s}{\omega_0}\right)^2 + \dfrac{2D}{\omega_0}s + 1}.$$

Der Parameter K_P wird wiederum als *Übertragungsbeiwert* bezeichnet, die Konstante D als *Dämpfung* und ω_0 als *Kennkreisfrequenz* des Gliedes. Bild 2-48 zeigt Blockschaltbild und Sprungantwort des PT_2-Gliedes.

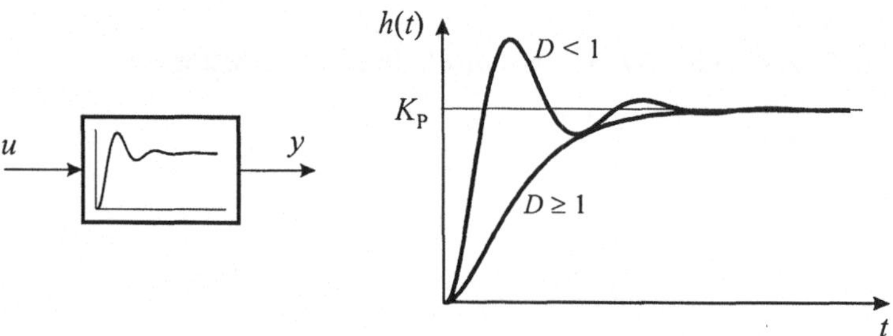

Bild 2-48 Blockschaltbild und Sprungantwort des PT_2-Gliedes

Das grundsätzliche Verhalten des Gliedes hängt wesentlich von der Dämpfung D ab. Wir können drei Fälle unterscheiden:

Fall I (Schwingfall): $0 \le D < 1$

Das PT_2-Glied ist in diesem Fall schwingungsfähig; man spricht daher auch vom *periodischen Fall.* Die Sprungantwort stellt eine gedämpfte Schwingung dar, die umso schneller abklingt, je größer die Dämpfung D ist. Die Frequenz der Schwingung ist gegeben durch die *Eigenkreisfrequenz*

$$\omega_N = \sqrt{1 - D^2}\,\omega_0.$$

Im Grenzfall $D = 0$ verläuft die Schwingung ungedämpft und ω_N ist mit der Kennkreisfrequenz ω_0 identisch. Mit zunehmender Dämpfung nimmt die Eigenkreisfrequenz immer mehr ab.

Fall II (Aperiodisches Verhalten): $D > 1$

Das PT_2-Glied ist in diesem Fall nicht schwingungsfähig, sondern lässt sich als Reihenschaltung zweier PT_1-Glieder mit den Zeitkonstanten T_1 und T_2 auffassen:

$$G(s) = \frac{K_P}{\left(\frac{s}{\omega_0}\right)^2 + \frac{2D}{\omega_0}s + 1} = K_P \frac{1}{T_1 s + 1} \frac{1}{T_2 s + 1}.$$

Ein Koeffizientenvergleich liefert für die beiden Zeitkonstanten die Gleichungen

$$T_1 T_2 = \frac{1}{\omega_0^2}, \; T_1 + T_2 = \frac{2D}{\omega_0}$$

mit den Lösungen

$$T_1 = \frac{D + \sqrt{D^2 - 1}}{\omega_0}, \quad T_2 = \frac{D - \sqrt{D^2 - 1}}{\omega_0}.$$

Die Sprungantwort des PT_2-Gliedes strebt in diesem Fall aperiodisch gegen ihren stationären Endwert.

Fall III (Aperiodischer Grenzfall): $D = 1$

Dieser Fall stellt den Grenzübergang vom Schwingfall zum aperiodischen Verhalten dar. Das PT_2-Glied ist wiederum als Reihenschaltung zweier PT_1-Glieder darstellbar, die jetzt aber identische Zeitkonstanten

$$T_1 = T_2 = \frac{1}{\omega_0}$$

aufweisen.

Als Beispiel betrachten wir den elektrischen Reihenschwingkreis nach Bild 2-49. Wir wollen versuchen, die Ausgangsspannung u_2 in Abhängigkeit von der Eingangsspannung u_1 zu ermitteln.

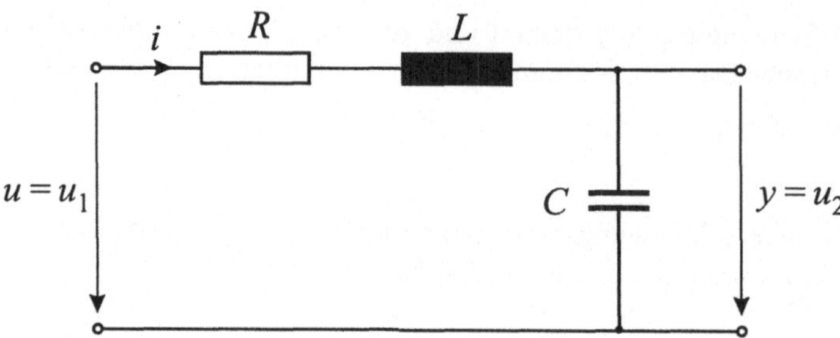

Bild 2-49 Elektrischer Reihenschwingkreis

Die Maschengleichung für die im Netzwerk auftretenden Spannungen liefert zunächst

$$iR + L\dot{i} + u_2 = u_1.$$

Setzen wir in diese Gleichung nun die Komponentengleichung des Kondensators

$$i = C\dot{u}_2$$

ein, so erhalten wir

$$LC\ddot{u}_2 + RC\dot{u}_2 + u_2 = u_1.$$

Der Koeffizientenvergleich mit der Differentialgleichung 2.40 liefert für Dämpfung und Kennkreisfrequenz die Gleichungen

$$\frac{1}{\omega_0^2} = LC$$

$$\frac{2D}{\omega_0} = RC$$

mit den Lösungen

$$\omega_0 = \frac{1}{\sqrt{LC}}, \quad D = \frac{R}{2}\sqrt{\frac{C}{L}}.$$

Der Übertragungsbeiwert K_P des Gliedes beträgt in diesem Falle eins.

Wir wollen an einem zweiten Beispiel aus der Regelungstechnik aufzeigen, wie aus einem an sich nicht schwingungsfähigen System durch Rückkopplung ein schwingungsfähiges System entstehen kann. Dazu betrachten wir den Regelkreis nach Bild 2-50. Er besteht aus einer Reihenschaltung zweier PT_1-Glieder – die die (nicht schwingungsfähige) Regelstrecke repräsentieren – sowie einem P-Regler. Wir sind an dem Zusammenhang zwischen der Führungsgröße w ("Sollwert") des Regelkreises und der Regelgröße x ("Istwert") interessiert.

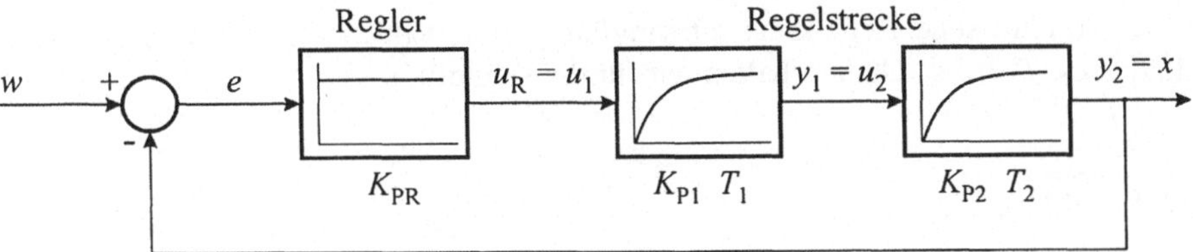

Bild 2-50 Regelkreis mit P-Regler

Zunächst stellen wir die Gleichungen aller im Kreis vorhandenen Komponenten (von links nach rechts) auf:

$$\begin{aligned} &\text{Soll – Istwert – Vergleicher:} && e = w - x \\ &\text{Regler:} && u_R = K_{PR}\, e \\ &1.\ \text{PT}_1 - \text{Glied:} && T_1\, \dot{y}_1 + y_1 = K_{P1}\, u_R \\ &2.\ \text{PT}_1 - \text{Glied:} && T_2\, \dot{x} + x = K_{P2}\, y_1 \end{aligned}$$

Nunmehr ermitteln wir die Differentialgleichung für die komplette Regelstrecke, indem wir z. B. die Differentialgleichung des zweiten PT_1-Gliedes nochmals differenzieren, nach $\dot{y}_1$ auflösen und anschließend in die Gleichung des ersten PT_1-Gliedes einsetzen. Wir erhalten auf diese Weise die Differentialgleichung 2. Ordnung

$$T_1\, T_2\, \ddot{x} + (T_1 + T_2)\, \dot{x} + x = K_{P1}\, K_{P2}\, u_R\,. \tag{2.41}$$

Jetzt ersetzen wir die Regeldifferenz e in der Reglergleichung durch $w - x$ und setzen den erhaltenen Ausdruck für u_R in Gleichung 2.41 ein. Nach Umstellung der Ein- und Ausgangsgrößenterme erhalten wir für den geschlossenen Regelkreis schließlich die Differentialgleichung 2. Ordnung

$$T_1 T_2 \ddot{x} + (T_1 + T_2)\dot{x} + (K_{PR} K_{P1} K_{P2} + 1)x = K_{PR} K_{P1} K_{P2} w$$

$$\Rightarrow \qquad \frac{T_1 T_2}{K_{PR} K_{P1} K_{P2} + 1}\ddot{x} + \frac{T_1 + T_2}{K_{PR} K_{P1} K_{P2} + 1}\dot{x} + x = \frac{K_{PR} K_{P1} K_{P2}}{K_{PR} K_{P1} K_{P2} + 1} w.$$

Der Koeffizientenvergleich mit der Differentialgleichung des PT_2-Gliedes

$$\frac{1}{\omega_0^2}\ddot{y} + \frac{2D}{\omega_0}\dot{y} + y = K_P u$$

liefert die Beziehungen

$$\omega_0 = \sqrt{\frac{K_{PR} K_{P1} K_{P2} + 1}{T_1 T_2}}, \quad D = \frac{1}{2} \frac{T_1 + T_2}{\sqrt{(K_{PR} K_{P1} K_{P2} + 1) T_1\, T_2}}, \quad K_P = \frac{K_{PR} K_{P1} K_{P2}}{K_{PR} K_{P1} K_{P2} + 1}.$$

Für $D < 1$ ist der geschlossene Regelkreis schwingfähig. Wir wählen als einfaches Beispiel $K_{P1} = K_{P2} = 1,\ T_1 = 1\,\mathrm{s},\ T_2 = 2\,\mathrm{s}$. Dann erhalten wir für die Dämpfung

$$D = \frac{1.5}{\sqrt{2(K_{PR} + 1)}}$$

und der geschlossene Regelkreis wird schwingfähig, wenn für den Regler die Beziehung

$$K_{PR} > 0.125$$

gilt.

Bauen Sie den behandelten Regelkreis mit Hilfe des blockorientierten Simulationssystems BORIS von der Begleit-CD auf und stellen Sie für die einzelnen Komponenten die angegebenen Parameter ein. Überprüfen Sie dann das Schwingverhalten des Kreises für unterschiedliche Werte des Reglerparameters K_{PR}.

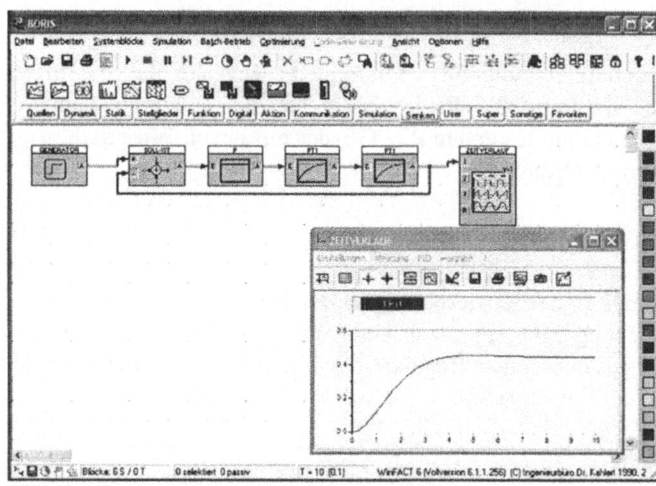

Bild 2-51 Regelkreis in BORIS

2.3.5.6 *Vorhalteglied (DT_1-Glied)*

Das Vorhalteglied (DT_1-Glied) führt eine verzögerte Differentiation aus. Seine Differentialgleichung lautet

$$T\,\dot{y} + y = K_P T\,\dot{u}.$$

Dem entspricht die Übertragungsfunktion

$$G(s) = K_\mathrm{P} \frac{T\,s}{1 + T\,s}.$$

Wie die Übertragungsfunktion zeigt, kann das DT_1-Glied als Reihenschaltung eines Differenzierers und eines PT_1-Gliedes interpretiert werden. Der Parameter K_P wird als *Übertragungsbeiwert* des Gliedes bezeichnet, der Parameter T als *Zeitkonstante*. Bild 2-52 zeigt Blockschaltbild und Sprungantwort des Vorhaltegliedes.

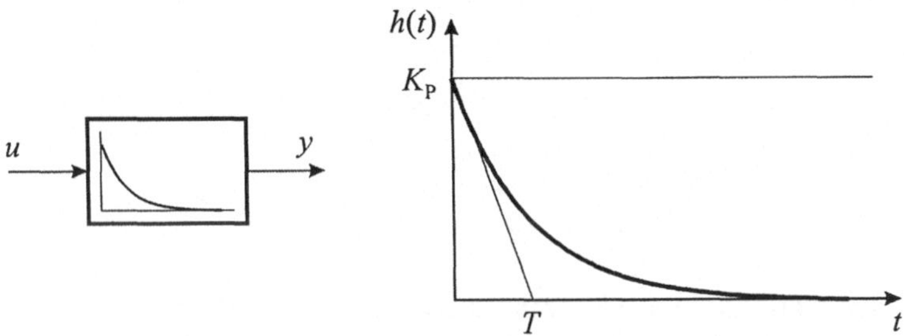

Bild 2-52 Blockschaltbild und Sprungantwort des DT_1-Gliedes

Wir betrachten als Beispiel das Netzwerk nach Bild 2-53. Eingangsgröße sei die Spannung u_1, Ausgangsgröße der Strom i. Die Anwendung der Maschengleichung für die Spannungen liefert

$$i\,R + \frac{1}{C}\int i\,\mathrm{d}t = u_1$$

und nach Differentiation und Multiplikation beider Seiten mit C

$$\dot{i}\,R\,C + i = C\,\dot{u}_1.$$

Der Koeffizientenvergleich mit der allgemeinen Gleichung des DT_1-Gliedes liefert für die Parameter

$$T = RC$$

$$K_\mathrm{P} = \frac{1}{R}.$$

Im Hinblick auf die Sprungantwort bedeutet dies, dass der Strom im ersten Moment nach Aufschalten der Eingangsspannung nur durch den ohmschen Widerstand begrenzt wird und für $t \to \infty$ dann gegen null läuft.

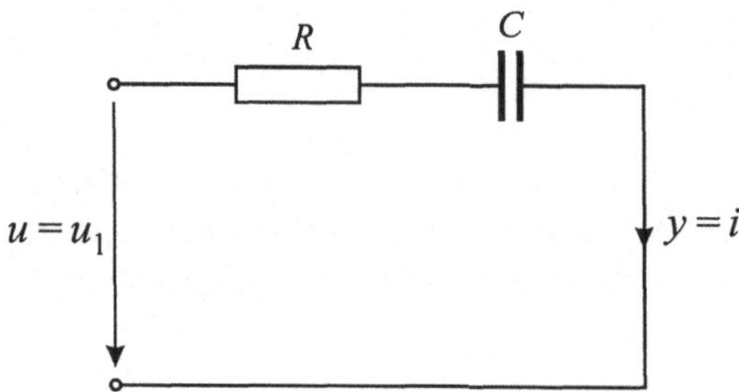

Bild 2-53 Elektrisches Netzwerk mit DT_1-Verhalten

2.3.5.7 *Totzeitglied (T_t-Glied)*

Totzeitglieder (T_t-Glieder) treten typischerweise bei Transportvorgängen von Masse oder Energie auf. Sie verändern nicht die Signalform, sondern verzögern das Signal nur zeitlich um einen bestimmten Wert – nämlich die Totzeit T_t – und beaufschlagen es ggf. noch mit einem Übertragungsbeiwert K_P. Die "Differential"gleichung des Totzeitgliedes lautet daher

$$y(t) = K_P\, u(t - T_t)$$

und seine Übertragungsfunktion

$$G(s) = K_P\, e^{-T_t s}.$$

Bild 2-54 zeigt Blockschaltbild und Sprungantwort des Totzeitgliedes.

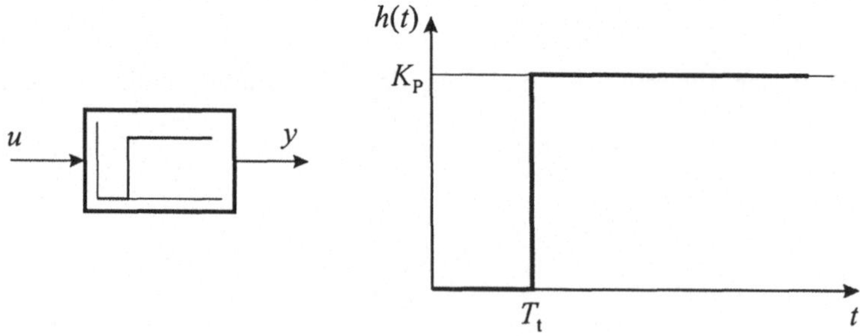

Bild 2-54 Blockschaltbild und Sprungantwort des Totzeitgliedes

Wir betrachten als Beispiel das Förderband nach Bild 2-55. Hier wird Schüttgut aus einem Vorratsbehälter auf ein Laufband geleitet, wobei sich die Entnahmemenge über einen Schieber mit der Schieberöffnung x einstellen lässt. Das Band hat die Länge l und bewegt sich mit einer konstanten Geschwindigkeit v. Ausgangsgröße des Systems ist der Massenstrom q am Ende des Bandes. Für ihn gilt

$$q(t) = K_\text{P} x(t - \frac{l}{v}).$$

Es liegt hier demnach ein Totzeitglied vor, bei dem die Totzeit durch den Ausdruck

$$T_\text{t} = \frac{l}{v}$$

gegeben ist. Die Totzeit ist also umso größer, je länger das Band und je niedriger seine Laufgeschwindigkeit ist.

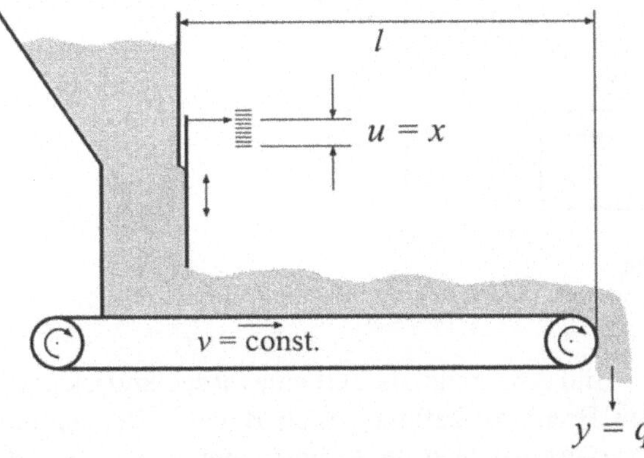

Bild 2-55 Förderband als Beispiel für ein Totzeitglied

2.3.5.8 Zusammengesetzte Glieder

Komplexere Systeme lassen sich häufig darstellen als Reihen- oder Parallelschaltung der vorgestellten elementaren Übertragungsglieder. Mathematisch besonders einfach handhabbar ist dabei die Reihenschaltung, da sich die Übertragungsfunktion des Gesamtsystems in diesem Fall einfach durch Multiplikation der Übertragungsfunktionen der Einzelglieder ergibt und die Gesamtordnung des Systems somit als Summe der Ordnungen der Einzelglieder. Bild 2-56 zeigt einige solcher zusammengesetzten Glieder mit den entsprechenden Bezeichnungen.

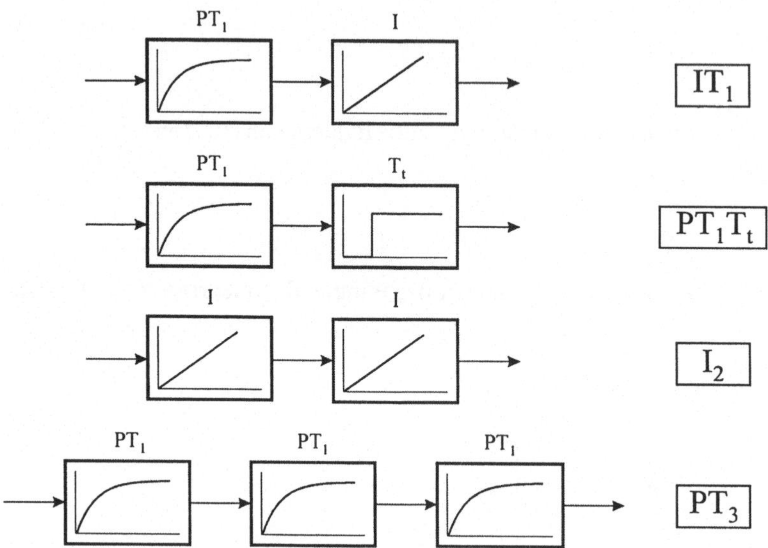

Bild 2-56 Beispiele für zusammengesetzte Glieder

Betrachten wir dazu ein praktisches Beispiel. Bild 2-57 zeigt als Teil eines Regelkreises einen Ofen, in dem die Temperatur ϑ_{ist} über den Brennstoffzufluss gesteuert wird. Der Zufluss selbst wird über ein elektrisches Stellventil variiert, das über die Motorspannung u_{M} verstellt werden kann. Zur Messung der Ofentemperatur wird ein temperaturabhängiger Widerstand (R_3) benutzt, der Teil einer Messbrücke ist. Die Differenzspannung u_{D} ist dann ein Maß für die Differenz zwischen Temperatur-Istwert und Temperatur-Sollwert; letzterer wird über den einstellbaren Widerstand R_1 vorgegeben. Wir wollen den Zusammenhang zwischen der Motorspannung u_{M} und der Differenzspannung u_{D} ermitteln.

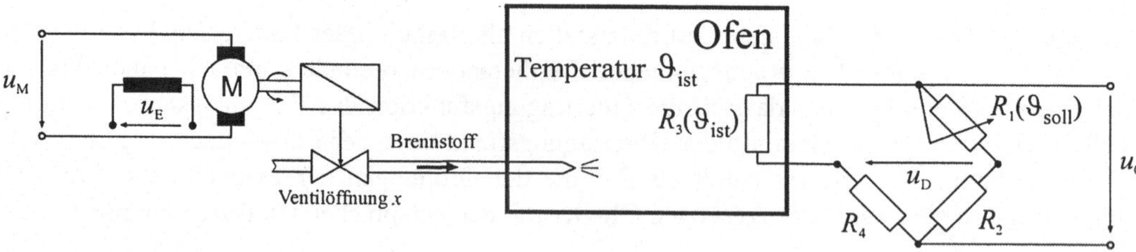

Bild 2-57 Ofensystem (siehe auch [7])

Beschreiben wir zunächst die einzelnen Komponenten des Ofensystems. Wir beginnen beim Stellglied bestehend aus Gleichstrommotor, Getriebe und Stellventil. Eingangsgröße dieses Teilsystems bildet die Motorspannung u_{M}, Ausgangsgröße die Ventilöffnung x. Für den Zusammenhang möge die Differentialgleichung

$$T_{\text{M}}\ddot{x} + \dot{x} = K_{\text{M}}u_{\text{M}}, \; K_{\text{M}} = 0.4\,\text{cm/V s}, \; T_{\text{M}} = 0.05\,\text{s}$$

gelten. Die zugehörige Übertragungsfunktion lautet dann

$$G_M(s) = \frac{K_M}{T_M s^2 + s} = \frac{K_M}{s(T_M s + 1)}.$$

Wir können das Stellglied also als Reihenschaltung eines Integrierers und eines PT_1-Gliedes interpretieren – das Stellglied weist folglich IT_1-Verhalten auf.

Betrachten wir als nächstes den Ofen selbst. Eingangsgröße des Ofens ist die Ventilöffnung x, Ausgangsgröße die Temperatur ϑ_{ist}. Wir wollen annehmen, dass der Zusammenhang zwischen diesen Größen durch die Differentialgleichung

$$T_O \dot{\vartheta}_{ist} + \vartheta_{ist} = K_O x, \quad K_O = 5\,°\text{C/cm}, \; T_O = 2\,\text{s}$$

bzw. die Übertragungsfunktion

$$G_O(s) = \frac{K_O}{T_O s + 1}$$

gegeben sei. Der Ofen weist demzufolge PT_1-Verhalten auf.

Die Messbrücke schließlich verarbeitet die Eingangsgröße ϑ_{ist} zur Differenzspannung u_D. Dies möge gemäß der Gleichung

$$u_D = K_B(\vartheta_{soll} - \vartheta_{ist}), \quad K_B = 1\,\text{V/°C}$$

geschehen. Die Messbrücke stellt damit ein P-Glied dar; die entsprechende Übertragungsfunktion lautet

$$G_B(s) = K_B.$$

Das Blockschaltbild des gesamten Ofensystems ergibt sich nun unmittelbar durch Hintereinanderschaltung der drei Teilsysteme Stellglied, Ofen und Messbrücke (Bild 2-58). Die Gesamt-Übertragungsfunktion erhalten wir durch Multiplikation der drei Teil-Übertragungsfunktionen zu

$$G(s) = \frac{K_M K_O K_B}{s(T_M s + 1)(T_O s + 1)} = \frac{2}{s(0.05s + 1)(2s + 1)}.$$

Das Gesamtsystem weist somit IT_2-Verhalten auf.

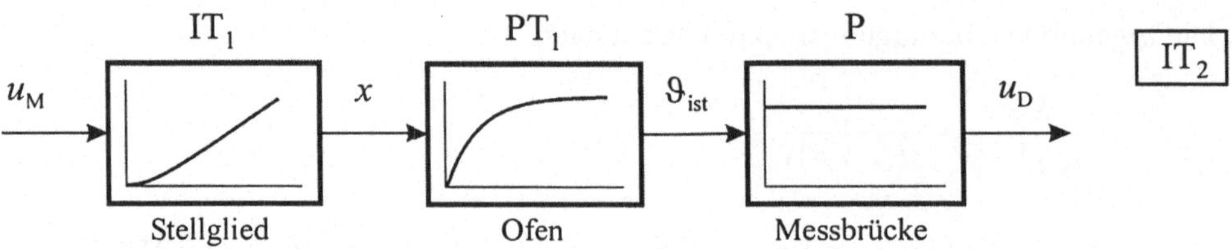

Bild 2-58 Blockschaltbild des Ofensystems

2.4 Bestimmung der Modellparameter (Identifikation)

Nachdem die Struktur eines Modells oder Teilmodells festgelegt worden ist, müssen die entsprechenden Modellparameter ermittelt werden – man spricht in diesem Zusammenhang von *Parameteridentifikation*. Für die meisten der in den vorangegangenen Abschnitten vorgestellten elementaren Übertragungsglieder und auch eine Reihe von zusammengesetzten Gliedern stehen sehr einfach anwendbare, aber dennoch leistungsfähige Verfahren zur Verfügung, von denen nachfolgend einige vorgestellt werden sollen.

2.4.1 Verfahren nach *Küpfmüller*

Das Verfahren nach *Küpfmüller* [30] reicht bereits bis in das Jahr 1928 zurück, ist aber aufgrund seiner einfachen Anwendung auch heute noch sehr verbreitet. Es eignet sich für nicht schwingfähige Systeme und benötigt als Basis die Sprungantwort $h(t)$ des Systems, d. h. den Verlauf der Ausgangsgröße des Systems bei Anregung durch eine sprungförmige Eingangsgröße mit der Amplitude eins. Bild 2-59 zeigt eine typische Sprungantwort eines für das *Küpfmüller*-Verfahren geeigneten Systems.

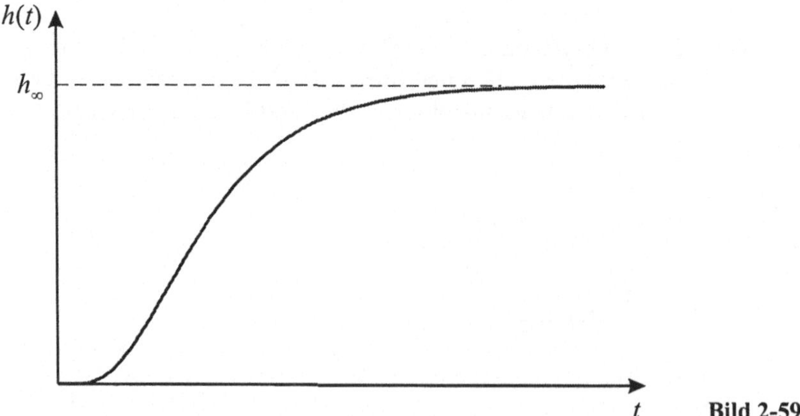

Bild 2-59

Als Modellansatz wählt *Küpfmüller* ein Verzögerungsglied 1. Ordnung mit zusätzlicher Totzeit; die entsprechende Differentialgleichung lautet also

$$T\,\dot{y}(t) + y(t) = K_\mathrm{P}\,u(t - T_\mathrm{t}).$$

Als Übertragungsfunktion des Modellansatzes erhalten wir dann

$$G(s) = \frac{K_\mathrm{P}}{1 + T\,s}\,e^{-T_\mathrm{t} s}.$$

Der Parameter K_P stellt den Übertragungsbeiwert des Systemmodells dar, T ist die Zeitkonstante des Modells und T_t seine Totzeit.

Die Sprungantwort (Bild 2-60) lässt sich für den gewählten Modellansatz unmittelbar angeben (zur Herleitung siehe z. B. [13]); sie lautet

$$h_\mathrm{M}(t) = K_\mathrm{P}\left(1 - e^{-\frac{t - T_\mathrm{t}}{T}}\right).$$

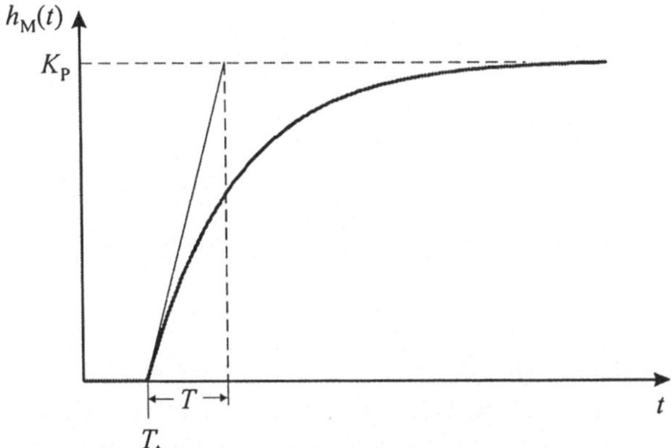

Bild 2-60 Sprungantwort des *Küpfmüller*-Modellsystems

Der Übertragungsbeiwert K_P des Modellansatzes wird so gewählt, dass die stationären Endwerte von System- und Modell-Sprungantwort identisch sind; es gilt also

$$\boxed{K_\mathrm{P} = h_\infty}\,.$$

Zur Bestimmung der Modell-Zeitkonstanten T und der Totzeit T_t wird nun wie folgt verfahren (Bild 2-61):

- Es wird zunächst der *Wendepunkt* der System-Sprungantwort bestimmt. Dies ist derjenige Punkt, an dem die Steigung der Sprungantwort ihren Maximalwert erreicht (d. h. die zweite Ableitung der Sprungantwort zu null wird).
- Im Wendepunkt wird nun die zugehörige *Wendetangente* an die Sprungantwort gelegt.

- Der Schnittpunkt der Wendetangente mit der Zeitachse liefert die so genannte *Verzugszeit* T_u. Lotet man den Schnittpunkt der Wendetangente mit dem stationären Endwert der Sprungantwort auf die Zeitachse herunter, so erhält man einen zweiten Schnittpunkt. Der Abstand zwischen beiden Schnittpunkten wird als *Ausgleichszeit* T_g bezeichnet.

Die Modell-Parameter werden schließlich wie folgt festgelegt:

$$\boxed{\begin{aligned} T_t &= T_u \\ T &= T_g \end{aligned}}$$

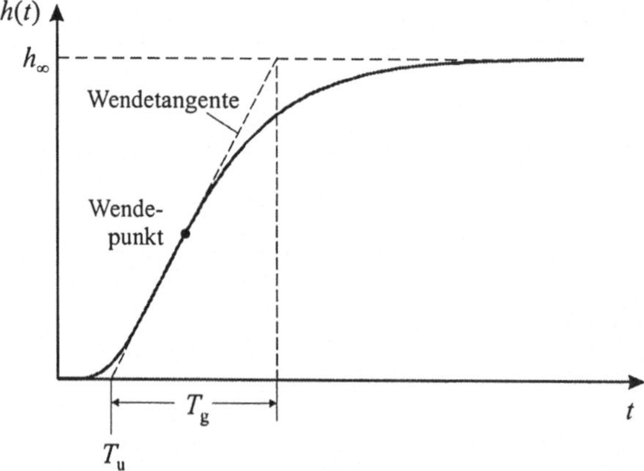

Bild 2-61 Verfahren nach *Küpfmüller*

Wegen der einfachen Vorgehensweise ist das *Küpfmüller*-Verfahren ohne weiteres auch per Hand (d. h. mit Papier, Bleistift und Lineal) anwendbar. Bild 2-62 zeigt System- und Modell-Sprungantwort mit den auf diese Weise ermittelten Modellparametern im Vergleich. Wir müssen allerdings erkennen, dass die Übereinstimmung zwischen beiden Sprungantworten nur mäßig ist, da die Modell-Sprungantwort aufgrund der Parameterwahl vollständig *unterhalb* der System-Sprungantwort verläuft. Im folgenden Kapitel wollen wir daher ein Verfahren betrachten, welches – bei gleichem Modellansatz – zu einer wesentlich besseren Übereinstimmung der Sprungantworten führt.

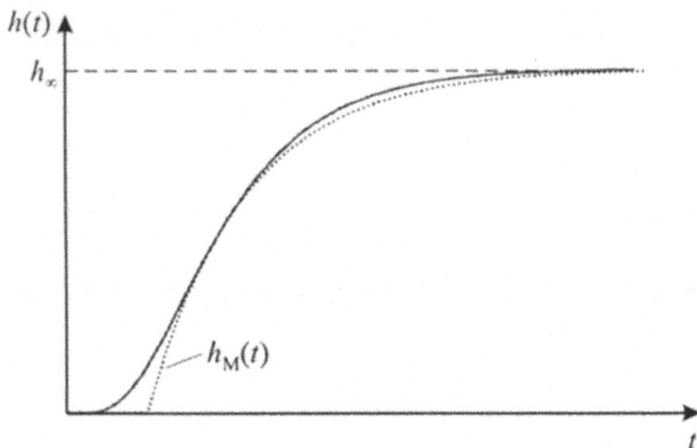

Bild 2-62 Vergleich zwischen System- und Modell-Sprungantwort nach *Küpfmüller*

Starten Sie das Programm KUEPFMUELLER.EXE von der Begleit-CD. Laden Sie über die *Einlesen...* – Schaltfläche nacheinander die Sprungantworten KÜPFMÜLLER1.YT, KÜPFMÜLLER2.YT und KÜPFMÜLLER3.YT und ermitteln Sie über die *Starten* – Schaltfläche die zugehörigen Modellparameter.

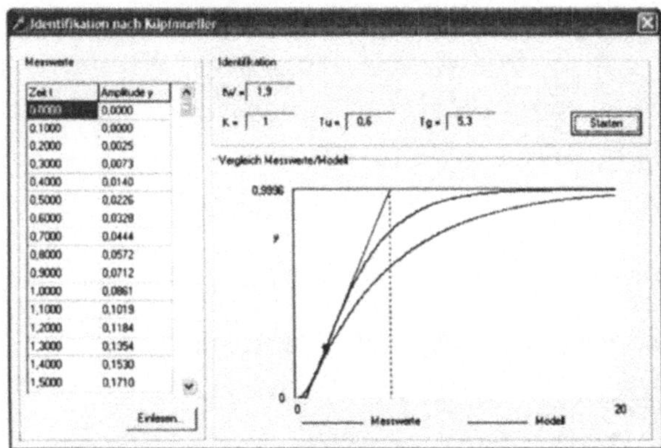

Bild 2-63 Programm KUEPFMUELLER

2.4.2 Verfahren nach *Strejc*

Das Verfahren nach *Strejc* [31] basiert auf demselben Modellansatz wie das *Küpfmüller*-Verfahren, also einem Verzögerungsglied 1. Ordnung mit Totzeit mit der Übertragungsfunktion

$$G(s) = \frac{K_{\mathrm{P}}}{1 + T\,s} e^{-T_t s}.$$

Die Basis der Parameteridentifikation bildet wiederum die Sprungantwort $h(t)$ des Systems. Der Parameter K_{P} entspricht auch hier unmittelbar dem stationären Endwert h_∞ der Sprungantwort. Zur Bestimmung der Parameter T und T_{t} wird nun gefordert, dass System-

Sprungantwort $h(t)$ und Modell-Sprungantwort $h_M(t)$ zu zwei Zeitpunkten übereinstimmen, also

$$h_1 = h(t_1) = h_M(t_1)$$
$$h_2 = h(t_2) = h_M(t_2)$$

gilt (Bild 2-64). Die Amplitudenwerte h_1 und h_2 sind prinzipiell beliebig wählbar; man kann sie z. B. als 10% bzw. 90% des stationären Endwertes ansetzen, d. h.

$$h_1 = 0.1\,h_\infty$$
$$h_2 = 0.9\,h_\infty.$$

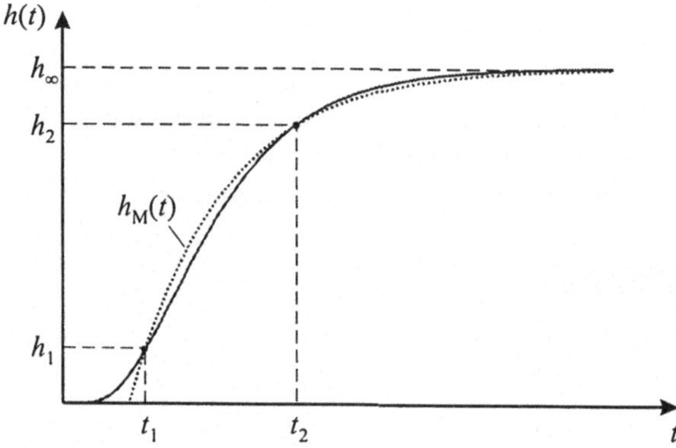

Bild 2-64 Verfahren nach *Strejc*

Die Sprungantwort für den Modellansatz lautet wie beim *Küpfmüller*-Verfahren

$$h_M(t) = K_P\left(1 - e^{-\frac{t-T_t}{T}}\right) = h_\infty\left(1 - e^{-\frac{t-T_t}{T}}\right).$$

Setzen wir in diese Gleichung die beiden Zeitwerte t_1 und t_2 ein, so erhalten wir zwei Gleichungen, die wir jeweils nach T auflösen können:

$$h_1 = h_\infty\left(1-e^{-\frac{t_1-T_t}{T}}\right) \Rightarrow T = -\frac{t_1-T_t}{\ln\left(1-\frac{h_1}{h_\infty}\right)}$$

$$h_2 = h_\infty\left(1-e^{-\frac{t_2-T_t}{T}}\right) \Rightarrow T = -\frac{t_2-T_t}{\ln\left(1-\frac{h_2}{h_\infty}\right)}$$

Gleichsetzen der beiden erhaltenen Ausdrücke liefert

$$\frac{t_1-T_t}{\ln\left(1-\frac{h_1}{h_\infty}\right)} = \frac{t_2-T_t}{\ln\left(1-\frac{h_2}{h_\infty}\right)}.$$

Lösen wir diese Gleichung nun nach T_t auf, so erhalten wir

$$T_t = \frac{t_2\ln\left(1-\frac{h_1}{h_\infty}\right) - t_1\ln\left(1-\frac{h_2}{h_\infty}\right)}{\ln\left(1-\frac{h_1}{h_\infty}\right) - \ln\left(1-\frac{h_2}{h_\infty}\right)}.$$

Zusammenfassend lauten die Bestimmungsgleichungen für die drei Modellparameter also

$$K_P = h_\infty$$

$$T_t = \frac{t_2\ln\left(1-\frac{h_1}{h_\infty}\right) - t_1\ln\left(1-\frac{h_2}{h_\infty}\right)}{\ln\left(1-\frac{h_1}{h_\infty}\right) - \ln\left(1-\frac{h_2}{h_\infty}\right)}$$

$$T = -\frac{t_1-T_t}{\ln\left(1-\frac{h_1}{h_\infty}\right)}$$

Starten Sie das Programm STREJC.EXE von der Begleit-CD. Laden Sie über die *Einlesen...* – Schaltfläche nacheinander die Sprungantworten STREJC1.YT, STREJC2.YT und STREJC3.YT und ermitteln Sie über die *Starten* – Schaltfläche die zugehörigen Modellparameter nach *Strejc*.

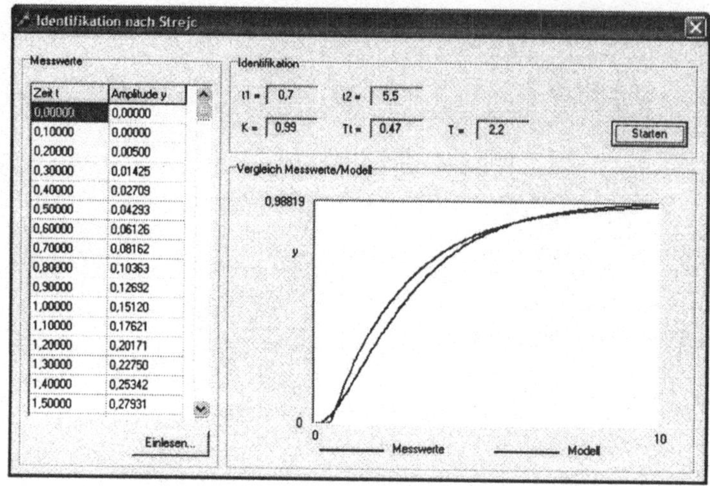

Bild 2-65 Programm STREJC

2.4.3 Verfahren nach *Strejc* für PT$_n$-Modell

Für Systeme höherer Ordnung eignet sich der *Küpfmüller*-Ansatz naturgemäß nur sehr bedingt. In diesen Fällen ist ein Ansatz höherer Ordnung sinnvoll. *Strejc* schlägt hierzu ein Verzögerungsglied n-ter Ordnung mit gleichen Zeitkonstanten vor, das die Übertragungsfunktion

$$G(s) = \frac{K_\mathrm{P}}{(1 + T\,s)^n}$$

besitzt. Die zu bestimmenden Modellparameter sind dann der Übertragungsbeiwert K_P, die (n-fache) Zeitkonstante T sowie die Ordnung n.

Auch für diesen Modellansatz lässt sich die Sprungantwort des Systemmodells mit Hilfe der Laplace-Transformation analytisch berechnen. Wir wollen auf die Herleitung der Lösung verzichten; sie lautet

$$h_\mathrm{M}(t) = K_\mathrm{P}\left(1 - \sum_{i=0}^{n-1} \frac{(t/T)^i}{i!} e^{-t/T}\right).$$

Bild 2-66 zeigt den Verlauf der Sprungantwort in Abhängigkeit von der Modellordnung n bei konstantem Parameter T. Wir erkennen, dass die Sprungantwort mit zunehmender Ordnung immer langsamer ansteigt.

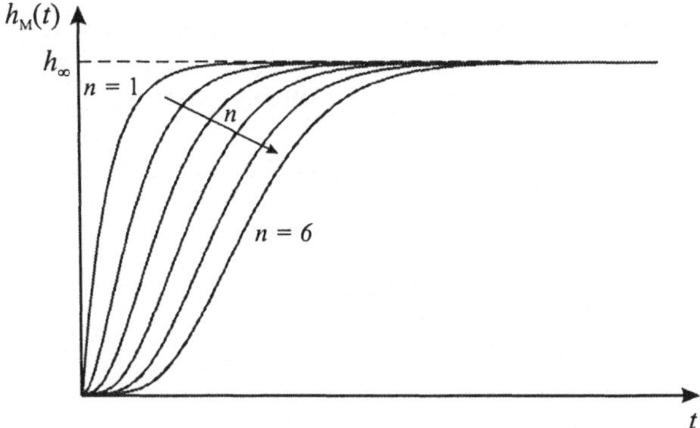

Bild 2-66 Modell-Sprungantwort in Abhängigkeit von der Modellordnung n (T konstant)

Der Übertragungsbeiwert K_P entspricht wie bei den zuvor erläuterten Modellansätzen dem stationären Endwert h_∞ der Sprungantwort. Zur Bestimmung von T und n wird nun gefordert, dass System- und Modell-Sprungantwort in Wendepunkt und Wendetangente übereinstimmen, d. h. gleiche Werte für die Verzugszeit T_u und die Ausgleichszeit T_g besitzen. Zur Erfüllung dieser Forderung ermitteln wir zunächst den Zeitpunkt t_W, an dem die Modell-Sprungantwort ihren Wendepunkt aufweist (Bild 2-67). Dazu setzen wir die zweite Ableitung von $h_M(t)$ zu null. Nach einigen Umformungen – die wir uns an dieser Stelle ersparen wollen – führt uns dies auf das Ergebnis

$$t_W = (n-1)\,T.$$

Setzen wir den resultierenden Wert für t_W in die Modell-Sprungantwort ein, so erhalten wir im Wendepunkt die Beziehung

$$\frac{h_W}{K_P} = 1 - e^{-(n-1)} \sum_{i=0}^{n-1} \frac{(n-1)^i}{i!}.$$

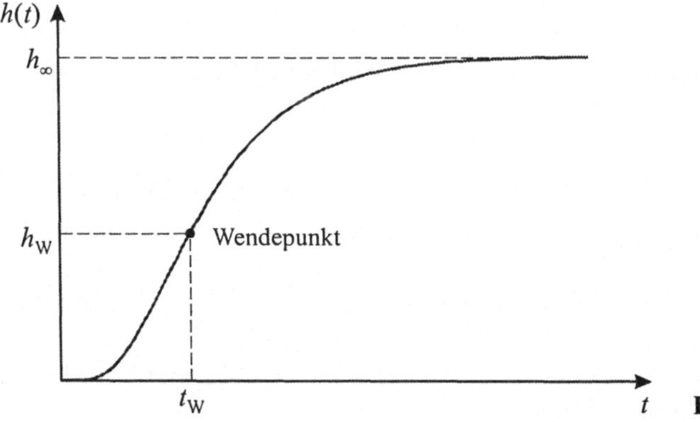

Bild 2-67

Nunmehr ermitteln wir die Tangente an die Modell-Sprungantwort im Wendepunkt und ihre Schnittpunkte mit der Zeitachse ($h_{\mathrm{M}}(t)=0$) sowie dem stationären Endwert ($h_{\mathrm{M}}(t)=h_{\infty}$). Auch diese Rechenschritte wollen wir nicht im Detail anführen; wir erhalten als Resultat für die Ausgleichszeit die Beziehung

$$\frac{T_{\mathrm{g}}}{T}=\frac{(n-2)!}{(n-1)^{n-2}}e^{(n-1)} \tag{2.42}$$

und für die Verzugszeit

$$\frac{T_{\mathrm{u}}}{T}=(n-1)-\frac{(n-2)!}{(n-1)^{n-2}}\left[e^{(n-1)}-\sum_{i=0}^{n-1}\frac{(n-1)^{i}}{i!}\right]. \tag{2.43}$$

Tabelle 2-1 gibt eine Übersicht über die entsprechenden Werte bis zur Modellordnung $n = 7$. Wie wir der letzten Spalte entnehmen können, gilt für $2 \leq n \leq 7$ in guter Näherung

$$n \approx 10\frac{T_{\mathrm{u}}}{T_{\mathrm{g}}}+1. \tag{2.44}$$

n	T_g/T	T_u/T	T_u/T_g
1	1	0	0
2	2.718	0.282	0.104
3	3.695	0.805	0.218
4	4.463	1.425	0.319
5	5.119	2.100	0.410
6	5.699	2.811	0.493
7	6.226	3.549	0.570

Tabelle 2-1

Fassen wir die Vorgehensweise bei diesem Verfahren noch einmal zusammen:

(1) Ermittlung der System-Sprungantwort

(2) Bestimmung von Wendepunkt und Wendetangente (z. B. "mit Papier und Bleistift")

(3) Ablesen bzw. Ermitteln von T_u und T_g

(4) Ermittlung von n und T anhand der Tabelle bzw. Formeln 2.42, 2.43 und 2.44, $K_{\mathrm{P}} = h_{\infty}$

Für Systeme mit einer im Vergleich zur Ausgleichszeit sehr kleinen Verzugszeit ($T_u / T_g < 0.1$) sollte dieser Modellansatz nicht mehr benutzt werden.

Starten Sie das Programm STREJC_PTN.EXE von der Begleit-CD. Laden Sie über die *Einlesen...* – Schaltfläche nacheinander die Sprungantworten PTN2.YT, PTN3.YT ... PTN8.YT. Diese enthalten die Sprungantwort eines Systems mit einer 2 ... 8-fachen Zeitkonstanten von einer Sekunde. Ermitteln Sie über die *Starten* – Schaltfläche jeweils die zugehörigen Modellparameter.

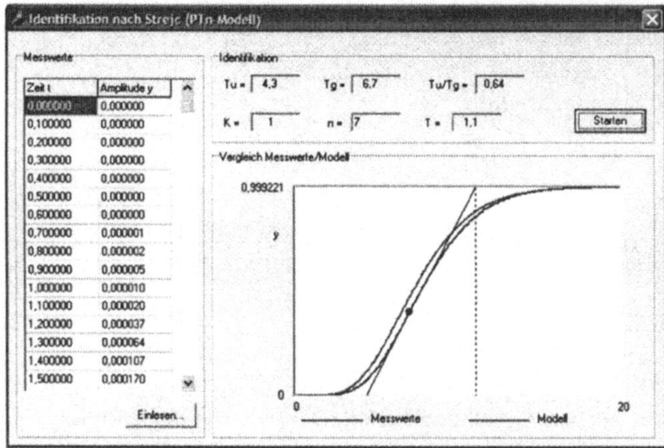

Bild 2-68 Programm STREJC_PTN

2.4.4 Verfahren nach *Naslin* für PT_2-Modell mit unterschiedlichen Zeitkonstanten

Bei Systemen mit stark unterschiedlichen Zeitkonstanten führt der im vorangegangenen Kapitel beschriebene Ansatz nur zu unbefriedigenden Ergebnissen, da das Verhältnis T_u/T_g in der Regel sehr klein ist. In diesen Fällen ist es besser, das System durch ein Verzögerungsglied zweiter Ordnung (PT_2-Glied) mit unterschiedlichen Zeitkonstanten T_1 und T_2 anzunähern. Das Modell besitzt dann die Übertragungsfunktion

$$G(s) = \frac{K_P}{(1+T_1 s)(1+T_2 s)}, \quad T_1 \neq T_2$$

mit den Modellparametern K_P, T_1 und T_2. Die zugehörige Sprungantwort lässt sich beispielsweise mit Hilfe der Laplace-Transformation berechnen; sie lautet

$$h_M(t) = K_P \left(1 - \frac{T_1}{T_1 - T_2} e^{-t/T_1} + \frac{T_2}{T_1 - T_2} e^{-t/T_2} \right).$$

Damit System- und Modell-Sprungantwort denselben stationären Endwert besitzen, wählen wir zunächst wieder $K_P = h_\infty$. Wir können die Sprungantwort dann schreiben in der Form

$$h_M(t) = h_\infty - A e^{-t/T_1} + B e^{-t/T_2}, \qquad (2.45)$$

wobei die Beziehungen

$$A = h_\infty \frac{T_1}{T_1 - T_2}, \quad B = h_\infty \frac{T_2}{T_1 - T_2}$$

gelten.

Das Verfahren von *Naslin* zur Bestimmung der Zeitkonstanten T_1 und T_2 beruht nun auf der Logarithmierung der System-Sprungantwort. Dazu nehmen wir an, dass die Zeitkonstante T_1 wesentlich größer als die Zeitkonstante T_2 sei ($T_1 >> T_2$). Für große Zeiten kann dann der hintere Exponentialterm in Gleichung 2.45 gegenüber dem vorderen Term vernachlässigt werden und wir erhalten als Näherung für die Sprungantwort

$$h_\infty - h(t) \approx A\, e^{-t/T_1}. \tag{2.46}$$

Logarithmieren wir diese Gleichung, so erhalten wir

$$\log\left(h_\infty - h(t)\right) \approx \log(A) - \frac{t}{T_1}\log(e). \tag{2.47}$$

Die rechte Seite dieser Gleichung stellt nun die Gleichung für eine Gerade mit der Steigung

$$m_1 = -\frac{\log(e)}{T_1} = -\frac{0.4343}{T_1}$$

dar, die die Ordinate an der Stelle $\log(A)$ schneidet (Bild 2-69).

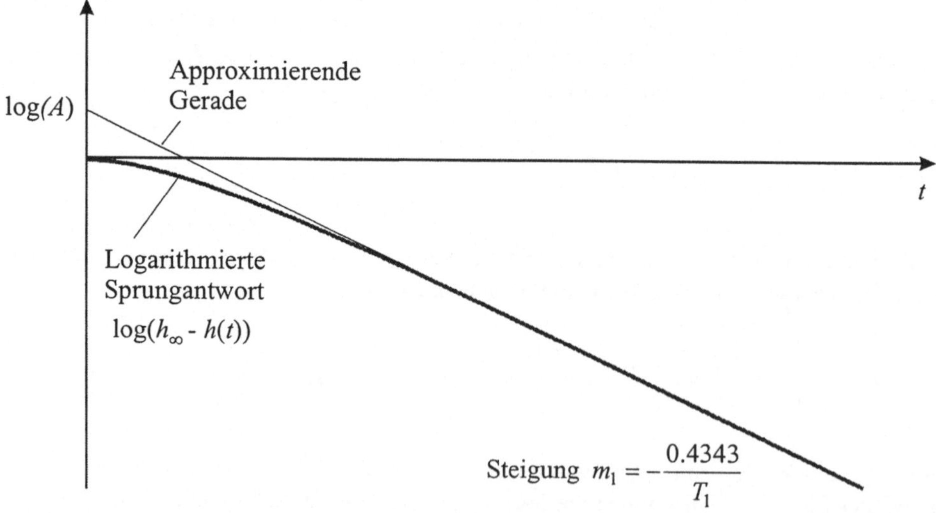

Bild 2-69 Verfahren von *Naslin*

Nachdem wir auf diese Weise die Größen A und T_1 ermittelt haben, setzen wir den zugehörigen Exponentialterm in die Modell-Sprungantwort ein und lösen diese nun nach dem zur Zeitkonstanten T_2 gehörenden Exponentialterm auf. Wir erhalten

$$h(t) - h_\infty + A\,e^{-t/T_1} = B\,e^{-t/T_2}. \tag{2.48}$$

Auf analoge Weise wie zuvor A und T_1 ermitteln wir jetzt die Parameter B und T_2. Wir logarithmieren also Gleichung 2.48 und erhalten

$$\log\left(h(t) - h_\infty + A\,e^{-t/T_1}\right) = \log(B) - \frac{t}{T_2}\log(e).$$

Die rechte Seite dieser Gleichung stellt wiederum eine Geradengleichung dar; die Steigung der Geraden beträgt jetzt

$$m_2 = -\frac{\log(e)}{T_2} = -\frac{0.4343}{T_2}$$

und die Gerade schneidet die Ordinate an der Stelle $\log(B)$.

Fassen wir die Vorgehensweise nach *Naslin* noch einmal zusammen:

(1) Ermittlung der System-Sprungantwort $h(t)$, $K_P = h_\infty$

(2) Logarithmisches Auftragen von $h_\infty - h(t)$

(3) Annähern der erhaltenen Kurve durch eine Gerade, Ablesen von T_1 und A

(4) Logarithmisches Auftragen von $h(t) - h_\infty + A\,e^{-t/T_1}$

(5) Annähern der erhaltenen Kurve durch eine Gerade, Ablesen von T_2

Starten Sie das Programm NASLIN.EXE von der Begleit-CD. Im zugehörigen Verzeichnis befinden sich drei Dateien mit den Sprungantworten eines PT_2-Gliedes mit den Zeitkonstanten $T_1 = 1\,\text{s}$, $T_2 = 2\,\text{s}$ (Datei PT1T2.YT), $T_1 = 1\,\text{s}$, $T_2 = 5\,\text{s}$ (Datei PT1T5.YT) bzw. $T_1 = 1\,\text{s}$, $T_2 = 10\,\text{s}$ (Datei PT1T10.YT). Laden Sie über die *Einlesen...* – Schaltfläche nacheinander die entsprechenden Dateien und überprüfen Sie über die *Starten* – Schaltfläche jeweils, wie genau die entsprechenden Zeitkonstanten nach dem Verfahren von *Naslin* ermittelt werden.

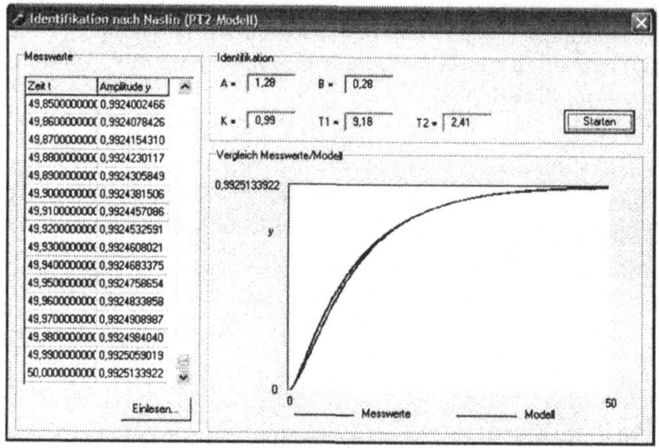

Bild 2-70 Programm NASLIN

2.4.5 Identifikation schwingfähiger PT$_2$-Glieder

Die bisher vorgestellten Modellansätze waren beschränkt auf reine Verzögerungsglieder mit einem aperiodischen Verlauf der Sprungantwort. Schwingungsfähige Systeme können in vielen Fällen hinreichend genau approximiert werden durch ein PT$_2$-Glied mit der Differentialgleichung

$$\frac{1}{\omega_0}\ddot{y} + \frac{2D}{\omega_0}\dot{y} + y = K_P\,u, \quad D < 1$$

bzw. der Übertragungsfunktion

$$G(s) = \frac{K_P}{\left(\frac{s}{\omega_0}\right)^2 + 2D\frac{s}{\omega_0} + 1}, \quad D < 1.$$

Die zugehörige Modell-Sprungantwort lautet

$$h_M(t) = K_P\left(1 - \frac{1}{\sqrt{1-D^2}}e^{-D\omega_0 t}\cos\left(\omega_0\sqrt{1-D^2}\,t - \varphi_0\right)\right),$$

wobei der Phasenwinkel φ_0 gegeben ist durch

$$\tan\varphi_0 = \frac{D}{\sqrt{1-D^2}}.$$

Die zu bestimmenden Modellparameter sind der Übertragungsbeiwert K_P, die Dämpfung D und die Eigenfrequenz ω_0. Sie lassen sich auf einfache Weise (z. B. grafisch) unmittelbar aus der Sprungantwort ermitteln [14]. Dazu bestimmen wir zunächst den ersten bzw. zweiten Überschwinger M_{P1} bzw. M_{P2} sowie die Schwingungsdauer τ (Bild 2-71).

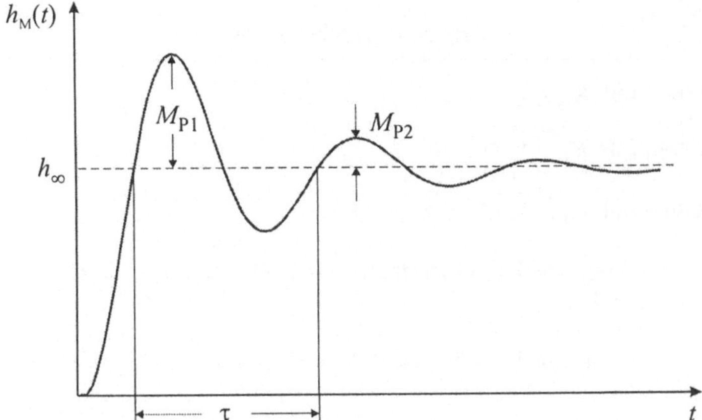

Bild 2-71 Identifikation des PT_2-Gliedes

Aus diesen Größen lassen sich nun Dämpfung und Eigenfrequenz des PT_2-Gliedes ermitteln. Es gilt für die Dämpfung

$$D = \frac{\vartheta}{\sqrt{4\pi^2 + \vartheta^2}}$$

mit

$$\vartheta = \ln \frac{M_{P1}}{M_{P2}}$$

und für die Eigenfrequenz

$$\omega_0 = \frac{2\pi}{\tau\sqrt{1 - D^2}}.$$

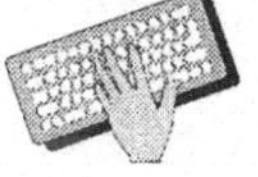

Starten Sie das Programm PT2S.EXE von der Begleit-CD. Im entsprechenden Verzeichnis befinden sich die nachfolgend aufgelisteten Dateien mit Sprungantworten. Laden Sie über die *Einlesen...* – Schaltfläche nacheinander die entsprechenden Sprungantworten und überprüfen Sie über die *Starten* – Schaltfläche jeweils, wie genau die Modellparameter ermittelt werden.

Dateiname	Zugrunde liegendes System
PT2D05W1.YT	PT_2-Glied mit $K_P = 1$, $D = 0.5$, $\omega_0 = 1$
PT2D05W2.YT	PT_2-Glied mit $K_P = 1$, $D = 0.5$, $\omega_0 = 2$
PT2D02W2.YT	PT_2-Glied mit $K_P = 1$, $D = 0.2$, $\omega_0 = 2$
PT2D02W2T05.YT	Reihenschaltung aus PT_2-Glied mit $K_P = 1$, $D = 0.2$, $\omega_0 = 2$ und PT_1-Glied mit $T = 0.5$
PT2D02W2T1.YT	Reihenschaltung aus PT_2-Glied mit $K_P = 1$, $D = 0.2$, $\omega_0 = 2$ und PT_1-Glied mit $T = 1$

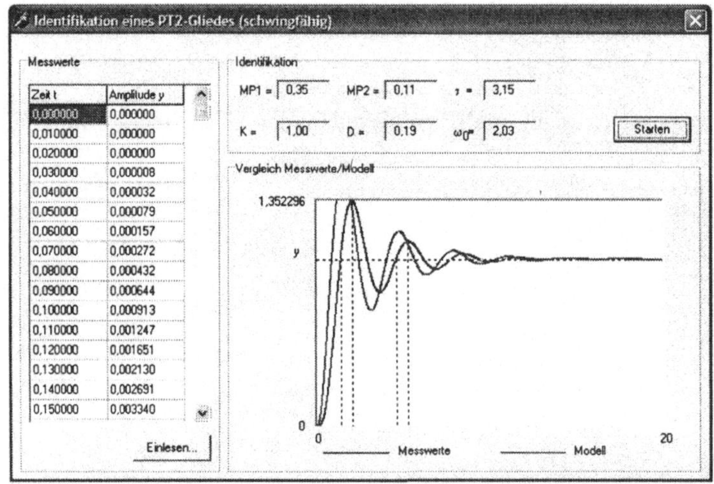

Bild 2-72 Programm PT2S

2.4.6 Approximation durch Übertragungsfunktion höherer Ordnung

Bei Systemen höherer Ordnung oder auch Systemen mit Allpass-Anteil führen die in den vorangegangenen Abschnitten beschriebenen Modellansätze naturgemäß zu unbefriedigenden Ergebnissen; hier werden Modelle höherer Ordnung bzw. Ansätze mit Zählertermen in der Übertragungsfunktion benötigt. Das nachfolgend beschriebene Verfahren nach *Golubev* und *Horowitz* [15] ermöglicht die Identifikation der Parameter (Koeffizienten) einer gebrochen rationalen Übertragungsfunktion beliebiger Ordnung anhand des gemessenen Ein-/Ausgangsverhaltens des Systems. Es eignet sich dabei nicht nur für sprungförmige Testsignale, sondern lässt sich bei beliebigen Eingangsgrößen anwenden.

Die zu ermittelnde Übertragungsfunktion des Modells hat die Form

$$G(s) = \frac{b_m s^m + b_{m-1} s^{m-1} + \ldots + b_1 s + b_0}{s^n + a_{n-1} s^{n-1} \ldots + a_1 s + a_0}, \quad m \le n$$

d. h. das Ein-/Ausgangsverhalten des Modells wird beschrieben durch die lineare Differentialgleichung

$$y^{(n)} + a_{n-1}y^{(n-1)} + \ldots + a_1\dot{y} + a_0 y = b_m u^{(m)} + b_{m-1}u^{(m-1)} + \ldots + b_1\dot{u} + b_0 u.$$

Zur Anwendung des Verfahrens müssen Eingangsgröße $u(t)$ und Ausgangsgröße $y(t)$ zu den äquidistanten Zeitpunkten $t = 0,\ h,\ 2h,\ \ldots,\ Nh = T$ vorliegen. Das Prinzip des Verfahrens besteht nun darin, den Ein- und Ausgangsgrößenverlauf n-fach zu integrieren. Unter Benutzung der Trapezregel* erhalten wir für das erste Integral $y^{(-1)}(t)$ zunächst

$$y^{(-1)}(0) = 0; \quad y^{(-1)}(i\,h) = y^{(-1)}((i-1)h) + \frac{h}{2}\left[y((i-1)h) + y(ih)\right].$$

Nochmalige Integration liefert $y^{(-2)}(t)$ gemäß

$$y^{(-2)}(0) = 0; \quad y^{(-2)}(i\,h) = y^{(-2)}((i-1)h) + \frac{h}{2}\left[y^{(-1)}((i-1)h) + y^{(-1)}(ih)\right].$$

Die weiteren Integrale $y^{(-k)}(t),\ 3 \le k \le n$ lassen sich auf die gleiche Weise ermitteln; ebenso die entsprechenden Integrale $u^{(-l)}(t),\ n-m \le l \le n$ für die Eingangsgröße $u(t)$.

Die Abweichung zwischen gemessenen Werten und Modellverhalten lässt sich nun durch eine *Fehlersumme J* nach der Methode der kleinsten Fehlerquadrate quantisieren; diese hat die Form

$$J = h\sum_{i=1}^{N}\left[\sum_{k=0}^{n} a_k y^{(k-n)}(ih) - \sum_{k=0}^{m} b_k u^{(k-n)}(ih)\right]^2, \quad a_n = 1.$$

Zur Ermittlung der Modellparameter $a_0, a_1, \ldots, a_{n-1}$ und $b_0, b_1, \ldots, b_m$ müssen wir das Minimum der Fehlersumme in Abhängigkeit von den Modellparametern bestimmen:

$$J(a_0, a_1, \ldots, a_{n-1},\ b_0, b_1, \ldots, b_m) \overset{!}{\rightarrow} Min.$$

Voraussetzung für das Vorliegen eines Minimums ist, dass die erste Ableitung der Fehlersumme zu null wird; es muss also gelten

$$\frac{\partial J}{\partial a_j} = 2h\sum_{i=1}^{N}\left[\sum_{k=0}^{n} a_k y^{(k-n)}(ih) - \sum_{k=0}^{m} b_k u^{(k-n)}(ih)\right] y^{(j-n)}(ih) = 0$$

$$\frac{\partial J}{\partial b_j} = -2h\sum_{i=1}^{N}\left[\sum_{k=0}^{n} a_k y^{(k-n)}(ih) - \sum_{k=0}^{m} b_k u^{(k-n)}(ih)\right] u^{(j-n)}(ih) = 0.$$

Diese Gleichungen können wir zunächst umstellen in

---

* Sorry – ein kleiner Vorgriff auf Kapitel 3 *Numerische Integrationsverfahren...*

$$\sum_{k=0}^{n} a_k \sum_{i=1}^{N} y^{(j-n)}(ih) y^{(k-n)}(ih) - \sum_{k=0}^{m} b_k \sum_{i=1}^{N} y^{(j-n)}(ih) u^{(k-n)}(ih) = 0, \quad j = 0, \ldots, n-1$$

$$\sum_{k=0}^{n} a_k \sum_{i=1}^{N} u^{(j-n)}(ih) y^{(k-n)}(ih) - \sum_{k=0}^{m} b_k \sum_{i=1}^{N} u^{(j-n)}(ih) u^{(k-n)}(ih) = 0, \quad j = 0, \ldots, m$$

Wegen $a_n = 1$ gilt

$$\sum_{k=0}^{n} a_k y^{(k-n)}(ih) = \sum_{k=0}^{n-1} a_k y^{(k-n)}(ih) + a_n y^{(0)}(ih) = \sum_{k=0}^{n-1} a_k y^{(k-n)}(ih) + y(ih)$$

und wir können die beiden Gleichungen nochmals umformen auf

$$\sum_{k=0}^{n-1} a_k \sum_{i=1}^{N} y^{(j-n)}(ih) y^{(k-n)}(ih) - \sum_{k=0}^{m} b_k \sum_{i=1}^{N} y^{(j-n)}(ih) u^{(k-n)}(ih) = -\sum_{i=1}^{N} y^{(j-n)}(ih)\, y(ih), \quad j = 0, \ldots, n-1$$

$$\sum_{k=0}^{n-1} a_k \sum_{i=1}^{N} u^{(j-n)}(ih) y^{(k-n)}(ih) - \sum_{k=0}^{m} b_k \sum_{i=1}^{N} u^{(j-n)}(ih) u^{(k-n)}(ih) = -\sum_{i=1}^{N} u^{(j-n)}(ih)\, y(ih), \quad j = 0, \ldots, m$$

Beide Gleichungen liefern nach Einsetzen der jeweiligen Werte für j ein lineares Gleichungssystem für die Modellparameter bestehend aus insgesamt $n + m + 1$ Gleichungen. Nehmen wir als Beispiel den Fall $m = 1, n = 2$, so erhalten wir zur Bestimmung der Modellparameter a_0, a_1, b_0, b_1 ein lineares Gleichungssystem 4. Ordnung der Form

$$a_0 \sum_{i=1}^{N} y^{(-2)}(ih) y^{(-2)}(ih) + a_1 \sum_{i=1}^{N} y^{(-2)}(ih) y^{(-1)}(ih) - b_0 \sum_{i=1}^{N} y^{(-2)}(ih) u^{(-2)}(ih) - b_1 \sum_{i=1}^{N} y^{(-2)}(ih) u^{(-1)}(ih) = -\sum_{i=1}^{N} y^{(-2)} y(ih)$$

$$a_0 \sum_{i=1}^{N} y^{(-1)}(ih) y^{(-2)}(ih) + a_1 \sum_{i=1}^{N} y^{(-1)}(ih) y^{(-1)}(ih) - b_0 \sum_{i=1}^{N} y^{(-1)}(ih) u^{(-2)}(ih) - b_1 \sum_{i=1}^{N} y^{(-1)}(ih) u^{(-1)}(ih) = -\sum_{i=1}^{N} y^{(-1)} y(ih)$$

$$a_0 \sum_{i=1}^{N} u^{(-2)}(ih) y^{(-2)}(ih) + a_1 \sum_{i=1}^{N} u^{(-2)}(ih) y^{(-1)}(ih) - b_0 \sum_{i=1}^{N} u^{(-2)}(ih) u^{(-2)}(ih) - b_1 \sum_{i=1}^{N} u^{(-2)}(ih) u^{(-1)}(ih) = -\sum_{i=1}^{N} u^{(-2)} y(ih)$$

$$a_0 \sum_{i=1}^{N} u^{(-1)}(ih) y^{(-2)}(ih) + a_1 \sum_{i=1}^{N} u^{(-1)}(ih) y^{(-1)}(ih) - b_0 \sum_{i=1}^{N} u^{(-1)}(ih) u^{(-2)}(ih) - b_1 \sum_{i=1}^{N} u^{(-1)}(ih) u^{(-1)}(ih) = -\sum_{i=1}^{N} u^{(-1)} y(ih)$$

bzw. in Matrixschreibweise

$$\begin{pmatrix} \sum_{i=1}^{N} y^{(-2)}(ih) y^{(-2)}(ih) & \sum_{i=1}^{N} y^{(-2)}(ih) y^{(-1)}(ih) & -\sum_{i=1}^{N} y^{(-2)}(ih) u^{(-2)}(ih) & -\sum_{i=1}^{N} y^{(-2)}(ih) u^{(-1)}(ih) \\ \sum_{i=1}^{N} y^{(-1)}(ih) y^{(-2)}(ih) & \sum_{i=1}^{N} y^{(-1)}(ih) y^{(-1)}(ih) & -\sum_{i=1}^{N} y^{(-1)}(ih) u^{(-2)}(ih) & -\sum_{i=1}^{N} y^{(-1)}(ih) u^{(-1)}(ih) \\ \sum_{i=1}^{N} u^{(-2)}(ih) y^{(-2)}(ih) & \sum_{i=1}^{N} u^{(-2)}(ih) y^{(-1)}(ih) & -\sum_{i=1}^{N} u^{(-2)}(ih) u^{(-2)}(ih) & -\sum_{i=1}^{N} u^{(-2)}(ih) u^{(-1)}(ih) \\ \sum_{i=1}^{N} u^{(-1)}(ih) y^{(-2)}(ih) & \sum_{i=1}^{N} u^{(-1)}(ih) y^{(-1)}(ih) & -\sum_{i=1}^{N} u^{(-1)}(ih) u^{(-2)}(ih) & -\sum_{i=1}^{N} u^{(-1)}(ih) u^{(-1)}(ih) \end{pmatrix} \begin{pmatrix} a_0 \\ a_1 \\ b_0 \\ b_1 \end{pmatrix} = \begin{pmatrix} -\sum_{i=1}^{N} y^{(-2)} y(ih) \\ -\sum_{i=1}^{N} y^{(-1)} y(ih) \\ -\sum_{i=1}^{N} u^{(-2)} y(ih) \\ -\sum_{i=1}^{N} u^{(-1)} y(ih) \end{pmatrix}$$

Wir wollen ein Beispiel betrachten, welches die Qualität des beschriebenen Verfahrens erläutert (siehe [15]). Dazu wählen wir als "Originalsystem" ein System mit der Übertragungsfunktion

$$G(s)=\frac{9.25s+9.25}{s^2+s+9.25}.$$

Zur Anregung des Systems wählen wir eine Eingangsgröße der Form

$$u(t)=1-e^{-t}.$$

Der Verlauf der Ausgangsgröße lässt sich in diesem Fall analytisch berechnen; wir erhalten

$$y(t)=1-e^{-0.5t}\left(\cos 3t+\frac{1}{6}\sin 3t\right).$$

Bild 2-73 zeigt den Verlauf von Ein- und Ausgangsgröße bis zum eingeschwungenen Zustand des Systems.

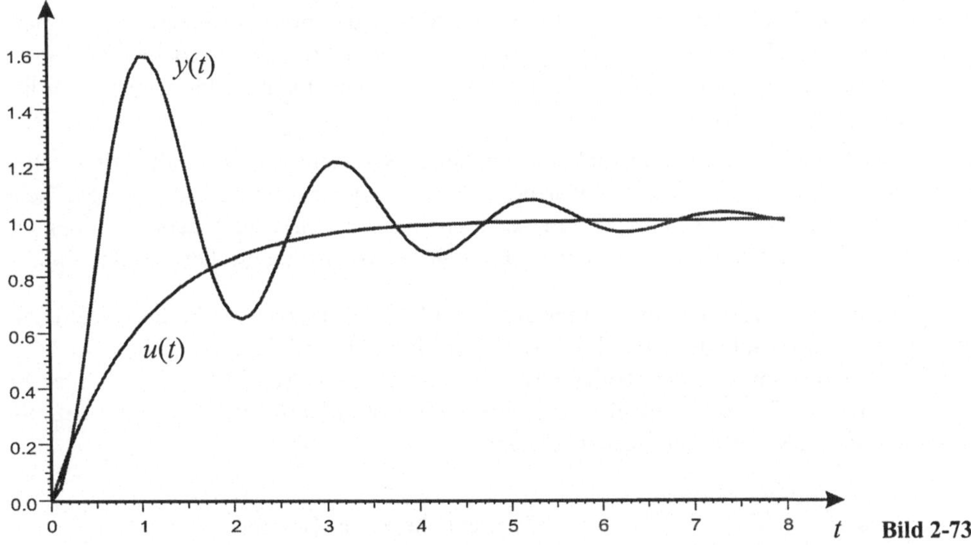

Bild 2-73

Wir ermitteln nun die Modellparameter a_0, a_1, b_0, b_1 für unterschiedliche Werte der Parameter h (Schrittweite zwischen zwei Messpunkten) und N (Anzahl der Messpunkte). Aus beiden Parametern ergibt sich gemäß $T = N\,h$ jeweils der Wert für den zur Identifikation benutzten Zeitbereich der Ein- bzw. Ausgangsgröße. Nachfolgende Tabelle zeigt die erhaltenen Ergebnisse.

	b_1	b_0	a_1	a_0
Originalsystem	9.25	9.25	1	9.25
$N = 650,\ h = 0.01 \Rightarrow T = 6.5$	9.249	9.249	1	9.249
$N = 30,\ h = 0.05 \Rightarrow T = 1.5$	9.307	9.226	1.009	9.264
$N = 400,\ h = 0.001 \Rightarrow T = 0.4$	9.250	9.246	1	9.249

Im ersten Fall ($N = 650,\ h = 0.01 \Rightarrow T = 6.5$) überdecken die zur Identifikation herangezogenen Messwerte den gesamten relevanten Bereich des Ausgangsgrößenverlaufs. Die erhaltenen Koeffizienten sind in diesem Fall mit denen des Originalsystems praktisch identisch.

Im zweiten Fall ($N = 30,\ h = 0.05 \Rightarrow T = 1.5$) ist die Messschrittweite größer und die Anzahl der Messwerte kleiner gewählt worden als im ersten Fall; es ergibt sich daher ein wesentlich kleinerer Zeitbereich, der lediglich den ersten Überschwinger der Ausgangsgröße erfasst. Dennoch liefert das Verfahren auch in diesem Fall sehr gute Näherungen für die Koeffizienten. Im dritten Fall ($N = 400,\ h = 0.001 \Rightarrow T = 0.4$) ist die Messdauer noch geringer, sodass nicht einmal der erste Überschwinger der Ausgangsgröße erfasst wird. Auch hier erhalten wir jedoch nahezu exakte Koeffizientenwerte; die wesentlich kleinere Schrittweite h kompensiert in diesem Fall die geringe Messdauer.

Die anhand der Modell-Übertragungsfunktion ermittelte Systemantwort ist in allen drei Fällen mit dem exakten Ausgangsgrößenverlauf nahezu deckungsgleich, sodass sich eine grafische Gegenüberstellung erübrigt. Es bleibt anzumerken, dass das Verfahren auch dann noch brauchbare Ergebnisse liefert, wenn die Messdaten (z. B. aufgrund von Messrauschen) gestört sind.

Das Modul IDA des Programmpakets WinFACT [16] ermöglicht die Systemidentifikation nach dem beschriebenen Verfahren. Installieren Sie die WinFACT-Demoversion von der Begleit-CD und starten Sie das Modul IDA. Das Unterverzeichnis *\Examples* enthält eine Reihe von Beispiel-Datensätzen, anhand derer Sie die Funktionsweise des Verfahrens testen können:

Dateiname	Zugrunde liegendes System
CHEN3_X.SIM, CHEN3_Y.SIM	Beispielsystem mit $m = 6$ und $n = 8$, lässt sich aber bereits gut durch $m = 3$, $n = 4$ approximieren
EX1_X.SIM, EX1_Y.SIM	Beispielsystem aus [15] mit $m = 1$ und $n = 2$, die Eingangsgröße ist hier eine Exponentialfunktion
N4_X.SIM, N4_Y.SIM	Beispielsystem mit Allpassanteil ($m = 2$ und $n = 4$)

RAUSCH_X.SIM, RAUSCH_Y.SIM	Beispielsystem mit starkem Messrauschen (m = 0 und n = 2)
SIN_X.SIM, SIN_Y.SIM	Beispielsystem mit sinusförmiger Eingangsgröße (m = 0 und n = 2)

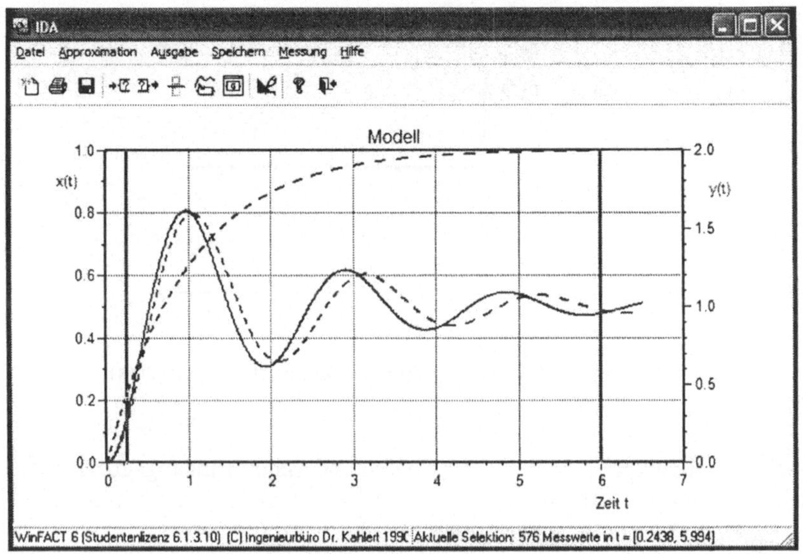

Bild 2-74 WinFACT-Programmmodul IDA

2.5 Testsignale für dynamische Systeme

Um ein dynamisches System mit Hilfe eines der in den vorangegangenen Kapiteln vorgestellten Identifikationsverfahren zu analysieren, muss das System in geeigneter Form angeregt werden. Dazu wird in der Regel ein standardisiertes Testsignal auf das System geschaltet und der zugehörige Ausgangsgrößenverlauf aufgezeichnet. Aus beiden Signalen zusammen liefert das Identifikationsverfahren dann die "passenden" Modellparameter.

Bei den meisten der bisher vorgestellten Verfahren wurde zur Anregung eine *Sprungfunktion* benutzt, die allgemein durch den Ausdruck

$$u(t) = u_0 \, \sigma(t - t_0)$$

mit

$$\sigma(t) = \begin{cases} 0 & \textit{für} \;\; t < 0 \\ 1 & \textit{für} \;\; t \geq 0 \end{cases}$$

gegeben ist; die Systemantwort auf diese Eingangsfunktion wurde dann als *Sprungantwort* bezeichnet. Häufig wählt man einen so genannten *Einheitssprung* ($u_0 = 1$) zum Zeitpunkt $t = 0$, sodass das Testsignal der Gleichung

$$u(t) = \sigma(t)$$

genügt (Bild 2-75).

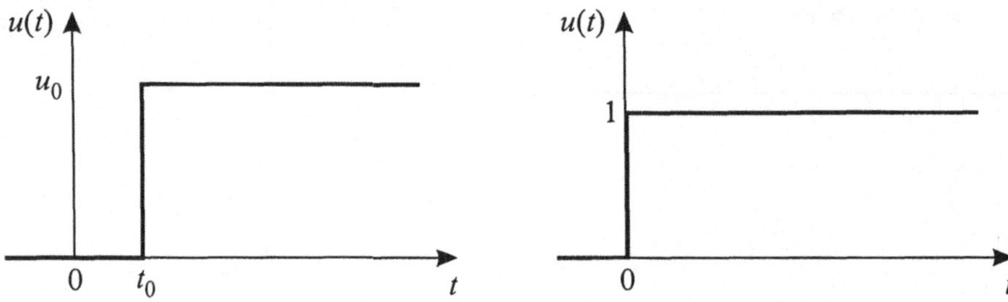

Bild 2-75 Allgemeine Sprungfunktion (links) und Einheitssprung zum Zeitpunkt $t = 0$ (rechts)

Möchten wir das Systemverhalten bei einer sich gleichmäßig ändernden Eingangsgröße analysieren, bietet sich eine *Rampenfunktion* der Form

$$u(t) = k\,t\,\sigma(t - t_0)$$

an. Meist wählt man eine Steigung k von 1 und $t_0 = 0$ (Bild 2-76).

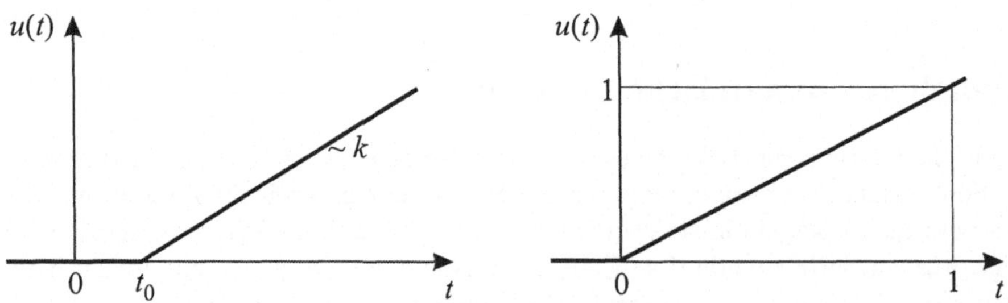

Bild 2-76 Allgemeine Rampenfunktion (links) und Rampenfunktion für $k = 1,\ t_0 = 0$ (rechts)

Ein parabelförmiges Eingangssignal (Bild 2-77) schließlich bietet sich an, wenn das Systemverhalten für eine gleichmäßig anwachsende Eingangssignaländerung untersucht werden soll; es hat allgemein die Form

$$u(t) = k\,t^2\,\sigma(t - t_0).$$

Für den Spezialfall $k = 1, t_0 = 0$ erhalten wir eine Funktion der Form

$$u(t) = t^2\,\sigma(t).$$

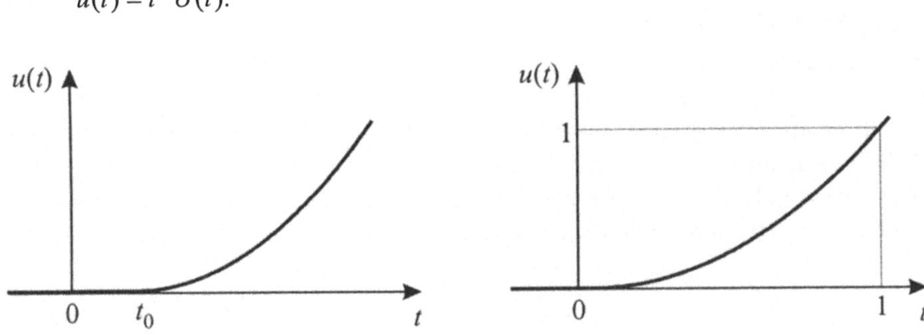

Bild 2-77 Allgemeine Parabelfunktion (links) und Parabelfunktion für $k = 1,\ t_0 = 0$ (rechts)

Alle bisher vorgestellten Testsignale haben die Eigenschaft, dass die im Signal "enthaltene" Energie für $t \to \infty$ unendlich hohe Werte annimmt. Schaltet man daher eines dieser Testsignale auf ein System ohne Ausgleich, so strebt dessen Ausgangsgröße für große Zeiten gegen unendlich (bzw. läuft in eine real fast immer vorhandene Begrenzung). Um dieses zu verhindern, können wir in solchen Fällen ein Testsignal mit endlicher Energie wählen wie beispielsweise einen (zum Zeitpunkt $t = 0$ einsetzenden) Impuls mit der Amplitude u_0 und der Impulsdauer T, d. h. der Zeitfunktion

$$u(t) = \begin{cases} 0 & \textit{für } t < 0 \\ u_0 & \textit{für } 0 \le t \le T \\ 0 & \textit{für } t > T \end{cases} .$$

Häufig wählt man dabei Amplitude und Dauer des Impulses so, dass die Impulsfläche A gerade eins beträgt, also z. B. $u_0 = T = 1$ (Bild 2-78).

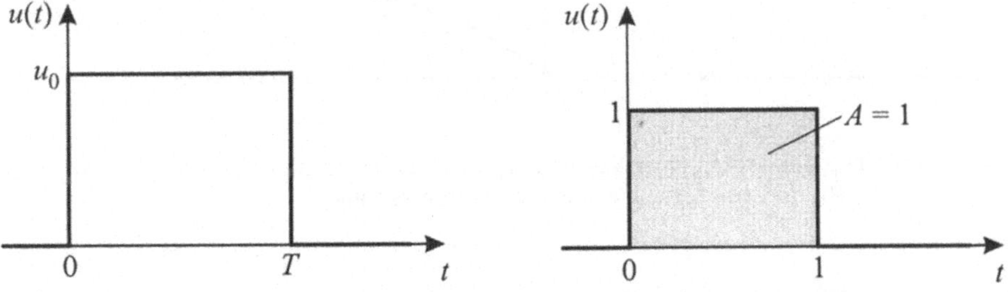

Bild 2-78 Allgemeine Impulsfunktion (links) und Impuls für $u_0 = T = 1$ (rechts)

Verkleinert man die Impulsbreite T unter Beibehaltung der Impulsfläche von eins immer weiter, so gelangt man schließlich zu einem unendlich schmalen und unendlich hohen Impuls der Fläche eins, der als *Dirac*-Impuls bezeichnet wird und insbesondere in der Nachrichtentechnik von Bedeutung ist. Die Systemantwort auf einen solchen Impuls wird oft auch generell als *Impulsantwort* des Systems bezeichnet.

Bild 2-79 zeigt im Vergleich die Systemantworten eines IT_1-Gliedes auf einen Einheitssprung (obere Diagramme), auf einen Impuls mit einer Amplitude und Dauer von eins (mittlere Diagramme) sowie auf einen *Dirac*-Impuls (untere Diagramme). Wir können erkennen, dass die Ausgangsgröße beim Eingangssprung gegen unendlich läuft (da es sich um ein System mit I-Verhalten handelt), während sie bei den Eingangsimpulsen einen stationären Endwert anstrebt; dieser entspricht dabei jeweils der Impulsfläche, d. h. dem Produkt aus Impulshöhe und -dauer.

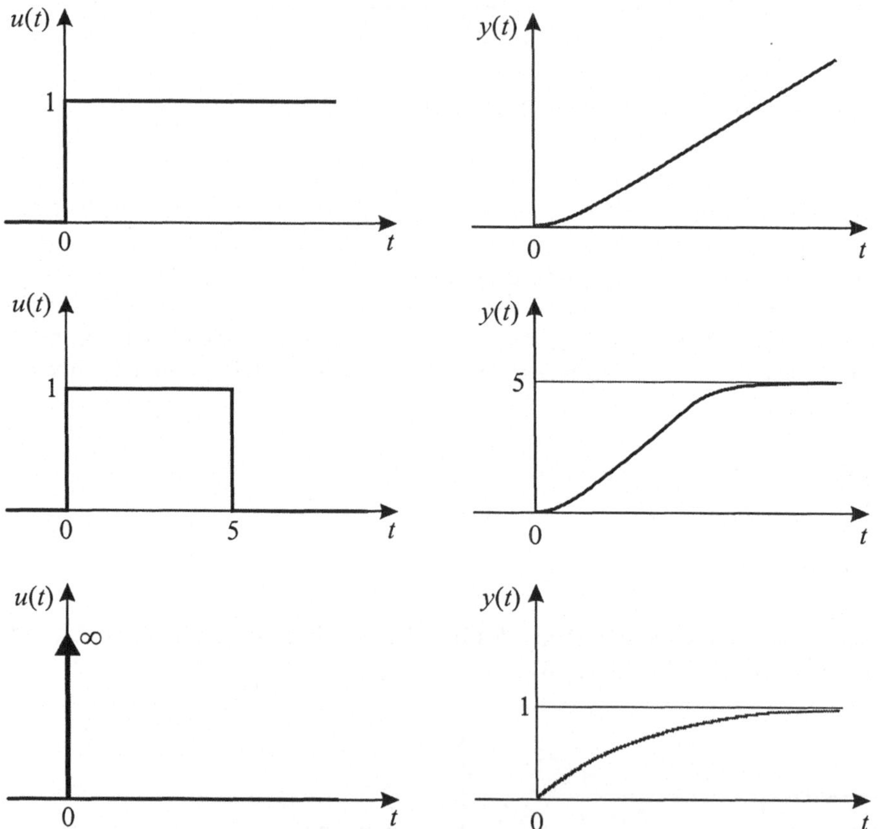

Bild 2-79 Antwort eines IT_1-Gliedes mit einer Verstärkung von 1 auf einen Einheitssprung (oben), einen Impuls der Höhe 1 und der Breite 5 (mitte) sowie einen *Dirac*-Impuls (unten)

Bei Systemen mit doppelt-integrierendem Verhalten (z. B. einem I_2T-Glied) führt aber auch ein Eingangsimpuls noch zu einem Anwachsen der Ausgangsgröße über alle Grenzen; in diesem Fall muss zur Begrenzung der Systemantwort ein Doppelimpuls benutzt werden, bei dem sich "positive" und "negative" Impulsflächen gerade kompensieren. Die durch einen solchen symmetrischen Doppelimpuls repräsentierte Gesamtenergie ist dann gerade null und die Ausgangsgröße des Systems strebt gegen einen stationären Endwert, der von der Breite der Einzelimpulse abhängig ist (Bild 2-80).

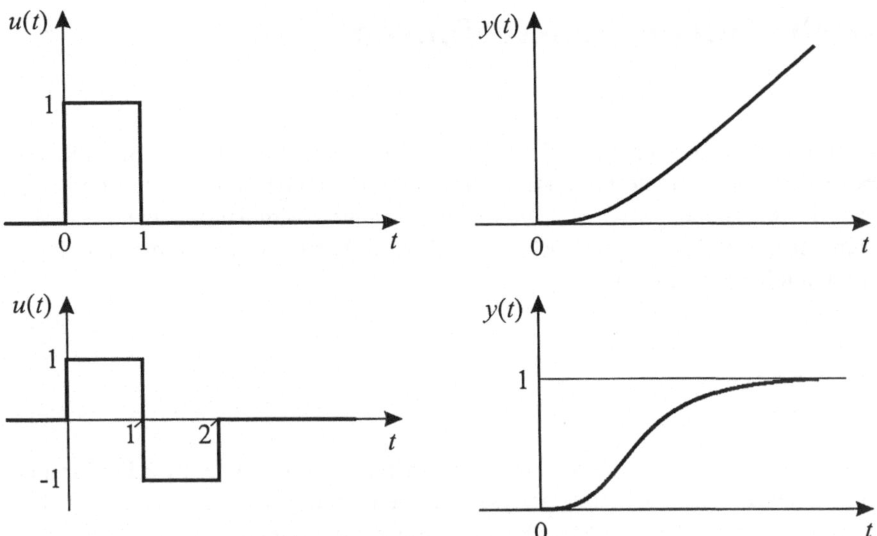

Bild 2-80 Systemantwort eines I_2T-Gliedes mit einer Verstärkung von 1 bei einem einfachen Eingangsimpuls (oben) und einem symmetrischen Doppelimpuls (unten)

3 Numerische Integrationsverfahren

Wir haben uns im vorangegangenen Kapitel intensiv mit der Beschreibung dynamischer Systeme durch mathematische Modelle beschäftigt. Nachfolgend wollen wir uns nun der Frage widmen, wie wir die erhaltenen Modelle zur rechnergestützten Simulation nutzen können. Dazu beschränken wir uns auf die allgemeinste Darstellung in Form eines Systems von nichtlinearen Differentialgleichungen erster Ordnung

$$\dot{\underline{x}} = \underline{f}(\underline{x}, \underline{u})$$

$$\underline{y} = \underline{g}(\underline{x}, \underline{u}),$$

da sich – wie wir gesehen hatten – alle anderen Beschreibungsformen wie etwa Differentialgleichungen höherer Ordnung oder Übertragungsfunktionen ohne größeren Aufwand in diese Darstellung überführen lassen. Unsere Aufgabe soll dann darin bestehen, den zeitlichen Verlauf der Zustandsgrößen $\underline{x}(t)$ und damit auch der Ausgangsgrößen $\underline{y}(t)$ des Systems bei bekannten Systemfunktionen $\underline{f}$ und $\underline{g}$ und bekanntem zeitlichen Verlauf der Eingangsgrößen $\underline{u}(t)$ zu ermitteln. Dies soll jedoch nicht für beliebige Zeiten, sondern erst ab einem Zeitpunkt $t > t_0$ geschehen – wir sprechen in diesem Zusammenhang daher von einem *Anfangswertproblem* (AWP). Dazu muss uns der Zustand des Systems zu diesem Zeitpunkt – also $\underline{x}(t = t_0)$ – ebenfalls bekannt sein.

Zur Erläuterung der Grundprinzipien ist es weiterhin sinnvoll, einige vereinfachende Annahmen zu treffen. So genügt es beispielsweise, wenn wir zunächst annehmen, dass lediglich *eine* Differentialgleichung zu lösen sei, da sich bei einem System mehrerer Gleichungen diese in der Regel unabhängig voneinander lösen lassen. Ferner wollen wir annehmen, dass das System nur eine Eingangsgröße besitze – auch diese Annahme schränkt die spätere Verwendbarkeit der vorgestellten Verfahren in keinster Weise ein. Schließlich wollen wir uns damit begnügen, uns auf die Berechnung des Zustandsvektors zu konzentrieren – die spätere Ermittlung der Ausgangsgrößen daraus über die Funktionen $\underline{g}$ stellt nur ein untergeordnetes Problem dar.

Unter diesen Voraussetzungen lautet unsere Kernaufgabe also nun wie folgt: Gegeben sei die nichtlineare Differentialgleichung

$$\dot{x} = f(x,u) \tag{3.1}$$

mit dem Anfangswert

$$x(t_0) = x_0.$$

Gesucht ist der Verlauf von $x(t)$ für $t > t_0$ bei bekanntem Eingangsgrößenverlauf $u(t > t_0)$.

Die exakte Lösung von Gleichung 3.1 erhalten wir durch formale Integration zu

$$x(t) = x(t_0) + \int_{t_0}^{t} f(x,u)\,\mathrm{d}t'. \tag{3.2}$$

Bei dieser Gleichung handelt es sich um eine *implizite* Gleichung für $x(t)$, da $x(t)$ auch auf der rechten Seite im Integranden auftritt. Zur numerischen Lösung der Differentialgleichung diskretisieren wir zunächst die Zeitachse beginnend bei t_0 in äquidistante Stützstellen t_k gemäß der Beziehung

$$t_k = t_0 + k \cdot h, \quad k = 0, 1, \ldots$$

wobei der Abstand h zwischen den Stützstellen als *Schrittweite* bezeichnet wird (Bild 3-1).

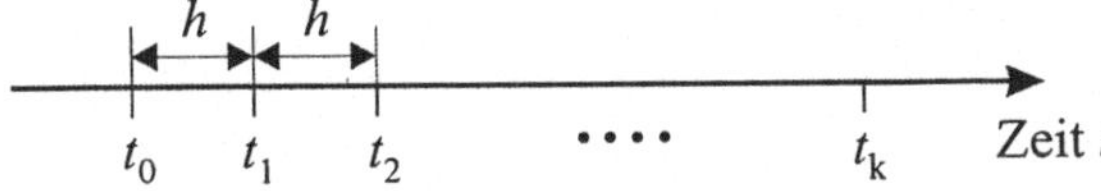

Bild 3-1 Diskretisierung der Zeitachse

Für den Zeitpunkt t_1 gilt dann

$$x(t_1) = x(t_0) + \int_{t_0}^{t_1} f(x,u)\ \mathrm{d}t'$$

und für den Zeitpunkt t_{k+1}

$$\begin{aligned} x(t_{k+1}) &= x(t_0) + \int_{t_0}^{t_k} f(x,u)\ \mathrm{d}t' + \int_{t_k}^{t_{k+1}} f(x,u)\ \mathrm{d}t' \\ &= x(t_k) + \int_{t_k}^{t_{k+1}} f(x,u)\ \mathrm{d}t', \quad k = 0, 1, 2 \ldots \end{aligned} \tag{3.3}$$

Damit liegt uns eine rekursive Gleichung vor, mit der wir – ausgehend vom bekannten Anfangswert $x_0 = x(t_0)$ – schrittweise die Werte zu den nachfolgenden Zeitpunkten ermitteln können. Dazu müssen wir in jedem Schritt "lediglich" näherungsweise das bestimmte Integral der Funktion $f(x,u)$ – d. h. der rechten Seite der Differentialgleichung – über dem jeweiligen Intervall der Breite (Schrittweite) h ermitteln. Welche Verfahren es dazu gibt und wie sich diese unterscheiden, ist Thema der nachfolgenden Abschnitte.

3.1 Einschrittverfahren

Wir hatten gesehen, dass das Grundproblem bei der numerischen Lösung unseres Differentialgleichungssystems in der näherungsweisen Bestimmung eines bestimmten Integrals der Funktion $f(x,u)$ besteht. Stellen wir uns diese Funktion grafisch über der Zeit t aufgetragen vor, so besteht die Aufgabe darin, die Fläche unterhalb eines bestimmten Kurvenabschnittes zu ermitteln. Wird zur Berechnung des nachfolgenden ("neuen") Wertes x_{k+1} jeweils nur der "alte" Wert x_k (bzw. ggf. auch daraus abgeleitete "Hilfswerte") benutzt, spricht man von einem *Einschrittverfahren.* x_k bzw. x_{k+1} sind dabei die im Rahmen der numerischen Integration ermittelten Näherungswerte für die exakten Werte $x(t_k)$ bzw. $x(t_{k+1})$. Einschrittverfahren erfordern also eine näherungsweise Berechnung der Fläche über dem Intervall $[t_k, t_{k+1}]$ (Bild 3-2).

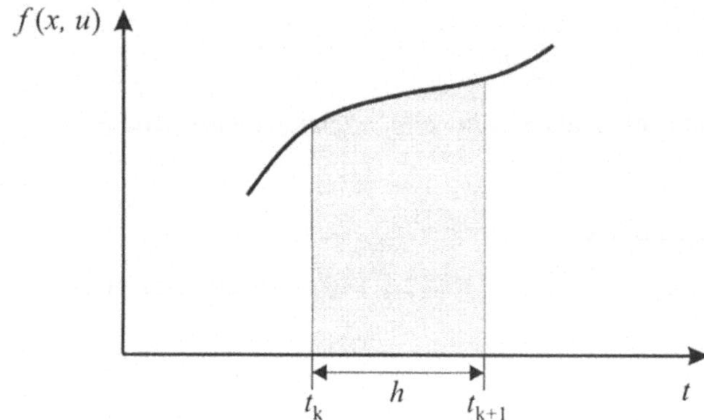

Bild 3-2 Flächendarstellung

3.1.1 Explizites *Euler*-Verfahren

Beim expliziten *Euler*-Verfahren (häufig auch als *Euler-Vorwärts-Verfahren*, *Rechteckverfahren*, *Polygonzugverfahren* oder *Tangentenverfahren* bezeichnet) wird die Fläche unter der Kurve $f(x,u)$ durch ein Rechteck angenähert, dessen Höhe durch $f(x_k, u_k)$ und dessen Breite durch die Schrittweite h gegeben ist (Bild 3-3). Die Näherungsformel lautet hier also

$$\int_{t_k}^{t_{k+1}} f(x,u)\, \mathrm{d}t' \approx h \cdot f(x_k, u_k).$$

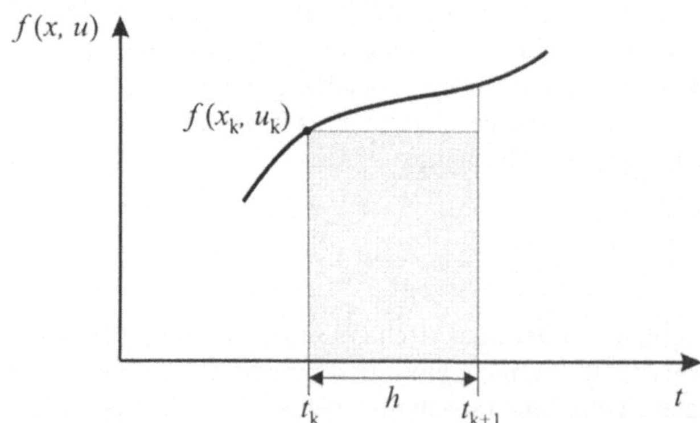

Bild 3-3 Explizites *Euler*-Verfahren

Für das explizite *Euler*-Verfahren erhalten wir somit nach Gleichung 3.3 folgende Rechenvorschrift:

$$\boxed{x_{k+1} = x_k + h\, f(x_k, u_k)} \tag{3.4}$$

Wir wollen das Verfahren zunächst an einem einfachen Beispiel erkunden. Dazu betrachten wir das RC-Glied nach Bild 3-4.

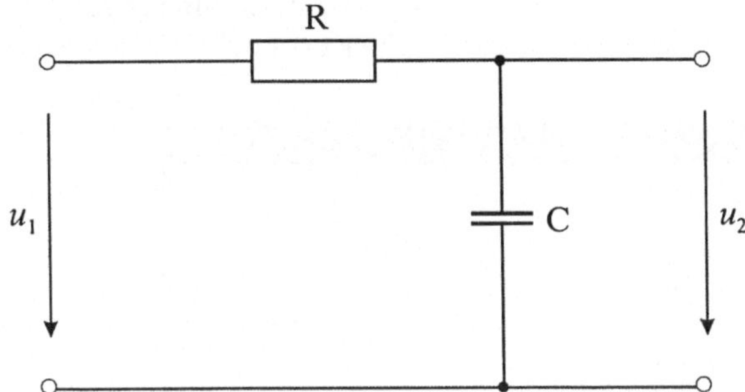

Bild 3-4 RC-Glied

Als Eingangsgröße u wählen wir die Spannung u_1, als Zustandsgröße x die Spannung u_2. Der ohmsche Widerstand R betrage 100 kΩ, die Kapazität C des Kondensators 100 µF. Die zu lösende Differentialgleichung lautet dann

$$\dot{x} + \frac{1}{RC}x = \frac{1}{RC}u$$

$$\Rightarrow \qquad \dot{x} + 0.1x = 0.1u$$

$$\Rightarrow \qquad \dot{x} = \underbrace{-0.1x + 0.1u}_{f(x,u)}\,.$$

Wir wollen den Verlauf der Ausgangsspannung ermitteln bei einer konstanten Eingangsspannung von 1 V, die zum Zeitpunkt $t = 0$ aufgeschaltet wird; die Ausgangsspannung zu diesem Zeitpunkt habe den Wert $x(t = 0) = x_0 = 0$ V. Als Schrittweite wählen wir einen Wert von $h = 0.1$. Die ersten Werte für die Ausgangsspannung erhalten wir dann mit $u_k = 1$, $k = 0, 1, 2, \ldots$ wie folgt:

$$x_0 = 0$$

$$x_1 = x_0 + h\, f(x_0, u_0) = 0 + 0.1\, f(0,1) = 0.1 \cdot 0.1 = 0.01$$

$$x_2 = x_1 + h\, f(x_1, u_1) = 0.01 + 0.1\, f(0.01,1) = 0.01 + 0.1 \cdot 0.099 = 0.0199$$

$$x_3 = x_2 + h\, f(x_2, u_2) = 0.0199 + 0.1\, f(0.0199,1) = 0.0199 + 0.1 \cdot 0.09801 = 0.029701$$

$$\vdots$$

Auf diese Weise lassen sich rekursiv die Näherungswerte für beliebige Zeitpunkte t_k berechnen.

Starten Sie das Programm RCGLIED.EXE aus dem Verzeichnis ..*\EulerExplizit* der Begleit-CD. Dieses ermöglicht die Simulation des RC-Gliedes mit Hilfe des expliziten *Euler*-Verfahrens für verschiedene Simulationsparameter sowie frei wählbare Werte für ohmschen Widerstand und Kapazität (Bild 3-5). Überprüfen Sie, welchen Einfluss die unterschiedlichen Parameter auf die Systemantwort haben. Untersuchen Sie dabei insbesondere den Einfluss der Simulationsschrittweite h auf die Simulationsgenauigkeit (Übereinstimmung zwischen Simulationsergebnis und exakter Lösung).

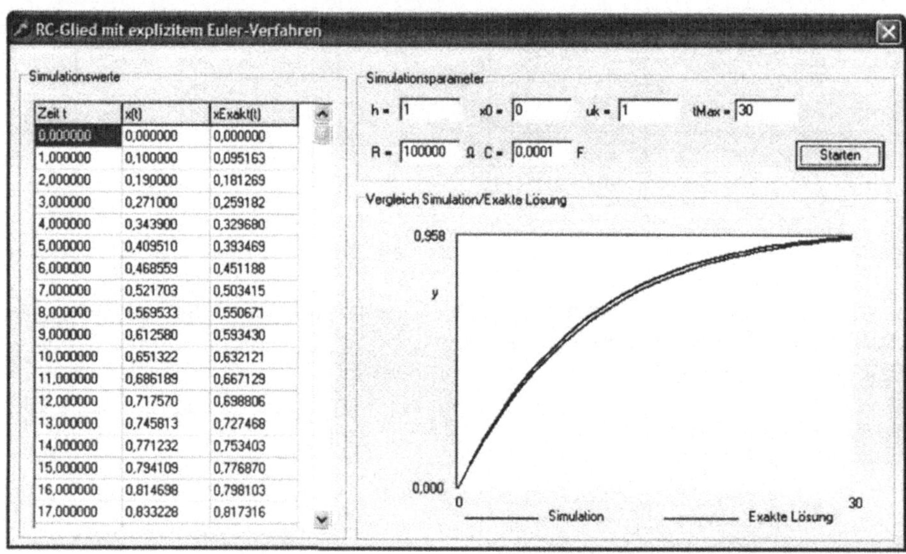

Zeit t	x(t)	xExakt(t)
0,000000	0,000000	0,000000
1,000000	0,100000	0,095163
2,000000	0,190000	0,181269
3,000000	0,271000	0,259182
4,000000	0,343900	0,329680
5,000000	0,409510	0,393469
6,000000	0,468559	0,451188
7,000000	0,521703	0,503415
8,000000	0,569533	0,550671
9,000000	0,612580	0,593430
10,000000	0,651322	0,632121
11,000000	0,686189	0,667129
12,000000	0,717570	0,698806
13,000000	0,745813	0,727468
14,000000	0,771232	0,753403
15,000000	0,794109	0,776870
16,000000	0,814698	0,798103
17,000000	0,833228	0,817316

Bild 3-5

Wir wollen ein zweites Beispiel – dieses Mal mit zwei Zustandsgrößen – betrachten um aufzuzeigen, dass die Vorgehensweise bei Systemen höherer Ordnung völlig analog und nicht mit zusätzlichen Schwierigkeiten verbunden ist. Dazu betrachten wir noch einmal das nichtlineare Stabpendel aus Bild 2-36. Das zugehörige Zustandsraummodell lautete (mit $x_1 = \varphi$, $x_2 = \omega$)

$$\dot{x}_1 = x_2$$

$$\dot{x}_2 = -\frac{g}{l}\sin x_1 - \frac{d}{m}x_2 .$$

Wir setzen zur Vereinfachung die Parameter zunächst wie folgt fest*:

$$g = 10,\ l = 1,\ d = 2,\ m = 1$$

Dadurch erhält unser Zustandsraummodell die Form

* Wir verzichten hier wie auch in den meisten nachfolgenden Beispielen auf die explizite Angabe von Einheiten, da diese auch später in entsprechenden Simulationsumgebungen nicht angegeben werden müssen bzw. können. Gegebenenfalls hat der Anwender dort durch Umnormierung der Parameter selbst dafür Sorge zu tragen, dass alle Einheiten zueinander "passen".

$$\dot{x}_1 = x_2 = f_1(x_1, x_2)$$
$$\dot{x}_2 = -10\sin x_1 - 2x_2 = f_2(x_1, x_2).$$

Wir betrachten den Anfangszustand

$$\underline{x}(t=0) = \underline{x}_0 = \begin{pmatrix} x_{10} \\ x_{20} \end{pmatrix} = \begin{pmatrix} 1 \\ 0 \end{pmatrix}$$

und wählen eine Simulationsschrittweite von $h = 0.01$. Damit erhalten wir die ersten Werte des Zustandsvektors wie folgt:

$$\underline{x}_0 = \begin{pmatrix} 1 \\ 0 \end{pmatrix}$$
$$\underline{x}_1 = \underline{x}_0 + h \cdot \underline{f}(\underline{x}_0) = \begin{pmatrix} 1 \\ 0 \end{pmatrix} + 0.01 \begin{pmatrix} 0 \\ -10\sin(1) - 2 \cdot 0 \end{pmatrix} = \begin{pmatrix} 1 \\ -0.084147 \end{pmatrix}$$
$$\underline{x}_2 = \underline{x}_1 + h \cdot \underline{f}(\underline{x}_1) = \begin{pmatrix} 1 \\ -0.084147 \end{pmatrix} + 0.01 \begin{pmatrix} -0.084147 \\ -10\sin(1) - 2 \cdot -0.084147 \end{pmatrix} = \begin{pmatrix} 0.999159 \\ -0.166611 \end{pmatrix}$$
$$\vdots$$

Der einzige Unterschied zum ersten Beispiel besteht hier also darin, dass bei jedem Simulationsschritt jeweils zwei rekursive Gleichungen (entsprechend den beiden Differentialgleichungen des Zustandsraummodells) ausgewertet werden müssen.

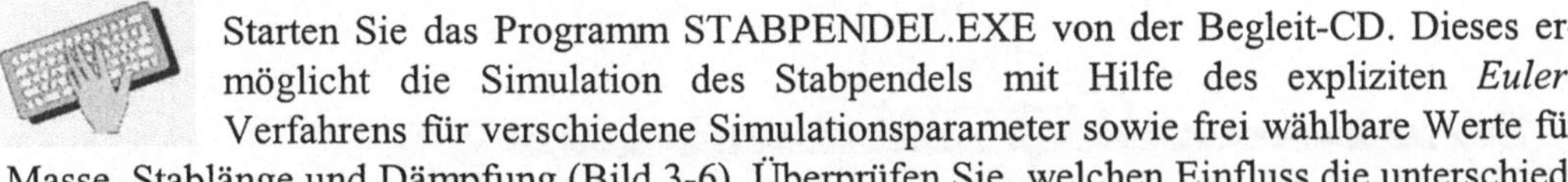

Starten Sie das Programm STABPENDEL.EXE von der Begleit-CD. Dieses ermöglicht die Simulation des Stabpendels mit Hilfe des expliziten *Euler*-Verfahrens für verschiedene Simulationsparameter sowie frei wählbare Werte für Masse, Stablänge und Dämpfung (Bild 3-6). Überprüfen Sie, welchen Einfluss die unterschiedlichen Parameter auf die Systemantwort haben. Untersuchen Sie weiterhin den Einfluss der Anfangswerte für Winkelauslenkung und -geschwindigkeit.

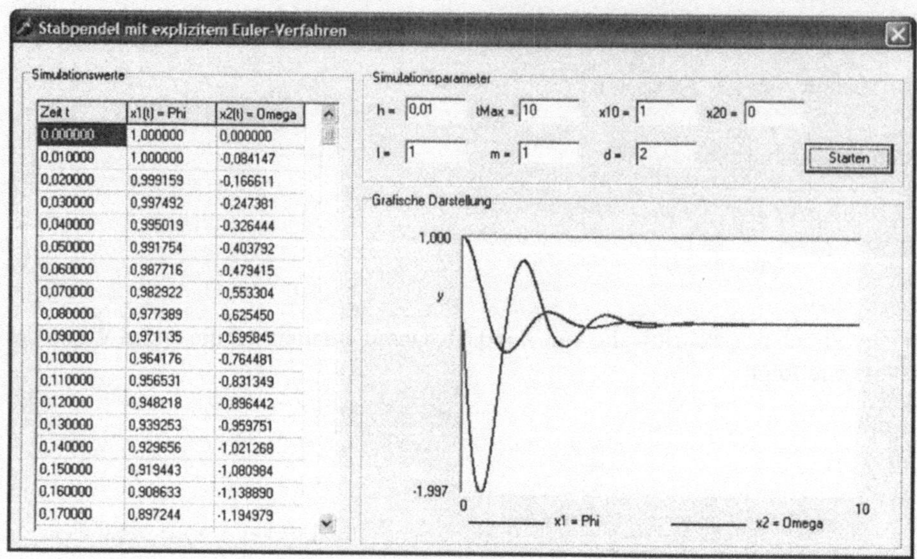

Zeit t	x1(t) = Phi	x2(t) = Omega
0,000000	1,000000	0,000000
0,010000	1,000000	-0,084147
0,020000	0,999159	-0,166611
0,030000	0,997492	-0,247381
0,040000	0,995019	-0,326444
0,050000	0,991754	-0,403792
0,060000	0,987716	-0,479415
0,070000	0,982922	-0,553304
0,080000	0,977389	-0,625450
0,090000	0,971135	-0,695845
0,100000	0,964176	-0,764481
0,110000	0,956531	-0,831349
0,120000	0,948218	-0,896442
0,130000	0,939253	-0,959751
0,140000	0,929656	-1,021268
0,150000	0,919443	-1,080984
0,160000	0,908633	-1,138890
0,170000	0,897244	-1,194979

Bild 3-6

Wir wollen ein letztes, komplexeres Beispiel zum expliziten *Euler*-Verfahren betrachten, an dem auch die programmiertechnische Umsetzung des Verfahrens erläutert werden soll. Dazu betrachten wir den Verladekran nach Bild 3-7.

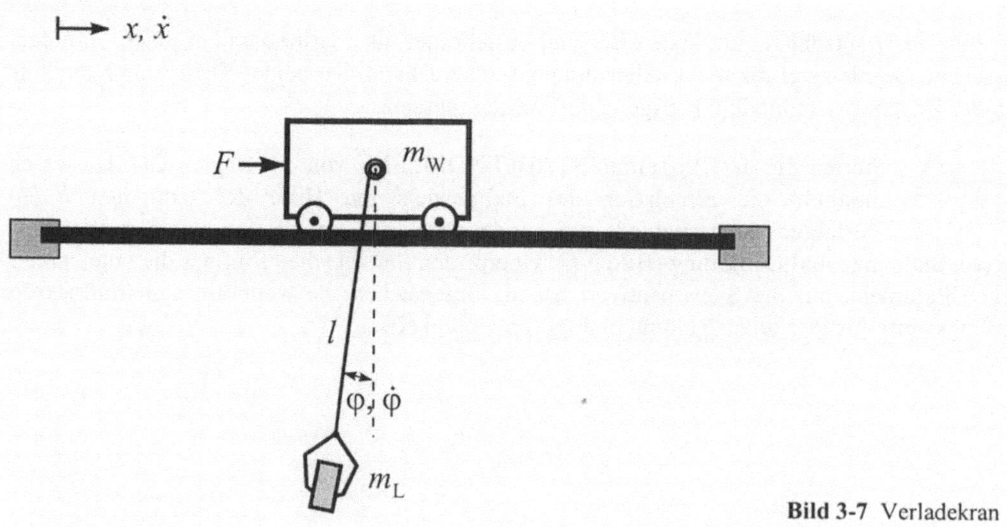

Bild 3-7 Verladekran

Ein Wagen der Masse m_W , an dem sich ein Ausleger der Länge l mit der Lastmasse m_L befindet, wird über eine Kraft F (Eingangsgröße des Systems) angetrieben. Zustandsgrößen des Systems sind die Wagenposition x und die Wagengeschwindigkeit $\dot{x}$ sowie der Auslenkwinkel φ des Auslegers und seine zeitliche Änderung $\dot{\varphi}$ (Winkelgeschwindigkeit). Wir wollen auf die physikalische Herleitung des mathematischen Modells an dieser Stelle verzichten und es direkt angeben – es lautet für kleine Auslenkungen

$$\begin{aligned} \ddot{x} &= \mathrm{g}\frac{m_\mathrm{L}}{m_\mathrm{W}}\varphi + \frac{1}{m_\mathrm{W}}F \\ \ddot{\varphi} &= -\frac{\mathrm{g}(m_\mathrm{w}+m_\mathrm{L})}{l m_\mathrm{w}}\varphi - \frac{1}{l m_\mathrm{w}}F. \end{aligned} \tag{3.5}$$

Wir bringen das Modell zunächst auf die "gewohnte" Form, indem wir folgende Größen einführen:

$$\begin{aligned} u &= F \\ x_1 &= x \\ x_2 &= \dot{x} \\ x_3 &= \varphi \\ x_4 &= \dot{\varphi} \end{aligned}$$

Gleichung 3.5 lässt sich dann überführen in ein Zustandsraummodell der Form

$$\begin{aligned} \dot{x}_1 &= x_2 \\ \dot{x}_2 &= \mathrm{g}\frac{m_\mathrm{L}}{m_\mathrm{W}}x_3 + \frac{1}{m_\mathrm{W}}u \\ \dot{x}_3 &= x_4 \\ \dot{x}_4 &= -\frac{\mathrm{g}(m_\mathrm{w}+m_\mathrm{L})}{l m_\mathrm{w}}x_3 - \frac{1}{l m_\mathrm{w}}u. \end{aligned} \tag{3.6}$$

Für die Modellparameter wählen wir

$$\begin{aligned} m_\mathrm{W} &= 1000 \\ m_\mathrm{L} &= 100 \\ l &= 20 \\ \mathrm{g} &= 10 \end{aligned}$$

und erhalten damit letztendlich das Zustandsraummodell

$$\begin{aligned} \dot{x}_1 &= x_2 = f_1(\underline{x}, u) \\ \dot{x}_2 &= x_3 + 0.001u = f_2(\underline{x}, u) \\ \dot{x}_3 &= x_4 = f_3(\underline{x}, u) \\ \dot{x}_4 &= -0.55x_3 - 0.00005u = f_4(\underline{x}, u). \end{aligned} \tag{3.7}$$

Wir wollen den Verladekran anregen mit einem Doppelimpuls, wie er in Bild 3-8 dargestellt ist. Der Anfangszustand des Systems sei

$$\underline{x}_0 = \begin{pmatrix} 0 \\ 0 \\ 0 \\ 0 \end{pmatrix}.$$

Zur Simulation wählen wir eine Schrittweite von $h = 0.01$. Die Simulation soll bis zu einer Endzeit von 50 durchgeführt werden.

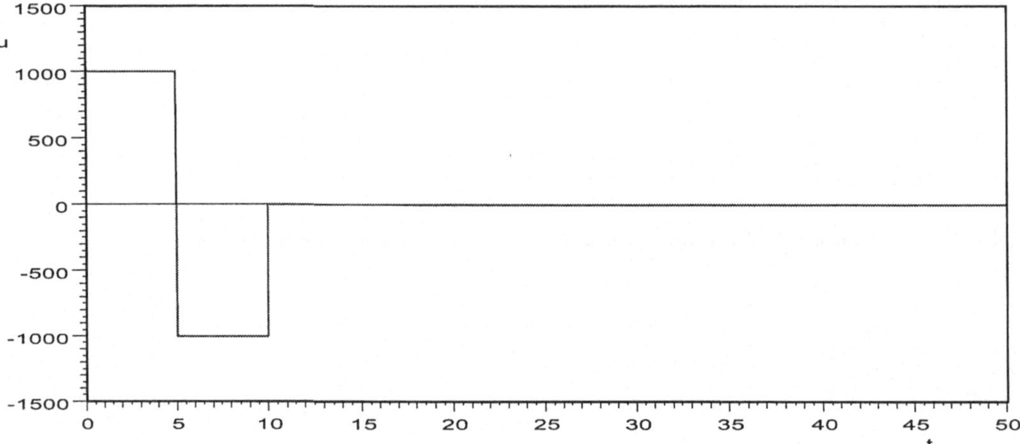

Bild 3-8 Verlauf der Eingangsgröße u (Kraft F auf Wagen)

Bild 3-9 zeigt die zugehörigen Simulationsergebnisse. Wir erkennen, dass sich der Wagen zunächst kontinuierlich nach rechts bewegt und dann ungedämpft mit geringer Amplitude um einen Mittelwert herum pendelt. Auch der Ausleger geht nach einem kurzzeitigen Einschwingvorgang in eine ungedämpfte Schwingung über.

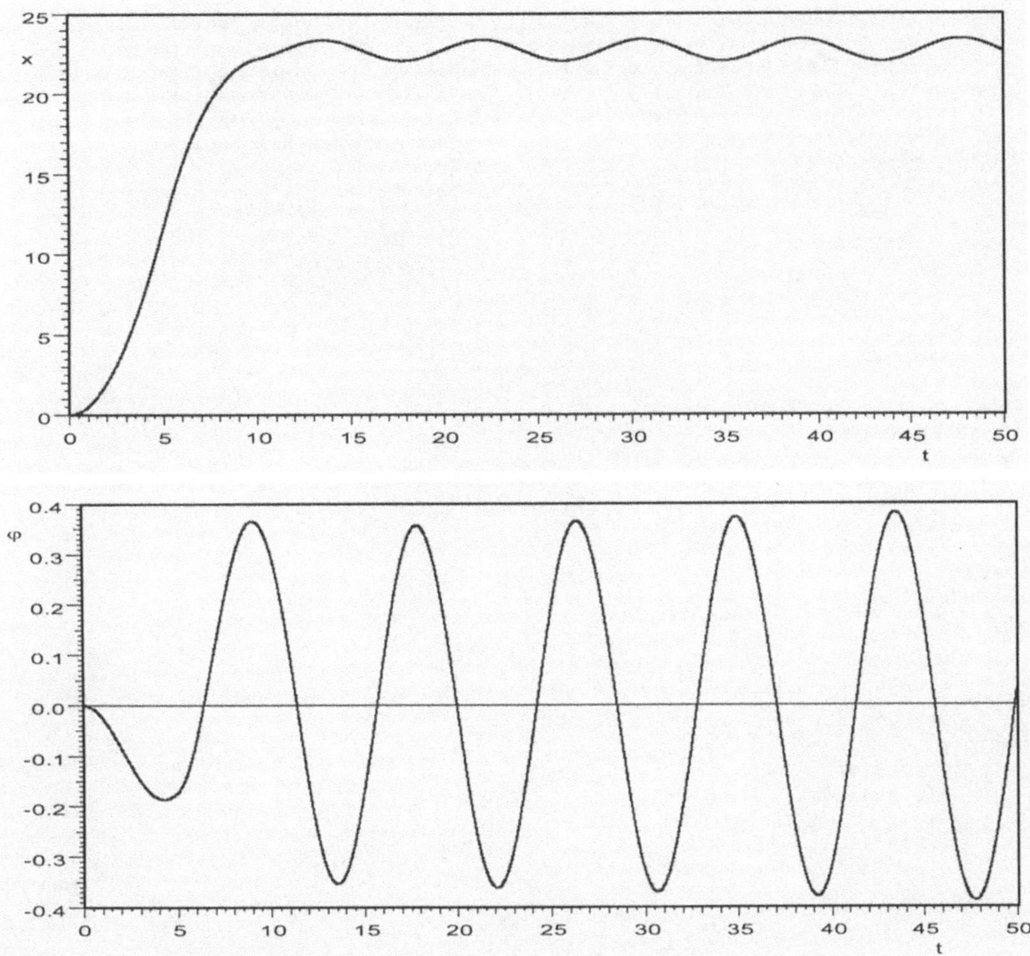

Bild 3-9 Simulationsergebnisse (oben: Wagenposition, unten: Winkelauslenkung)

Nachfolgendes Programmlisting zeigt den Simulationskern zu diesem Beispiel in der Programmiersprache PASCAL. Das komplette DELPHI-Projekt befindet sich unter dem Namen VERLADEKRAN.DPR auf der Begleit-CD.

```
// Simulation eines Verladekrans mit dem
// expliziten Euler-Verfahren


// Deklarationen

const
  MAX_VALUES = 10000; // Maximale Anzahl an Simulationsschritten

var
  n: integer;                          // Anzahl der Simulationsschritte
  t: array[0..MAX_VALUES] of extended;  // Vektor mit Zeitwerten
```

```
  x1: array[0..MAX_VALUES] of extended;  // Vektor für Zustandsgröße x1
  x2: array[0..MAX_VALUES] of extended;  // Vektor für Zustandsgröße x2
  x3: array[0..MAX_VALUES] of extended;  // Vektor für Zustandsgröße x3
  x4: array[0..MAX_VALUES] of extended;  // Vektor für Zustandsgröße x4
  x10, x20, x30, x40: extended;          // Anfangswerte
  h: extended;                           // Simulationsschrittweite
  mW: extended;                          // Wagenmasse
  mL: extended;                          // Lastmasse
  l: extended;                           // Seillänge
  tMax: extended;                        // Simulationsdauer
  g: extended;                           // Erdbeschleunigung
  i: integer;                            // Schleifenindex


// Funktionen

function u(t: extended): extended;
// Eingangsgröße (Kraft F auf Wagen)
begin
  if t < 5 then
    u := 1000.0
  else if t < 10 then
    u := -1000.0
  else
    u := 0.0;
end;


function f(Index: integer; x1, x2, x3, x4, u:extended): extended;
// Auswertung der rechten Seite der Dgl. f(x, u)
begin
  case Index of
    1: f := x2;
    2: f := g*mL/mW*x3+1/mW*u;
    3: f := x4;
    4: f := -g*(mW+mL)/l/mW*x3-1/l/mW*u;
  end;
end;


// "Hauptprogramm"

begin

  // Initialisierungen
  g := 10.0;
  h := 0.01;
  x10 := 0.0;
  x20 := 0.0;
  x30 := 0.0;
  x40 := 0.0;
  tMax := 50.0;
  l := 20.0;
  mW := 1000.0;
  mL := 100.0;
  n := round(tMax / h); // Anzahl der Simulationsschritte berechnen
  if n > MAX_VALUES then begin  // Fehlermeldung und Programmabbruch
    ShowMessage('Zu kleine Schrittweite oder zu große Endzeit!');
    exit;
  end;
  // Anfangswerte setzen
  t[0] := 0.0;
```

```
  x1[0]  := x10;
  x2[0]  := x20;
  x3[0]  := x30;
  x4[0]  := x40;

  // Eigentliche Simulationsschleife
  for i:=0 to n-1 do begin
    t[i+1] := (i+1) * h;
    // Euler-Explizit-Verfahrensschritt
    x1[i+1] := x1[i] + h * f(1, x1[i], x2[i], x3[i], x4[i], u(t[i]));
    x2[i+1] := x2[i] + h * f(2, x1[i], x2[i], x3[i], x4[i], u(t[i]));
    x3[i+1] := x3[i] + h * f(3, x1[i], x2[i], x3[i], x4[i], u(t[i]));
    x4[i+1] := x4[i] + h * f(4, x1[i], x2[i], x3[i], x4[i], u(t[i]));
  end;

end.
```

Listing 3-1 Simulation des Verladekrans nach dem expliziten *Euler*-Verfahren

Starten Sie das Programm VERLADEKRAN.EXE aus dem Verzeichnis *EulerExplizit* der Begleit-CD. Dieses ermöglicht die Simulation des Verladekrans mit Hilfe des expliziten *Euler*-Verfahrens für verschiedene Simulationsparameter sowie frei wählbare Werte für Wagenmasse, Lastmasse und Seillänge (Bild 3-10). Überprüfen Sie, welchen Einfluss die unterschiedlichen Parameter auf die Systemantwort haben. Erhöhen Sie die Simulationsschrittweite allmählich und beobachten Sie die Auswirkungen auf die Systemantwort.

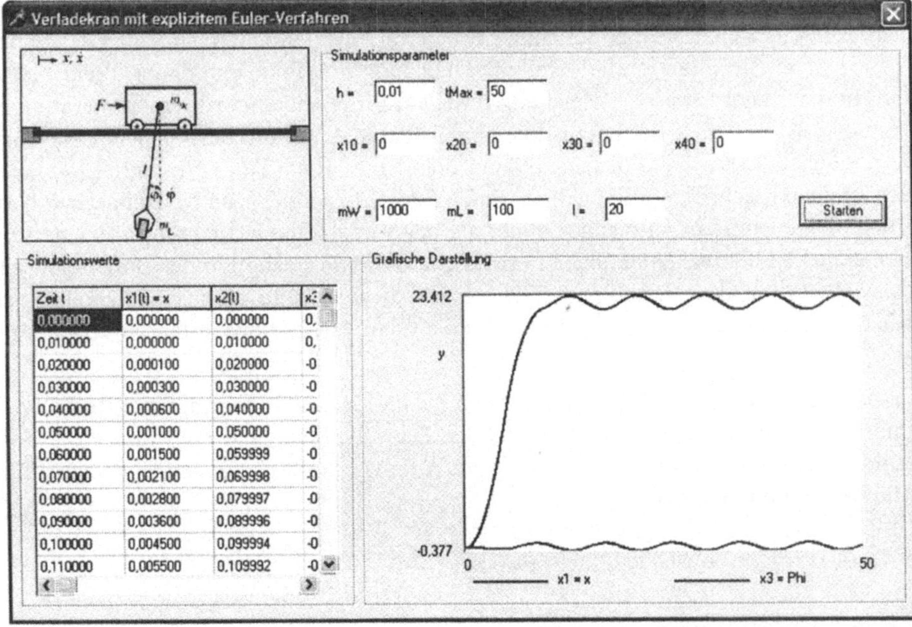

Bild 3-10

3.1.2 Implizites *Euler*-Verfahren

Beim expliziten *Euler*-Verfahren hatten wir die Fläche unter der Kurve $f(x, u)$ ersetzt durch ein Rechteck, dessen Höhe durch den Funktionswert $f(x_k, u_k)$ an der linken Intervallgrenze t_k gegeben war. Wählen wir stattdessen den Funktionwert $f(x_{k+1}, u_{k+1})$ an der rechten Intervallgrenze t_{k+1}, so führt uns dies zum *impliziten Euler-Verfahren* (Bild 3-11).

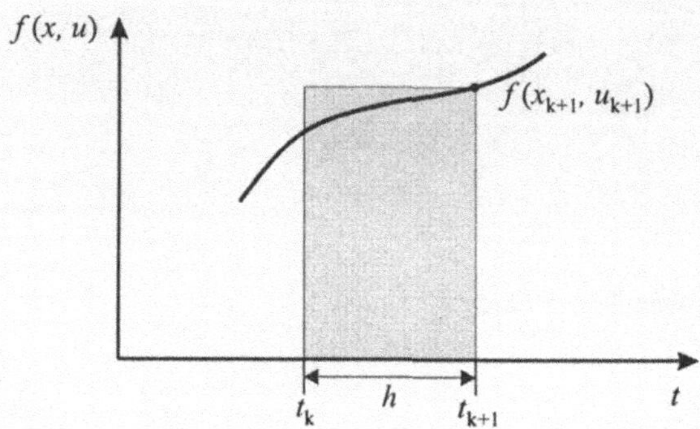

Bild 3-11 Implizites *Euler*-Verfahren

Diese zunächst "harmlos" erscheinende Modifikation des für die Flächennäherung herangezogenen Rechtecks hat grundsätzliche Auswirkungen auf die Rechenvorschrift unseres Integrationsverfahrens. Sie lautet jetzt nämlich

$$\boxed{x_{k+1} = x_k + h\, f(x_{k+1}, u_{k+1})} \tag{3.8}$$

Da der zu bestimmende neue Wert x_{k+1} nunmehr auch auf der rechten Seite der Rechenvorschrift auftritt, handelt es sich – daher der Name des Verfahrens – um eine *implizite* Gleichung, die nur in sehr einfachen Fällen in eine explizite Gleichung überführt und damit direkt gelöst werden kann. In der Regel muss die Gleichung in jedem Simulationsschritt erneut iterativ gelöst werden, was z. B. mit Hilfe des bereits in einem früheren Abschnitt besprochenen *Newton*-Verfahrens geschehen kann. Der Rechenaufwand beim impliziten *Euler*-Verfahren (welches aufgrund der Rechenvorschrift häufig auch als *Euler-Rückwärts-Verfahren* bezeichnet wird) ist damit im Allgemeinen um ein Vielfaches höher als beim expliziten Verfahren; im Gegenzug bietet das implizite Verfahren dafür jedoch erhebliche Vorteile bezüglich der Simulationsgenauigkeit bzw. Stabilität des Verfahrens. Wir werden diese Punkte an späterer Stelle noch eingehend betrachten, nachdem wir die gesamte Palette an Integrationsverfahren kennen gelernt haben.

Wir wollen zunächst ein einfaches Beispiel betrachten, bei dem sich die implizite Rechenvorschrift in eine explizite Gleichung überführen lässt. Dazu betrachten wir nochmals das RC-Glied aus Bild 3-4, für das wir mit den angegebenen Parametern für ohmschen Widerstand und Kapazität die Differentialgleichung

$$\dot{x} = -0.1x + 0.1u = f(x, u)$$

hergeleitet hatten. Unsere Rechenvorschrift für das implizite *Euler*-Verfahren lautet dann also

$$x_{k+1} = x_k + h\,(-0.1 x_{k+1} + 0.1 u_{k+1})\,.$$

Der auf der rechten Seite der Rechenvorschrift auftretende Term für x_{k+1} lässt sich in diesem Fall auf die linke Seite bringen, sodass wir eine explizite Gleichung erhalten:

$$x_{k+1} + 0.1h\;x_{k+1} = x_k + 0.1h\;u_{k+1}$$

$$\Rightarrow \qquad x_{k+1}(1 + 0.1h) = x_k + 0.1h\;u_{k+1}$$

$$\Rightarrow \qquad x_{k+1} = \frac{1}{1+0.1h}x_k + \frac{0.1h}{1+0.1h}u_{k+1}$$

Wir wollen wie beim expliziten *Euler*-Verfahren den Verlauf der Ausgangsspannung ermitteln bei einer konstanten Eingangsspannung von 1 V, die zum Zeitpunkt $t = 0$ aufgeschaltet wird; die Ausgangsspannung zu diesem Zeitpunkt habe den Wert $x(t=0) = x_0 = 0$ V. Als Schrittweite wählen wir wiederum einen Wert von $h = 0.1$. Damit lautet unsere Rechenvorschrift

$$x_{k+1} = 0.990099\,x_k + 0.00990099\,u_{k+1}.$$

Die ersten Werte für die Ausgangsspannung erhalten wir dann mit $u_k = 1,\ k = 0,1,2,\ldots$ wie folgt:

$$x_0 = 0$$

$$x_1 = 0.990099\,x_0 + 0.00990099\,u_1 = 0.009901$$

$$x_2 = 0.990099\,x_1 + 0.00990099\,u_2 = 0.019704$$

$$x_3 = 0.990099\,x_2 + 0.00990099\,u_3 = 0.029410$$

$$\vdots$$

Starten Sie das Programm RCGLIED.EXE aus dem Verzeichnis *..\EulerImplizit* der Begleit-CD. Dieses ermöglicht die Simulation des RC-Gliedes mit Hilfe des impliziten und expliziten Euler-Verfahrens für verschiedene Simulationsparameter sowie frei wählbare Werte für ohmschen Widerstand und Kapazität. Überprüfen Sie, welchen Einfluss die unterschiedlichen Parameter auf die Systemantwort haben. Untersuchen Sie dabei insbesondere den Einfluss der Simulationsschrittweite h auf die Simulationsgenauigkeit. Vergleichen Sie die mit beiden Verfahren erhaltenen Simulationsergebnisse speziell im Falle großer Schrittweiten ($h > 1$).

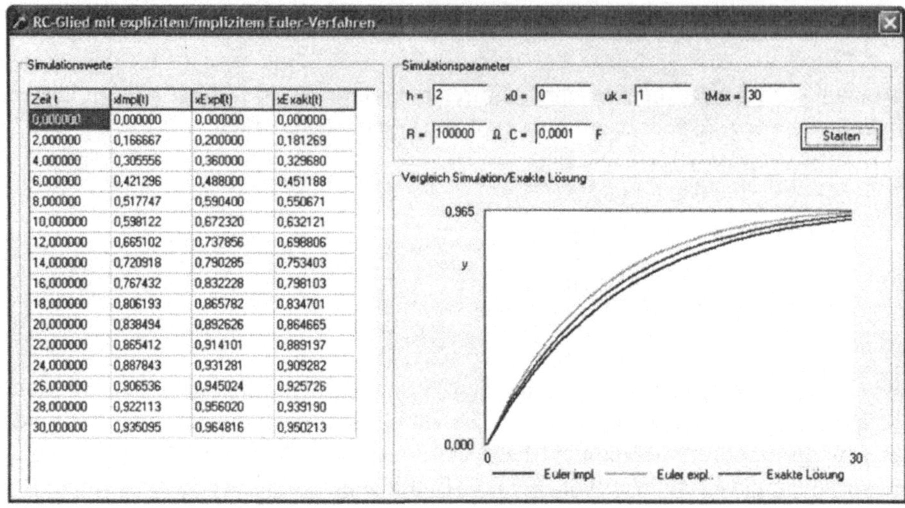

Zeit t	xImpl(t)	xExpl(t)	xExakt(t)
0,000000	0,000000	0,000000	0,000000
2,000000	0,166667	0,200000	0,181269
4,000000	0,305556	0,360000	0,329680
6,000000	0,421296	0,488000	0,451188
8,000000	0,517747	0,590400	0,550671
10,000000	0,598122	0,672320	0,632121
12,000000	0,665102	0,737856	0,698806
14,000000	0,720918	0,790285	0,753403
16,000000	0,767432	0,832228	0,798103
18,000000	0,806193	0,865782	0,834701
20,000000	0,838494	0,892626	0,864665
22,000000	0,865412	0,914101	0,889197
24,000000	0,887843	0,931281	0,909282
26,000000	0,906536	0,945024	0,925726
28,000000	0,922113	0,956020	0,939190
30,000000	0,935095	0,964816	0,950213

Bild 3-12

3.1.3 Halbschrittverfahren

Das einfache explizite *Euler*-Verfahren lässt sich verbessern, indem man zunächst nur einen Integrationsschritt der halben Länge durchführt und dann den mit Hilfe dieses Schrittes gewonnenen Funktionswert in den eigentlichen Integrationsschritt einsetzt (siehe Bild 3-13). Man bezeichnet dieses Verfahren als *Halbschrittverfahren* oder *modifiziertes explizites Euler-Verfahren*. Die entsprechende Rechenvorschrift lautet

$$\begin{aligned} x_{k+1/2} &= x_k + \frac{h}{2} f(x_k, u_k) \\ x_{k+1} &= x_k + h\, f(x_{k+1/2}, u_{k+1/2}) \end{aligned} \tag{3.9}$$

Da jeder Simulationsschritt bei diesem Verfahren aus zwei Rechenschritten besteht, steigt der Rechenaufwand verglichen mit dem einfachen expliziten *Euler*-Verfahren auf das Doppelte.

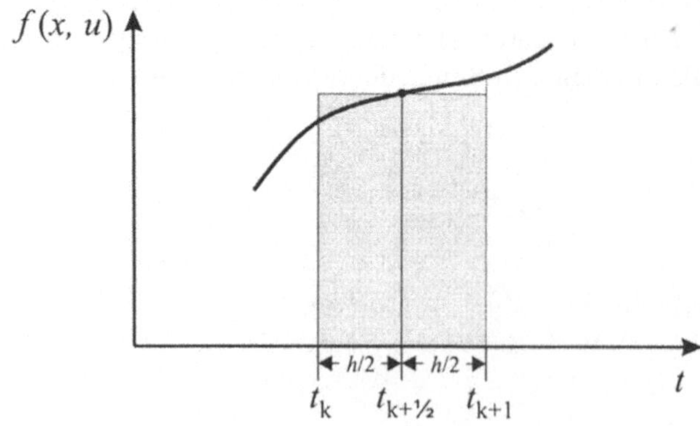

Bild 3-13 Halbschrittverfahren

Wir betrachten als Beispiel den gedämpften Feder-Masse-Schwinger nach Bild 3-14. Eingangsgröße ist die auf die Masse einwirkende Kraft F, Ausgangsgröße die Position der Masse. Der Schwinger lässt sich dann beschreiben durch die Differentialgleichung

$$m\ddot{y} = -k\,y - d\,\dot{y} + u$$

$$\Rightarrow \qquad \ddot{y} = -\frac{k}{m}y - \frac{d}{m}\dot{y} + \frac{1}{m}u.$$

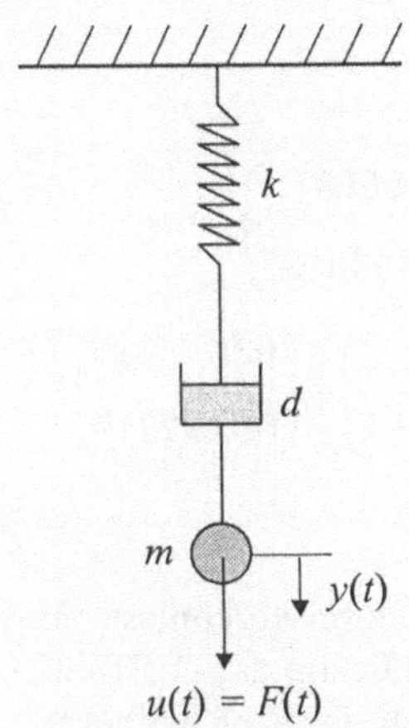

Bild 3-14 Gedämpfter Feder-Masse-Schwinger

Wir führen als Zustandsgrößen x_1 und x_2 die Position und Geschwindigkeit der Masse ein. Damit geht die Differentialgleichung über in das Zustandsraummodell

$$\dot{x}_1 = x_2 = f_1(\underline{x}, u)$$

$$\dot{x}_2 = -\frac{k}{m}x_1 - \frac{d}{m}x_2 + \frac{1}{m}u = f_2(\underline{x}, u).$$

Wir wählen für eine Beispielrechnung die Parameter

$$k = m = 1,\; d = 0.5$$

sowie die Anfangswerte

$$\underline{x}_0 = \begin{pmatrix} 0 \\ 0 \end{pmatrix}$$

und eine Schrittweite von $h = 0.1$. Die Eingangsgröße sei konstant $u(t) = 1$ und werde zum Zeitpunkt $t = 0$ aufgeschaltet. Die ersten Simulationsschritte ergeben sich dann wie folgt:

$$\underline{x}_0 = \begin{pmatrix} 0 \\ 0 \end{pmatrix}$$

$$\underline{x}_{1/2} = \underline{x}_0 + \frac{h}{2}\underline{f}(\underline{x}_0, u_0) = \begin{pmatrix} 0 \\ 0 \end{pmatrix} + 0.05 \begin{pmatrix} 0 \\ -0-0+1 \end{pmatrix} = \begin{pmatrix} 0 \\ 0.05 \end{pmatrix}$$

$$\underline{x}_1 = \underline{x}_0 + h\,\underline{f}(\underline{x}_{1/2}, u_{1/2}) = \begin{pmatrix} 0 \\ 0 \end{pmatrix} + 0.1 \begin{pmatrix} 0.05 \\ -0-0.5\cdot 0.05+1 \end{pmatrix} = \begin{pmatrix} 0.005 \\ 0.0975 \end{pmatrix}$$

$$\underline{x}_{1+1/2} = \underline{x}_1 + \frac{h}{2}\underline{f}(\underline{x}_1, u_1) = \begin{pmatrix} 0.005 \\ 0.0975 \end{pmatrix} + 0.05 \begin{pmatrix} 0.0975 \\ -0.005-0.5\cdot 0.0975+1 \end{pmatrix} = \begin{pmatrix} 0.009875 \\ 0.1448125 \end{pmatrix}$$

$$\underline{x}_2 = \underline{x}_1 + h\,\underline{f}(\underline{x}_{1+1/2}, u_{1+1/2}) = \begin{pmatrix} 0.005 \\ 0.0975 \end{pmatrix} + 0.1 \begin{pmatrix} 0.1448125 \\ -0.009875-0.5\cdot 0.1448125+1 \end{pmatrix} = \begin{pmatrix} 0.0194813 \\ 0.1892719 \end{pmatrix}$$

$$\vdots$$

Bild 3-15 zeigt die mit Hilfe des Halbschrittverfahrens erhaltenen Simulationsergebnisse im Vergleich zum einfachen expliziten *Euler*-Verfahren bzw. zu der exakten Lösung der Differentialgleichung. Wie wir erkennen können, ermittelt das Halbschrittverfahren die nahezu exakte Lösung, während sich beim einfachen *Euler*-Verfahren für die hier gewählten Parameter erhebliche Abweichungen ergeben.

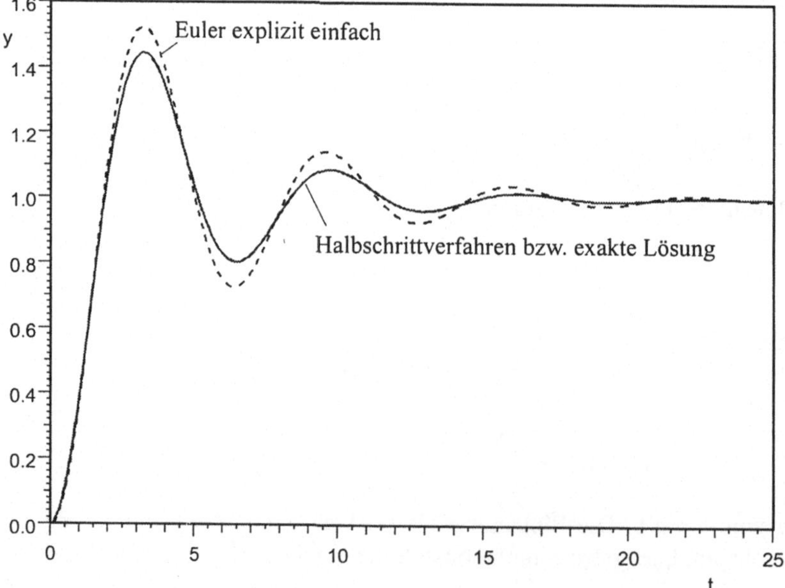

Bild 3-15 Simulationsergebnisse

Nachfolgendes Programmlisting zeigt den Simulationskern zu diesem Beispiel in der Programmiersprache PASCAL. Das komplette DELPHI-Projekt befindet sich unter dem Namen FEDERMASSESCHWINGER.DPR im Unterverzeichnis *\Halbschritt* auf der Begleit-CD.

```
// Simulation eines Feder-Masse-Dämpfer-Schwingers mit dem
// einfachen und modifizierten expliziten Euler-Verfahren

// Deklarationen
const
  MAX_VALUES = 10000; // Maximale Anzahl an Simulationsschritten

var
  n: integer;                                 // Anzahl der Simulationsschritte
  t: array[0..MAX_VALUES] of extended;        // Vektor mit Zeitwerten
  x1Einf: array[0..MAX_VALUES] of extended;   // Vektor für x1 (einfaches Euler)
  x2Einf: array[0..MAX_VALUES] of extended;   // Vektor für x2 (einfaches Euler)
  x1Mod: array[0..MAX_VALUES] of extended;    // Vektor für x1 (Halbschritt)
  x2Mod: array[0..MAX_VALUES] of extended;    // Vektor für x2 (Halbschritt)
  h: extended;                                // Simulationsschrittweite
  x10, x20: etxended;                         // Anfangswerte
  tMax: extended;                             // Simulationsdauer
  k: extended;                                // Federkonstante
  m: extended;                                // Masse
  d: extended;                                // Dämpfung
  uk: extended;                               // konstante Eingangsgröße
  x1Halb, x2Halb: extended;                   // Zwischenwerte für Halbschritt
  i: integer;                                 // Schleifenindex

function u(t: extended): extended;
// Eingangsgröße
begin
  u := uk;
end;

function f(Index: integer; x1, x2, u: extended): extended;
// Rechte Seite f(x, u) der Differentialgleichung
begin
  case Index of
    1: f := x2;
    2: f := -k/m*x1-d/m*x2+1/m*u;
  end;
end;

// "Hauptprogramm"
begin
  // Initialisierungen
  h := 0.1;
  tMax := 25.0;
  k := 1.0;
  m := 1.0;
  d := 0.5;
  n := round(tMax / h);
  if n > MAX_VALUES then begin
    ShowMessage('Zu kleine Schrittweite oder zu große Endzeit!');
    exit;
  end;
  t[0] := 0.0;
  x10 := 0.0;
  x20 := 0.0;
  x1Einf[0] := x10;
  x2Einf[0] := x20;
```

```
  x1Mod[0] := x10;
  x2Mod[0] := x20;
  // Eigentliche Simulationsschleife
  for i:=0 to n-1 do begin
    t[i+1] := (i+1) * h;
    // Einfacher Euler-Explizit-Verfahrensschritt
    x1Einf[i+1] := x1Einf[i] + h * f(1, x1Einf[i], x2Einf[i], u(t[i]));
    x2Einf[i+1] := x2Einf[i] + h * f(2, x1Einf[i], x2Einf[i], u(t[i]));
    // Modifizierter Euler-Explizit-Verfahrensschritt
    x1Halb := x1Mod[i] + h/2 * f(1, x1Mod[i], x2Mod[i], u(t[i]));
    x2Halb := x2Mod[i] + h/2 * f(2, x1Mod[i], x2Mod[i], u(t[i]));
    x1Mod[i+1] := x1Mod[i] + h * f(1, x1Halb, x2Halb, u(t[i]+h/2));
    x2Mod[i+1] := x2Mod[i] + h * f(2, x1Halb, x2Halb, u(t[i]+h/2));
  end;
end.
```

Listing 3-2 Simulation des gedämpften Feder-Masse-Schwingers nach dem Halbschrittverfahren

Starten Sie das Programm FEDERMASSESCHWINGER.EXE aus dem Verzeichnis ..*\Halbschritt* der Begleit-CD. Dieses ermöglicht die Simulation des Feder-Masse-Schwingers mit Hilfe des einfachen und modifizierten expliziten *Euler*-Verfahrens für verschiedene Simulationsparameter sowie frei wählbare Werte für Federkonstante, Masse und Dämpfung. Überprüfen Sie, welchen Einfluss die unterschiedlichen Paramcter auf die Systemantwort haben. Untersuchen Sie dabei insbesondere den Einfluss der Simulationsschrittweite h auf die Simulationsgenauigkeit. Vergleichen Sie die mit beiden Verfahren erhaltenen Simulationsergebnisse speziell im Falle großer Schrittweiten ($h > 0.1$).

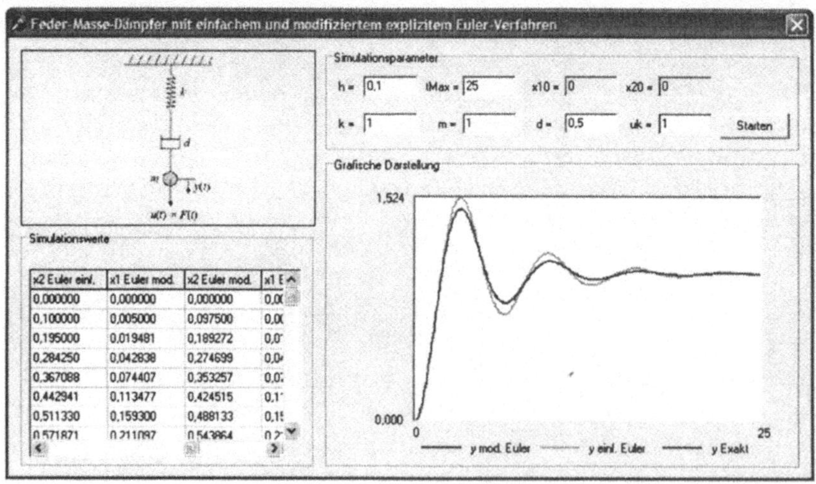

Bild 3-16

3.1.4 Trapezverfahren

Die Approximation der Fläche unter der Kurve $f(x,u)$ durch ein Rechteck ist in der Regel recht ungenau. Eine verbesserte Annäherung erhalten wir durch Wahl eines Trapezes, dessen Eckpunkte durch die Funktionswerte $f(x_k, u_k)$ und $f(x_{k+1}, u_{k+1})$ gegeben sind (Bild 3-17).

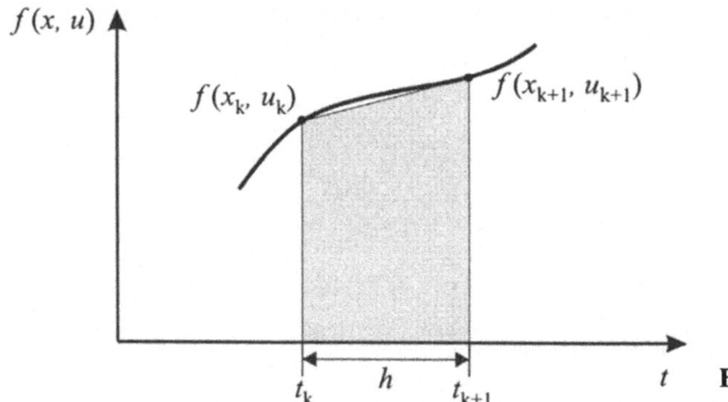

Bild 3-17 Trapezverfahren

Da wie beim impliziten *Euler*-Verfahren auch beim Trapezverfahren der Funktionswert $f(x_{k+1}, u_{k+1})$ benötigt wird, handelt es sich hier ebenfalls um ein implizites Verfahren mit der Rechenvorschrift

$$\boxed{x_{k+1} = x_k + \frac{h}{2}\big(f(x_k, u_k) + f(x_{k+1}, u_{k+1})\big)} \tag{3.10}$$

Das Trapezverfahren in seiner impliziten Form wird nur in seltenen Fällen angewendet. Statt dessen benutzt man häufig eine explizite Variante, die als *Verfahren von Heun* bekannt ist. Diese besteht darin, zunächst einen Schätzschritt (*Prädiktor*-Schritt) der Form

$$\hat{x}_{k+1} = x_k + h\, f(x_k, u_k)$$

nach dem expliziten *Euler*-Verfahren durchzuführen. Der in diesem Schritt ermittelte Schätzwert $\hat{x}_{k+1}$ wird nun in einem zweiten Schritt – dem so genannten *Korrektor*-Schritt – verbessert. Dazu wird statt des Funktionswertes $f(x_{k+1}, u_{k+1})$ im impliziten Trapezverfahren die auf dem Schätzwert basierende Näherung $f(\hat{x}_{k+1}, u_{k+1})$ benutzt. Der Korrektor-Schritt lautet also

$$x_{k+1} = x_k + \frac{h}{2}\big(f(x_k, u_k) + f(\hat{x}_{k+1}, u_{k+1})\big).$$

Zusammenfassend erhalten wir also als Rechenvorschrift für das Verfahren nach *Heun*

$$\boxed{\begin{aligned} \hat{x}_{k+1} &= x_k + h\, f(x_k, u_k) \\ x_{k+1} &= x_k + \frac{h}{2}\big(f(x_k, u_k) + f(\hat{x}_{k+1}, u_{k+1})\big) \end{aligned}} \tag{3.11}$$

Allgemein bezeichnen wir Integrationsverfahren, die nach diesem Prinzip arbeiten, als *Prädiktor-Korrektor-Verfahren*. Wie beim Halbschrittverfahren ist auch beim Verfahren nach *Heun* der Rechenaufwand doppelt so hoch wie beim expliziten *Euler*-Verfahren.

Wir wollen zum besseren Verständnis des Verfahrens wieder eine kurze Beispielrechung für das aus Abschnitt 3.1.3 bekannte Feder-Masse-Dämpfer-System durchführen. Bei gleichen

Simulations- und Modellparametern erhalten wir die ersten Simulationswerte für das Verfahren nach *Heun* wie folgt:

$$\underline{x}_0 = \begin{pmatrix} 0 \\ 0 \end{pmatrix}$$

$$\hat{\underline{x}}_1 = \underline{x}_0 + h\,\underline{f}(\underline{x}_0, u_0) = \begin{pmatrix} 0 \\ 0 \end{pmatrix} + 0.1 \begin{pmatrix} 0 \\ -0-0+1 \end{pmatrix} = \begin{pmatrix} 0 \\ 0.1 \end{pmatrix}$$

$$\underline{x}_1 = \underline{x}_0 + \frac{h}{2}(\underline{f}(\underline{x}_0, u_0) + \underline{f}(\hat{\underline{x}}_1, u_1)) = \begin{pmatrix} 0 \\ 0 \end{pmatrix} + 0.05 \begin{pmatrix} 0+0.1 \\ -0-0+1-0-0.5\cdot 0.1+1 \end{pmatrix} = \begin{pmatrix} 0.005 \\ 0.0975 \end{pmatrix}$$

$$\hat{\underline{x}}_2 = \underline{x}_1 + h\,\underline{f}(\underline{x}_1, u_1)$$

$$= \begin{pmatrix} 0.005 \\ 0.0975 \end{pmatrix} + 0.1 \begin{pmatrix} 0.0975 \\ -0.005-0.5\cdot 0.0975+1 \end{pmatrix} = \begin{pmatrix} 0.01475 \\ 0.192125 \end{pmatrix}$$

$$\underline{x}_2 = \underline{x}_1 + \frac{h}{2}(\underline{f}(\underline{x}_1, u_1) + \underline{f}(\hat{\underline{x}}_2, u_2))$$

$$= \begin{pmatrix} 0.005 \\ 0.0975 \end{pmatrix} + 0.05 \begin{pmatrix} 0.0975+0.192125 \\ -0.005-0.5\cdot 0.0975+1-0.01475-0.5\cdot 0.192125+1 \end{pmatrix} = \begin{pmatrix} 0.0194813 \\ 0.1892719 \end{pmatrix}$$

$$\vdots$$

Bild 3-18 zeigt die auf Basis des Verfahrens von *Heun* ermittelten Simulationsergebnisse im Vergleich mit dem expliziten *Euler*-Verfahren. Wie beim Halbschrittverfahren erkennen wir auch hier eine verbesserte Simulationsgenauigkeit; der Rechenaufwand ist jedoch wiederum doppelt so hoch wie beim *Euler*-Verfahren.

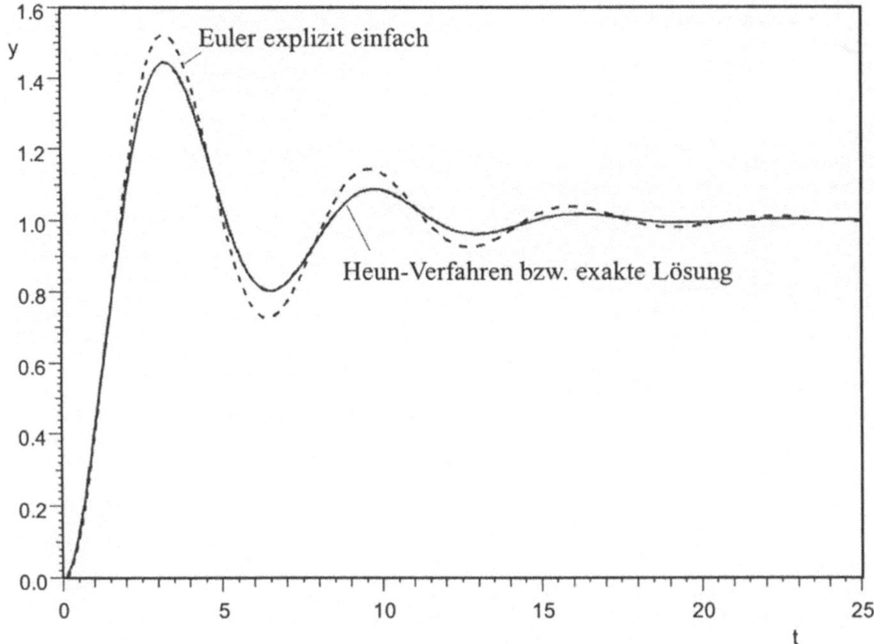

Bild 3-18 Simulationsergebnisse

Nachfolgendes Programmlisting zeigt den Simulationskern zu diesem Beispiel in der Programmiersprache PASCAL. Das komplette DELPHI-Projekt befindet sich unter dem Namen FEDERMASSESCHWINGER.DPR im Unterverzeichnis *\Heun* auf der Begleit-CD.

```
// Simulation eines Feder-Masse-Dämpfer-Schwingers mit dem
// expliziten Euler-Verfahren und dem Heun-Verfahren

// Deklarationen
const
  MAX_VALUES = 10000; // Maximale Anzahl an Simulationsschritten

var
  n: integer;                                 // Anzahl der Simulationsschritte
  t: array[0..MAX_VALUES] of extended;        // Vektor mit Zeitwerten
  x1Euler: array[0..MAX_VALUES] of extended; // Vektor für x1 (Euler)
  x2Euler: array[0..MAX_VALUES] of extended; // Vektor für x2 (Euler)
  x1Heun: array[0..MAX_VALUES] of extended;  // Vektor für x1 (Heun)
  x2Heun: array[0..MAX_VALUES] of extended;  // Vektor für x2 (Heun)
  h: extended;                                // Simulationsschrittweite
  x10, x20: etxended;                         // Anfangswerte
  tMax: extended;                             // Simulationsdauer
  k: extended;                                // Federkonstante
  m: extended;                                // Masse
  d: extended;                                // Dämpfung
  uk: extended;                               // konstante Eingangsgröße
  x1Dach, x2Dach: extended;                   // Schätzwerte aus Prädiktor-Schr.
  i: integer;                                 // Schleifenindex
```

```
function u(t: extended): extended;
// Eingangsgröße
begin
  u := uk;
end;

function f(Index: integer; x1, x2, u: extended): extended;
// Rechte Seite f(x, u) der Differentialgleichung
begin
  case Index of
    1: f := x2;
    2: f := -k/m*x1-d/m*x2+1/m*u;
  end;
end;

// "Hauptprogramm"
begin
  // Initialisierungen
  h := 0.1;
  tMax := 25.0;
  k := 1.0;
  m := 1.0;
  d := 0.5;
  n := round(tMax / h);
  if n > MAX_VALUES then begin
    ShowMessage('Zu kleine Schrittweite oder zu große Endzeit!');
    exit;
  end;
  t[0] := 0.0;
  x10 := 0.0;
  x20 := 0.0;
  x1Euler[0] := x10;
  x2Euler[0] := x20;
  x1Heun[0] := x10;
  x2Heun[0] := x20;
  // Eigentliche Simulationsschleife
  for i:=0 to n-1 do begin
    t[i+1] := (i+1) * h;
    // Euler-Explizit-Verfahrensschritt
    x1Euler[i+1] := x1Euler[i] + h * f(1, x1Euler[i], x2Euler[i], u(t[i]));
    x2Euler[i+1] := x2Euler[i] + h * f(2, x1Euler[i], x2Euler[i], u(t[i]));
    // Heun-Verfahrensschritt
    // -- Prädiktor-Schritt
    x1Dach := x1Heun[i] + h * f(1, x1Heun[i], x2Heun[i], u(t[i]));
    x2Dach := x2Heun[i] + h * f(2, x1Heun[i], x2Heun[i], u(t[i]));
    // -- Korrektor-Schritt
    x1Heun[i+1] := x1Heun[i] + h/2 * (f(1, x1Heun[i], x2Heun[i], u(t[i])) +
                                    f(1, x1Dach, x2Dach, u(t[i+1])));
    x2Heun[i+1] := x2Heun[i] + h/2 * (f(2, x1Heun[i], x2Heun[i], u(t[i])) +
                                    f(2, x1Dach, x2Dach, u(t[i+1])));
  end;
end.
```

Listing 3-3 Simulation des gedämpften Feder-Masse-Schwingers nach dem *Heun*-Verfahren

Starten Sie das Programm FEDERMASSESCHWINGER.EXE aus dem Verzeichnis ..\Heun der Begleit-CD. Dieses ermöglicht die Simulation des Feder-Masse-Schwingers mit Hilfe des expliziten *Euler*-Verfahrens sowie des Verfahrens von *Heun* für verschiedene Simulationsparameter sowie frei wählbare Werte für Federkonstante, Masse und Dämpfung. Überprüfen Sie, welchen Einfluss die unterschiedlichen Parameter auf die Systemantwort haben. Untersuchen Sie dabei insbesondere den Einfluss der Simulationsschrittweite h auf die Simulationsgenauigkeit. Vergleichen Sie die mit beiden Verfahren erhaltenen Simulationsergebnisse speziell im Falle großer Schrittweiten ($h > 0.1$) und kleiner Dämpfungen ($d < 0.1$).

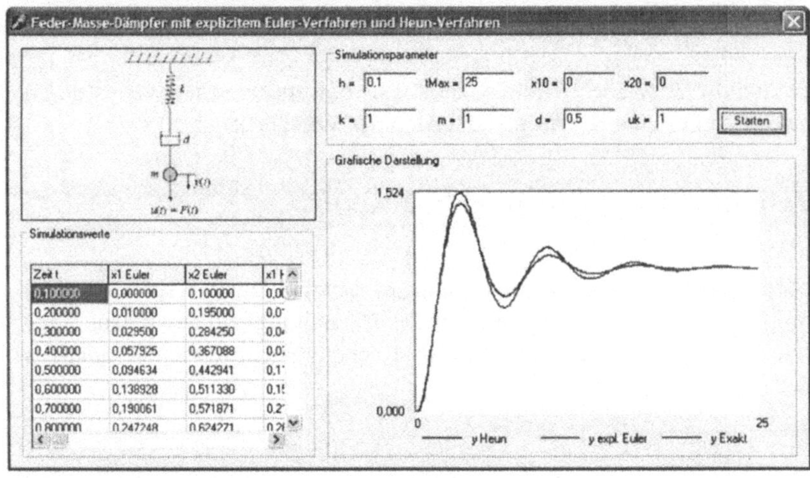

Bild 3-19

3.1.5 *Simpson*-Verfahren

Beim expliziten *Euler*-Verfahren wurde der Verlauf der Funktion $f(x,u)$ im Intervall $[t_k, t_{k+1}]$ durch eine Konstante (nämlich $f(x_k, u_k)$) angenähert, beim Verfahren nach *Heun* durch eine Gerade, die durch die beiden "Stützstellen" $f(x_k, u_k)$ und $f(\hat{x}_{k+1}, u_{k+1})$ gegeben war. Wählen wir zur Approximation der Funktion eine Parabel der Form

$$p(t) = a_0 + a_1 t + a_2 t^2,$$

so gelangen wir zum Verfahren von *Simpson* (Bild 3-20).

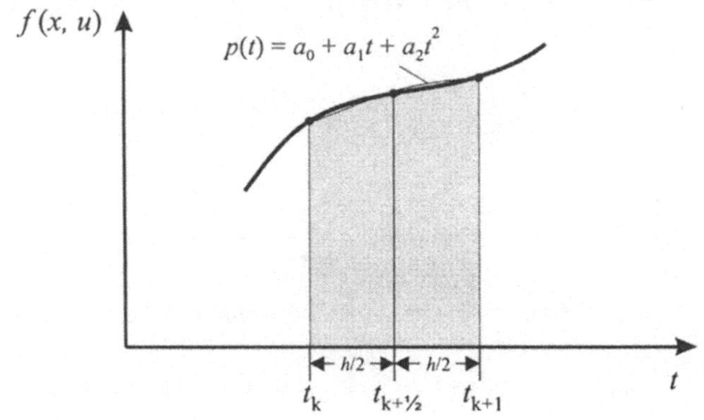

Bild 3-20 *Simpson*-Verfahren

Zur Festlegung der Parabel benötigt dieses Verfahren neben $f(x_k,u_k)$ *zwei* weitere Stützstellen (Schätzwerte), die jeweils in einem expliziten *Euler*-Schritt wie folgt berechnet werden:

$$\begin{aligned} \hat{x}_{k+1/2} &= x_k + \frac{h}{2} f(x_k,u_k) \\ \hat{x}_{k+1} &= \hat{x}_{k+1/2} + \frac{h}{2} f(\hat{x}_{k+1/2},u_{k+1/2}) \end{aligned} \tag{3.12}$$

Die Berechnung des zweiten Schätzwertes wird also auf Basis des ersten Schätzwertes durchgeführt. Der eigentliche Simulationsschritt erfolgt dann nach der Vorschrift

$$x_{k+1} = x_k + \frac{h}{6}\big(f(x_k,u_k) + 4f(\hat{x}_{k+1/2},u_{k+1/2}) + f(\hat{x}_{k+1},u_{k+1})\big).$$

Wir wollen diese Rechenvorschrift etwas umformen, um im Hinblick auf die später noch zu besprechenden Integrationsverfahren eine vereinheitlichte Darstellung zu gewinnen. Unter Einbeziehung von Gleichung 3.12 erhalten wir dann als Rechenvorschrift für das *Simpson*-Verfahren

$$\boxed{\begin{aligned} k_1 &= f(x_k,u_k) \\ k_2 &= f(x_k + \frac{h}{2}k_1, u_{k+1/2}) \\ k_3 &= f(x_k + \frac{h}{2}k_1 + \frac{h}{2}k_2, u_{k+1}) \\ x_{k+1} &= x_k + \frac{h}{6}(k_1 + 4k_2 + k_3) \end{aligned}} \tag{3.13}$$

Da beim *Simpson*-Verfahren pro Simulationsschritt drei Funktionsaufrufe zur Berechnung der k_i notwendig sind, ist der Rechenaufwand in etwa dreimal so hoch wie beim expliziten *Euler*-Verfahren.

Nachfolgendes Programmlisting zeigt den Simulationskern zum Verladekran-Beispiel aus Abschnitt 3.1.1 in der Programmiersprache PASCAL. Das komplette DELPHI-Projekt befindet sich unter dem Namen VERLADEKRAN.DPR im Unterverzeichnis *\Simpson* auf der Begleit-CD.

```
// Simulation eines Verladekrans mit dem
// Simpson-Verfahren

// Deklarationen
const
  MAX_VALUES = 10000; // Maximale Anzahl an Simulationsschritten

var
  n: integer;                            // Anzahl der Simulationsschritte
  t: array[0..MAX_VALUES] of extended;   // Vektor mit Zeitwerten
  x1: array[0..MAX_VALUES] of extended;  // Vektor mit Zustandsgröße x1
  x2: array[0..MAX_VALUES] of extended;  // Vektor mit Zustandsgröße x2
```

```
  x3: array[0..MAX_VALUES] of extended; // Vektor mit Zustandsgröße x3
  x4: array[0..MAX_VALUES] of extended; // Vektor mit Zustandsgröße x4
  k1, k2, k3: array[1..4] of extended;  // Steigungen für Simpson-Verfahren
  h: extended;                          // Simulationsschrittweite
  x10, x20, x30, x40: extended;         // Anfangsgwerte
  tMax: extended;                       // Simulationsdauer
  mW: extended;                         // Wagenmasse
  mL: extended;                         // Lastmasse
  l: extended;                          // Seillänge
  g: extended;                          // Erdbeschleunigung
  i, j: integer;                        // Laufindizes

function u(t: extended): extended;
// Eingangsgröße (Kraft F auf Wagen)
begin
  if t < 5 then
    u := 1000.0
  else if t < 10 then
    u := -1000.0
  else
    u := 0.0;
end;

function f(Index: integer; x1, x2, x3, x4, u:extended): extended;
// Auswertung der rechten Seite der Dgl. f(x, u)
begin
  case Index of
    1: f := x2;
    2: f := g*mL/mW*x3+1/mW*u;
    3: f := x4;
    4: f := -g*(mW+mL)/l/mW*x3-1/l/mW*u;
  end;
end;

// "Hauptprogramm"
begin
  // Initialisierungen
  g := 10.0;
  h := 0.01;
  x10 := 0.0;
  x20 := 0.0;
  x30 := 0.0;
  x40 := 0.0;
  tMax := 50.0;
  l := 20.0;
  mW := 100.0;
  mL := 100.0;
  n := round(tMax / h);
  if n > MAX_VALUES then begin
    ShowMessage('Zu kleine Schrittweite oder zu große Endzeit!');
    exit;
  end;
  t[0] := 0.0;
  x1[0] := x10;
  x2[0] := x20;
  x3[0] := x30;
  x4[0] := x40;

  // Eigentliche Simulationsschleife
  for i:=0 to n-1 do begin
    t[i+1] := (i+1) * h;
    // Simpson-Verfahrensschritt
```

```
    for j:=1 to 4 do
      k1[j] := f(j, x1[i], x2[i], x3[i], x4[i], u(t[i]));
    for j:=1 to 4 do
      k2[j] := f(j, x1[i]+h/2*k1[1], x2[i]+h/2*k1[2], x3[i]+h/2*k1[3],
                    x4[i]+h/2*k1[4], u(t[i]+h/2));
    for j:=1 to 4 do
      k3[j] := f(j, x1[i]+h/2*k1[1]+h/2*k2[1], x2[i]+h/2*k1[2]+h/2*k2[2],
                    x3[i]+h/2*k1[3]+h/2*k2[3], x4[i]+h/2*k1[4]+h/2*k2[4],
                    u(t[i+1]));
    x1[i+1] := x1[i] + h/6*(k1[1]+4*k2[1]+k3[1]);
    x2[i+1] := x2[i] + h/6*(k1[2]+4*k2[2]+k3[2]);
    x3[i+1] := x3[i] + h/6*(k1[3]+4*k2[3]+k3[3]);
    x4[i+1] := x4[i] + h/6*(k1[4]+4*k2[4]+k3[4]);
  end;
end.
```

Listing 3-4 Simulation des Verladekrans nach dem *Simpson*-Verfahren

Starten Sie das Programm VERLADEKRAN.EXE aus dem Verzeichnis *\Simpson* von der Begleit-CD. Dieses ermöglicht die Simulation des Verladekrans mit Hilfe des *Simpson*-Verfahrens für verschiedene Simulationsparameter sowie frei wählbare Werte für Wagenmasse, Lastmasse und Seillänge. Überprüfen Sie, welchen Einfluss die unterschiedlichen Parameter auf die Systemantwort haben. Erhöhen Sie die Simulationsschrittweite allmählich und beobachten Sie die Auswirkungen auf die Systemantwort.

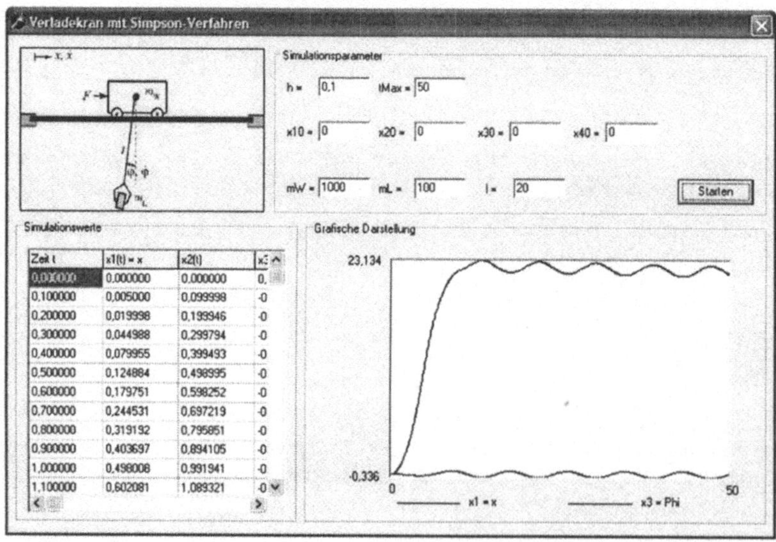

Bild 3-21

3.1.6 Standard-*Runge-Kutta*-Verfahren

Das Standard-*Runge-Kutta*-Verfahren (*Runge-Kutta* 4. Ordnung) ist in der Simulationstechnik weit verbreitet; es bietet einen guten Kompromiss zwischen Rechenaufwand und Simulationsgenauigkeit. Im Gegensatz zum *Simpson*-Verfahren arbeitet es mit *vier* Stützstellen. Die Rechenvorschrift lautet

$$\boxed{\begin{aligned} k_1 &= f(x_k, u_k) \\ k_2 &= f(x_k + \frac{h}{2}k_1, u_{k+1/2}) \\ k_3 &= f(x_k + \frac{h}{2}k_2, u_{k+1/2}) \\ k_4 &= f(x_k + hk_3, u_{k+1}) \\ x_{k+1} &= x_k + \frac{h}{6}\left(k_1 + 2k_2 + 2k_3 + k_4\right) \end{aligned}} \tag{3.14}$$

Wir wollen als Beispiel für die Anwendung des Verfahrens das so genannte *Drei-Körper-Problem* betrachten. Es beschreibt die Bewegung eines Himmelskörpers K mit vernachlässigbarer Masse unter dem Einfluss von Erde und Mond (Bild 3-22).

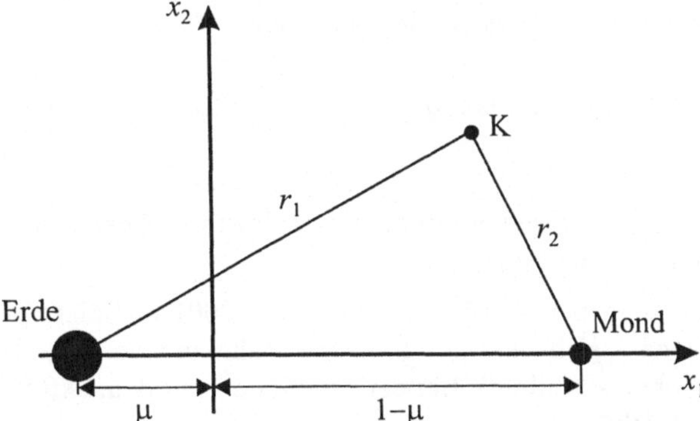

Bild 3-22 Drei-Körper-Problem

Die Bewegung des Körpers K kann dabei beschrieben werden durch das nichtlineare Differentialgleichungssystem

$$\begin{aligned} \dot{x}_1 &= x_3 \\ \dot{x}_2 &= x_4 \\ \dot{x}_3 &= x_1 + 2x_4 - \frac{\lambda(x_1 + \mu)}{r_1^3} - \frac{\mu(x_1 - \lambda)}{r_2^3} \\ \dot{x}_4 &= x_2 - 2x_3 - \frac{\lambda x_2}{r_1^3} - \frac{\mu x_2}{r_2^3} \end{aligned} \tag{3.15}$$

mit

$$\mu = \frac{1}{82.45}, \; \lambda = 1 - \mu$$

$$r_1 = \sqrt{(x_1 + \mu)^2 + x_2^2}$$

$$r_2 = \sqrt{(x_1 - \lambda)^2 + x_2^2}.$$

Die Zustandsgrößen x_1 und x_2 stellen dabei die Koordinaten des Körpers dar, die Zustandsgrößen x_3 und x_4 die entsprechenden Geschwindigkeitskomponenten.

Der Anfangszustand des Systems sei gegeben durch

$$\underline{x}_0 = \begin{pmatrix} 1.2 \\ 0 \\ 0 \\ -1.04935750983 \end{pmatrix}.$$

Für die exakte Lösung des Differentialgleichungssystems gilt die Beziehung

$$J = \frac{1}{2}\left(x_3^2 + x_4^2 - x_1^2 - x_2^2\right) - \frac{\lambda}{r_1} - \frac{\mu}{r_2} = \text{const.} = -1.04159. \tag{3.16}$$

Diese Beziehung können wir z. B. nutzen, um bei jedem Simulationsschritt die Abweichung zwischen Simulationsergebnis und exakter Lösung abzuschätzen.

Bild 3-23 zeigt die Simulationsergebnisse bei einer Schrittweite von h = 0.0001 und einer Simulationsdauer von 6.5. Wir erkennen, dass sich eine geschlossene Bahnkurve ergibt, die durch Gleichung 3.16 charakterisiert ist (oberes Teilbild). Bei der Simulation mit dem expliziten *Euler*-Verfahren (unteres Teilbild) weicht die simulierte Bahnkurve trotz der niedrigen Simulationsschrittweite nach kurzer Zeit von der realen Bahnkurve ab und läuft ins Unendliche. Das *Euler*-Verfahren ist also für die Simulation dieses Systems ungeeignet.

Nachfolgendes Programmlisting zeigt den Simulationskern zum Drei-Körper-Problem in der Programmiersprache PASCAL. Das komplette DELPHI-Projekt befindet sich unter dem Namen DREIKOERPER.DPR im Unterverzeichnis *\RungeKutta4* auf der Begleit-CD.

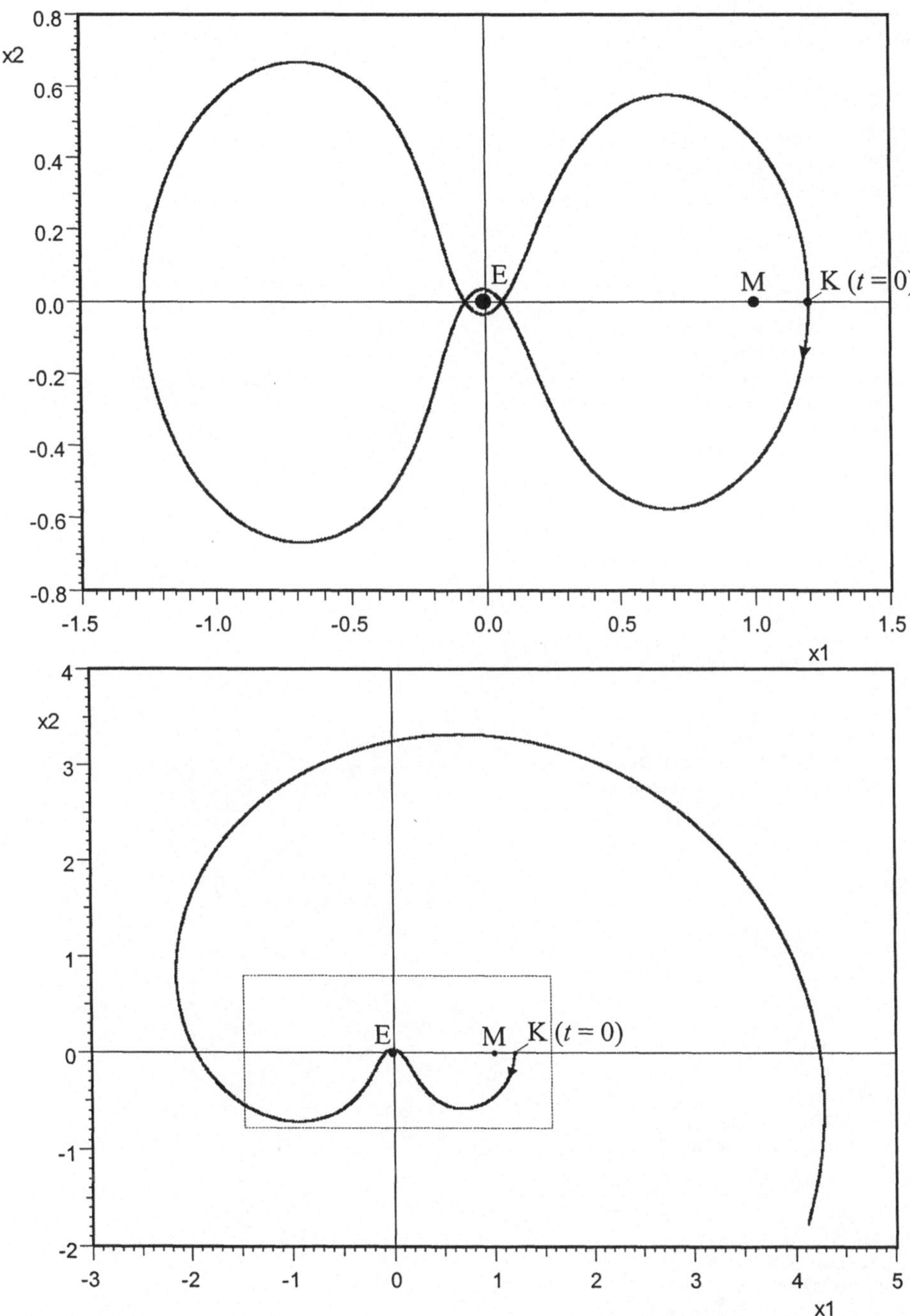

Bild 3-23 Simulationsergebnisse für Drei-Körper-Problem mit *Runge-Kutta*-Verfahren 4. Ordnung (oben) und explizitem *Euler*-Verfahren (unten) (man beachte die unterschiedliche Achsenskalierung beider Diagramme)

```
// Simulation des Drei-Körper-Problems
// mit dem Runge-Kutta-Verfahren 4. Ordnung

// Deklarationen
const
  MAX_VALUES = 100000; // Maximale Anzahl an Simulationsschritten
  MUE = 1/82.45;
  LAMBDA = 1 - MUE;

var
  n: integer;                                 // Anzahl der Simulationsschritte
  t: array[0..MAX_VALUES] of extended;        // Vektor mit Zeitwerten
  x1: array[0..MAX_VALUES] of extended;       // Vektor mit Zustandsgröße x1
  x2: array[0..MAX_VALUES] of extended;       // Vektor mit Zustandsgröße x2
  x3: array[0..MAX_VALUES] of extended;       // Vektor mit Zustandsgröße x3
  x4: array[0..MAX_VALUES] of extended;       // Vektor mit Zustandsgröße x4
  k1, k2, k3, k4: array[1..4] of extended;    // Steigungen für RK-Verfahren
  h: extended;                                // Simulationsschrittweite
  x10, x20, x30, x40: extended;               // Anfangsgwerte
  tMax: extended;                             // Simulationsdauer

function f(Index: integer; x1, x2, x3, x4: extended): extended;
// Auswertung der rechten Seite der Dgl. f(x)
var r1, r2: extended;
begin
  r1 := sqrt(sqr(x1 + MUE) + sqr(x2));
  r2 := sqrt(sqr(x1 - LAMBDA) + sqr(x2));
  case Index of
    1: f := x3;
    2: f := x4;
    3: f := x1 + 2*x4 - LAMBDA*(x1+MUE)/r1/r1/r1 - MUE*(x1-LAMBDA)/r2/r2/r2;
    4: f := x2 - 2*x3 - LAMBDA*x2/r1/r1/r1 - MUE*x2/r2/r2/r2;
  end;
end;

// "Hauptprogramm"
begin
  // Initialisierungen
  h := 0.0001;
  x10 := 1.2;
  x20 := 0.0;
  x30 := 0.0;
  x40 := -1.04935750983;
  tMax := 6.5;
  n := round(tMax / h);
  if n > MAX_VALUES then begin
    ShowMessage('Zu kleine Schrittweite oder zu große Endzeit!');
    exit;
  end;
  t[0] := 0.0;
  x1[0] := x10;
  x2[0] := x20;
  x3[0] := x30;
  x4[0] := x40;
  // Eigentliche Simulationsschleife
  for i:=0 to n-1 do begin
    t[i+1] := (i+1) * h;
    // Runge-Kutta-Verfahrensschritt
    for j:=1 to 4 do
      k1[j] := f(j, x1[i], x2[i], x3[i], x4[i]);
    for j:=1 to 4 do
```

```
      k2[j] := f(j, x1[i]+h/2*k1[1], x2[i]+h/2*k1[2], x3[i]+h/2*k1[3],
                      x4[i]+h/2*k1[4]);
    for j:=1 to 4 do
      k3[j] := f(j, x1[i]+h/2*k2[1], x2[i]+h/2*k2[2], x3[i]+h/2*k2[3],
                      x4[i]+h/2*k2[4]);
    for j:=1 to 4 do
      k4[j] := f(j, x1[i]+h*k3[1], x2[i]+h*k3[2], x3[i]+h*k3[3],
                      x4[i]+h*k3[4]);
    x1[i+1] := x1[i] + h/6*(k1[1]+2*k2[1]+2*k3[1]+k4[1]);
    x2[i+1] := x2[i] + h/6*(k1[2]+2*k2[2]+2*k3[2]+k4[2]);
    x3[i+1] := x3[i] + h/6*(k1[3]+2*k2[3]+2*k3[3]+k4[3]);
    x4[i+1] := x4[i] + h/6*(k1[4]+2*k2[4]+2*k3[4]+k4[4]);
  end;
end.
```

Listing 3-5 Simulation des Drei-Körper-Problems mit dem *Runge-Kutta*-Verfahren 4. Ordnung

Starten Sie das Programm DREIKOERPER.EXE aus dem Verzeichnis *\RungeKutta4* von der Begleit-CD. Dieses ermöglicht die Simulation des Drei-Körper-Problems mit Hilfe des *Runge-Kutta*-Verfahrens 4. Ordnung bzw. des expliziten *Euler*-Verfahrens für verschiedene Simulationsparameter. Überprüfen Sie, welchen Einfluss die unterschiedlichen Parameter auf die Systemantwort haben. Erhöhen Sie die Simulationsschrittweite allmählich und beobachten Sie die Auswirkungen auf die Systemantwort.

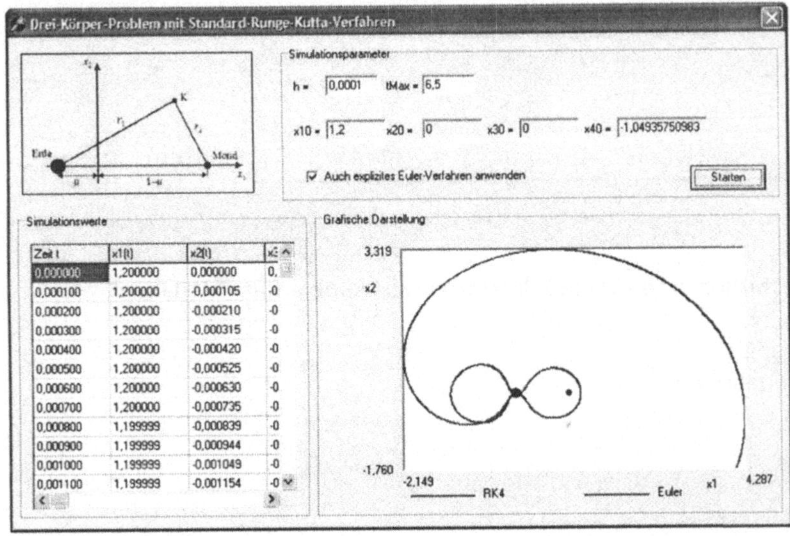

Bild 3-24

3.1.7 Verallgemeinerte *Runge-Kutta*-Verfahren

Das Prinzip der zuletzt vorgestellten Integrationsverfahren beruhte stets darauf, zunächst eine oder mehrere Stützstellen im Zeitintervall $[t_k, t_{k+1}]$ zu bestimmen und dann durch geeignete Kombination (gewichtete Addition) der Funktionswerte an diesen Stützstellen mit Hilfe eines expliziten *Euler*-Schrittes den neuen Wert x_{k+1} zu ermitteln. Integrationsverfahren die auf diesem Schema basieren, werden allgemein als *Runge-Kutta*-Verfahren bezeichnet. Ihre Rechenvorschrift lässt sich stets in der Form

$$\begin{aligned} k_1 &= f(x_k, u_k) \\ k_2 &= f(x_k + h\,a_{21}k_1,\ u(t_k + b_2 h)) \\ &\vdots \\ k_m &= f(x_k + h(a_{m1}k_1 + \ldots + a_{m,m-1}k_{m-1}),\ u(t_k + b_m h)) \\ \\ x_{k+1} &= x_k + h(c_1 k_1 + c_2 k_2 + \ldots + c_m k_m) \end{aligned} \tag{3.17}$$

darstellen. Der Parameter m bestimmt dabei die Anzahl der pro Simulationsschritt erforderlichen Auswertungen der Funktion $f(x,u)$ und damit auch den Rechenaufwand des Verfahrens. Schematisch lässt sich die Rechenvorschrift auch in Matrixform darstellen – sie hat dann die nachfolgende Gestalt.

$$\begin{array}{c|cccccccc} b_2 & a_{21} & & & & & & & \\ b_3 & a_{31} & a_{32} & & & & & & \\ \cdot & \cdot & \cdot & \cdot & & & & & \\ \cdot & \cdot & \cdot & \cdot & \cdot & & & & \\ b_m & a_{m1} & a_{m2} & \cdot & \cdot & \cdot & \cdot & a_{m,m-1} & \\ \hline & c_1 & c_2 & \cdot & \cdot & \cdot & \cdot & c_{m-1} & c_m \end{array}$$

Damit lassen sich die bisher besprochenen Verfahren als *Runge-Kutta*-Verfahren wie folgt spezifizieren:

- Explizites *Euler*-Verfahren ($m = 1$):

$$c_1 = 1$$

- Halbschrittverfahren ($m = 2$):

$$c_1 = 0,\ c_2 = 1,\ b_2 = a_{21} = 1/2$$

$$\begin{array}{c|cc} ½ & 1/2 & \\ \hline & 0 & 1 \end{array}$$

- Verfahren von *Heun* ($m = 2$):

$$c_1 = c_2 = 1/2,\ b_2 = a_{21} = 1$$

1	1	
	1/2	1/2

- *Simpson*-Verfahren ($m = 3$):

$$c_1 = c_3 = 1/6, c_2 = 4/6,\ b_2 = a_{21} = a_{31} = a_{32} = 1/2,\ b_3 = 1$$

1/2	1/2		
1	1/2	1/2	
	1/6	4/6	1/6

- Standard-*Runge-Kutta*-Verfahren ($m = 4$):

$$c_1 = c_4 = 1/6, c_2 = c_3 = 2/6,$$
$$b_2 = b_3 = a_{21} = a_{32} = 1/2,\ b_4 = a_{43} = 1,$$
$$a_{31} = a_{41} = a_{42} = 0$$

1/2	1/2			
1/2	0	1/2		
1	0	0	1/2	
	1/6	2/6	2/6	1/6

3.2 Mehrschrittverfahren

Die bisher vorgestellten Einschrittverfahren benutzen zur Berechnung des "neuen" Wertes x_{k+1} jeweils nur den vorherigen "alten" Wert x_k sowie ggf. weitere "Zwischenwerte" aus dem Intervall $[t_k, t_{k+1}]$. Sie benötigen aber – sieht man vom einfachen *Euler*-Verfahren einmal ab – für jeden Simulationsschritt mehrere Auswertungen der Funktion $f(x, u)$ im Zeitintervall $[t_k, t_{k+1}]$. Speziell bei den *Runge-Kutta*-Verfahren höherer Ordnung in Verbindung mit komplexeren Systemmodellen kann diese Vorgehensweise einen enormen Aufwand an Rechenzeit bedeuten. Im Gegensatz dazu benutzen *Mehrschrittverfahren* zur Berechnung des "neuen" Wertes x_{k+1} auch zeitlich weiter zurückliegende Werte $x_{k-1}, x_{k-2},\ldots$ Dadurch kann in vielen Fällen ein deutlicher Gewinn an Simulationsgenauigkeit erreicht werden, ohne gleichzeitig den Rechenaufwand wesentlich zu erhöhen. Auch bei den Mehrschrittverfahren kann zwischen expliziten und impliziten Verfahren unterschieden werden, je nachdem, ob der Funktionswert am "neuen", noch zu berechnenden Punkt x_{k+1} in die Rechenvorschrift eingeht oder nicht. Die wichtigste Klasse der expliziten Mehrschrittverfahren stellen die *Adams-Bashforth*-Verfahren dar, während bei den impliziten Verfahren die *Adams-Moulton*-Verfahren dominieren. Letztere werden jedoch meist – wie wir es beim Trapezverfahren bereits kennen gelernt hatten – mittels Prädiktor-Korrektor-Technik in explizite Verfahren überführt. Wir werden im Folgenden die wichtigsten Vertreter dieser Klassen vorstellen.

3.2.1 Mittelpunktsregel

Eines der einfachsten Mehrschrittverfahren ist die *Mittelpunktsregel*, häufig auch als *Leap-Frog-Verfahren* ("Bocksprung"-Verfahren) bezeichnet (Bild 3-25).

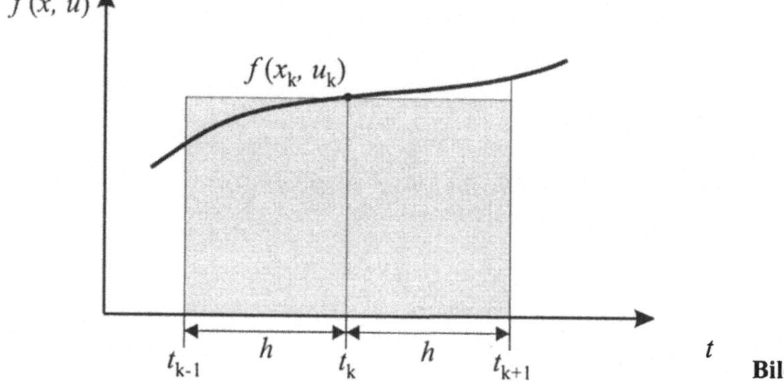

Bild 3-25 Mittelpunktsregel

Die Rechenvorschrift des Verfahrens lautet

$$\boxed{x_{k+1} = x_{k-1} + 2h\, f(x_k, u_k).} \tag{3.18}$$

Da zur Berechnung von x_{k+1} neben x_k nur noch der Wert x_{k-1} herangezogen wird, handelt es sich um ein *Zwei*schrittverfahren. Ein grundsätzliches Problem dieses Verfahrens wie auch aller anderen Mehrschrittverfahren erkennen wir unmittelbar, wenn wir versuchen, ausgehend vom (gegebenen) Anfangswert x_0 die nachfolgenden Werte zu berechnen: Zur Ermittlung von x_1 lautet die Rechenvorschrift nämlich

$$x_1 = x_{-1} + 2h\, f(x_0, u_0),$$

d. h. wir benötigen den Wert x_{-1}, der naturgemäß nicht existiert. Mehrschrittverfahren sind daher generell nicht "selbststartend"; vielmehr müssen wir bei einem m-Schrittverfahren die ersten m-1 Werte (nämlich $x_1, \ldots, x_{m-1}$) zunächst mit einem (hinreichend genauen) Einschrittverfahren ermitteln, bevor das Mehrschrittverfahren selbst in Aktion treten kann.

Die Mittelpunktsregel weist bei vielen Problemstellungen recht ungünstige Stabilitätseigenschaften auf; bei gewissen Typen von Differentialgleichungen ist das Verfahren sogar *strukturinstabil*, d. h. selbst bei einer beliebigen Verringerung der Simulationsschrittweite h konvergiert das Simulationsergebnis nicht gegen den exakten Verlauf der Zustandsgrößen.

Nachfolgendes Programmsegment zeigt die Rechenvorschrift für die Mittelpunktsregel anhand des gedämpften Feder-Masse-System aus Kapitel 3.1.3 in der Programmiersprache PASCAL. Der erste Schritt wird hierbei mit dem expliziten *Euler*-Verfahren durchgeführt. Das komplette DELPHI-Projekt befindet sich unter dem Namen FEDERMASSESCHWINGER.DPR im Unterverzeichnis *\Mittelpunkt* auf der Begleit-CD.

```
.
.
// Eigentliche Simulationsschleife
for i:=0 to n-1 do begin
  t[i+1] := (i+1) * h;
  // Mittelpunktsregel-Verfahrensschritt
  if i = 0 then begin // Ersten Wert mit Euler-Verfahren berechnen
    x1[i+1] := x1[i] + h * f(1, x1[i], x2[i], u(t[i]));
    x2[i+1] := x2[i] + h * f(2, x1[i], x2[i], u(t[i]));
  end else begin
    x1[i+1] := x1[i-1] + 2 * h * f(1, x1[i], x2[i], u(t[i]));
    x2[i+1] := x2[i-1] + 2 * h * f(2, x1[i], x2[i], u(t[i]));
  end;
end;
.
.
```

Listing 3-6 Simulation des Feder-Masse-Dämpfer-Systems mit Hilfe der Mittelpunktsregel

Starten Sie das Programm FEDERMASSESCHWINGER.EXE aus dem Verzeichnis ..*\Mittelpunkt* der Begleit-CD. Dieses ermöglicht die Simulation des Feder-Masse-Schwingers mit Hilfe der Mittelpunktsregel für verschiedene Simulationsparameter sowie frei wählbare Werte für Federkonstante, Masse und Dämpfung. Überprüfen Sie, welchen Einfluss die unterschiedlichen Parameter auf die Systemantwort haben.

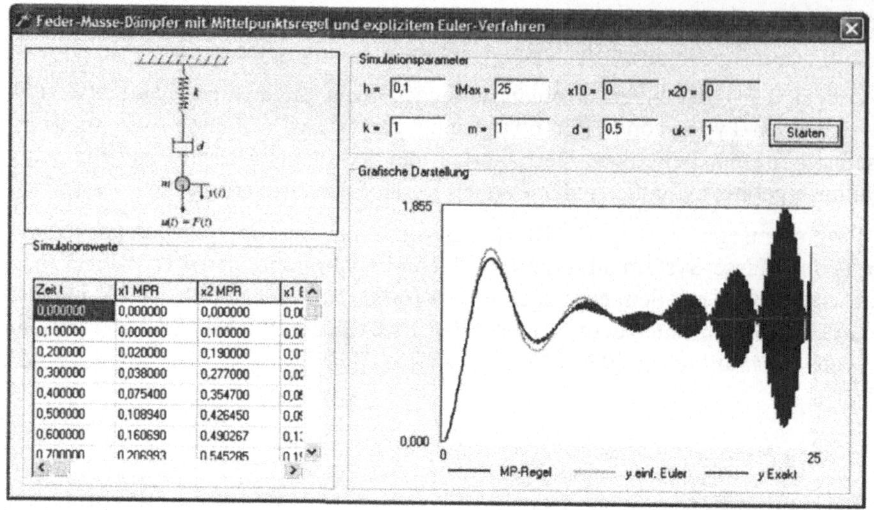

Bild 3-26

3.2.2 *Adams-Bashforth*-Verfahren 2. Ordnung

Beim *Adams-Bashforth*-Verfahren 2. Ordnung wird die Funktion $f(x,u)$ auf Basis der Stützstellen $f(x_{k-1},u_{k-1})$ und $f(x,u_k)$ durch eine Gerade der Form $p(t)=a_0+a_1 t$ approximiert (Bild 3-27). Durch Einsetzen der Stützstellen ergibt sich die Geradengleichung zu

$$p(t)=\frac{1}{h}(t_k f(x_{k-1},u_{k-1})-t_{k-1}f(x_k,u_k))+\frac{f(x_k,u_k)-f(x_{k-1},u_{k-1})}{h}t\,.$$

Die Fläche unterhalb dieser Geraden über dem Intervall $[t_k,\ t_{k+1}]$ erhalten wir dann zu

$$\int_{t_k}^{t_{k+1}} p(t)=\frac{3}{2}h\ f(x_k,u_k)-\frac{1}{2}h\ f(x_{k-1},u_{k-1}).$$

Somit ergibt sich als Rechenvorschrift für das Verfahren

$$\boxed{x_{k+1}=x_k+\frac{h}{2}\big(3\,f(x_k,u_k)-f(x_{k-1},u_{k-1})\big).} \tag{3.19}$$

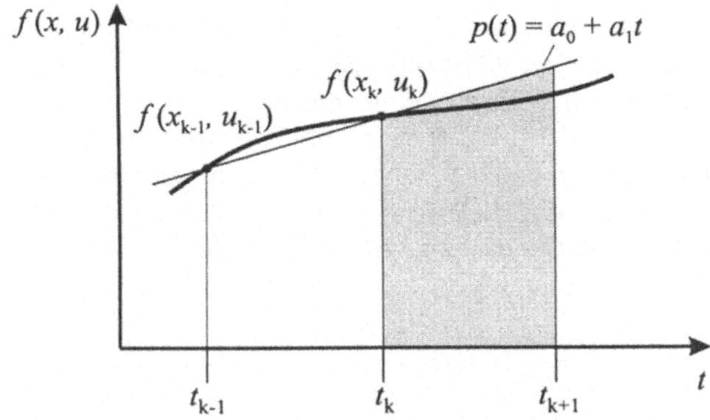

Bild 3-27 *Adams-Bashforth*-Verfahren 2. Ordnung

Wir betrachten als Beispiel noch einmal den Feder-Masse-Schwinger aus Kapitel 3.1.3 mit den gleichen Modell- und Simulationsparametern wie dort. Bild 3-28 zeigt den mit Hilfe des *Adams-Bashforth*-Verfahrens 2. Ordnung ermittelten Verlauf von x_1 im Vergleich mit dem aus dem expliziten *Euler*-Verfahren resultierenden Verlauf sowie der exakten Lösung. Während sich beim *Euler*-Verfahren erhebliche Abweichungen von der exakten Lösung ergeben, stimmt der mit dem *Adams-Bashforth*-Verfahren ermittelte Verlauf mit dieser praktisch vollkommen überein. Das Mehrschrittverfahren bewirkt hier also einen Zugewinn an Genauigkeit, obwohl auch bei diesem Verfahren wie beim expliziten *Euler*-Verfahren lediglich ein "neuer" Funktionsaufruf pro Simulationsschritt erforderlich ist, da der Funktionswert $f(x_{k-1}, u_{k-1})$ jeweils aus dem vorherigen Simulationsschritt bekannt ist.

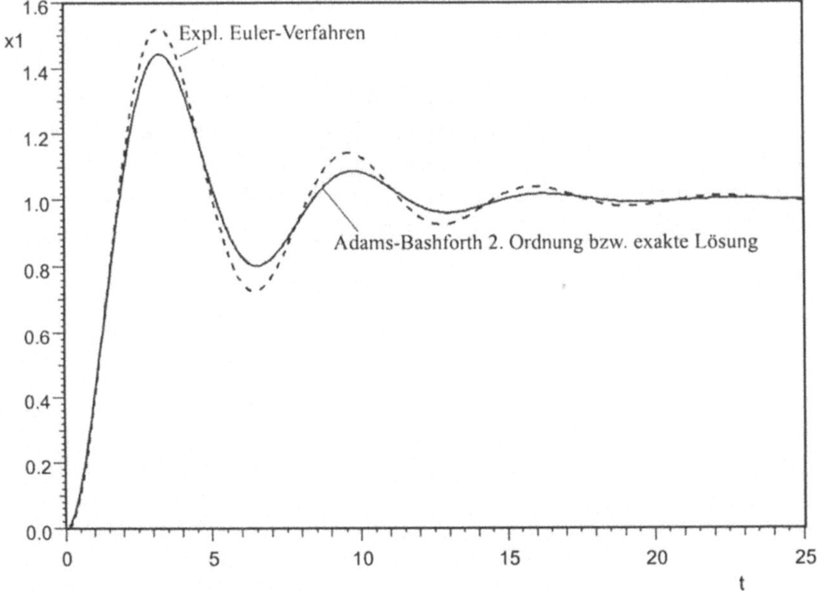

Bild 3-28 Simulationsergebnisse für Feder-Masse-Schwinger

Nachfolgendes Programmsegment zeigt die Rechenvorschrift für das *Adams-Bashforth*-Verfahren 2. Ordnung anhand des gedämpften Feder-Masse-System aus Kapitel 3.1.3 in der Programmiersprache PASCAL. Der erste Schritt wird wiederum mit dem expliziten *Euler*-Verfahren durchgeführt. Die Variablen `f1_k` und `f2_k` dienen zur Zwischenspeicherung der Funktionswerte $\underline{f}(\underline{x}_k, u_k)$, die Variablen `f1_k1` und `f2_k1` zur Zwischenspeicherung der Funktionswerte $\underline{f}(\underline{x}_{k-1}, u_{k-1})$. Das komplette DELPHI-Projekt befindet sich unter dem Namen FEDERMASSESCHWINGER.DPR im Unterverzeichnis *\AB2* auf der Begleit-CD.

```
.
.
// Eigentliche Simulationsschleife
for i:=0 to n-1 do begin
  t[i+1] := (i+1) * h;
  // Adams-Bashforth-2-Verfahrensschritt
  f1_k := f(1, x1[i], x2[i], u(t[i]));
  f2_k := f(2, x1[i], x2[i], u(t[i]));
  if i = 0 then begin // Ersten Wert mit Euler-Verfahren berechnen
    x1[i+1] := x1[i] + h * f1_k;
    x2[i+1] := x2[i] + h * f2_k;
  end else begin
    x1[i+1] := x1[i] + h/2 * (3*f1_k - f1_k1);
    x2[i+1] := x2[i] + h/2 * (3*f2_k - f2_k1);
  end;
  f1_k1 := f1_k;
  f2_k1 := f2_k;
end;
.
.
```

Listing 3-7 Simulation des Feder-Masse-Schwingers mit Hilfe des *Adams-Bashforth*-Verfahrens 2. Ordnung

Starten Sie das Programm FEDERMASSESCHWINGER.EXE aus dem Verzeichnis *..\AB2* der Begleit-CD. Dieses ermöglicht die Simulation des Feder-Masse-Schwingers mit Hilfe des *Adams-Bashforth*-Verfahrens 2. Ordnung für verschiedene Simulationsparameter sowie frei wählbare Werte für Federkonstante, Masse und Dämpfung. Überprüfen Sie, welchen Einfluss die unterschiedlichen Parameter auf die Systemantwort haben.

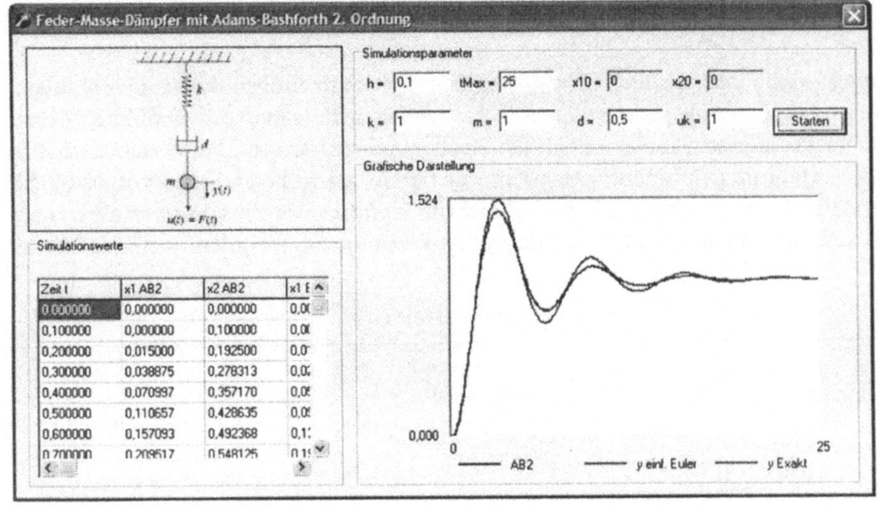

Bild 3-29

3.2.3 *Adams-Bashforth*-Verfahren höherer Ordnung

Approximieren wir in Bild 3-23 die Funktion $f(x,u)$ statt über eine Gerade über ein Polynom $p(t)$ höherer Ordnung (basierend auf einer entsprechend größeren Anzahl von Stützstellen), so gelangen wir zu den *Adams-Bashforth*-Verfahren höherer Ordnung. Nachfolgende Tabelle gibt einen Überblick über die Rechenvorschriften für die Verfahren 3. bis 6. Ordnung.

Ordnung m	Rechenvorschrift
3	$x_{k+1} = x_k + \frac{h}{12}(23f(x_k,u_k) - 16f(x_{k-1},u_{k-1}) + 5f(x_{k-2},u_{k-2}))$
4	$x_{k+1} = x_k + \frac{h}{24}(55f(x_k,u_k) - 59f(x_{k-1},u_{k-1}) + 37f(x_{k-2},u_{k-2}) - 9f(x_{k-3},u_{k-3}))$
5	$x_{k+1} = x_k + \frac{h}{720}(1901f(x_k,u_k) - 2774f(x_{k-1},u_{k-1}) + 2616f(x_{k-2},u_{k-2}) - 1274f(x_{k-3},u_{k-3}) + 251f(x_{k-4},u_{k-4}))$
6	$x_{k+1} = x_k + \frac{h}{1440}(4227f(x_k,u_k) - 7673f(x_{k-1},u_{k-1}) + 9482f(x_{k-2},u_{k-2}) - 6798f(x_{k-3},u_{k-3}) + 2627f(x_{k-4},u_{k-4}) - 425f(x_{k-5},u_{k-5}))$

3.2.4 *Adams-Moulton*-Verfahren

Bei *Adams-Moulton*-Verfahren wird zur Ermittlung des Approximationspolynoms $p(t)$ auch der Funktionswert $f(x_{k+1},u_{k+1})$ herangezogen – es handelt sich daher um implizite Mehrschrittverfahren. Nachfolgende Tabelle enthält die Rechenvorschriften für die Verfahren 2. bis 6. Ordnung. Das Verfahren 2. Ordnung entspricht der bereits an früherer Stelle vorgestellten Trapezregel und stellt streng genommen kein Mehrschritt-, sondern ein Einschrittverfahren dar, da keine zeitlich mehr als einen Schritt zurückliegenden Werte benutzt werden.

Ordnung m	Rechenvorschrift
2	$x_{k+1} = x_k + \frac{h}{2}(f(x_{k+1},u_{k+1}) + f(x_k,u_k))$
3	$x_{k+1} = x_k + \frac{h}{12}(5f(x_{k+1},u_{k+1}) + 8f(x_k,u_k) - f(x_{k-1},u_{k-1}))$
4	$x_{k+1} = x_k + \frac{h}{24}(9f(x_{k+1},u_{k+1}) + 19f(x_k,u_k) - 5f(x_{k-1},u_{k-1}) + f(x_{k-2},u_{k-2}))$
5	$x_{k+1} = x_k + \frac{h}{720}(251f(x_{k+1},u_{k+1}) + 646f(x_k,u_k) - 264f(x_{k-1},u_{k-1}) + {} + 106f(x_{k-2},u_{k-2}) - 19f(x_{k-3},u_{k-3}))$
6	$x_{k+1} = x_k + \frac{h}{1440}(475f(x_{k+1},u_{k+1}) + 1427f(x_k,u_k) - 798f(x_{k-1},u_{k-1}) + {} + 482f(x_{k-2},u_{k-2}) - 173f(x_{k-3},u_{k-3}) + 27f(x_{k-4},u_{k-4}))$

In der Praxis benutzt man statt der impliziten *Adams-Moulton*-Verfahren in der Regel explizite Verfahrensvarianten, die mit Hilfe der Prädiktor-Korrektor-Technik arbeiten und als *Adams-Bashforth-Moulton*-Verfahren bezeichnet werden. Das Prinzip besteht dabei einfach darin, den (unbekannten) Wert x_{k+1} zunächst in einem Prädiktor-Schritt mit dem (expliziten) *Adams-Bashforth*-Verfahren der entsprechenden Ordnung abzuschätzen und diesen Schätzwert $\hat{x}_{k+1}$ dann im Korrektor-Schritt mit dem eigentlichen *Adams-Moulton*-Verfahren zu verbessern. So entsteht z. B. das *Adams-Bashforth-Moulton*-Verfahren 4. Ordnung durch Kombination des *Adams-Bashforth*-Verfahrens 4. Ordnung mit dem *Adams-Moulton*-Verfahren 4. Ordnung. Die Rechenvorschrift lautet entsprechend

$$\hat{x}_{k+1} = x_k + \frac{h}{24}(55f(x_k,u_k) - 59f(x_{k-1},u_{k-1}) + 37f(x_{k-2},u_{k-2}) - 9f(x_{k-3},u_{k-3}))$$

$$x_{k+1} = x_k + \frac{h}{24}(9f(\hat{x}_{k+1},u_{k+1}) + 19f(x_k,u_k) - 5f(x_{k-1},u_{k-1}) + f(x_{k-2},u_{k-2}))$$

Wir betrachten als Anwendungsbeispiel für das *Adams-Bashforth-Moulton*-Verfahren 4. Ordnung noch einmal das Drei-Körper-Problem aus Abschnitt 3.1.6. Nachfolgendes Programmsegment zeigt die Rechenvorschrift des Verfahrens für dieses Beispiel in der Programmiersprache PASCAL. Die ersten drei Schritte werden mit dem expliziten *Euler*-Verfahren durchgeführt. Die Vektoren `f_k`, `f_k1`, `f_k2` und `f_k3` dienen zur Zwischenspeicherung der Funktionswerte $\underline{f}(\underline{x}_k, u_k)$, $\underline{f}(\underline{x}_{k-1}, u_{k-1})$, $\underline{f}(\underline{x}_{k-2}, u_{k-2})$ und $\underline{f}(\underline{x}_{k-3}, u_{k-3})$. Das komplette DELPHI-Projekt befindet sich unter dem Namen DREIKEORPER.DPR im Unterverzeichnis *\ABM4* auf der Begleit-CD.

```
.
.
// Eigentliche Simulationsschleife
for i:=0 to n-1 do begin
  t[i+1] := (i+1) * h;
  // ABM4-Verfahrensschritt
  for j:=1 to 4 do
    f_k[j] := f(j, x1[i], x2[i], x3[i], x4[i]);
  if i < 3 then begin  // Erste drei Werte mit Euler berechnen
    x1[i+1] := x1[i] + h*f_k[1];
    x2[i+1] := x2[i] + h*f_k[2];
    x3[i+1] := x3[i] + h*f_k[3];
    x4[i+1] := x4[i] + h*f_k[4];
  end else begin
    // Prädiktor AB4
    x1Dach := x1[i] + h/24 * (55*f_k[1] - 59*f_k1[1] + 37*f_k2[1] -
                              9*f_k3[1]);
    x2Dach := x2[i] + h/24 * (55*f_k[2] - 59*f_k1[2] + 37*f_k2[2] -
                              9*f_k3[2]);
    x3Dach := x3[i] + h/24 * (55*f_k[3] - 59*f_k1[3] + 37*f_k2[3] -
                              9*f_k3[3]);
    x4Dach := x4[i] + h/24 * (55*f_k[4] - 59*f_k1[4] + 37*f_k2[4] -
                              9*f_k3[4]);
    // Korrektor AM4
    x1[i+1] := x1[i] + h/24 * (9*f(1, x1Dach, x2Dach, x3Dach, x4Dach) +
                               19*f_k[1] - 5*f_k1[1] + f_k2[1]);
    x2[i+1] := x2[i] + h/24 * (9*f(2, x1Dach, x2Dach, x3Dach, x4Dach) +
                               19*f_k[2] - 5*f_k1[2] + f_k2[2]);
    x3[i+1] := x3[i] + h/24 * (9*f(3, x1Dach, x2Dach, x3Dach, x4Dach) +
                               19*f_k[3] - 5*f_k1[3] + f_k2[3]);
    x4[i+1] := x4[i] + h/24 * (9*f(4, x1Dach, x2Dach, x3Dach, x4Dach) +
                               19*f_k[4] - 5*f_k1[4] + f_k2[4]);
  end;
  for j:=1 to 4 do begin
    f_k3[j] := f_k2[j];
    f_k2[j] := f_k1[j];
    f_k1[j] := f_k[j];
  end;
end;
.
.
```

Listing 3-8 Simulation des Drei-Körper-Problems mit Hilfe des *Adams-Bashforth-Moulton*-Verfahrens 4. Ordnung

Starten Sie das Programm DREIKOERPER.EXE aus dem Verzeichnis *\ABM4* von der Begleit-CD. Dieses ermöglicht die Simulation des Drei-Körper-Problems mit Hilfe des *Adams-Bashforth-Moulton*-Verfahrens 4. Ordnung bzw. des expliziten *Euler*-Verfahrens für verschiedene Simulationsparameter. Überprüfen Sie, welchen Einfluss die unterschiedlichen Parameter auf die Systemantwort haben. Erhöhen Sie die Simulationsschrittweite allmählich und beobachten Sie die Auswirkungen auf die Systemantwort.

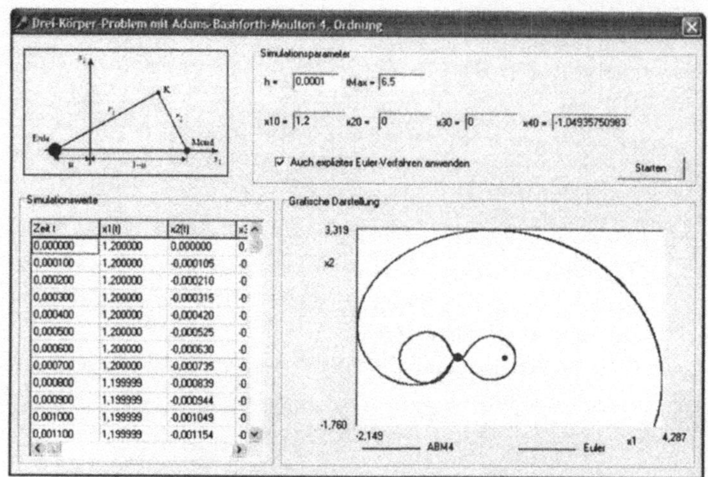

Bild 3-30

3.2.5 *Gear*-Verfahren

Während bei den zuvor vorgestellten *Adams-Bashforth*-Verfahren und *Adams-Moulton*-Verfahren zeitlich zurückliegende Werte der Funktion $f(x, u)$ verwendet werden, nutzen die Verfahren nach *Gear* zeitlich zurückliegende Werte des Zustandsvektors selbst. Nachfolgende Tabelle gibt einen Überblick über die *Gear*-Verfahren bis zur Ordnung vier; das *Gear*-Verfahren erster Ordnung entspricht dem bereits bei den Einschrittverfahren vorgestellten impliziten *Euler*-Verfahren.

Ordnung m	Rechenvorschrift
1	$x_{k+1} = x_k + h\, f(x_{k+1}, u_{k+1})$
2	$x_{k+1} = \frac{4}{3} x_k - \frac{1}{3} x_{k-1} + \frac{2}{3} h\, f(x_{k+1}, u_{k+1})$
3	$x_{k+1} = \frac{18}{11} x_k - \frac{9}{11} x_{k-1} + \frac{2}{11} x_{k-2} + \frac{6}{11} h\, f(x_{k+1}, u_{k+1})$
4	$x_{k+1} = \frac{48}{25} x_k - \frac{36}{25} x_{k-1} + \frac{16}{25} x_{k-2} - \frac{3}{25} x_{k-3} + \frac{12}{25} h\, f(x_{k+1}, u_{k+1})$

Wie die Rechenvorschriften erkennen lassen, handelt es sich bei den *Gear*-Verfahren um implizite Mehrschrittverfahren. *Gear*-Verfahren eignen sich aufgrund ihrer günstigen Stabilitätseigenschaften insbesondere zur Simulation so genannter *steifer* Systeme; dies sind Systeme, die sowohl sehr langsame als auch sehr schnelle Systemanteile enthalten (Beispiel: Reaktionskinetik). Wir werden auf die Stabilitätsproblematik in den nachfolgenden Abschnitten noch näher eingehen.

Da *Gear*-Verfahren nicht mit Hilfe der Prädiktor-Korrektor-Technik in explizite Verfahren überführt werden können (die günstigen Stabilitätseigenschaften würden dann verloren gehen), ist die Auswertung des Rechenschrittes recht mühsam, da in jedem Schritt eine implizite Gleichung gelöst werden muss. Die Anwendung ist daher in der Regel mit einem hohen Rechenaufwand verbunden.

3.3 Charakterisierung von Integrationsverfahren

Das Hauptproblem bei der Anwendung von Integrationsverfahren besteht in der Wahl einer für die jeweilige Problemstellung geeigneten Schrittweite h. Wir hatten bereits im einführenden Kapitel dieses Buches sowie bei einer Vielzahl von Experimenten mit der Begleit-Software gesehen, dass sich das Simulationsergebnis mit zunehmender Schrittweite in der Regel immer mehr von der exakten Lösung entfernt. In diesem Kapitel wollen wir diesen qualitativen Zusammenhang etwas genauer "unter die Lupe nehmen".

Generell treten (unabhängig vom Modellierungsfehler, der in Vernachlässigungen oder Ungenauigkeiten bei der Modellbildung begründet ist) bei der Simulation auf der Basis numerischer Integrationsverfahren zwei Typen von Fehlern auf:

- *Diskretisierungsfehler*, die als Verfahrensfehler aus der numerischen Integration resultieren und sich von Simulationsschritt zu Simulationsschritt zum globalen Verfahrensfehler fortpflanzen
- *Rundungsfehler*, die als Folge begrenzter Rechengenauigkeit entstehen

Bild 3-31 zeigt den qualitativen Verlauf beider Fehlertypen: Während der Diskretisierungsfehler mit kleiner werdender Schrittweite immer mehr abnimmt, nimmt der Rundungsfehler zu. Der Gesamtfehler als Summe beider Fehler weist an der Stelle h_{opt} ein Minimum auf – hier liegt also die "bestmögliche" Schrittweite im Hinblick auf die Simulationsgenauigkeit. Insbesondere können wir dem Verlauf entnehmen, dass eine extreme Verkleinerung der Schrittweite demzufolge nicht nur im Hinblick auf den damit verbundenen Rechenaufwand kritisch zu beurteilen ist, sondern auch aus Gründen der Rechengenauigkeit wenig Sinn macht.

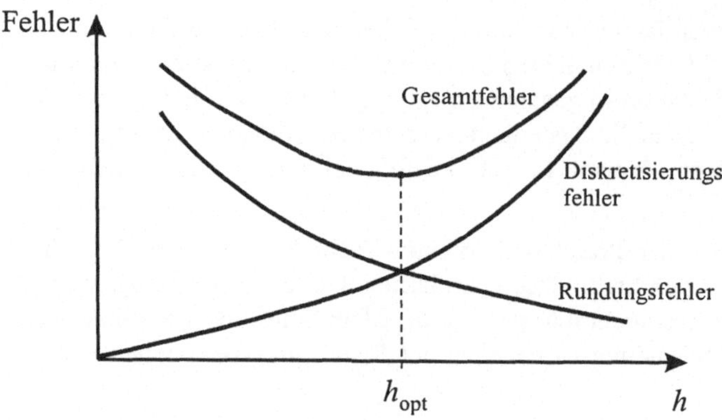

Bild 3-31 Gesamtfehler von Integrationsverfahren

3.3.1 Stabilität von Integrationsverfahren

Der Begriff der Stabilität eines dynamischen Systems wurde bereits an früherer Stelle im Rahmen der Klassifizierung dynamischer Systeme erläutert. Wenn wir nunmehr im Folgenden von der numerischen Stabilität eines Integrationsverfahrens sprechen, müssen wir uns darüber im Klaren sein, dass diese trotz der Begriffsgleichheit *nichts* mit der Stabilität des zugrunde liegenden mathematischen Modells zu tun hat; vielmehr geht es bei der Stabilität des Integrationsverfahrens um die Frage, ob sich die numerisch ermittelte Lösung für große Zeitwerte der exakten Lösung (oder zumindest einem festen Wert) nähert oder aber – im Falle der Instabilität des Verfahrens – sich immer weiter von der exakten Lösung entfernt. Wesentlich dabei ist insbesondere die Erkenntnis, dass die Stabilität eines Integrationsverfahrens in der Regel *keine* globale Eigenschaft ist, sondern immer nur für ein bestimmtes mathematisches Modell, einen bestimmten Anfangszustand, eine bestimmte Schrittweite und ggf. einen bestimmten Eingangsgrößenverlauf angegeben werden kann.

Betrachten wir zur Verdeutlichung der Stabilitätsproblematik ein einfaches Beispiel – das RC-Glied nach Bild 3-32.

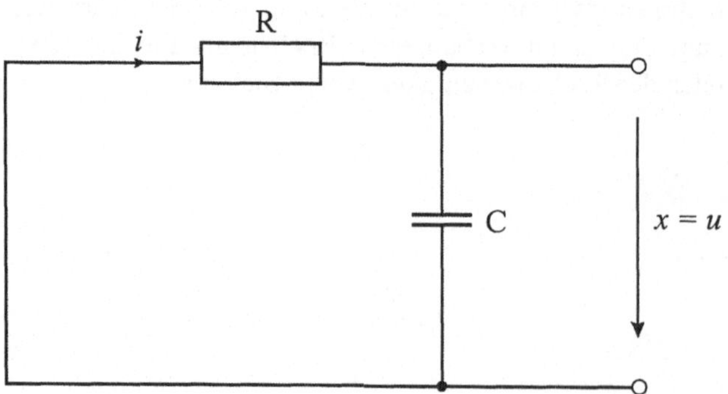

Bild 3-32 RC-Glied

Aus der Maschenregel

$$i\,R + u = 0$$

und der Komponentengleichung für die Kapazität

$$i = C\,\dot{u}$$

folgt mit $x = u$ die Differentialgleichung

$$RC\,\dot{x} + x = 0$$

$$\Rightarrow \qquad \dot{x} = -\frac{1}{RC}x. \tag{3.20}$$

Wir wollen den Verlauf der Spannung $x(t)$ ermitteln für die Parameter R = 100 kΩ und C = 100 μF sowie einen Anfangswert von $x_0 = x(t=0) = 1$. Als Referenz ziehen wir die exakte Lösung heran, die sich hier einfach angeben lässt – sie lautet

$$x(t) = x_0\,e^{-t/RC} = e^{-t/10}.$$

Als Integrationsverfahren wählen wir das explizite *Euler*-Verfahren; die Simulation soll erfolgen für Schrittweiten von $h = 0.1, 5, 10, 15$ und 20 bis zu einer Endzeit von 100.

Bild 3-33 zeigt die erhaltenen Ergebnisse. Für eine Schrittweite von $h = 0.1$ stimmt die simulatorisch ermittelte Lösung praktisch mit der exakten Lösung überein. Bei einer Schrittweite von 5 ergeben sich zwar bereits sichtbare Abweichungen, die simulatorische Lösung hat qualitativ aber immer noch den korrekten Verlauf. Bei einer Schrittweite von 10 nimmt die simulatorische Lösung bereits im ersten Simulationsschritt den Wert 0 an und verbleibt dann auf diesem. Eine weitere Erhöhung der Schrittweite – z. B. wie gezeigt auf den Wert 15 – führt nun zu einem oszillatorischen Verlauf der numerischen Lösung. Zunächst ist die sich ergebende Schwingung noch gedämpft, bei einer Schrittweite von 20 tritt dann jedoch der Grenzfall einer ungedämpften Schwingung auf. Erhöhen wir die Schrittweite noch weiter (in Bild 3-33 nicht mehr dargstellt), klingt die Schwingung sogar auf – das Integrationsverfahren wird also instabil. Stabilität liegt für dieses Beispiel also nur für Schrittweiten

$$h < 20$$

vor.

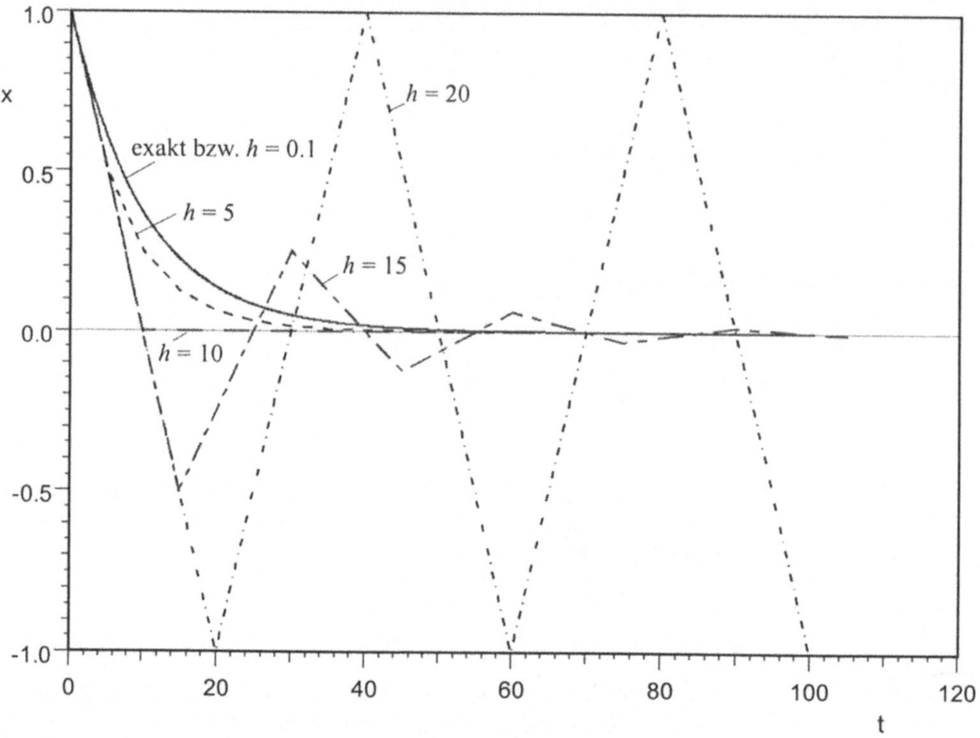

Bild 3-33 Simulationsergebnisse für unterschiedliche Schrittweiten (explizites *Euler*-Verfahren)

Starten Sie das Programm RCGLIED.EXE aus dem Verzeichnis *\StabilitätEuler* von der Begleit-CD. Überprüfen Sie, welchen Einfluss die unterschiedlichen Parameter auf die Systemantwort haben. Erhöhen Sie die Simulationsschrittweite allmählich und beobachten Sie die Auswirkungen auf die Systemantwort.

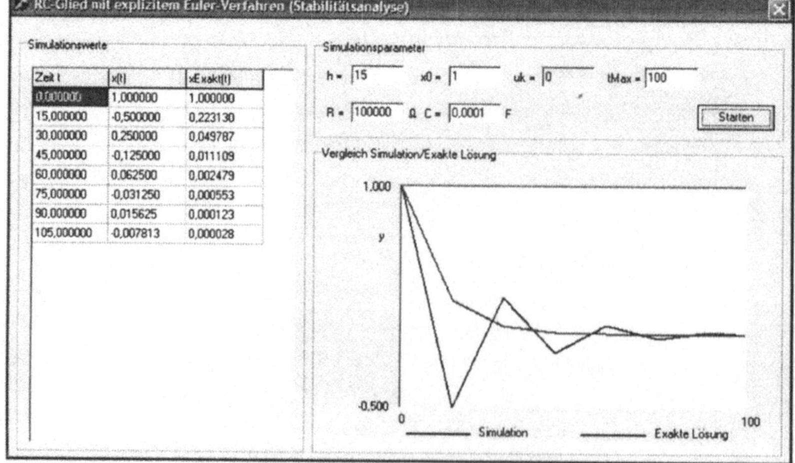

Bild 3-34

Wir wollen den Stabilitätsbereich des expliziten *Euler*-Verfahrens für unser Beispiel etwas genauer untersuchen. Dazu schreiben wir unsere Differentialgleichung 3.20 zunächst etwas allgemeiner in der Form

$$\dot{x} = -\frac{1}{T}x, \tag{3.21}$$

wobei T die Zeitkonstante des Systems 1. Ordnung ist (beim RC-Glied gilt $T = RC$). Wenden wir nun auf diese Differentialgleichung das explizite *Euler*-Verfahren mit der Rechenvorschrift

$$x_{k+1} = x_k + h\,f(x_k, u_k)$$

an, so erhalten wir mit

$$f(x_k, u_k) = -\frac{1}{T}x_k$$

die Rechenvorschrift

$$\begin{aligned} x_{k+1} &= x_k - \frac{h}{T}x_k = (1-\frac{h}{T})x_k \\ &= (1-\frac{h}{T})^{k+1}x_0. \end{aligned} \tag{3.22}$$

Damit x_k für $k \to \infty$ wie die exakte Lösung gegen 0 läuft, muss der Term in der Klammer betragsmäßig kleiner als eins sein. Der Stabilitätsbereich ergibt sich also zu

$$\begin{aligned} &\left|1-\frac{h}{T}\right| < 1 \\ \Rightarrow\quad &\left|\frac{h}{T}\right| < 2. \end{aligned} \tag{3.23}$$

Für die in unserem Beispiel gewählten Parameter war $T = RC = 10$; daraus ergibt sich der bereits experimentell ermittelte Stabilitätsbereich

$$\left|\frac{h}{10}\right| < 2 \;\Rightarrow\; h < 20.$$

Gleichung 3.23 können wir auch unmittelbar den qualitativen Zusammenhang zwischen der Systemdynamik (charakterisiert durch die Zeitkonstanten des Systems) und geeigneten Simulationsschrittweiten entnehmen: Je kleiner die Zeitkonstanten des Systems sind (d. h. je schneller sich die Zustandsgrößen des Systems ändern), umso kleiner ist auch die Simulationsschrittweite zu wählen, um "vernünftige" Ergebnisse zu erhalten.

Explizite Integrationsverfahren höherer Ordnung weisen im Allgemeinen größere Stabilitätsbereiche auf. Für das Standard-*Runge-Kutta*-Verfahren lässt sich für unser System 1. Ordnung beispielsweise die Stabilitätsbedingung

$$\left|\frac{h}{T}\right| < 2.78$$

herleiten (vgl. Gleichung 3.23). Noch günstigere Verhältnisse stellen sich in der Regel bei den (rechenzeitaufwändigeren) impliziten Integrationsverfahren ein. Wir wollen dazu unser Beispiel noch einmal auf Basis des impliziten *Euler*-Verfahrens analysieren. Die zugehörige Rechenvorschrift lautete

$$x_{k+1} = x_k + h\, f(x_{k+1}, u_{k+1}).$$

Angewendet auf Gleichung 3.21 erhalten wir die Rechenvorschrift

$$\begin{aligned} & x_{k+1} = x_k + h\left(-\frac{1}{T}x_{k+1}\right) \\ \Rightarrow\quad & x_{k+1}\left(1+\frac{h}{T}\right) = x_k \\ \Rightarrow\quad & x_{k+1} = \frac{1}{1+h/T}x_k. \end{aligned} \tag{3.24}$$

Für Stabilität muss also gelten

$$\left|\frac{1}{1+h/T}\right| < 1. \tag{3.25}$$

Diese Bedingung ist aber wegen $T > 0$ für beliebige Werte von h erfüllt – das implizite *Euler*-Verfahren arbeitet also in unserem Beispiel mit *jeder beliebigen* Schrittweite stabil! Die Simulationsergebnisse in Bild 3-35 bestätigen diesen Sachverhalt. Zwar ergeben sich mit steigender Schrittweite naturgemäß immer größere Abweichungen von der exakten Lösung, die simulatorisch ermittelte Lösung konvergiert aber weiterhin gegen den Wert 0. Wir bezeichnen den Algorithmus in einem solchen Fall als *absolut stabil*.

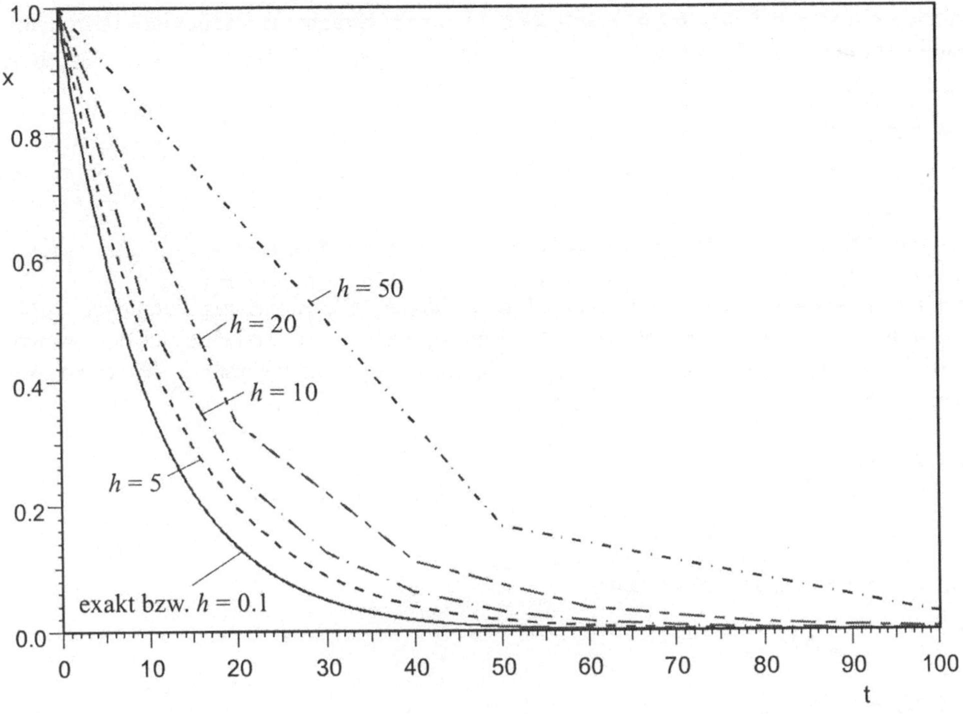

Bild 3-35 Simulationsergebnisse für unterschiedliche Schrittweiten (implizites *Euler*-Verfahren)

Starten Sie das Programm RCGLIEDIMPLIZIT.EXE aus dem Verzeichnis *\StabilitätEuler* von der Begleit-CD. Überprüfen Sie, welchen Einfluss die unterschiedlichen Parameter auf die Systemantwort haben. Erhöhen Sie die Simulationsschrittweite allmählich und beobachten Sie die Auswirkungen auf die Systemantwort.

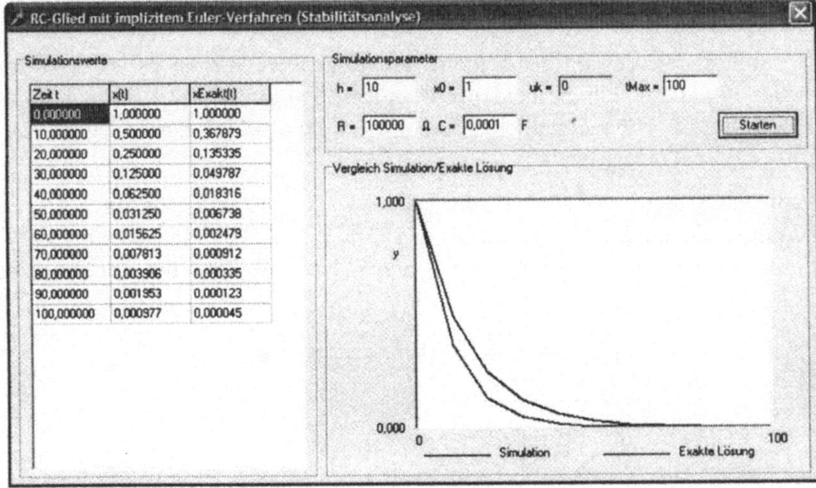

Zeit t	x(t)	xExakt(t)
0,000000	1,000000	1,000000
10,000000	0,500000	0,367879
20,000000	0,250000	0,135335
30,000000	0,125000	0,049787
40,000000	0,062500	0,018316
50,000000	0,031250	0,006738
60,000000	0,015625	0,002479
70,000000	0,007813	0,000912
80,000000	0,003906	0,000335
90,000000	0,001953	0,000123
100,000000	0,000977	0,000045

Bild 3-36

Wir wollen ein weiteres Beispiel zur Stabilitätsproblematik betrachten, nämlich das Differentialgleichungssystem

$$\begin{aligned}\dot{x}_1 &= -\frac{1}{T_1}x_1\\ \dot{x}_2 &= -\frac{1}{T_2}x_2 .\end{aligned} \tag{3.26}$$

Es handelt sich hierbei um zwei *entkoppelte*, d. h. unabhängige Differentialgleichungen, da die Zustandsgröße x_1 nur in der ersten und die Zustandsgröße x_2 ausschließlich in der zweiten Differentialgleichung auftritt. Die Lösung des Differentialgleichungssystems für einen Anfangswert

$$\underline{x}_0 = \begin{pmatrix} x_{10} \\ x_{20} \end{pmatrix}$$

lässt sich daher direkt angeben; sie lautet

$$\begin{aligned}x_1(t) &= x_{10}e^{-t/T_1}\\ x_2(t) &= x_{20}e^{-t/T_2} .\end{aligned}$$

Wir betrachten nun den Fall

$$T_1 = 1, T_2 = 100$$

mit den Anfangswerten

$$\underline{x}_0 = \begin{pmatrix} 1 \\ 1 \end{pmatrix} .$$

Bild 3-37 zeigt den resultierenden Verlauf der beiden Zustandsgrößen. Wegen der stark unterschiedlichen Zeitkonstanten nähern sich die beiden Zustandsgrößen ihrem jeweiligen stationären Endwert von null mit stark unterschiedlicher Geschwindigkeit – die Zustandsgröße x_1 wesentlich schneller als die Zustandsgröße x_2 .

Wir bezeichnen ein solches System, das sowohl sehr schnelle als auch sehr langsame Anteile aufweist, als *steifes System*. Quantitativ lässt sich diese Steifheit durch das so genannte *Steifheitsmaß S* spezifizieren, welches in unserem Beispiel durch das Verhältnis der größeren zur kleineren Zeitkonstanten, also

$$S = \frac{T_2}{T_1} = 100$$

gegeben ist*.

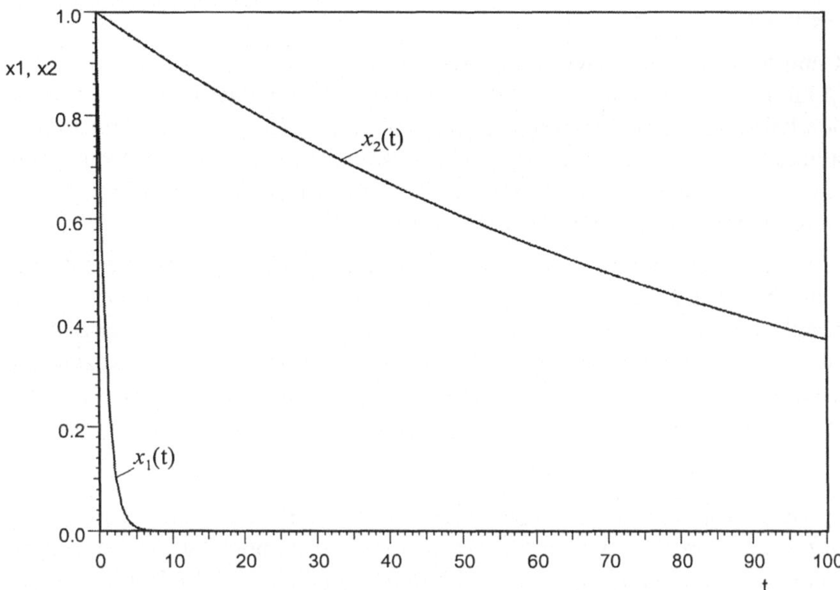

Bild 3-37 Verlauf der Zustandsgrößen für $T_1 = 1$, $T_2 = 100$

Problematisch wird ein steifes System, wenn wir es mit Hilfe eines expliziten Integrationsverfahrens simulieren wollen. Wir hatten nämlich bereits gesehen, dass der Stabilitätsbereich z. B. des expliziten *Euler*-Verfahrens direkt mit den Zeitkonstanten des Systems zusammenhing; für ein System erster Ordnung mit der Zeitkonstanten *T* hatten wir die Bedingung

$$\left|\frac{h}{T}\right| < 2$$

hergeleitet. Angewendet auf unser steifes System bedeutet dies, dass für Stabilität die beiden Bedingungen

$$\left|\frac{h}{T_1}\right| = \left|\frac{h}{1}\right| < 2 \quad \Rightarrow h < 2$$

$$\left|\frac{h}{T_2}\right| = \left|\frac{h}{100}\right| < 2 \quad \Rightarrow h < 200$$

* Im allgemeinen Fall ist das Steifheitsmaß definiert als der Quotient aus dem betragsgrößten und betragskleinsten *Eigenwert* des Systems. Bei nicht schwingfähigen Systemen wie in unserem Beispiel entsprechen die Eigenwerte λ_i gerade den negativen Kehrwerten der Zeitkonstanten, also $\lambda_i = -1/T_i$.

erfüllt sein müssen. Die "kritischere" dieser beiden Bedingungen ist die erste; wollen wir unser System mit dem expliziten *Euler*-Verfahren simulieren, müssen wir daher für ein stabiles Ergebnis eine Schrittweite kleiner 2 wählen.

Andererseits strebt nun aber die Zustandgröße x_2 wegen der großen Zeitkonstanten T_2 nur sehr langsam gegen ihren Endwert. Wollen wir den stationären Zustand dieser Zustandsgröße in unserer Simulation halbwegs genau erfassen, müssen wir über eine sehr lange Simulationsdauer hinweg simulieren. Beide Parameter zusammen – *kleine* Simulationsschrittweite und *große* Simulationsdauer – bedeuten aber eine sehr große Anzahl erforderlicher Simulationsschritte und damit verbunden einen hohen Rechenzeitaufwand.

Aus diesem Grunde kommen bei steifen Systemen in der Praxis häufig implizite Integrationsverfahren wie die in Abschnitt 3.2.5 kurz vorgestellten *Gear*-Verfahren zum Einsatz. Diese Verfahren erlauben aufgrund ihres größeren Stabilitäsbereiches die Nutzung größerer Schrittweiten und liefern damit stabile Ergebnisse für sämtliche Zustandsgrößen, ohne die Anzahl der erforderlichen Simulationsschritte unverhältnismäßig zu erhöhen – selbst wenn der pro Simulationsschritt erforderliche Rechenaufwand in der Regel wesentlich größer als bei expliziten Verfahren ist.

Starten Sie das Programm STEIFESSYSTEM.EXE aus dem Verzeichnis *\StabilitätEuler* von der Begleit-CD. Das Programm ermöglicht die Simulation des Systems nach Gleichung 3.26 mit Hilfe des impliziten *Euler*-Verfahrens für unterschiedliche Zeitkonstanten und Anfangswerte. Überprüfen Sie, welchen Einfluss die unterschiedlichen Parameter auf die Systemantwort haben. Erhöhen Sie die Simulationsschrittweite allmählich und beobachten Sie die Auswirkungen auf die Systemantwort.

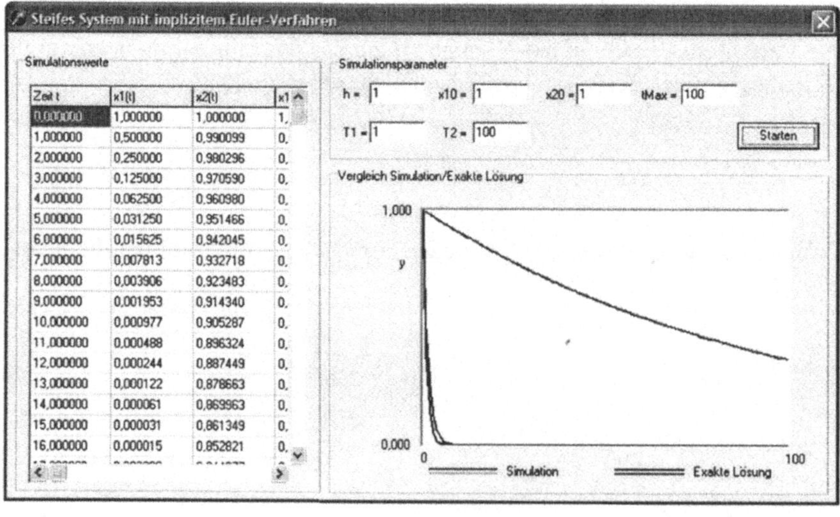

Bild 3-38

3.3.2 Rechenaufwand und Genauigkeit

Wie wir bereits im einführenden Abschnitt zu Kapitel 3.3 gesehen hatten, tritt durch die Anwendung eines Integrationsverfahrens zur Lösung einer Differentialgleichung bei jedem Integrationsschritt ein vom Integrationsverfahren und der Schrittweite h abhängiger Diskretisierungsfehler e_k auf, den wir als *lokalen* Fehler bezeichnen. Zusätzlich müssen wir bei der Fehleranalyse aber auch die *Fortpflanzung* dieses Fehlers über eine Reihe von Integrationsschritten bedenken: Da der Wert x_k , der z. B. beim expliziten *Euler*-Verfahren als "Ausgangspunkt" für die Berechnung von x_{k+1} dient, aufgrund der Fehler der vorangegangenen Integrationsschritte bereits vom exakten Wert $x(t_k)$ zum Zeitpunkt t_k abweicht, entsteht hierdurch in Form des *Fortpflanzungsfehlers* eine weitere Fehlerquelle. Daher setzt sich der globale Fehler E_N nach insgesamt N Integrationsschritten zusammen aus allen lokalen Fehlern sowie dem bis zum N-ten Integrationsschritt aufgelaufenen Fortpflanzungsfehler F_N - es gilt

$$E_N = e_1 + e_2 + \ldots + e_N + F_N \,.$$

Leider existiert – außer für einige triviale Fälle – nicht einmal annäherungsweise eine Formel oder wenigstens Abschätzung, die es erlauben würde, den globalen Diskretisierungsfehler für ein bestimmtes Integrationsverfahren in Abhängigkeit von der Schrittweite zu ermitteln. Vielmehr müssen wir uns damit begnügen, eine Aussage darüber zu erhalten, *wie schnell* der globale Diskretisierungsfehler gegen null läuft, wenn wir die Schrittweite h gegen null laufen lassen. In der Regel gilt nämlich eine Beziehung der Form

$$\left| E_N \right| \le c\, h^p \,. \tag{3.27}$$

Da die Konstante c im Allgemeinen unbekannt ist, lässt sich diese Ungleichung zwar nicht für die Abschätzung des globalen Fehlers selbst benutzen, erlaubt aber die Aussage, dass der Fehler mit h^p gegen null strebt, wenn die Schrittweite h gegen null läuft. Den Exponenten p bezeichnen wir dabei als *Ordnung* des Integrationsverfahrens; je größer die Ordnung des Verfahrens ist, umso größer ist also der Gewinn an Genauigkeit, wenn wir die Schrittweite um einen bestimmten Betrag verringern. Das explizite *Euler*-Verfahren besitzt beispielsweise lediglich die Ordnung $p = 1$, d. h. der Fehler läuft nur linear mit h gegen null.

Der Rechenaufwand expliziter Integrationsverfahren wird im Wesentlichen durch die Anzahl der pro Simulationsschritt erforderlichen Aufrufe der Funktion $\underline{f}(\underline{x}, \underline{u})$ bestimmt. Bei impliziten Verfahren ist pro Simulationsschritt in der Regel nur ein Funktionsaufruf erforderlich – der Rechenaufwand besteht bei diesen Verfahren schwerpunktmäßig in der Lösung impliziter Gleichungen.

Tabelle 3-1 gibt einen Überblick über alle vorgestellten sowie einige weitere Integrationsverfahren. Interessant ist dabei insbesondere, dass bis zum *Runge-Kutta*-Verfahren 4. Ordnung m und p identisch sind, bei den *Runge-Kutta*-Verfahren höherer Ordnung die Anzahl der Funktionsaufrufe dann aber die Fehlerordnung übersteigt.

Verfahren	p	m	Expl.	Impl.	Einschrittverf.	Mehrschrittverf.
Euler explizit	1	1	x		x	
Euler implizit	1			x	x	
Halbschrittverfahren	2	2	x		x	
Trapezverfahren	2			x	x	
Verfahren nach *Heun*	2	2	x		x	
Simpson-Verfahren (RK3)	3	3	x		x	
Standard-*Runge-Kutta* (RK4)	4	4	x		x	
Runge-Kutta 5. Ordnung	5	6	x		x	
Mittelpunktsregel	2	1	x			x
Adams-Bashforth 2. Ordnung	2	1	x			x
Adams-Bashforth 3. Ordnung	3	1	x			x
Adams-Bashforth 4. Ordnung	4	1	x			x
Adams-Moulton 3. Ordnung	3			x		x
Adams-Moulton 4. Ordnung	4			x		x
ABM 3. Ordnung	3	2	x			x
ABM 4. Ordnung	4	2	x			x
Gear 2. Ordnung	2			x		x
Gear 3. Ordnung	3			x		x
Gear 4. Ordnung	4			x		x

Tabelle 3-1 Übersicht Integrationsverfahren (p: Ordnung des Verfahrens, m: Anzahl Funktionsaufrufe)

Wir wollen die angegebenen Fehlerordnungen experimentell überprüfen. Dazu wählen wir exemplarisch das explizite *Euler*-Verfahren (Ordnung $p = 1$), das Verfahren von *Heun* (Ordnung $p = 2$) und das Standard-*Runge-Kutta*-Verfahren (Ordnung $p = 4$). Als Beispielsystem wollen wir wiederum das RC-Glied aus Kapitel 3.1.1 mit den dort angegebenen Modell- und Simulationsparametern heranziehen. Wir ermitteln das Simulationsergebnis mit den angegebenen Verfahren für Schrittweiten von $h = 0.001$, 0.002, 0.005, 0.01, 0.02, 0.05, 0.1, 0.2, 0.5, 1, 2, 5, 10 und 20 und bestimmen durch Vergleich mit der exakten Lösung jeweils den globalen Diskretisierungsfehler $|E_N|$. Diesen tragen wir dann für alle Integrationsverfahren halblogarithmisch über der Schrittweite auf.

Bild 3-39 zeigt die auf diese Weise gewonnenen Ergebnisse. Wie zu erwarten ergibt sich für die Integrationsverfahren höherer Ordnung bei einer bestimmten Schrittweite ein geringerer globaler Fehler – diese Verfahren weisen also eine höhere Genauigkeit auf. Die Ordnung der Verfahren lässt sich nun an der Steigung der entsprechenden Kennlinien erkennen: Während die Kennlinie für das explizite *Euler*-Verfahren bei einer Verringerung der Schrittweite um den Faktor 10 lediglich um eine Dekade abfällt, fällt sie beim *Heun*-Verfahren um zwei und beim *Runge-Kutta*-Verfahren 4. Ordnung um etwa vier Dekaden ab. Wir finden die in Tabelle 3-1 angegebenen Ordnungen also bestätigt.

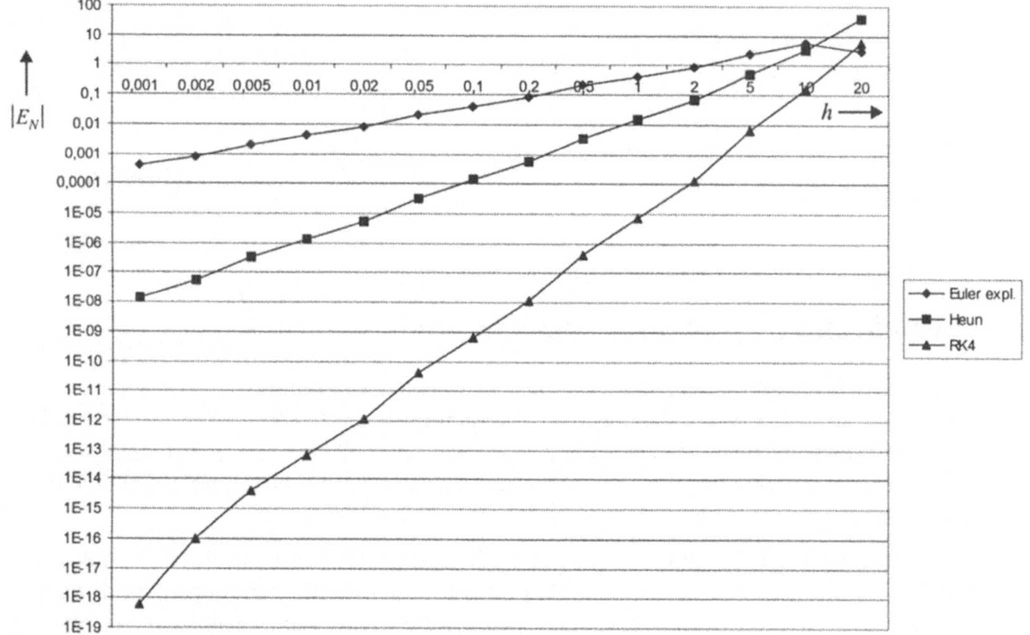

Bild 3-39 Globaler Diskretisierungsfehler in Abhängigkeit von der Schrittweite h

Starten Sie das Programm RCGLIED.EXE aus dem Verzeichnis *\Fehlerordnung* von der Begleit-CD. Das Programm ermöglicht die Simulation des RC-Gliedes mit Hilfe des impliziten *Euler*-Verfahrens, des *Heun*-Verfahrens und des *Runge-Kutta*-Verfahrens 4. Ordnung sowie die Bestimmung des globalen Diskretisierungsfehlers für unterschiedliche Zeitkonstanten und Anfangswerte. Überprüfen Sie, welchen Einfluss die Schrittweite jeweils auf den globalen Diskretisierungsfehler der einzelnen Integrationsverfahren hat.

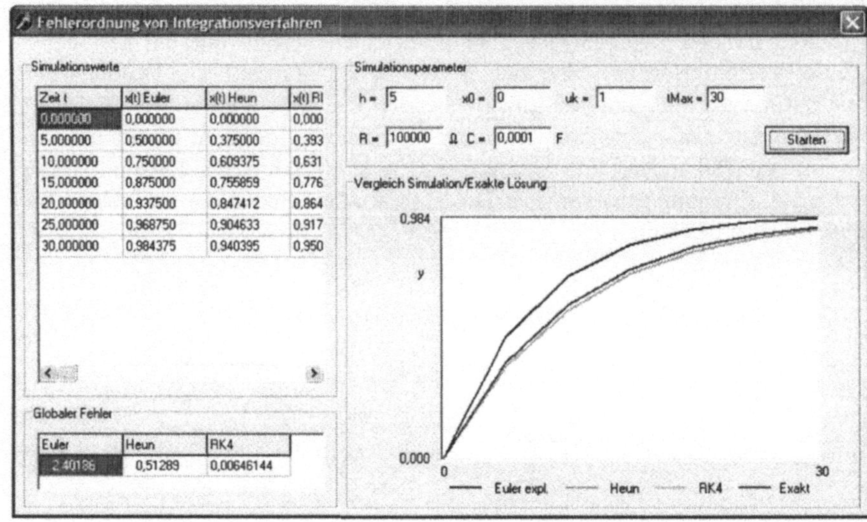

Zeit t	x(t) Euler	x(t) Heun	x(t) RI
0,000000	0,000000	0,000000	0,000
5,000000	0,500000	0,375000	0,393
10,000000	0,750000	0,609375	0,631
15,000000	0,875000	0,755859	0,776
20,000000	0,937500	0,847412	0,864
25,000000	0,968750	0,904633	0,917
30,000000	0,984375	0,940395	0,950

Euler	Heun	RK4
2,40186	0,51289	0,00646144

Bild 3-40

3.4 Verfahren mit variabler Schrittweite

Bei allen bisher besprochenen Integrationsverfahren waren wir davon ausgegangen, dass die Simulationsschrittweite h über die gesamte Simulationsdauer hinweg konstant bleibt. Dies muss aber nicht zwangsläufig so sein; vielmehr kann es sinnvoll sein, die Schrittweite während der Simulation an die aktuelle Systemdynamik anzupassen – also eine *Schrittweitenadaption* vorzunehmen.

Die Grundidee, die hinter Integrationsverfahren mit variabler Schrittweite steckt, besteht darin, in Bereichen hoher Systemdynamik – d. h. bei schnellen zeitlichen Änderungen von Eingangs- oder Zustandsgrößen – mit einer sehr kleinen Schrittweite zu arbeiten, diese aber bei nur langsamen Änderungen der Größen entsprechend zu vergrößern und auf diese Weise die Anzahl erforderlicher Simulationsschritte und damit den Rechenaufwand zu verringern. Besonders effizient ist diese Vorgehensweise etwa bei steifen Systemen oder Systemen mit starken Nichtlinearitäten.

Grundlage der Schrittweitenadaption bildet die im vorangegangenen Kapitel erläuterte Abschätzung des Diskretisierungsfehlers, und zwar in diesem Fall die Abschätzung des *lokalen*, d. h. im jeweils aktuellen Simulationsschritt anfallenden Fehlers. Liegt dieser innerhalb eines vorgegebenen Bereiches, so wird die aktuelle Schrittweite beibehalten. Ist er kleiner als der untere Grenzwert, so kann die Schrittweite für den nachfolgenden Schritt vergrößert werden; ist er größer als der obere Grenzwert, so muss die Schrittweite hingegen verringert und der aktuelle Simulationsschritt nochmals mit der verringerten Schrittweite wiederholt werden.

Wie bereits erwähnt kann der lokale Fehler naturgemäß nur abgeschätzt werden, da die exakte Lösung in der Praxis nicht bekannt ist. Zur Abschätzung dient dabei ein "zweites" Integrationsverfahren höherer Genauigkeit, welches quasi parallel zum eigentlichen Integrationsverfahren als "Referenz" mitläuft und dessen Ergebnis mit dem des ersten Verfahrens verglichen wird. Für die Wahl dieses zweiten Verfahrens gibt es zwei unterschiedliche Prinzipien:

- Man wählt das gleiche Verfahren, jedoch mit einer wesentlich kleineren Schrittweite.
- Man wählt ein Verfahren mit derselben Schrittweite, aber einer höheren Fehlerordnung.

In der Praxis hat sich im Wesentlichen der zweite Ansatz durchgesetzt. Besonders geeignet sind dabei *Runge-Kutta*-Verfahren unterschiedlicher Ordnung – wir wollen dazu ein Beispiel betrachten.

Als Integrationsverfahren wählen wir zunächst das Halbschrittverfahren – wie wir an früherer Stelle gesehen hatten, ein *Runge-Kutta*-Verfahren 2. Ordnung. Die Rechenvorschrift des Verfahrens lautete

$$k_1 = f(x_k, u_k)$$

$$k_2 = f(x_k + \frac{h}{2} k_1, u_{k+1/2})$$

$$x_{k+1}^{(RK2)} = x_k + h\, k_2 .$$

Als Referenzverfahren wählen wir das *Simpson*-Verfahren, ein *Runge-Kutta*-Verfahren 3. Ordnung mit der Rechenvorschrift

$$k_1 = f(x_k, u_k)$$

$$k_2 = f(x_k + \frac{h}{2} k_1, u_{k+1/2})$$

$$k_3 = f(x_k + \frac{h}{2} k_1 + \frac{h}{2} k_2, u_{k+1})$$

$$x_{k+1}^{(RK3)} = x_k + \frac{h}{6}\left(k_1 + 4k_2 + k_3\right).$$

Zur Schrittweitensteuerung bilden wir nun den Ausdruck

$$\tau_{k+1} = \frac{\left| x_{k+1}^{(RK2)} - x_{k+1}^{(RK3)} \right|}{h} = \frac{1}{6}\left(k_1 - 2k_2 + k_3\right)$$

und verfahren dann in jedem Simulationsschritt wie folgt:

- Liegt der berechnete Wert τ_{k+1} innerhalb eines vorgegebenen Intervalls $[\,\tau_{\min}, \tau_{\max}\,]$, so wird der neue Wert $x_{k+1}^{(RK2)}$ akzeptiert und mit dem nächsten Simulationsschritt fortgefahren; die Schrittweite bleibt dabei unverändert.
- Gilt $\tau_{k+1} > \tau_{\max}$, so wird der neue Wert $x_{k+1}^{(RK2)}$ verworfen und die aktuelle Schrittweite h auf den neuen Wert αh mit $\alpha < 1$ (z. B. $\alpha = 0.5$) verkleinert. Anschließend wird der aktuelle Simulationsschritt nochmals mit der verkleinerten Schrittweite durchgeführt und das Ergebnis erneut überprüft.

- Gilt $\tau_{k+1} < \tau_{\min}$, so wird der neue Wert $x_{k+1}^{(RK2)}$ akzeptiert und die aktuelle Schrittweite h auf den neuen Wert βh mit $\beta > 1$ (z. B. $\beta = 2$) vergrößert. Anschließend wird mit dem nächsten Simulationsschritt fortgefahren.

Auch *Runge-Kutta*-Verfahren höherer Ordnung lassen sich auf diese Weise kombinieren. Dies geschieht in der Regel derart, dass das Verfahren niedriger Ordnung in das Verfahren höherer Ordnung "eingebettet" wird, sodass die Koeffizienten beider Verfahren übereinstimmen und damit für die Fehlerabschätzung möglichst wenig zusätzliche Funktionsaufrufe erforderlich werden. Man bezeichnet diese Verfahren als *Runge-Kutta-Fehlberg*-Verfahren (RKF-Verfahren). Als Standardverfahren hat sich dabei neben dem oben erläuterten RKF23-Verfahren das etwas aufwändigere RKF45-Verfahren erwiesen, das ein Verfahren 4. Ordnung ($p = m = 4$) und ein Verfahren 5. Ordnung ($p = 5$, $m = 6$) kombiniert. Die Rechenvorschrift dieses Verfahrens lautet wie folgt:

$$k_1 = f(x_k, u_k)$$

$$k_2 = f(x_k + \frac{h}{4} k_1, u_{k+1/4})$$

$$k_3 = f(x_k + \frac{h}{32} k_1 + \frac{9h}{32} k_2, u_{k+3/8})$$

$$k_4 = f(x_k + \frac{1932h}{2197} k_1 - \frac{7200h}{2197} k_2 + \frac{7296h}{2197} k_3, u_{k+12/13})$$

$$k_5 = f(x_k + \frac{439h}{216} k_1 - 8h k_2 + \frac{3680h}{513} k_3 - \frac{845h}{4104} k_4, u_{k+1})$$

$$k_6 = f(x_k - \frac{8h}{27} k_1 + 2h k_2 - \frac{3544h}{2565} k_3 + \frac{1859h}{4104} k_4 - \frac{11h}{40} k_5, u_{k+1/2})$$

$$x_{k+1}^{(RK4)} = x_k + \frac{25h}{216} k_1 + \frac{1408h}{2565} k_3 + \frac{2197h}{4104} k_4 - \frac{h}{5} k_5$$

$$x_{k+1}^{(RK5)} = x_k + \frac{16h}{135} k_1 + \frac{6656h}{12825} k_3 + \frac{28561h}{56430} k_4 - \frac{9h}{50} k_5 + \frac{2h}{55} k_6$$

Wir können erkennen, dass bei diesem Verfahren lediglich zwei Funktionsaufrufe mehr als beim RK4-Verfahren ohne Schrittweitensteuerung erforderlich sind.

Wir wollen die Funktionsweise der Schrittweitensteuerung experimentell anhand der Anwendung des RKF23-Verfahrens auf ein steifes System untersuchen. Dazu kehren wir noch einmal zurück auf das bereits in Kapitel 3.3.1 behandelte Differentialgleichungssystem

$$\dot{x}_1 = -\frac{1}{T_1} x_1$$

$$\dot{x}_2 = -\frac{1}{T_2} x_2$$

mit den Zeitkonstanten $T_1 = 1$ und $T_2 = 100$ und den Anfangswerten

$$\underline{x}_0 = \begin{pmatrix} 1 \\ 1 \end{pmatrix}.$$

Zur Schrittweitenadaption wählen wir die Parameter

$$\alpha = 0.5, \quad \beta = 2, \quad \tau_{\min} = 10^{-8}, \quad \tau_{\max} = 10^{-4}$$

und starten die Simulation mit einer Anfangsschrittweite von

$$h = 1.$$

Bild 3-41 zeigt die Simulationsergebnisse. Die numerisch ermittelten Verläufe beider Zustandsgrößen stimmen mit den exakten Verläufen im Rahmen der Darstellungsgenauigkeit überein. Interessant ist aber insbesondere die Adaption der Schrittweite (unteres Teilbild). Wir erkennen, dass die (viel zu große) Startschrittweite von 1 vor der Durchführung des ersten (akzeptierten) Simulationsschrittes erst einmal mehrfach verkleinert wird (nämlich auf einen Wert von 0.03125). Mit diesem Wert wird dann zunächst der Einschwingvorgang der ersten Zustandsgröße ermittelt. Danach steigt die Schrittweite – da nunmehr die Dynamik der zweiten Zustandsgröße entscheidend ist – schnell wieder auf einen Wert von 1 an und wird zum Ende der Simulationsdauer sogar bis auf einen Wert von 4 erhöht. Die Schrittweitensteuerung ermöglicht hier also sehr eine genaue Simulation sowohl der langsamen als auch der schnellen Systemanteile, ohne wegen des begrenzten Stabilitätsbereiches der expliziten Integrationsverfahren während der gesamten Simulationsdauer mit einer sehr kleinen Schrittweite arbeiten zu müssen.

Nachfolgendes Programmlisting zeigt den Simulationskern zu diesem Beispiel in der Programmiersprache PASCAL. Das komplette DELPHI-Projekt befindet sich unter dem Namen STEIFESSYSTEM.DPR im Unterverzeichnis *\Schrittweitensteuerung* auf der Begleit-CD.

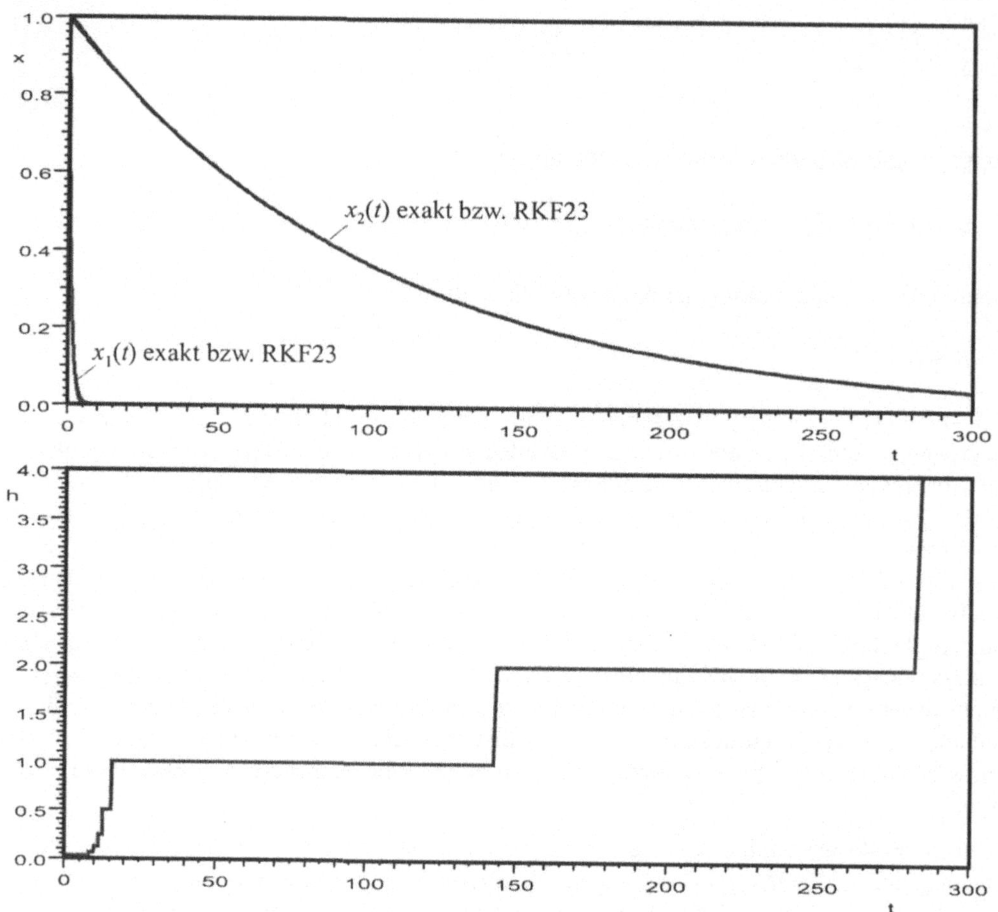

Bild 3-41 Zeitlicher Verlauf der Zustandsgrößen (oben) und der Schrittweite (unten)

```
// Simulation eines steifen Systems mit dem
// RKF23-Verfahren

// Deklarationen
const
  MAX_VALUES = 100000; // Maximale Anzahl an Simulationsschritten

var
  t: array[0..MAX_VALUES] of extended;  // Vektor mit Zeitwerten
  x1: array[0..MAX_VALUES] of extended; // Vektor für x1
  x2: array[0..MAX_VALUES] of extended; // Vektor für x2
  h: extended;                          // Schrittweite
  x10, x20: extended;                   // Anfangswerte
  tMax: extended;                       // Simulationsdauer
  T1, T2: extended;                     // Zeitkonstanten
  Alpha, Beta: extended;                // Faktoren f. Schrittweitensteuerung
  TauMin, TauMax: extended;             // Grenzen für Schrittweitensteuerung
  Tau1, Tau2, Tau: extended;            // Lokaler Fehler
  k1, k2, k3: array[1..2] of extended;  // Vektoren für RK23-Verfahren
  i, j: integer;                        // Laufvariablen
```

```
function f(Index: integer; x1, x2: extended): extended;
// Rechte Seite der Dgl.
begin
  case Index of
    1: f := -1/T1*x1;
    2: f := -1/T2*x2;
  end;
end;

// "Hauptprogramm"

begin
  // Initialisierungen
  h := 1.0;
  x10 := 1.0;
  x20 := 1.0;
  tMax := 300.0;
  Alpha := 0.5;
  Beta := 2,0;
  TauMin := 1e-8;
  TauMax := 1e-4;
  T1 := 1.0;
  T2 := 100.0;
  t[0] := 0.0;
  x1[0] := x10;
  x2[0] := x20;
  // Eigentliche Simulationsschleife
  i := -1;
  repeat
    if i > MAX_VALUES then begin
      ShowMessage('Maximale Anzahl an Werten überschritten!');
      exit;
    end;
    i := i + 1;
    // RKF23-Verfahrensschritt
    repeat
      t[i+1] := t[i] + h;
      // Berechnung von k1, k2 und k3
      for j:=1 to 2 do
        k1[j] := f(j, x1[i], x2[i]);
      for j:=1 to 2 do
        k2[j] := f(j, x1[i]+h/2*k1[1], x2[i]+h/2*k1[2]);
      for j:=1 to 2 do
        k3[j] := f(j, x1[i]+h/2*k1[1]+h/2*k2[1], x2[i]+h/2*k1[2]+h/2*k2[2]);
      // RK2-Schritt
      x1[i+1] := x1[i] + h*k2[1];
      x2[i+1] := x2[i] + h*k2[2];
      // Fehlerabschätzung
      Tau1 := (k1[1] - 2*k2[1] + k3[1])/6;
      Tau2 := (k1[2] - 2*k2[2] + k3[2])/6;
      Tau := sqrt(Tau1*Tau1 + Tau2*Tau2);
      if (Tau < TauMin) then
        h := Beta * h; // Schrittweite vergrößern, nächster Schritt
      if (Tau > TauMax) then
        h := Alpha * h; // Schrittweite verkleinern, Schritt wiederholen
    until Tau <= TauMax;
  until (t[i+1] >= tMax);
end.
```

Listing 3-9 Simulation des steifen Systems mit Hilfe des RKF23-Verfahrens

Starten Sie das Programm STEIFESSYSTEM.EXE aus dem Verzeichnis *\Schrittweitensteuerung* von der Begleit-CD. Das Programm ermöglicht die Simulation des steifen Systems mit Hilfe des RKF23-Verfahrens für unterschiedliche Simulationsparameter sowie Parameter für die Schrittweitensteuerung. Überprüfen Sie, welchen Einfluss die einzelnen Parameter auf die Genauigkeit des Simulationsergebnisses, die Anzahl der durchgeführten Simulationsschritte sowie die Adaption der Schrittweite haben.

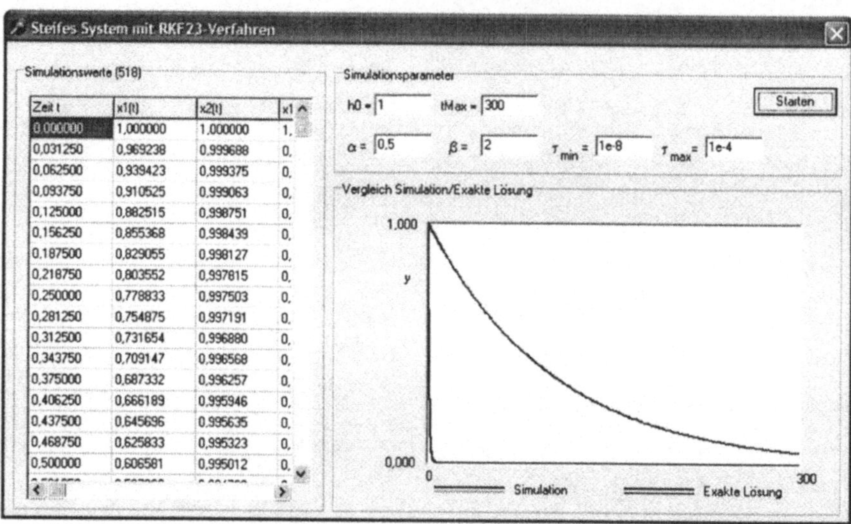

Bild 3-42

So attraktiv die Schrittweitensteuerung auch zunächst erscheinen mag, besitzt sie doch einige Nachteile, die nicht verschwiegen werden sollen:

- Die Fehlerabschätzung benötigt zusätzlichen Rechenaufwand; dieser kann im Einzelfall den durch die Schrittweitenadaption eingesparten Aufwand wieder aufzehren.
- Die Festlegung der Steuerparameter für die Adaption ($\alpha, \beta, \tau_{\min}, \tau_{\max}$) kann sich sehr schwierig gestalten; in der Regel ist für eine sinnvolle Wahl der Parameter bereits eine "ungefähre" Kenntnis der exakten Lösung erforderlich oder es muss eine Vielzahl von Simulationsläufen nach dem "Trial and Error"-Prinzip durchgeführt werden, bevor die Schrittweitensteuerung zufriedenstellend arbeitet. Bei ungünstiger Wahl der Parameter kann die Adaption sehr "träge" vonstatten gehen oder sogar instabil werden.
- Die Schrittweitensteuerung kann anfällig gegenüber Variationen der Modellparameter sein (mangelnde "Robustheit"); dies kann dazu führen, dass eine nur geringe Modifikation einzelner Modellparameter (z. B. Bauteilewerte) zu einem gänzlich anderen Verlauf der Schrittweite und damit ggf. auch völlig anderen Simulationsergebnissen führen kann.
- Der Einsatz im Zusammenhang mit Echtzeitsimulationen (beispielsweise *Hardware-in-the-loop*-Simulationen, bei denen der Rechner bzw. das Simulationsprogramm Teil eines geschlossenen Regelkreises ist) ist wenig sinnvoll, da hier in der Regel zwangsläufig mit einer *konstanten* Schrittweite gearbeitet werden muss.

- In Verbindung mit Mehrschrittverfahren verkompliziert sich die Schrittweitensteuerung erheblich, da hierbei auch auf zeitlich weiter zurückliegende Werte zurückgegriffen wird, die dann wegen der Schrittweitenadaption nicht mehr zwangsläufig denselben Zeitabstand besitzen.

Trotz der aufgeführten Nachteile sind Verfahren mit Schrittweitensteuerung aber in der Praxis besonders bei sehr "anspruchsvollen" Simulationsaufgaben von großer Bedeutung.

4 Simulationswerkzeuge

Zur Lösung technischer Simulationsaufgaben steht heutzutage eine ganze Palette an Software-Werkzeugen zur Verfügung, die sich im Wesentlichen in der Handhabung (Spezifikation des mathematischen Modells, Implementierung des Integrationsverfahrens, Aufbereitung und Weiterverarbeitung der Simulationsergebnisse, ...) sowie der Eignung für spezielle Teilbereiche (wie beispielsweise elektrische Netzwerke, mechanische Systeme, regelungstechnische Problemstellungen, ...) unterscheiden. Grob lassen sich diese Werkzeuge in drei Klassen unterteilen:

- Herkömmliche Programmiersprachen wie C, BASIC, PASCAL, FORTRAN oder andere
- Spezielle Simulationssprachen wie ACSL
- Blockorientierte Simulationssysteme mit grafischem Struktureditor

Die drei aufgeführten Klassen von Simulationswerkzeugen lösen die Simulationsaufgabe jeweils auf unterschiedlichen Abstraktionsebenen; während sich mit herkömmlichen Programmiersprachen praktisch alle Arten von Simulationsproblemen lösen lassen (dies jedoch unter einer nicht unerheblichen programmiertechnischen "Mitwirkung" des Anwenders), ist die Anwendung blockorientierter Simulationssysteme in der Regel auf einen bestimmten technischen Teilbereich (z. B. elektrische Antriebe) eingeschränkt – dafür lassen sich die entsprechenden Simulationen dann in sehr einfacher und eleganter Weise durchführen.

In den folgenden Abschnitten soll für jede Werkzeugklasse aus der Fülle der Simulationswerkzeuge jeweils ein typischer Vertreter herausgegriffen und die Handhabung anhand einiger exemplarischer Aufgabenstellungen erläutert werden. Schwerpunktmäßig werden wir uns dabei den blockorientierten Simulationssystemen widmen, da diese – insbesondere in Verbindung mit einer leistungsfähigen Prozessvisualisierung und vielfältigen Prozessschnittstellen – in den letzten Jahren im technischen Bereich eine herausragende Bedeutung erlangt haben.

4.1 Herkömmliche Programmiersprachen

Naturgemäß ist jede gewöhnliche Programmiersprache wie C, C++, BASIC, PASCAL oder auch FORTRAN zur Lösung von Simulationsproblemen geeignet – bis noch vor einigen Jahren stellten diese Programmiersprachen sogar die einzige Möglichkeit dar, Simulationen auf einem Rechner (seinerzeit ausschließlich *Groß*rechner) durchzuführen. Hierbei spielte insbesondere die Sprache FORTRAN (FORmula TRANslator) eine maßgebliche Rolle, da für FORTRAN bereits zu diesem Zeitpunkt sehr leistungsfähige mathematische Programmbibliotheken zur Verfügung standen, die größtenteils für Anwendungen in der Raumfahrt oder ähnlich komplexe Aufgabenstellungen entwickelt worden waren.

Wir haben in Kapitel 3 bei der Vorstellung der unterschiedlichen numerischen Integrationsverfahren bereits ausgiebig von den Möglichkeiten moderner PC-Entwicklungsumgebungen Gebrauch gemacht; alle dort behandelten Beispiele wurden mit Hilfe der Programmierumgebung DELPHI (d. h. in der Programmiersprache PASCAL) gelöst. In der Regel umfasst die Lösung einer Simulationsaufgabe mit Hilfe einer konventionellen Programmiersprache die folgenden Teilschritte:

(1) Programmierung des *mathematischen Modells* (Modellstruktur und -parameter), d. h. Aufstellen der Systemgleichungen und Einlesen der Modellparameter bzw. Spezifikation in Form von Programmkonstanten

(2) Programmierung des *numerischen Integrationsverfahrens* für die dynamischen Systemanteile; in einfachen Fällen wird dieser Teilschritt häufig mit Schritt (1) in der Form "verquickt", dass das mathematische Modell direkt in die Iterationsgleichungen des Integrationsverfahrens integriert wird

(3) Spezifikation der *Simulationsparameter* (insbesondere Anfangswerte, Simulationsdauer und Simulationsschrittweite); diese kann natürlich auch direkt zu Programmbeginn erfolgen

(4) Programmierung der eigentlichen *Simulationsschleife* zur Ermittlung der zeitlichen Verläufe der interessierenden Systemgrößen; bei jedem Schleifendurchlauf wird durch Auswertung der Modellgleichungen aus dem aktuellen Systemzustand (und ggf. zeitlich zurückliegenden Werten) der "neue" Systemzustand ermittelt

(5) Ausgabe der *Simulationsergebnisse* bzw. Aufbereitung zur Weiterverarbeitung in anderen Programmen (z. B. Visualisierung in EXCEL)

Wir wollen die Vorgehensweise anhand eines etwas komplexeren Beispiels konkretisieren, welches wir an späterer Stelle bei der Besprechung von Simulationssprachen und blockorientierten Simulationssystemen wieder aufgreifen werden. Dazu betrachten wir den Füllstandsregelkreis nach Bild 4-1. Die Regelungsaufgabe besteht darin, die Füllhöhe x des Tanks (Regelgröße) auf einem vorgebbaren Sollwert x_{soll} zu halten. Dazu wird die Füllhöhe über einen Sensor erfasst und ständig mit dem Sollwert verglichen; die Regeldifferenz $e = x_{\text{soll}} - x$ als Maß für die Abweichung zwischen Soll- und Istwert wird auf einen digitalen Lead-Regler (bestehend aus dem eigentlichen Regelalgorithmus und jeweils einem vor- bzw. nachgeschalteten Abtast-/Halteglied) gegeben, der daraus eine geeignete Stellgröße y zur Ansteuerung des Zulaufventils ermittelt.

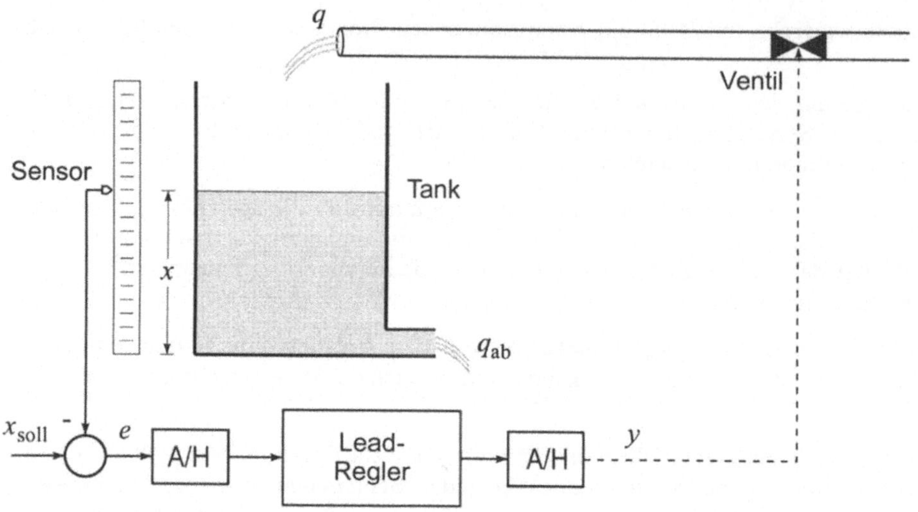

Bild 4-1 Füllstandsregelkreis mit digitalem Lead-Regler

Für den Tank wollen wir zunächst annehmen, dass der Zusammenhang zwischen der Füllhöhe x und dem zufließenden Volumenstrom q sowie dem (hier als konstant angenommenen) abfließenden Volumenstrom q_{ab} gegeben sei durch die Beziehung

$$\begin{aligned} & x = K_{\text{T}} \int (q - q_{\text{ab}})\, \mathrm{d}t \\ \Rightarrow \quad & \dot{x} = K_{\text{T}} (q - q_{\text{ab}}). \end{aligned} \tag{4.1}$$

Das Ventil werde modelliert durch ein PT_1-Glied mit der Verstärkung K_{V} und der Zeitkonstanten T_{V}, d. h. der Übertragungsfunktion

$$G_{\text{V}} = \frac{K_{\text{V}}}{T_{\text{V}} s + 1}.$$

Die zugehörige Differentialgleichung erster Ordnung lautet dann

$$T_{\text{V}}\, \dot{q} + q = K_{\text{V}}\, y. \tag{4.2}$$

Als Regler komme ein Abtast-Lead-Regler mit der Abtastzeit T_{A} zum Einsatz, der durch die z-Übertragungsfunktion (siehe dazu z. B. [20])

$$H(z) = \frac{b_0 - b_1 z^{-1}}{1 - a_1 z^{-1}}$$

bzw. die entsprechende Differenzengleichung

$$y_{k+1} = a_1\, y_k + b_0\, e_{k+1} - b_1\, e_k \tag{4.3}$$

beschrieben wird.

Für die Konstanten wollen wir folgende Werte wählen:

$$K_{\mathrm{T}} = 1$$

$$K_{\mathrm{V}} = 5,\ T_{\mathrm{V}} = 1$$

$$b_0 = 5,\ b_1 = 4.82,\ a_1 = 0.82,\ T_{\mathrm{A}} = 0.1$$

$$q_{\mathrm{ab}} = 1$$

$$x_{\mathrm{soll}} = 1$$

$$x(0) = 0.5$$

$$h = 0.001,\ t_{\max} = 5$$

Listing 4-1 zeigt den zugehörigen Programm-Quelltext in der Sprache PASCAL, wobei lediglich die Deklaration der Variablen und Konstanten sowie die Simulationsschleife aufgeführt sind, nicht jedoch die Ein- und Ausgabe der Parameter sowie die Darstellung der Simulationsergebnisse.

Wir wollen die einzelnen Anweisungsblöcke der Simulationsschleife kurz durchdiskutieren. Zunächst erfolgt die Auswertung der Tankgleichung 4.1, die hier mit Hilfe des expliziten *Euler*-Verfahrens integriert wird; das Gleiche gilt für die nachfolgende Auswertung der Ventilgleichung 4.2. Anschließend erfolgt die Berechnung der aktuellen Regeldifferenz gemäß der Gleichung $e = x_{\mathrm{soll}} - x$.

Interessant ist in diesem Beispiel jedoch die Realisierung des Abtast-Reglers, der ja durch die Differenzengleichung 4.3 modelliert wurde und mit einer Abtastzeit T_{A} arbeitet, die sich im Allgemeinen von der Simulationsschrittweite h unterscheiden wird. Bei jedem Simulationsschritt erfolgt also zunächst eine Überprüfung, ob seit der letzten Abtastung wiederum eine Abtastperiode verstrichen ist; hierzu dient der Zeitzähler *ElapsedTime*, der bei jedem Schritt um die Simulationsschrittweite h erhöht und nach Durchführung eines Abtastschrittes auf null zurückgesetzt wird. Ist eine Abtastperiode verstrichen, so wird zur Ermittlung des neuen Stellgrößenwertes y_{k+1} die Reglergleichung 4.3 ausgewertet und die "alten" Werte e_k und y_k werden aktualisiert; ist die Abtastperiode noch nicht verstrichen, wird stattdessen der "alte" Stellgrößenwert beibehalten. Wichtig für eine korrekte Funktionsweise dieser Implementierung ist dabei, dass die Simulationsschrittweite nicht größer als die Regler-Abtastzeit werden darf; idealerweise sollte die Abtastzeit T_{A} ein ganzzahliges Vielfaches der Simulationsschrittweite betragen, da sich andernfalls später für die Stellgröße Umschaltzeitpunkte ergeben können, deren zeitliche Abstände nicht äquidistant sind.

```
// Simulation der Sprungantwort eines Füllstandsregelkreises
// mit digitalem Lead-Regler

// Deklarationen

const
  MAX_VALUES = 10000; // Maximale Anzahl an Simulationsschritten
```

```
type
  n: integer;                               // Anzahl der Simulationsschritte
  t: array[0..MAX_VALUES] of extended; // Array mit Zeitwerten
  x: array[0..MAX_VALUES] of extended; // Array mit Werten der Regelgröße
  y: array[0..MAX_VALUES] of extended; // Array mit Werten der Stellgröße
  q: array[0..MAX_VALUES] of extended; // Array mit Werten des Zuflusses
  h: extended;                              // Simulationsschrittweite
  tMax: extended;                           // Simulationsdauer
  xsoll: extended;                          // Sollwert
  x0: extended;                             // Anfangs-Füllhöhe
  b0, b1, a1: extended;                     // Reglerparameter
  Ta: extended;                             // Regler-Abtastzeit
  KT: extended;                             // Tankparameter
  KV, TV: extended;                         // Ventilparameter
  qab: extended;                            // Ablauf-Volumenstrom
  ElapsedTime: extended;                    // Zeitzähler für Regler
  ek: extended;                             // "Alter" Wert der Regeldifferenz
  yk: extended;                             // "Alter" Wert der Stellgröße
  ek1: extended;                            // "Neuer" Wert der Regeldifferenz
  i: integer;                               // Laufindex


//
// "Hauptprogramm"
//

begin

  // Initialisierungen

  h := 0.001;
  xsoll := 1.0;
  x0 := 0.5;
  b0 := 5.0;
  b1 := 4.82;
  a1 := 0.82;
  Ta := 0.1;
  KT := 1.0;
  KV := 5.0;
  TV := 1.0;
  qab := 1.0;
  tMax := 5.0;

  n := round(tMax / h);
  t[0] := 0.0;
  x[0] := x0;
  q[0] := 0.0;
  // Anfangswert für Stellgröße bestimmen
  ek1 := xsoll - x[0];
  y[0] := b0 * ek1;
  ek := ek1;
  yk := y[0];
  ElapsedTime := 0.0;

  // Eigentliche Simulationsschleife

  for i:=0 to n-1 do begin
    t[i+1] := (i+1) * h;
    // Auswertung Tankgleichung mit Euler-Explizit-Verfahrensschritt
    x[i+1] := x[i] + h * KT * (q[i] - qab);
    // Auswertung Ventilgleichung mit Euler-Explizit-Verfahrensschritt
```

```
    q[i+1] := q[i] + h/TV * (KV*y[i] - q[i]);
    // Berechnung der aktuellen Regeldifferenz
    ek1 := xsoll - x[i+1];
    // Auswertung Digitalregler, falls Abtastzeit vorbei
    ElapsedTime := ElapsedTime + h;
    if ElapsedTime >= Ta then begin
      y[i+1] := a1*yk + b0*ek1 - b1*ek;
      ek := ek1;
      yk := y[i+1];
      ElapsedTime := 0.0; // Zeitzähler zurücksetzen
    end else
      y[i+1] := y[i]; // Aktuellen Stellgrößenwert beibehalten
  end;

end.
```

Listing 4-1 Simulation des Füllstandsregelkreises (hier in PASCAL bzw. DELPHI)

Wie das Programmlisting unschwer erkennen lässt, sind hier – wie oben bereits erwähnt – Modellgleichungen und Integrationsverfahren nicht streng voneinander getrennt implementiert, sondern die Auswertung der einzelnen Modellkomponenten (Tank, Ventil, Soll-Istwert-Vergleicher, Regler) erfolgt unmittelbar innerhalb der Simulationsschleife, wobei im Falle der zeitkontinuierlichen dynamischen Modellkomponenten (Tank und Ventil) als Integrationsverfahren jeweils das explizite *Euler*-Verfahren zur Anwendung kommt. Bei komplexeren Aufgabenstellungen oder in Fällen, wo dasselbe "Programmgerüst" für unterschiedliche Simulationsaufgaben zum Einsatz kommen soll, empfiehlt sich in jedem Fall eine Trennung von mathematischem Modell und Integrationsverfahren (beispielsweise in Form von Unterprogrammen).

Bild 4-2 zeigt die zugehörigen Simulationsergebnisse. Wir können erkennen, wie sich die Regelgröße mit leichtem Überschwingen auf den stationären Endwert einpendelt. Die Stellgröße ist – da ein Abtastregler zum Einsatz gekommen ist – jeweils über eine Abtastperiode hinweg konstant und läuft stationär gegen den Wert q_{ab} / K_V, weil es sich bei der Regelstrecke (Reihenschaltung aus Ventil und Tank) um ein System ohne Ausgleich (IT_1-Glied) handelt*.

* Den aufmerksamen Leser wird bei kritischer Betrachtung der Simulationsergebnisse verwundern, dass die Stellgröße y während des Einschwingvorgangs zeitweise negative Werte annimmt, wodurch auch der Zufluss q negative Werte annehmen kann. Dies ist in der Realität natürlich nicht möglich – würde es doch bedeuten, dass durch die Zuflussleitung Wasser aus dem Tank *heraus*fließt! In Abschnitt 5.3.13 werden wir sehen, wie wir dieses Problem durch Erweiterung unseres Simulationsmodells lösen können.

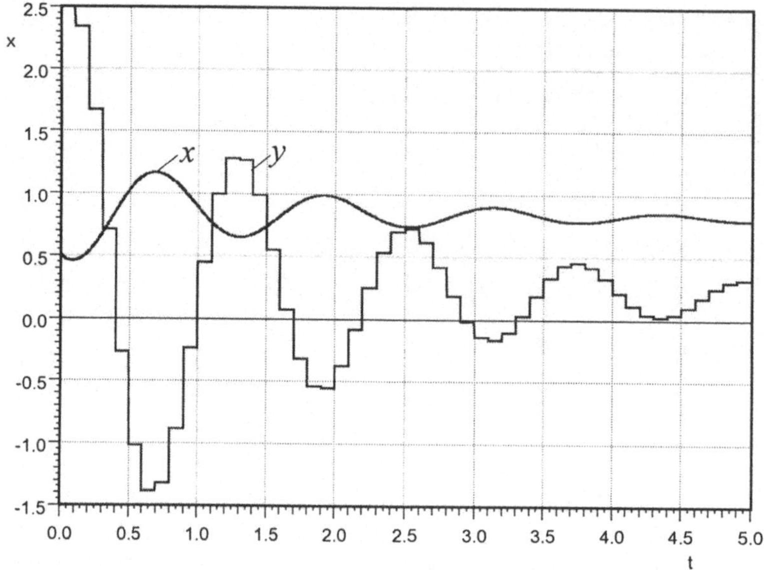

Bild 4-2 Simulationsergebnisse: Verlauf von Regel- und Stellgröße

Das komplette DELPHI-Projekt befindet sich unter dem Namen FUELLSTANDS-REGELUNG.DPR auf der Begleit-CD.

Starten Sie das Programm FUELLSTANDSREGELUNG.EXE von der Begleit-CD. Das Programm ermöglicht die Simulation des Füllstandsregelkreises für unterschiedliche Simulations- und Modellparameter. Untersuchen Sie, welchen Einfluss die einzelnen Parameter (insbesondere auch die Abtastzeit des Reglers) auf das Simulationsergebnis haben. Was passiert, wenn die Simulationsschrittweite nicht auf die Regler-Abtastzeit "abgestimmt" ist?

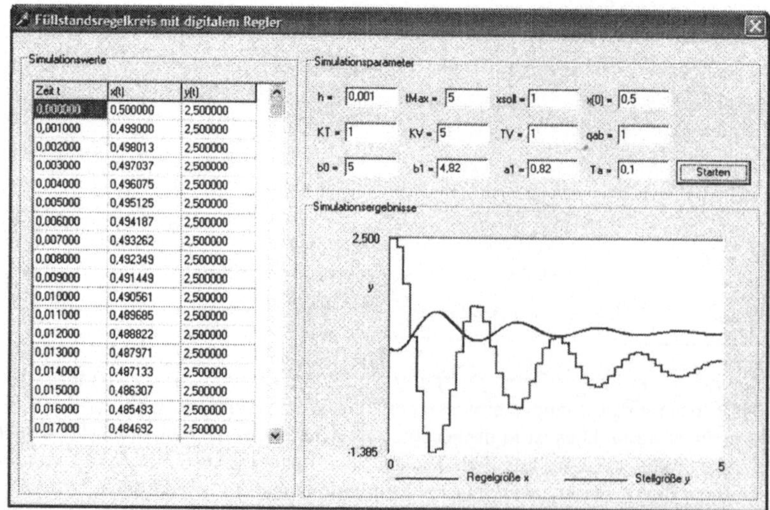

Bild 4-3

4.2 Simulationssprachen

Simulationssprachen sind spezielle Programmiersprachen bzw. Erweiterungen konventioneller Programmiersprachen, die eine standardisierte mathematische Modellierung des zu simulierenden Systems ermöglichen sowie die anschließende Durchführung von Simulationsexperimenten auf Basis verschiedener (in die Simulationssprache integrierter) numerischer Integrationsverfahren. Simulationssprachen zur Simulation kontinuierlicher Systeme folgen dem aus dem Jahre 1967 stammenden CSSL-Standard (*Continuous System Simulation Language*); der wichtigste Vertreter dieser Klasse ist die Simulationssprache ACSL (*Advanced Continuous Simulation Language*), die wir aus diesem Grunde im Folgenden – ohne Anspruch auf Vollständigkeit – etwas näher betrachten wollen [5, 38].

4.2.1 Die Simulationssprache ACSL

Hauptanwendungsgebiet von ACSL ist die Simulation dynamischer Systeme, die durch lineare oder nichtlineare gewöhnliche Differentialgleichungen bzw. Übertragungsfunktionen beschrieben werden können, beispielsweise in den Bereichen

- Regelkreissynthese,
- chemische Prozesse,
- Flugtechnik,
- Kraftwerkstechnik,
- Fahrzeugbau oder
- Strömungsmechanik.

Die Eigenschaften von ACSL sind eng angelehnt an die Programmiersprache FORTRAN; so lassen sich beliebige FORTRAN-Operatoren und -Sprachelemente in die Modellbeschreibung einbinden. Ein ACSL-Programm gliedert sich grob in drei Teile:

- einen Initialisierungsteil (INITIAL-Bereich),
- die eigentliche Modellbeschreibung (DYNAMIC-Bereich) sowie
- den TERMINAL-Bereich für abschließende Berechnungen.

Dabei kann der DYNAMIC-Bereich, in dem das mathematische Modell des zu simulierenden Systems spezifiziert wird, aus einem Bereich für die kontinuierlichen Systemanteile (DERIVATE-Bereich) und einem Bereich für die diskreten Systemanteile (DISCRETE-Bereich) bestehen. Bild 4-4 zeigt die Grundstruktur eines ACSL-Programms.

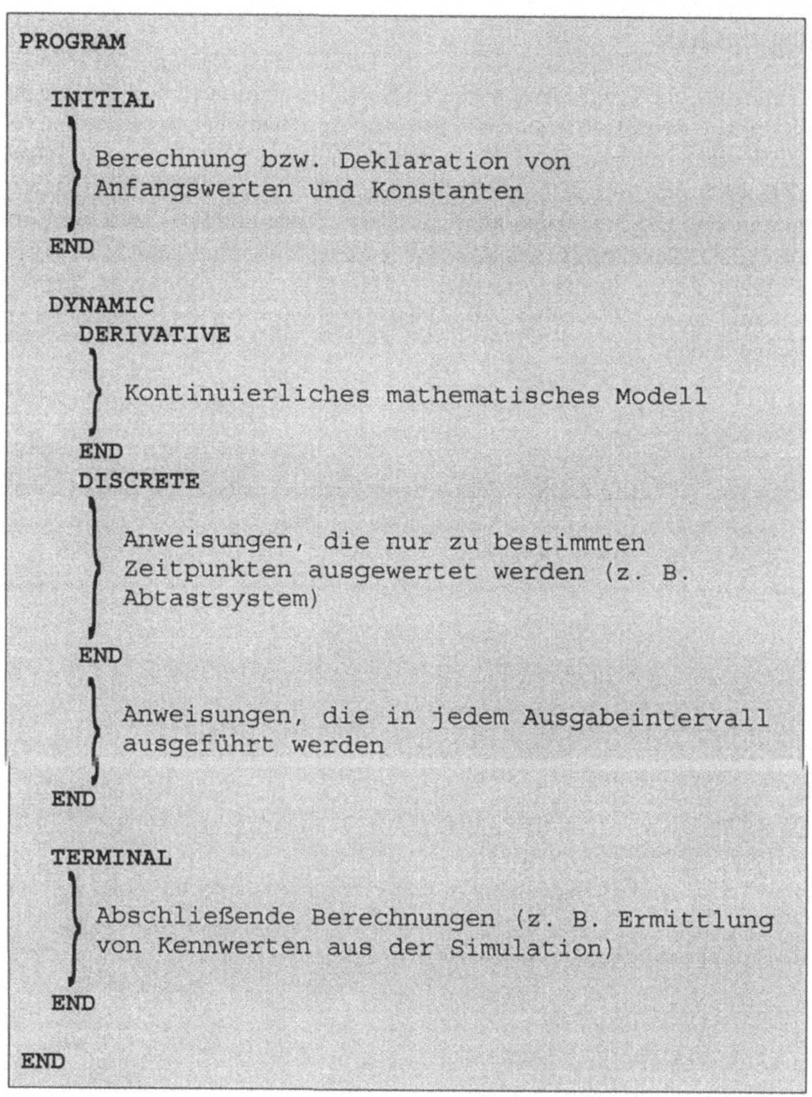

```
PROGRAM

  INITIAL
    } Berechnung bzw. Deklaration von
      Anfangswerten und Konstanten
  END

  DYNAMIC
    DERIVATIVE
      } Kontinuierliches mathematisches Modell
    END
    DISCRETE
      } Anweisungen, die nur zu bestimmten
        Zeitpunkten ausgewertet werden (z. B.
        Abtastsystem)
    END
      } Anweisungen, die in jedem Ausgabeintervall
        ausgeführt werden
  END

  TERMINAL
    } Abschließende Berechnungen (z. B. Ermittlung
      von Kennwerten aus der Simulation)
  END

END
```

Bild 4-4 Grundstruktur eines ACSL-Programms

Wir wollen uns zum besseren Verständnis der einzelnen Programmbereiche gleich an ein etwas komplexeres Beispiel – nämlich den in Kapitel 4.1 bereits behandelten Füllstandsregelkreis nach Bild 4-1 – wagen. Listing 4-2 zeigt das zugehörige ACSL-Programm; um auf einzelne Programmzeilen besser Bezug nehmen zu können, wurde das Listing zusätzlich mit Zeilennummern versehen.

```
(1)  PROGRAM FUELLSTANDSREGELUNG
(2)    INITIAL
(3)      CONSTANT TMAX = 5.0
(4)      CONSTANT B0=5.0, B1=4.82, A1=0.82
```

```
(5)       CONSTANT XSOLL=1.0, X0=0.5, QAB=1.0
(6)       CONSTANT KT=1.0, TV=1.0, KV=5.0
(7)       "--AUSGABEINTERVALL 0.01 --"
(8)       CINTERVAL CINT=0.01
(9)       "-- 10 INTEGRATIONSSCHRITTE/AUSGABEINTERVALL --"
(10)      NSTEPS NSTP=10
(11)      "-- INITIALISIERUNG DER HILFSGROESSEN --"
(12)      YK=0.0
(13)      EK=0.0
(14)    END
(15)    DYNAMIC
(16)      DERIVATIVE REGELSTRECKE
(17)        X=INTEG(KT * (REALPL(TV, KV*Y) - QAB), X0)
(18)        E=XSOLL-X
(19)      END
(20)      DISCRETE ABTASTREGLER
(21)        INTERVAL TA=0.1
(22)        PROCEDURAL
(23)          Y=A1*YK+B0*E-B1*EK
(24)          EK=E
(25)          YK=Y
(26)        END
(27)      END
(28)      TERMT(T.GE.TMAX)
(29)    END
(30)  END
```

Listing 4-2 ACSL-Programm zur Simulation des Füllstandsregelkreises (vgl. Listing 4-1!)

Betrachten wir zunächst den Initialisierungsteil des Programms (Zeilen 2 bis 14). Hier finden wir zu Beginn die Deklaration einiger Konstanten über das Schlüsselwort `CONSTANT`. Dies sind

- die Simulationsdauer (Zeile 3),
- die Parameter des Abtastreglers (Zeile 4),
- der Sollwert und der Anfangswert der Zustandsgröße x (Zeile 5),
- der Ablauf-Volumenstrom q_{ab} (ebenfalls Zeile 5) sowie
- die Parameter von Tank und Ventil (Zeile 6).

Wesentlich dabei ist, dass alle Parameter, die über `CONSTANT` deklariert worden sind, nichtsdestotrotz später zur Laufzeit (d. h. beim Experimentieren mit dem Modell) beliebig geändert werden können.

Die Zeilen 7 bis 10 sind maßgeblich für die Simulationssteuerung. Dabei unterscheidet ACSL zwischen einem so genannten Ausgabeintervall (*Kommunikationsintervall*) und der eigentlichen Simulationsschrittweite. Das Ausgabeintervall legt fest, in welchem zeitlichen Abstand die Zustandsgrößen des Modells jeweils ausgegeben werden; es wird über das Schlüsselwort `CINTERVAL` festgelegt und hat standardmäßig den Wert 0.1. In unserem Beispiel wird das Ausgabeintervall (hier mit `CINT` bezeichnet) auf den Wert 0.1 gesetzt (Zeile 8).

Sofern vom Anwender nicht anderweitig spezifiziert, entspricht die Simulationsschrittweite bei allen Integrationsverfahren mit fester Schrittweite gerade dem Ausgabeintervall. In vielen Fällen wird es jedoch erwünscht sein, mit einer kleineren Simulationsschrittweite zu arbeiten, um hinreichend genaue Ergebnisse zu erzielen. Dazu dient das Schlüsselwort `NSTEPS`; dieses legt die Anzahl der Integrationsschritte pro Ausgabeintervall fest. In unserem Beispiel wurde ein Wert von 10 gewählt (Zeile 10), sodass die Simulationsschrittweite ein Zehntel des Ausgabeintervalls beträgt und sich damit zu

$$h = \frac{CINT}{NSTP} = \frac{0.01}{10} = 0.001$$

ergibt.

Die Zeilen 11 bis 13 schließlich dienen zur Initialisierung der Hilfsgrößen für den Abtastregler; hier werden die "alten" Werte für Regeldifferenz und Stellgröße auf null gesetzt.

Wenden wir uns nunmehr der eigentlichen Modellbeschreibung im DYNAMIC-Programmteil zu (Zeilen 15 bis 29). Der DERIVATIVE-Bereich enthält zunächst die Beschreibung der kontinuierlichen Modellkomponenten, in unserem Fall also die Gleichungen für Tank und Ventil sowie den Soll-Istwert-Vergleicher; er wird jeweils nach Ablauf einer Simulationsschrittweite abgearbeitet. Zeile 17 umfasst dabei "in einem Rutsch" Ventil- und Tankgleichung. Die `REALPL`-Funktion dient zunächst zur Modellierung eines linearen Systems erster Ordnung (hier also des Ventils) mit der Übertragungsfunktion

$$G(s) = \frac{1}{1 + T_1 s}$$

bzw. der entsprechenden Differentialgleichung

$$T_1 \dot{y} + y = u, \quad y(t = 0) = y_0$$

und hat die Syntax

```
Y = REALPL(T1, U, Y0).
```

Der letzte Parameter legt den Anfangswert y_0 fest; er kann (wie in unserem Fall) weggelassen werden, wenn der Anfangswert null ist.

Die Modellierung des Tanks wird über einen einfachen (d. h. unbegrenzten) Integrierer vorgenommen; die entsprechende ACSL-Funktion hat die Syntax

```
Y = INTEG(U, Y0),
```

wobei `Y0` den Anfangswert des Integrierers spezifiziert. Wie Programmzeile 17 zeigt, lassen sich mehrere Modellgleichungen wie in einer herkömmlichen Programmiersprache direkt ineinander verschachteln. Zeile 18 beschreibt abschließend den Soll-Istwert-Vergleich.

Die Anweisungen im DISCRETE-Programmteil werden unabhängig von der Simulationsschrittweite nur zu diskreten Zeitpunkten abgearbeitet; hier finden wir daher unseren Abtastregler wieder (Zeilen 20 bis 27). Zunächst muss die Abtastzeit für die diskreten Modellkomponenten festgelegt werden; dies geschieht über das Schlüsselwort `INTERVAL` (Zeile 21). Die nachfolgenden Anweisungen für den Abtastregler (Zeilen 23 bis 25) sind nunmehr in einen

PROCEDURAL-Block eingebettet. Dies hängt damit zusammen, dass ACSL alle Anweisungen innerhalb der DERIVATIVE- und DISCRETE-Bereiche automatisch sortiert, sodass sich der Anwender bei der Programmierung keine Gedanken über die korrekte Reihenfolge der arithmetischen Ausdrücke machen muss*. In manchen Fällen kann allerdings diese automatische Sortierung fehlschlagen, unerwünscht sein oder sogar zu fehlerhaften Ergebnissen führen – ACSL bietet daher über PROCEDURAL-Blöcke die Möglichkeit, bestimmte Bereiche von der Sortierung auszuschließen. Diese Eigenschaft nutzen wir hier, um zu erzwingen, dass die Auswertung der Gleichungen des Abtastreglers exakt in der von uns vorgegebenen Reihenfolge erfolgt. Andernfalls würde ACSL die Anweisungen in den Programmzeilen 23 und 24 vertauschen, was dazu führen würde, dass die Variable `EK` (alte Regeldifferenz) bei der Berechnung des neuen Stellgrößenwerts `Y` denselben Wert hätte wie die neue Regeldifferenz `E` – unser Abtastregler würde in diesem Fall also nicht das tun, was wir von ihm erwarten.

Programmzeile 28 schließlich legt über das Schlüsselwort `TERMT` die Abbruchbedingung für die Simulation fest. Hier können prinzipiell beliebige Bedingungen verarbeitet werden; in unserem Fall wird die Simulation beendet, wenn die Simulationszeit (gegeben durch die Variable `T`) größer gleich der in Zeile 3 spezifizierten Simulationsdauer `TMAX` ist. Einen TERMINAL-Bereich benötigen wir für unsere Füllstandsregelung nicht.

Vergleichen wir unser ACSL-Programm einmal mit unserem in DELPHI geschriebenen Simulationsprogramm aus Abschnitt 4.1 (Listing 4-1). Die Nutzung einer Simulationssprache bringt uns gegenüber einer konventionellen Programmiersprache offensichtlich folgende Vorteile:

- In ACSL muss lediglich das Simulationsmodell programmiert werden, *nicht* jedoch der Ablauf der Simulation selbst (Simulationsschleife); es genügt die Vorgabe einer Abbruchbedingung.
- ACSL bietet für Standard-Übertragungsglieder vordefinierte Funktionen (beispielsweise die oben für das Stellventil bzw. den Tank benutzten Funktionen `REALPL` und `INTEG`).
- Eine Implementierung der zur Lösung der Differentialgleichungen benötigten numerischen Integrationsverfahren ist nicht erforderlich – ACSL bietet von Hause aus eine Vielzahl unterschiedlicher Algorithmen, zwischen denen auf einfache Weise umgeschaltet werden kann (später dazu mehr).
- Um die Darstellung (z. B. grafische Aufbereitung) der Simulationsergebnisse müssen wir uns ebenfalls nicht kümmern – diese kann später aus dem ACSL-Laufzeitsystem heraus über einfache Kommandos erfolgen (auch dazu später mehr).

4.2.2 Integrationsverfahren in ACSL

Blicken wir nochmals auf Listing 4-2 zurück, so fällt auf, dass wir dort keinerlei Angaben zum numerischen Integrationsverfahren gemacht haben. Dies ist auch nicht notwendig – ACSL arbeitet in diesem Fall per Voreinstellung mit dem *Runge-Kutta*-Verfahren 4. Ordnung. Soll ein anderes Verfahren zum Einsatz kommen, so kann dieses über das Schlüsselwort

---

* Diese automatische Sortierung würde beispielsweise bei einer "Reihenschaltung" dreier Modellblöcke dafür sorgen, dass die Auswertung der Modellgleichungen in der Regel immer "von links nach rechts" erfolgt, auch wenn innerhalb der Modellbeschreibung z. B. die Modellgleichung für den "letzten" Block vor der Gleichung des "ersten" Blocks stünde.

ALGORITHM in Verbindung mit dem INTEGER-Systemparameter IALG geschehen, beispielsweise durch die Programmzeilen

```
.
.
! Adams-Moulton-Integrationsverfahren wählen
ALGORITHM IALG = 1
.
.
```

im INITIAL-Programmteil (mit einem Ausrufezeichen beginnende Programmzeilen stellen in ACSL Kommentarzeilen dar). Insgesamt stellt ACSL acht verschiedene Integrationsverfahren zur Verfügung, mit denen sich Simulationsaufgaben unterschiedlichster Art lösen lassen. Darunter fällt für fortgeschrittene Anwender auch die Möglichkeit, einen benutzerdefinierten Integrationsalgorithmus einzubinden (IALG = 7). Tabelle 4-1 gibt einen Überblick.

IALG	Algorithmus	Schrittweite	Ordnung
1	Adams-Moulton	variabel	variabel
2	Gear's Stiff	variabel	variabel
3	Runge-Kutta	fest	1
4	Runge-Kutta	fest	2
5	Runge-Kutta	fest	4
7	benutzerdefiniert		
8	Runge-Kutta-Fehlberg	variabel	2
9	Runge-Kutta-Fehlberg	variabel	5

Tabelle 4-1 Integrationsverfahren von ACSL (Voreinstellung : IALG = 5)

Für die Integrationsverfahren mit variabler Schrittweite können untere und obere Grenze für die Schrittweite über die Schlüsselwörter MINTERVAL und MAXTERVAL in Verbindung mit den Systemparametern MINT und MAXT angegeben werden. Das nachfolgende Programmfragment gibt dazu ein Beispiel.

```
.
.
! Runge-Kutta-Fehlberg-Verfahren 5. Ordnung wählen...
ALGORITHM IALG = 9

! ... minimale Schrittweite von 0.001...
MINTERVAL MINT = 0.001

! ... und maximale Schrittweite von 100 wählen
MAXTERVAL MAXT = 100
.
.
```

Hier wird die Schrittweite auf den Bereich $0.001 \leq h \leq 100$ beschränkt. Werden für MINT bzw. MAXT keine Werte spezifiziert, werden die Standardwerte MINT = 1E-10 bzw. MAXT = 1E10 benutzt.

4.2.3 Standard-Operatoren in ACSL

Zum Sprachumfang von ACSL gehört eine Vielzahl von Standard-Operatoren, mit denen sich die meisten Komponenten einer Simulationsstruktur ohne weiteres Zutun nachbilden lassen. An dieser Stelle sollen nur die wichtigsten Operatoren aufgeführt werden; eine Gesamtübersicht bietet die entsprechende Spezialliteratur zu ACSL.

Tabelle 4-2 listet zunächst die zur Verfügung stehenden Funktionen zur Integration von Zustandsvariablen auf. Dabei ist zu beachten, dass alle Verfahren zur Integration selbst das über das Schlüsselwort ALGORITHM spezifizierte Integrationsverfahren benutzen (siehe Abschnitt 4.2.2).

Operator	**Funktion**
x = INTEG(xp, x0)	Einfacher Integrierer ohne Begrenzung, der die Ableitung xp mit dem Anfangswert x0 aufintegriert.
x = LIMINT(xp, x0, xmin, xmax)	Begrenzter Integrierer, der die Ableitung xp mit dem Anfangswert x0 aufintegriert und die Ausgangsgröße dabei auf den Bereich xmin ≤ x ≤ max begrenzt. Zur Begrenzung wird eine *Anti-Windup-Maßnahme* benutzt, d. h. bei Erreichen des unteren oder oberen Grenzwertes wird die Ausgangsgröße nicht nur begrenzt, sondern die Integration auch gestoppt, indem xp zu null gesetzt und somit ein "Hochlaufen" des Integrierers verhindert wird, während sich die Ausgangsgröße in der Begrenzung befindet (siehe auch Abschnitt 5.3.4).
x = INTVC(xp, x0)	Einfacher Vektor-Integrierer ohne Begrenzung. Die Funktionsweise entspricht der des INTEG-Operators, wobei hier x, xp und x0 jedoch Vektoren (oder auch Matrizen) sind, die dieselbe Dimension besitzen müssen.
DBLINT(x, xp = x0, xpp, xp0, xmin, xmax)*	Begrenzter Doppel-Integrierer, der die zweite Ableitung xpp zweimal integriert und die

* Bei dieser Syntax der Parameterliste stellen die Parameter links vom Gleichheitszeichen (hier also x und xp) die Ausgangsgrößen und die Parameter rechts davon die Eingangsgrößen dar.

	Ausgangsgröße auf den Bereich `xmin` ≤ `x` ≤ `max` begrenzt. Der Operator kann z. B. zur Modellierung gedämpfter Feder-Masse-Systeme mit der Differentialgleichung $$m\ddot{x}+d\,\dot{x}+k\,x=F(t)$$ benutzt werden. Zur Begrenzung wird eine Anti-Windup-Maßnahme eingesetzt (vgl. `LIMINT`-Operator).
`x = MODINT(xp, x0, b1, b2)`	Gesteuerter Integrierer, der die Ableitung `xp` beginnend beim Anfangswert `x0` aufintegriert, wobei abhängig von den boolschen Steuervariablen `b1` und `b2` verschiedene Betriebsarten möglich sind: `b1=b2=FALSE`: Integration `b1=b2=TRUE`: Integration `b1=FALSE, b2=TRUE`: Akt. Wert halten `b1=TRUE, b2=FALSE`: Rücksetzen auf Anfangswert

Tabelle 4-2 Integrations-Operatoren von ACSL

Zur Modellierung linearer Standard-Übertragungsglieder (siehe Kapitel 2.3.5) bietet ACSL eine Reihe von Übertragungsfunktionen an, die in Tabelle 4-3 aufgelistet sind. Dabei bezeichnet `x` jeweils die Eingangsgröße(n) des Übertragungsgliedes und `y` die Ausgangsgröße.

Operator	**Funktion**
`y = REALPL(t1, y, y0)`	Verzögerungsglied 1. Ordnung (PT_1-Glied) mit der Zeitkonstanten `t1` und dem Proportionalbeiwert 1. `y0` ist der Anfangswert der Ausgangsgröße.
`y = CMPXPL(p, q, x, yp0, y0)`	Verzögerungsglied 2. Ordnung (PT_2-Glied) mit der Übertragungsfunktion $$G(s)=\frac{1}{ps^2+q\,s+1}$$ und den Anfangswerten $$\dot{y}(0)=\texttt{yp0},\ y(0)=\texttt{y0}.$$

`y = LEDLAG(t1, t2, x, z0)`	Lead-Lag-Glied mit der Übertragungsfunktion $$G(s) = \frac{T_1 s + 1}{T_2 s + 1}$$ und dem Anfangswert $$y(0) = \frac{T_1}{T_2} x(0) + \texttt{z0}\,.$$ Darin ist $x(0)$ der Anfangswert der Eingangsgröße des Gliedes.
`y = DERIVT(x0, x)`	Differenzierer, der die erste Ableitung der Eingangsgröße `x` auf Basis eines Differenzenquotienten ermittelt; der Anfangswert `x0` wird dabei zur Berechnung des ersten Differenzenquotienten benutzt.
`y = TRAN(m, n, p, q, x)`	Gebrochen rationale Übertragungsfunktion der Form $$G(s) = \frac{p(1)s^m + ... + p(m+1)}{q(1)s^n + ... + q(n+1)}$$ mit dem Zählergrad `m` und dem Nennergrad `n`.
`y = DELAY(x, y0, tt, nmax)`	Totzeitglied mit der Totzeit `tt` und dem Anfangswert `y0`, der bis zum erstmaligen Verstreichen der Totzeit ausgegeben wird. nmax legt die Größe des internen Arrays fest, das zur Realisierung der Totzeit aufgebaut wird, und muss größer gleich dem Quotienten aus Totzeit und Kommunikationsintervall sein.

Tabelle 4-3 ACSL-Operatoren für lineare Standard-Übertragungsglieder

Tabelle 4-4 gibt einen Überblick über die Operatoren zur Nachbildung statischer Kennlinien. Dabei bezeichnet `x` wiederum die Eingangsgröße des Übertragungsgliedes und `y` seine Ausgangsgröße. Kennlinien, die nicht über eine der Standardfunktionen realisiert werden können, lassen sich in Tabellenform mit Hilfe des `TABLE`-Schlüsselwortes spezifizieren.

Operator	Funktion
`y = BOUND(ymin, ymax, x)`	Begrenzer-Kennlinie, die die Ausgangsgröße auf Werte zwischen `ymin` und `ymax` begrenzt (siehe nachfolgende Grafik). 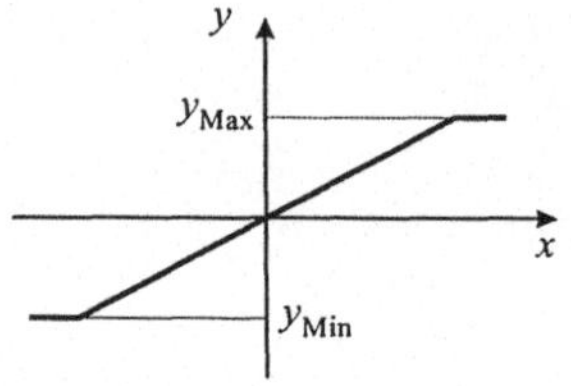
`y = DEAD(xu, xo, x)`	Tote Zone, innerhalb derer die Eingangsgröße nicht auf den Ausgang durchgeschaltet wird. Es gilt (siehe nachfolgende Grafik) $y = \begin{cases} x + x_u & für\ x < x_u \\ 0 & für\ x_u \le x \le x_o \\ x - x_o & für\ x > x_o \end{cases}$ 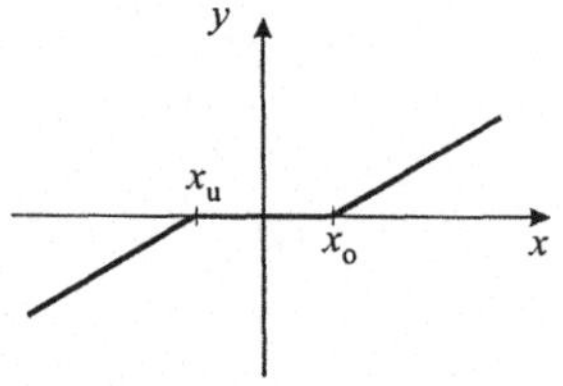
`y = BCKLSH(y0, dl, x)`	Hysterese-Kennlinie, die z. B. zur Nachbildung einer Getriebe-Lose benutzt werden kann. `dl` gibt dabei die halbe Hysteresebreite an. Nachfolgende Grafik verdeutlicht die Funktionsweise des Operators. 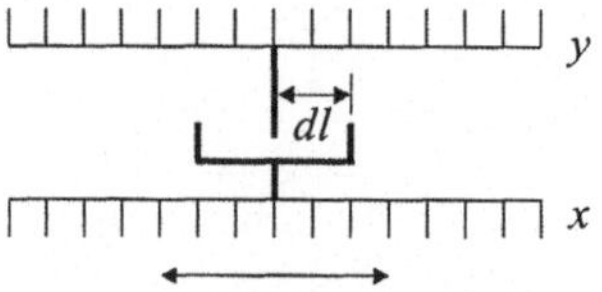
`y = QNTZR(dx, x)`	Quantisierer mit der Stufenbreite `dx` (siehe nachfolgende Grafik). 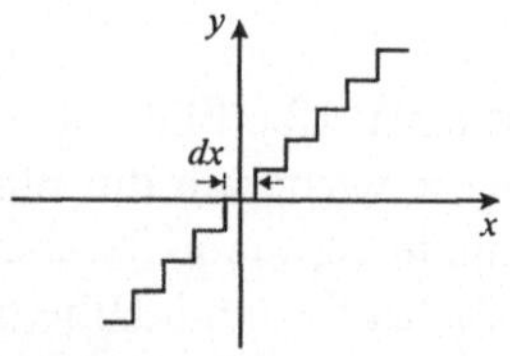

Tabelle 4-4 Operatoren zur Modellierung statischer Kennlinien

Zur Signalerzeugung (beispielsweise zur Systemanregung) stellt ACSL neben den FORTRAN-Standardfunktionen einige Zeitfunktionen zur Verfügung, die in Tabelle 4-5 aufgeführt sind.

Operator	**Funktion**
`y = HARM(t0, w, p)`	Erzeugt ein harmonisches Zeitsignal mit der Frequenz `w` und der Phasenlage `p`, das zum Zeitpunkt `t0` beginnt. Der Ausgangswert ergibt sich also gemäß der Gleichung $y=\begin{cases} 0 & \textit{für } t<t_0 \\ \sin(w(t-t_0)+p) & \textit{für } t\geq t_0 \end{cases}$
`y = PULSE(t0, p, w)`	Pulsgenerator zur Erzeugung periodischer Rechteckimpulse der Amplitude 1 mit der Periodendauer `p` und der Pulsbreite `w`. Der Pulsgenerator setzt erst zum Zeitpunkt `t0` ein.
`y = STEP(t0)`	Erzeugt zum Zeitpunkt `t0` eine Sprungfunktion mit der Amplitude 1.
`y = RAMP(t0)`	Erzeugt ein rampenförmiges Zeitsignal mit der Steigung 1, das erst zum Zeitpunkt `t0` einsetzt.
`y = UNIF(ymin, ymax)`	Erzeugt gleichverteilte Zufallszahlen aus dem Intervall [`ymin`, `ymax`].
`y = GAUSS(m, s)`	Erzeugt normalverteilte Zufallszahlen mit dem Mittelwert `m` und der Standardabweichung `s`.
`y = OU(tn, m, s)`	Rauschgenerator mit einer konstanten Rauschleistungsdichte innerhalb eines Frequenzbereichs, der durch die Zeitkonstante `tn` eines bandbegrenzenden Tiefpasses spezifiziert wird ("weißes Rauschen"). `m` ist der Mittelwert und `s` die Standardabweichung des Rauschsignals.

Tabelle 4-5 ACSL-Funktionen zur Signalerzeugung

Tabelle 4-6 schließlich führt stichwortartig einige weitere ACSL-Operatoren an, die für vielfältige Anwendungen eingesetzt werden können. Es sei dabei noch einmal ausdrücklich darauf hingewiesen, dass neben den in diesem Kapitel aufgeführten Operatoren innerhalb eines ACSL-Programms auch sämtliche FORTRAN-Standardoperatoren benutzt werden können!

Operator	**Funktion**
`y = ZHOLD(y0, p, x)`	Abtast-/Halteglied nullter Ordnung (Analogwertspeicher)
`y = ZOH(x, y0, t0, dt)`	Periodisches Abtast-/Halteglied nullter Ordnung
`y = IMPL(yz, e, max, eflag, expr, ydl)`	Lösung einer algebraischen Schleife
`PTR(x, y = r, th)`	Umwandlung von Polarkoordinaten in kartesische Koordinaten
`RTP(r, th = x, y)`	Umwandlung von kartesischen Koordinaten in Polarkoordinaten
`y = FCNSW(p, x1, x2, x3)`	Analogumschalter zwischen drei Eingangsgrößen
`y = LSW(p, x1, x2)`	Analogumschalter zwischen zwei logischen oder ganzzahligen Eingangsgrößen
`y = RSW(p, j1, j2)`	Analogumschalter zwischen zwei reellen Eingangsgrößen

Tabelle 4-6 Weitere ACSL-Operatoren

4.2.4 Das ACSL-Laufzeitsystem

Wir haben uns im Zusammenhang mit der Simulationssprache ACSL bisher lediglich mit der eigentlichen Modellbeschreibung beschäftigt. Von dieser Modellbeschreibung bis zur Durchführung der Simulationsexperimente sind jedoch noch einige Zwischenschritte erforderlich, die in Bild 4-5 dargestellt sind.

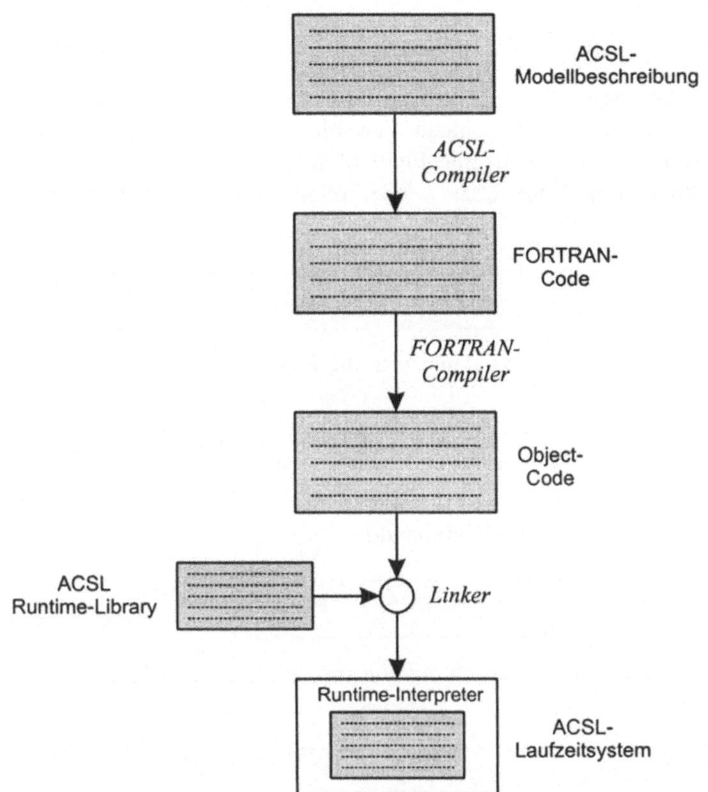

Bild 4-5 Zusammenspiel der einzelnen Komponenten eines ACSL-Systems

Die Modellbeschreibung wird zunächst vom ACSL-Compiler in entsprechenden FORTRAN-Code übersetzt. Dieser FORTRAN-Quelltext wird anschließend von einem FORTRAN-Compiler zunächst in Object-Code überführt; der Linker erzeugt dann aus diesem Object-Code, der ACSL Runtime-Library und gegebenenfalls weiteren Libraries ein ausführbares Simulationsprogramm. Dieses Simulationsprogramm ist "eingebettet" in einen Runtime-Interpreter, der eine Vielzahl von Kommandos zum interaktiven (oder Kommandodatei-gesteuerten) Experimentieren mit dem Simulationsmodell bietet. Dazu zählen vor allem Kommandos zur

- Änderung von Modell- und Simulationsparametern,
- Steuerung von Ausgabegrößen, -zeitpunkten und -arten,
- Analyse des (linearisierten) Modells, z. B. durch Berechnung der *Jacobi*-Matrix oder der Eigenwerte und Eigenvektoren.

Wir wollen im Folgenden nur die wichtigsten dieser Laufzeit-Kommandos kurz ansprechen.

4.2.4.1 PREPARE

Um Speicherplatz zu sparen, speichert ACSL nicht die Werte sämtlicher Variablen während des Simulationslaufes ab, sondern nur die derjenigen Variablen, die vor Simulationsbeginn über das Kommando `PREPARE` in die so genannte PREPARE-Liste aufgenommen wurden. Dabei kann eine bereits bestehende Liste durch einen wiederholten PREPARE-Aufruf erweitert werden. So fügt das Kommando

```
PREPARE t, x, y
```

zunächst die Zeitvariable `t` sowie die Variablen `x` und `y` in die PREPARE-Liste ein; ein zweiter Ausruf mit

```
PREPARE z
```

erweitert dann die Liste um die Variable `z`. Das Kommando

```
PREPARE /ALL
```

fügt alle Modellvariablen in die Liste ein (wodurch die entsprechende Datei sehr groß werden kann), während

```
PREPARE /CLEAR
```

die aktuelle Liste löscht.

4.2.4.2 OUTPUT

Mit Hilfe des `OUTPUT`-Kommandos können einzelne Variablen während des Simulationslaufes direkt verfolgt werden. Wie beim `PREPARE`-Kommando müssen auch hier die entsprechenden Variablen *vor* dem Simulationslauf spezifiziert werden, beispielsweise durch

```
OUTPUT t, x, y
```

Um bei einem kleinen Kommunikationsintervall eine "Informationsflut" auf dem Bildschirm zu verhindern, kann über den Systemparameter `NCIOUT` bei Bedarf angegeben werden, nach jedem wievielten Kommunikationsintervall eine Ausgabe erfolgen soll; so werden beispielsweise durch

```
OUTPUT t, x, y /NCIOUT = 5
```

die Größen nur nach jedem fünften Kommunikationsintervall ausgegeben. Wie beim `PREPARE`-Befehl sind auch bei `OUTPUT` die Optionen `/ALL` und `/CLEAR` verfügbar. Die Ausgabe selbst erfolgt tabellarisch.

4.2.4.3 START

Über das START-Kommando wird ein Simulationslauf gestartet. Dabei werden nach jedem Kommunikationsintervall alle in der PREPARE-Liste spezifizierten Variablen abgespeichert; außerdem erfolgt nach den gegebenenfalls im OUTPUT-Kommando festgelegten Zeitintervallen eine Ausgabe der entsprechenden Variablen. Eine typische Kommandosequenz zum Starten eines Simulationslaufes könnte also lauten

```
PREPARE t, x, y, z          ! t, x, y, z speichern
OUTPUT t, x /NCIOUT = 10    ! t, x ausgeben (jeden 10-ten Schritt)
START                       ! Simulationslauf starten
```

Das Laufzeitsystem liefert dann während der Simulation beispielsweise die folgende Ausgabe:

```
T 0.                  X 0.
T 1.00000000          X 0.00012674
T 2.00000000          X 0.02106571
T 3.00000000          X 0.11845002
T 4.00000000          X 0.22713991
.
.
.
```

4.2.4.4 CONTINUE

Wie START bewirkt auch CONTINUE den Start eines Simulationslaufes; dieser beginnt allerdings mit den Endwerten des vorangegangenen Simulationslaufes, d. h. der INITIAL-Programmteil wird in diesem Fall übersprungen und die Zustandsgrößen somit nicht mit ihren Anfangswerten initialisiert. Auf diese Weise lässt sich zum Beispiel bei ersten Experimenten mit einem Modell – bei dem erfahrungsgemäß eine genaue Kenntnis einer geeigneten Simulationsdauer noch nicht vorhanden ist – die Endzeit schrittweise erhöhen, ohne dass bei jeder (Teil-) Simulation wieder beim Zeitpunkt $t = 0$ begonnen werden muss.

4.2.4.5 SET

Mit Hilfe der SET-Kommandos können aus der Laufzeitumgebung heraus (d. h. ohne die Modellbeschreibung selbst zu verändern) Werte von Parametern und Variablen gesetzt werden. So weist die Sequenz

```
SET a = 1.5, x0 = 10.0, n = 25
START
```

den Parametern a, x0 und n die angegebenen Werte zu und startet dann einen (neuen) Simulationslauf. Auch Systemparameter wie die Simulationsdauer, das Kommunikationsintervall oder das Integrationsverfahren können geändert werden, beispielsweise durch

```
SET tend = 50.0    ! Endzeit
SET ialg = 2       ! Integrationsverfahren
SET cint = 0.01    ! Kommunikationsintervall
START
```

Das Ändern von Modellvariablen (Zustandsgrößen) ist auf diese Weise ebenfalls möglich, macht aber in der Regel wenig Sinn, da diese Variablen meist durch entsprechende Zuweisungen im DYNAMIC-Programmteil direkt wieder überschrieben werden.

4.2.4.6 DISPLAY

Über das `DISPLAY`-Kommando lassen sich die aktuellen Werte von Parametern oder Variablen ausgeben. Beispielsweise bewirkt das Kommando

```
DISPLAY c, x, ialg
```

die Ausgabe der Größen `c` und `x` sowie der Kennziffer des aktiven Integrationsverfahrens. Das Kommando

```
DISPLAY /ALL
```

führt zur Ausgabe sämtlicher Variablen und Parameter.

4.2.4.7 PLOT

Mit Hilfe des `PLOT`-Kommandos lassen sich grafische Ausgaben von Variablen der PREPARE-Liste erzeugen. Das Kommando besitzt eine Vielzahl unterschiedlicher Befehlsparameter, über die eine weitreichende Gestaltung der Grafiken möglich ist. Im einfachsten Fall genügt eine Angabe der darzustellenden Größen, etwa in der Form

```
PLOT x, xp
```

In diesem Fall werden die Variablen `x` und `xp` mit einer automatischen Skalierung über der Zeit t dargestellt. Sollen Zustandstrajektorien (Phasendiagramme) gezeichnet werden, so muss angegeben werden, welche Variable als Abszisse dargestellt werden soll; beispielsweise stellt das Kommando

```
PLOT /XAXIS = x, xp
```

die Variable `xp` über der Variablen `x` dar.

4.2.4.8 PRINT

Der `PRINT`-Befehl ermöglicht den Ausdruck von Variablen der PREPARE-Liste in Listenform. Das Kommando

```
PRINT t, x, y
```

führt beispielsweise zur Ausgabe der Variablen `t`, `x` und `y`. Um die Anzahl der Ausgabewerte einzuschränken, kann über den `NCIPRN`-Befehlsparameter angegeben werden, nach jedem wievielten Kommunikationsintervall die Größen ausgegeben werden; so erfolgt durch

```
PRINT t, x, y /NCIPRN = 10
```

eine Ausgabe nur jeweils nach jedem zehnten Kommunikationsintervall. Das Kommando

```
PRINT /ALL
```

führt zur Ausgabe sämtlicher Variablen der PREPARE-Liste.

4.2.4.9 STOP

Das Kommando `STOP` beendet die Arbeit mit dem Laufzeitsystem und bewirkt eine Rückkehr ins Betriebssystem.

4.3 Blockorientierte Simulationsumgebungen

Besonders für den programmierunerfahrenen (oder -unwilligen) Anwender bieten sich zur Lösung von Simulationsproblemen blockorientierte Simulationsumgebungen an. Diese entlasten ihn von der Beschreibung des mathematischen Modells in Form von Quelltext; vielmehr "baut" er sich das System aus vorgefertigten Systemblöcken mit jeweils charakteristischen Eigenschaften per Drag & Drop-Technik zusammen und muss anschließend lediglich noch die blockspezifischen Parameter über entsprechende Eingabemasken festlegen*. Die Flexibilität herkömmlicher Programmiersprachen oder Simulationssprachen muss dabei keineswegs verloren gehen – bieten doch fast alle auf dem Markt befindlichen blockorientierten Simulationsumgebungen die Möglichkeit, bei Bedarf die Blockbibliothek durch eigene, beispielsweise in der Programmiersprache C programmierte Blocktypen zu erweitern. Bevor wir uns einige typische Leistungsmerkmale derartiger Simulationswerkzeuge ansehen, wollen wir zunächst kurz auf die Darstellung dynamischer Systeme in Form von Blockschaltbildern eingehen.

---

* Der Übergang zwischen Simulationssprachen und blockorientierten Simulationsumgebungen ist allerdings fließend. So existieren auch für die meisten Simulationssprachen mittlerweile längst grafische Benutzeroberflächen und Modulbibliotheken, mit denen sich die quelltextmäßige Modellbeschreibung weitgehend automatisch erzeugen lässt (z. B. in Form des *Graphic Modeller* für ACSL).

4.3.1 Darstellung von Systemen in Blockschaltbildern

Die Darstellung dynamischer Systeme in Form von Blockschaltbildern ist im technischen Bereich – insbesondere der Regelungstechnik – sehr verbreitet. Ein Blockschaltbild beschreibt die *Struktur* eines dynamischen Systems, d. h. es führt die einzelnen Systemkomponenten (Bausteine, Blöcke, Module) und ihr Zusammenwirken (Beziehungen zwischen den Komponenten) auf. Häufig finden wir daher für ein Blockschaltbild auch die Bezeichnungen *Strukturbild* oder *Wirkungsplan*.

Die einzelnen Systemkomponenten (z. B. Übertragungsglieder) werden im Blockschaltbild in der Regel durch Kästchen repräsentiert, die durch Signale miteinander verbunden sind. Diese "Signalleitungen" sind dabei als gerichtete Verbindungen dargestellt, wobei die Wirkungsrichtung durch entsprechende Bepfeilung gekennzeichnet wird. Tritt eine Signalleitung in einen Block hinein, so handelt es sich um eine *Eingangsgröße* des Blockes, d. h. das Blockverhalten wird durch diese Größe beeinflusst. Tritt die Signalleitung aus dem Block heraus, so repräsentiert das entsprechende Signal hingegen eine *Ausgangsgröße* des Blockes. Blöcke, die Übertragungsglieder verkörpern, haben dabei mindestens eine Eingangsgröße und mindestens eine Ausgangsgröße. Dabei wird in der Regel Rückwirkungsfreiheit vorausgesetzt, d. h. wir können davon ausgehen, dass eine Änderung einer Ausgangsgröße eines Blockes keinerlei Einfluss (Rückwirkung) auf eine der Blockeingangsgrößen hat. Blöcke, die lediglich Ausgangsgrößen besitzen, werden meist als *Signalquellen* bezeichnet, Blöcke die nur Eingangsgrößen besitzen, als *Signalsenken* (Bild 4-6).

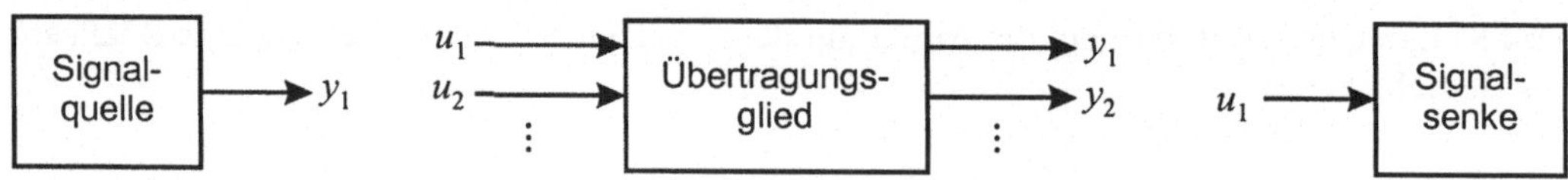

Bild 4-6 Elemente des Blockschaltbildes: Signalquelle, Übertragungsglied und Signalsenke

Neben den eigentlichen Systemblöcken und den "Verbindungsleitungen" finden wir in Blockschaltbildern meist noch spezielle Symbole für Signalverknüpfungen wie beispielsweise Verzweigungspunkte oder Summationspunkte (Bild 4-7). Letztere werden in blockorientierten Simulationsumgebungen häufig aber wie "ganz normale" Übertragungsglieder dargestellt.

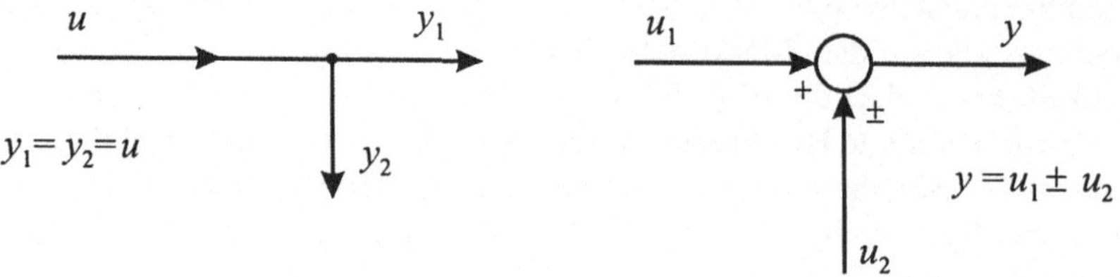

Bild 4-7 Darstellung von Verzweigungspunkten (links) und Summationspunkten (rechts)

Betrachten wir als Beispiel den Füllstandsregelkreis aus Bild 4-1. Bild 4-8 zeigt das zugehörige Strukturbild. Wir können erkennen, dass die einzelnen Systemkomponenten (Tank, Ventil,

Regler mit vor- und nachgeschaltetem Abtast-/Halteglied) durch jeweils einen Block repräsentiert werden, während der Soll-Istwert-Vergleicher durch einen Summationspunkt dargestellt wird. Zur Vorgabe des Sollwertes ist im Blockschaltbild ein Sollwertgeber gewählt worden.

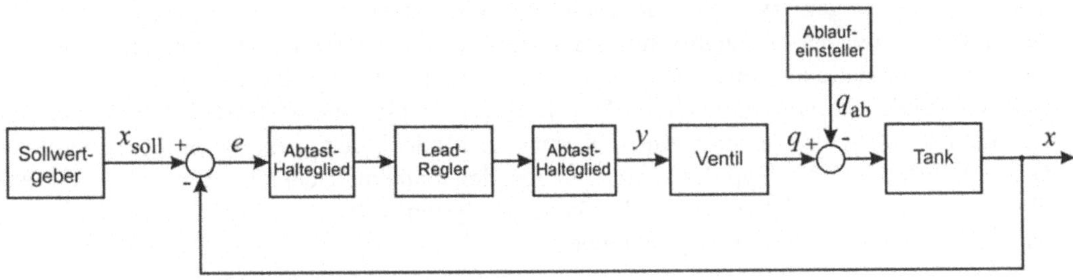

Bild 4-8 Blockschaltbild des Füllstandsregelkreises

Bild 4-9 zeigt die entsprechende Darstellung des Regelkreises in einer blockorientierten Simulationsumgebung – in diesem Fall innerhalb des Simulationssystems BORIS, das wir in Kapitel 5 noch ausführlich kennen lernen werden. Die unmittelbare Analogie zum Strukturbild 4-8 ist deutlich zu erkennen.

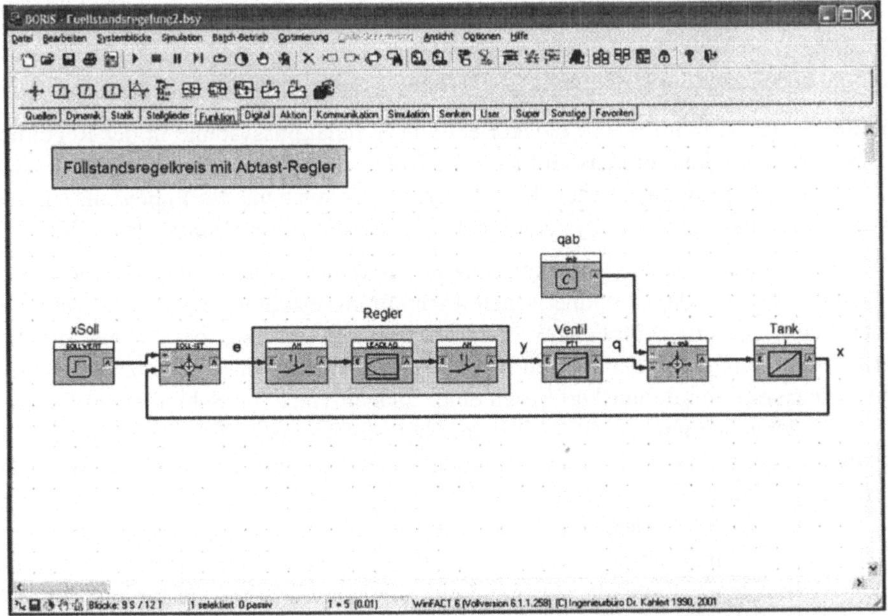

Bild 4-9 Darstellung des Regelkreises in einer blockorientierten Simulationsumgebung

4.3.2 Leistungsmerkmale blockorientierter Simulationsumgebungen

Mittlerweile ist eine ganze Reihe leistungsfähiger blockorientierter Simulationsumgebungen auf dem Markt, die die ganze Breite technischer Anwendungsfälle abdeckt. Während viele dieser Systeme auf ganz spezielle Fachgebiete (z. B. mechanische Systeme) zugeschnitten sind, eignen sich einige der Simulationsumgebungen auch für (nahezu) die gesamte Spannbreite technischer Simulationen; hierzu zählen (ohne Anspruch auf Vollständigkeit) insbesondere die Produkte *MATLAB/SimuLink* [24], *LabView* [25], *VisSim* [26] und *WinFACT/BORIS* [23]. Dies wird erreicht durch eine gewisse Abstrahierung der Modellblocktypen, die in diesen Systemen dann lediglich durch den Typ des zugrunde liegenden mathematischen Modells (also z. B. PT_1-Glied), nicht aber durch das reale physikalische System (also z. B. RC-Glied oder Masse-Dämpfer-System) abgebildet werden können.

Die Lösung einer Simulationsaufgabe mit Hilfe einer blockorientierten Simulationsumgebung zerfällt üblicherweise in die folgenden Schritte:

(1) Aufbau der Systemstruktur per Drag & Drop durch Einfügen der benötigten Systemblöcke und Ziehen der Verbindungen (Signalleitungen)

(2) Konfigurierung der einzelnen Systemblöcke (Spezifizierung der Blockparameter wie z. B. Zeitkonstanten, Verstärkungen etc.)

(3) Wahl der Simulationsparameter (Integrationsverfahren, Simulationsschrittweite und -endzeit, ggf. Einstellungen für Echtzeitbetrieb)

(4) Durchführung des Simulationslaufes

(5) Auswertung der Simulationsergebnisse (z. B. Kennwertermittlung)

Zum Aufbau der Systemstruktur bieten blockorientierte Simulationssysteme in der Regel umfangreiche Systembibliotheken, die aus Gründen der Übersichtlichkeit meist in mehrere Kategorien (z. B. lineare Übertragungsglieder, Kennlinien, Logikbausteine etc.) unterteilt sind. So zeigt Bild 4-10 einen Auszug aus der Systemblockbibliothek des Simulationssystems BORIS.

Wie Simulationssprachen bieten auch blockorientierte Simulationssysteme im Allgemeinen die Auswahl zwischen verschiedenen numerischen Integrationsverfahren. Einige Umgebungen bieten darüber hinaus auch die Möglichkeit einer *Echtzeitsimulation* an, bei der die Simulationsschrittweite exakt dem realen Zeitabstand zwischen zwei Simulationsschritten entspricht; so dauert beispielsweise ein Simulationslauf bis zu einer Endzeit von zehn Sekunden im Echtzeitbetrieb auch reale zehn Sekunden, während er im Nicht-Echtzeitbetrieb auf einem schnellen Rechner beispielsweise schon nach einem Bruchteil einer Sekunde beendet sein kann. Die Echtzeit-Betriebsart ist besonders wichtig im Falle von so genannten *Hardware-in-the-Loop-Simulationen*, bei denen (wie es der Name schon sagt) der Rechner mit der Simulationsumgebung nur Teil einer Kette oder eines Kreises ist, der zusätzlich auch einen realen Prozess (beispielsweise eine Regelstrecke) enthält; die Simulationsumgebung könnte in diesem Fall etwa den Entwurf einer Steuerungs- oder Regelungsstrategie darstellen, die dann später nach simulatorischer Erprobung auf einer autarken Zielhardware (z. B. einer speicherprogrammierbaren Steuerung oder einem Microcontroller-Board) implementiert wird.

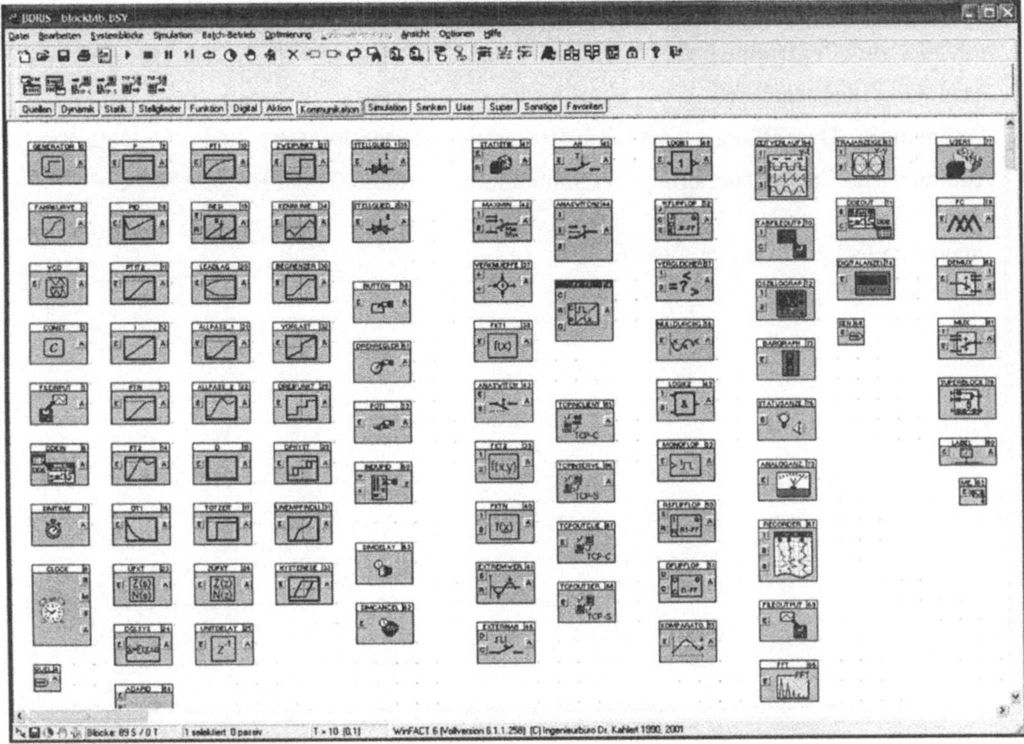

Bild 4-10 Systemblockbibliothek des Simulationssystems BORIS (Auszug)

Einige weitere Merkmale moderner blockorientierter Simulationsumgebungen in Stichworten:

- Hierarchische Strukturierung komplexer Systeme durch Bildung von Subsystemen (Makros, Superblöcke)
- Erweiterung der Blockbibliothek durch benutzerdefinierte Blöcke (beispielsweise programmiert in C++ oder VBSkript)
- Modellierung von Fuzzy-Systemen und Neuronalen Netzen [28]
- Beobachtung beliebiger Zustandsgrößen während der Simulation (Watch-Funktion)
- Komfortable Simulationssteuerung (Einzelschrittsteuerung, Reset, Breakpoints)
- Weitreichende Möglichkeiten zur Visualisierung von Simulationsergebnissen ("Virtuelle Instrumente")
- Kommunikation mit anderen Anwendungen über standardisierte Schnittstellen (DDE, TCP/IP, IPC, OPC [33])
- Dateischnittstellen (z. B. zu EXCEL) und Datenbankankopplung (ODBC)
- Treiber für Standard-Ein-/Ausgabekomponenten (z. B. A/D-D/A-Karten oder externe Module für serielle Schnittstelle oder USB-Port) zur Realisierung von Hardware-in-the-Loop-Simulationen

- Numerische Optimierung von Modellparametern (beispielsweise zur Modellidentifikation oder zum Reglerentwurf)
- Frequenzbereichsanalyse
- Automatische Durchführung von Simulationsreihen (Batch-Betrieb)
- Automatische Code-Generierung aus Simulationsstrukturen (in der Regel ANSI C-Code)
- Integrierte Dokumentengenerierung

5 Das Blockorientierte Simulationssystem BORIS

5.1 Einführung

Die nachfolgenden Abschnitte sollen lediglich eine kurze Einführung in das Blockorientierte Simulationssystem BORIS geben[*]. Eine ausführliche Beschreibung des Programms sowie weiterführender Komponenten steht nach der Programminstallation in Form der PDF-Dokumentation bzw. Online-Hilfe zur Verfügung.

5.1.1 Die Benutzeroberfläche von BORIS

Nachfolgende Grafik zeigt das BORIS-Hauptfenster mit seinen einzelnen Komponenten. Das Fenster enthält neben den Windows-Standardkomponenten die folgenden Bestandteile:

- Eine erste horizontale Toolbar (Steuer-Toolbar) unterhalb des Menüs. Diese Toolbar enthält Schaltflächen für die am häufigsten benutzten Befehle. Über OPTIONEN | TOOLBARS | SYSTEMTOOLBAR SICHTBAR kann die Toolbar wechselweise zu- oder abgeschaltet werden.
- Eine zweite, in mehrere Paletten aufgeteilte horizontale Toolbar (Systemblock-Toolbar). Sie ermöglicht den direkten Zugriff auf alle Systemblöcke. Die Palette *Favoriten* kann vom Anwender beliebig konfiguriert werden. Über OPTIONEN | TOOLBARS | SYSTEMBLOCKTOOLBAR SICHTBAR kann die Toolbar wechselweise zu- oder abgeschaltet werden.
- Eine vertikale Toolbar am rechten Fensterrand (Farb-Toolbar). Über diese ist ein schnelles Ändern der Farbe von Verbindungen oder Kommentartexten möglich.
- Eine Statuszeile am unteren Fensterrand. Sie gibt die Anzahl der aktuell vorhandenen Systemblöcke, die Anzahl der selektierten bzw. passiv gesetzten Blöcke sowie die aktuellen Simulationsparameter in der Form $T = T_{\mathrm{Simu}}\ (\Delta T)$ an. Dabei ist T_{Simu} die Simulationsdauer und ΔT die Simulationsschrittweite.

  Während der Simulation zeigt die Statuszeile den Fortlauf der Simulation an, sofern diese Option nicht deaktiviert wurde. Am linken Rand der Statuszeile zeigen fünf Icons den aktuellen Systemzustand an:

  Autorouter aktiv

  System wurde seit der letzten Änderung noch nicht gespeichert

  Simulation läuft

[*] Das Simulationssystem BORIS sowie der in Abschnitt 5.2 vorgestellte *Flexible Animation Builder* sind Bestandteile des im Hause des Autors entwickelten Programmpakets *WinFACT* [42] und befinden sich auf der Begleit-CD zum Buch (siehe Abschnitt *Begleit-Software zum Buch* im Anhang).

Breakpoint aktiv

Optimierung läuft

- Das eigentliche Zeichenfenster zur Anzeige der Systemstruktur. Es ist über seine Bildlaufleisten sowohl in vertikaler als auch in horizontaler Richtung scrollbar. Zu Beginn befindet sich der sichtbare Ausschnitt in der linken oberen Ecke. Dieser Ausgangszustand kann jederzeit über OPTIONEN | BILDAUSSCHNITT IN URSPRUNG wiederhergestellt werden. Das Zeichenfenster weist standardmäßig ein Punktraster auf, an dem alle Systemblöcke mit der linken oberen Ecke ausgerichtet werden. Über die Menüfolge OPTIONEN | AN RASTER AUSRICHTEN lässt sich das automatische Ausrichten deaktivieren; die Systemblöcke sind dann beliebig platzierbar. Die Anzeige des Rasters selbst lässt sich über OPTIONEN | RASTER ANZEIGEN ausschalten.

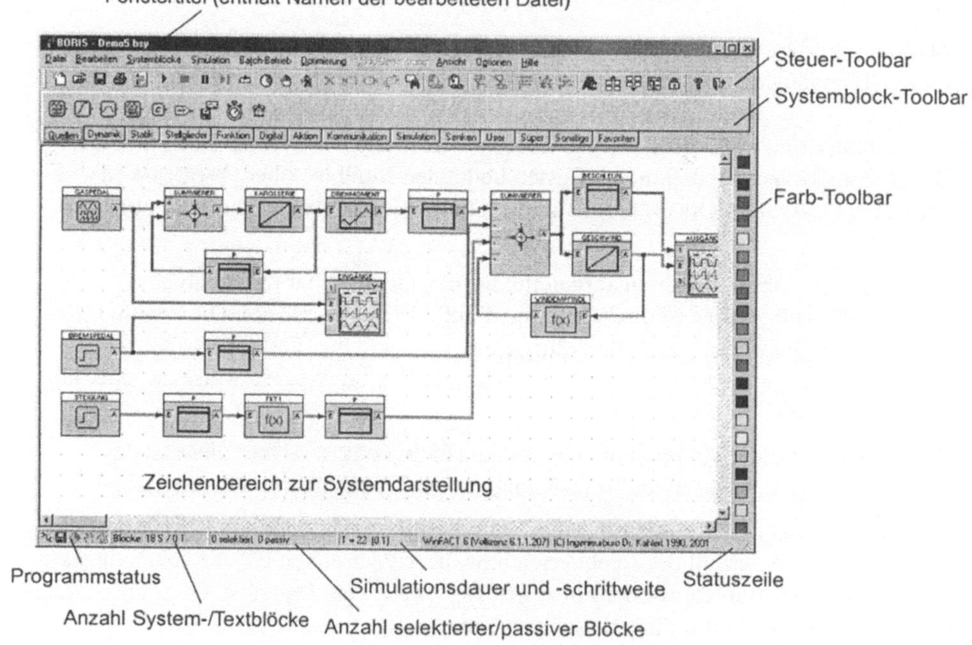

Aufbau des BORIS-Hauptfensters

5.1.2 Arbeiten mit Systemblöcken

5.1.2.1 Die Systemblock-Bibliothek von BORIS

Die Systemblock-Bibliothek von BORIS weist eine breite Palette unterschiedlicher Blocktypen auf. Die Systemblocktypen sind aufgeteilt in folgende Typklassen, die jeweils auf einer eigenen Palette der Systemblock-Toolbar zusammengefasst sind:

Quellen

In diese Gruppe gehören diejenigen Systemblocktypen, die Eingangssignale für das System liefern (z. B. Generator, Datei-Eingabe).

Dynamik

Hierunter fallen alle linearen und nichtlinearen dynamischen Systeme, beginnend beim P-Glied bis hin zu frei parametrierbaren Übertragungsfunktionen und Dgl.-Systemen.

Statik

Dies sind im Wesentlichen nichtlineare Kennlinien- bzw. Kennfeldglieder (Beispiele: Begrenzer, Tote Zone).

Stellglieder

Diese Klasse enthält Blöcke, die das Verhalten realer industrieller Stellglieder nachbilden.

Funktion

Als Funktionsblöcke werden diejenigen Blocktypen bezeichnet, die nicht als Übertragungssysteme im herkömmlichen Sinne anzusehen sind. Hierzu gehören insbesondere Summierer und andere Verknüpfer mehrerer Eingangsgrößen.

Digital

Diese Klasse enthält solche Blöcke, deren Ausgangsgröße nur die binären Zustände high (logisch 1) bzw. low (logisch 0) annehmen kann. Die entsprechenden Pegel können über SYSTEMBLÖCKE | DIGITALBLÖCKE | PEGEL vorgegeben werden.

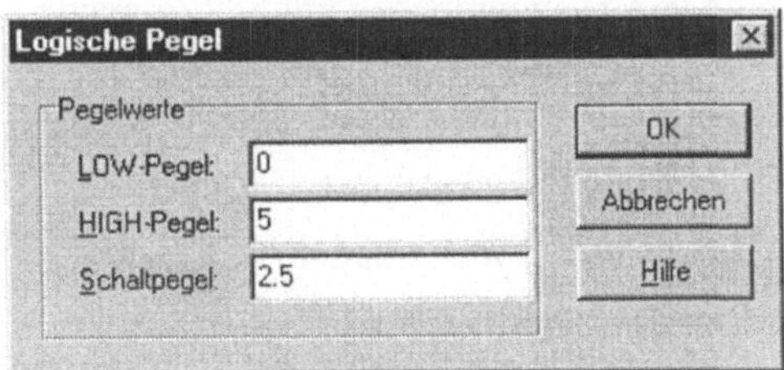

Vorgabe der Logik-Pegel für Digitalbausteine

Der Wert für den *Schaltpegel* gibt dabei den Schwellwert an, ab dem ein digitaler Eingangswert als logisch 1 angesehen wird. Voreingestellt sind die Werte 0 für LOW, 5 für HIGH und 2.5 für den Umschaltwert (entsprechend TTL).

Aktion

Dies sind Blöcke, die dem Benutzer einen interaktiven Eingriff gestatten (z. B. Schalter).

Kommunikation

Diese Gruppe umfasst Blöcke zur Kommunikation über DDE oder das TCP/IP-Protokoll.

Simulation

Hierunter fallen Blöcke, die die Simulationssteuerung selbst betreffen.

Senken

Diese Typklasse umfasst all jene Blöcke, die lediglich einen bzw. mehrere Eingänge besitzen. Dies sind in der Regel Blocktypen zur Visualisierung oder Weiterverarbeitung von Simulationsergebnissen (Beispiel: Oszillograph, File-Output). Erstere weisen neben dem Systemblock im Zeichenfenster zusätzlich noch das eigentliche *Anzeigefenster* auf, innerhalb dessen die Simulationsergebnisse dargestellt werden. Beim Einfügen eines solchen Blocks wird dieses Anzeigefenster zunächst in Symboldarstellung mit einem typspezifischen Icon dargestellt. Zur Simulation können alle Anzeigefenster über ANSICHT | ALLE ANZEIGEFENSTER ZEIGEN in Normalgröße dargestellt werden. Entsprechend können sie über ANSICHT | ALLE ANZEIGEFENSTER VERBERGEN jederzeit wieder in die Symboldarstellung zurückversetzt werden. Das Anzeigefenster weist jeweils den gleichen Titel auf wie der Systemblock selbst. Die Parametrierung von Ausgangsblöcken kann wahlweise durch einen Doppelklick auf den Systemblock oder innerhalb des Anzeigefensters erfolgen. Bei einigen der Ausgangsblöcke sind die Anzeigefenster zudem in ihrer Größe veränderbar (z. B. Oszillograph).

Sonstige

Diese Klasse enthält alle Blöcke, die nicht eindeutig einer der vorgenannten Gruppen zugeordnet werden können.

5.1.2.2 Einfügen und Bearbeiten von Systemblöcken

Das Einfügen und Bearbeiten von Systemblöcken umfasst folgende Möglichkeiten:

- *Einfügen* neuer Blöcke aus der Systemblock-Bibliothek
- *Selektieren* einzelner Blöcke oder Blockgruppen
- *Verschieben* einzelner Blöcke oder Blockgruppen
- *Löschen* einzelner Blöcke oder Blockgruppen
- *Drehen* einzelner Blöcke
- *Kopieren* und *Einfügen* einzelner Blöcke oder Blockgruppen
- *Deaktivieren* (Passiv setzen) einzelner Blöcke oder Blockgruppen
- *Parametrieren* einzelner Blöcke
- Ändern der *Blockgröße*

Nachfolgend werden nur die wichtigsten dieser Operationen kurz angesprochen.

Um einen neuen Block *einzufügen*, gibt es drei verschiedene Möglichkeiten:

- Sie klicken mit der linken Maustaste die entsprechende Schaltfläche in der Systemblock-Toolbar an. Der Block wird dann automatisch an einer freien Stelle auf dem Arbeitsblatt platziert.

- Sie wählen den entsprechenden Blocktyp aus dem SYSTEMBLÖCKE-Untermenü des Hauptmenüs. Auch in diesem Fall wird der Block automatisch platziert.
- Sie klicken mit der linken Maustaste die entsprechende Schaltfläche in der Systemblock-Toolbar an, halten die Maustaste gedrückt und ziehen den Block per Drag & Drop an den gewünschten Ort. Beim Loslassen der Maustaste wird der Block dann dort platziert.

Letztere Vorgehensweise empfiehlt sich vor allem dann, wenn bereits eine Vielzahl von Blöcken auf dem Arbeitsblatt platziert wurde.

Zur *Selektion* einzelner Blöcke oder ganzer Blockgruppen gibt es ebenfalls verschiedene Möglichkeiten:

- Einen einzelnen Block selektieren Sie durch einfaches Anklicken mit der Maus. War zuvor ein anderer Block selektiert, so wird dessen Selektion zurückgenommen.
- Sollen zusätzlich weitere Blöcke selektiert werden, so erreichen Sie dies, indem Sie diese bei festgehaltener <Shift>- oder <Strg>-Taste anklicken. Ein nochmaliges Anklicken eines bereits selektierten Blocks nimmt die Selektion wieder zurück.
- Alternativ dazu können Sie ganze Blockgruppen durch Aufziehen eines Rechtecks mit festgehaltener linker Maustaste selektieren. Alle Blöcke, die vollständig im Rechteck liegen, werden dabei selektiert.
- Über die Menüoption BEARBEITEN | ALLE BLÖCKE SELEKTIEREN lassen sich alle Blöcke gleichzeitig selektieren.

Das Anklicken einer beliebigen freien Stelle innerhalb des Zeichenbereichs nimmt alle Selektionen zurück.

Zum *Verschieben* eines Blocks oder mehrerer Blöcke gehen Sie wie folgt vor:

- Selektieren Sie zunächst den zu verschiebenden Block bzw. die zu verschiebenden Blöcke.
- Klicken Sie mit der linken Maustaste den Innenbereich des zu verschiebenden Blocks bzw. – bei der Verschiebung einer Blockgruppe – den Innenbereich eines beliebigen selektierten Blocks an und verschieben Sie die Blöcke bei festgehaltener Maustaste in gewünschter Weise. Der Cursor wechselt dabei zur Kreuzform. Bei Erreichen des Fensterrands erfolgt automatisches Scrollen.

Nach der Verschiebung werden die Blöcke gegebenenfalls so ausgerichtet, dass sie sich nicht überlappen.

Das *Löschen* von Blöcken kann auf drei Arten erfolgen:

- Durch Selektieren der zu löschenden Blöcke und Wahl der Menüoption BEARBEITEN | BLOCK LÖSCHEN
- Durch Selektieren der zu löschenden Blöcke und Betätigung der Schaltfläche der Steuer-Toolbar

- Durch Selektieren der zu löschenden Blöcke und einen rechten Mausklick. Im daraufhin erscheinenden Popup-Menü wählen Sie die Option LÖSCHEN. Soll nur ein einzelner Block gelöscht werden, kann dieser direkt mit der rechten Maustaste angeklickt werden, ohne dass er zuvor selektiert werden muss.

Eingangs- und Ausgangsverbindungen der gelöschten Blöcke werden automatisch mitgelöscht.

Die *Parametrierung* eines Systemblocks erfolgt am einfachsten durch einen Doppelklick mit der linken Maustaste innerhalb des Blocks. Alternativ dazu kann nach Selektion des Blocks die Menüfolge BEARBEITEN | BLOCK BEARBEITEN aufgerufen werden. Es erscheint dann der blockspezifische Parameterdialog, über den die gewünschten Parameteränderungen vorgenommen werden können. Folgende Grafik zeigt beispielhaft den Parameterdialog für ein schwingfähiges PT_2-Glied.

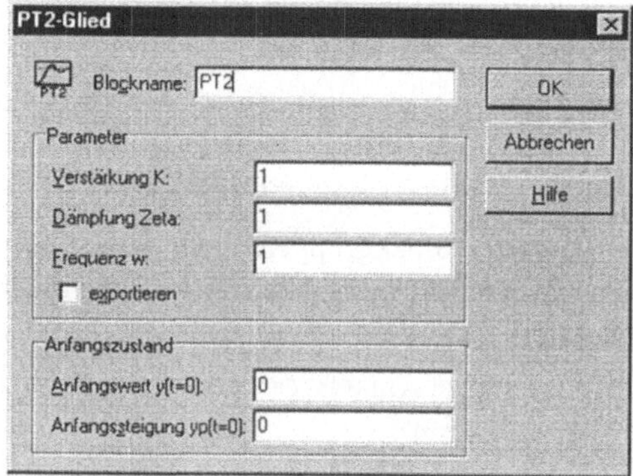

Parameterdialog für schwingfähiges PT_2-Glied

Der Parameterdialog weist – unabhängig vom Blocktyp – am oberen Rand ein Texteingabefeld für den Blocknamen auf, der in der Blockdarstellung jeweils im Titelbalken erscheint. Dieser Blockname entspricht in der Voreinstellung dem Namen des Blocktyps, kann vom Anwender aber beliebig geändert werden. Die Länge des Blocknamens darf jedoch 25 Zeichen nicht überschreiten. Darüber hinaus weist jeder Parameterdialog eine *Hilfe*-Schaltfläche auf, über die Informationen zum jeweiligen Blocktyp angefordert werden können.

5.1.3 Ziehen von Verbindungen

Alle Verbindungen zwischen Blöcken werden mausgesteuert gezogen. Da ein integrierter Autorouter automatisch für rechtwinklige, möglichst kreuzungsfreie Verbindungen sorgt, müssen in der Regel lediglich die beiden zu verbindenden Blöcke angewählt werden. Bei Bedarf kann der Autorouter über OPTIONEN | AUTOROUTER auch deaktiviert werden, sodass die Verbindungen auch manuell gelegt werden können. Der aktuelle Status wird in der Statuszeile grafisch angezeigt.

Um eine automatische Verbindung zu ziehen, gehen Sie wie folgt vor:

- Zunächst ist das Ausgangsfeld des Blocks, von dem die gewünschte Verbindung ausgehen soll, mit der linken Maustaste anzuklicken. Der Mauszeiger wechselt dadurch seine Form und stellt nunmehr einen stilisierten Lötkolben dar. Ein *A* neben dem Cursor weist auf den aktivierten Autorouter hin.

- Jetzt kann das Eingangsfeld des Zielblocks angewählt und durch einen Mausklick mit der linken Taste bestätigt werden. Sobald Sie sich über einem zulässigen Eingangsfeld befinden, wechselt der Cursor seine Farbe auf schwarz und es erscheint zusätzlich ein stilisiertes Fadenkreuz. Während der Mausbewegung wird vom Ausgangsblock ein "Gummiband" nachgeführt. Bei Erreichen des Zeichenfensterrands erfolgt ein automatisches Scrollen. Soll eine begonnene Verbindung rückgängig gemacht werden, so erreicht man dies durch Anklicken einer beliebigen freien Stelle innerhalb des Zeichenfensters.

Nach regulärer Beendigung der Verbindung wird diese automatisch mit entsprechender Bepfeilung eingezeichnet. Die Verbindungen werden so gelegt, dass möglichst keine anderen Systemblöcke geschnitten werden. Sollte dies dennoch einmal vorkommen, kann man in den meisten Fällen durch leichtes Verschieben einzelner Blöcke den gewünschten Zustand herstellen. Verbindungen, die von demselben Blockausgang stammen, werden vom Autorouter in der Regel automatisch zusammengefasst.

Um eine einzelne Verbindung zu löschen, gehen Sie wie folgt vor:

- Klicken Sie mit der rechten Maustaste auf das Blockeingangs- bzw. -ausgangsfeld, in das die gewünschte Verbindung läuft.
- Wählen Sie im daraufhin erscheinenden Popup-Menü die Option LÖSCHEN.

Wollen Sie alle Verbindungen eines Blocks gleichzeitig löschen, so erreichen Sie dies wie folgt:

- Selektieren Sie den Block.
- Wählen Sie im Hauptmenü die Option BEARBEITEN | VERBINDUNGEN | EINGANGSVERBINDUNGEN LÖSCHEN bzw. BEARBEITEN | VERBINDUNGEN | AUSGANGSVERBINDUNGEN LÖSCHEN oder betätigen Sie in der System-Toolbar die Schaltfläche bzw. .

5.1.4 Steuerung der Simulation

5.1.4.1 Simulationsparameter

Bevor die Simulation gestartet werden kann, müssen in der Regel die Simulationsparameter gewählt werden. Der Dialog zur Wahl der Simulationsparameter wird über SIMULATION | PARAMETER... bzw. die Schaltfläche verfügbar und ist in vier Paletten aufgeteilt.

Grundeinstellungen

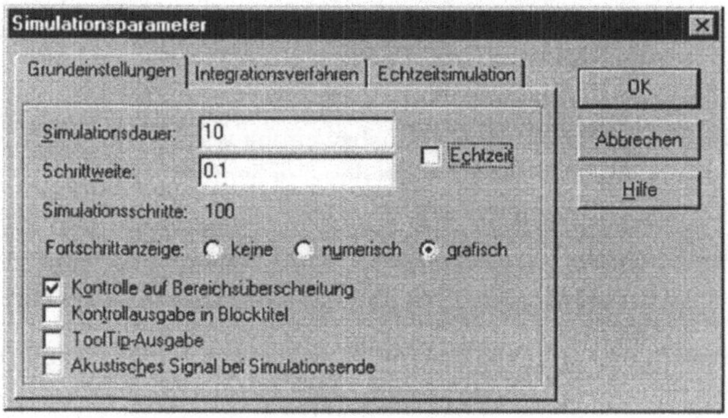

Palette *Grundeinstellungen*

Die einzelnen Optionen haben nachfolgende Bedeutungen:

Option	Bedeutung
Simulationsdauer	Die Simulationsdauer T_{Simu} gibt an, bis zu welchem Zeitpunkt die Simulation durchgeführt wird, sofern sie nicht vorher vom Anwender abgebrochen wird.
Schrittweite	Die Simulationsschrittweite ΔT gibt die Diskretisierungsschrittweite für die Simulation an und beeinflusst damit die Genauigkeit der erhaltenen Simulationsergebnisse. Wird ΔT zu groß gewählt, entstehen Diskretisierungsfehler, die im Extremfall zu einer völligen Verfälschung der Ergebnisse durch numerische Instabilität führen können. Als Anhaltspunkt für eine geeignete Wahl gilt, dass ΔT etwa 1/10 der kleinsten im System vorkommenden Zeitkonstanten nicht überschreiten sollte (s. auch *Integrationsverfahren*).
Echtzeit	Ist dieses Optionsfeld markiert, erfolgt die Simulation in Echtzeit, d. h. die unter *Schrittweite* eingestellte Simulationsschrittweite entspricht der tatsächlichen Zeit zwischen zwei Simulationsschritten.
Fortschrittanzeige	Diese Einstellung legt fest, auf welche Art der Fortlauf der Simulation angezeigt wird. In der Einstellung *grafisch* erfolgt die Anzeige in Form eines fortlaufenden Balkens in der Statuszeile, in der Einstellung *numerisch* durch Angabe der verstrichenen Zeit. Bei zeitkritischen Simulationen empfiehlt sich die Einstellung *keine*.
Kontrolle auf Bereichsüberschreitung	Ist diese Option aktiviert, so werden alle Zustandsgrößen des Systems bei jedem Simulationsschritt überprüft. Überschreitet eine der Größen betragsmäßig den Wert 10^{20}, so wird die Simulation mit einer entsprechenden Meldung abgebrochen. Da diese Überprüfung auf Bereichsüberschreitung einen erhöhten Rechenaufwand mit sich bringt, verläuft die Simulation bei aktiver Überprüfung geringfügig langsamer.

Kontrollausgabe in Blocktitel Diese Option ist besonders nützlich bei der Suche nach Fehlern innerhalb der Systemstruktur. Ist sie aktiviert, erscheint während der Simulation im Blocktitel jedes Blocks (Ausnahme: Superblöcke) die aktuelle Ausgangsgröße des Blocks. Bei Blöcken mit mehreren Ausgängen kann allerdings nur der erste Ausgang angezeigt werden.

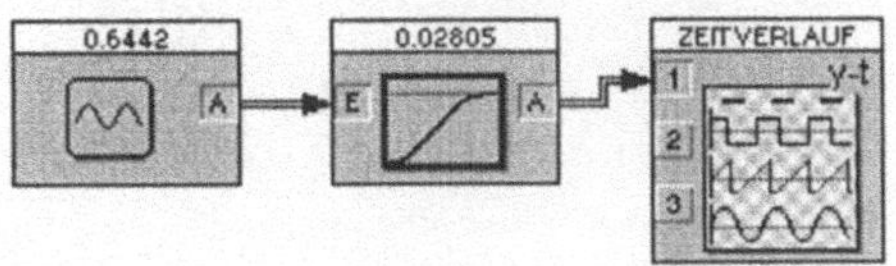

Kontrollausgabe in Blocktitel

ToolTip-Ausgabe Ist diese Option aktiviert, erscheint beim Überstreichen von Block-ein- und -ausgängen mit der Maus ein kleines Fenster (*ToolTip*-Fenster), in dem der zugehörige Signalwert angezeigt wird.

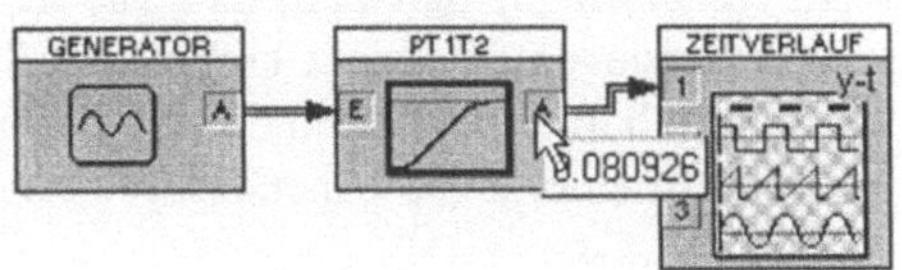

ToolTip-Ausgabe

Akustisches Signal bei Simulations-ende Über diese Option kann ein Signalton bei Beendigung bzw. Abbruch der Simulation erzeugt werden.

Integrationsverfahren

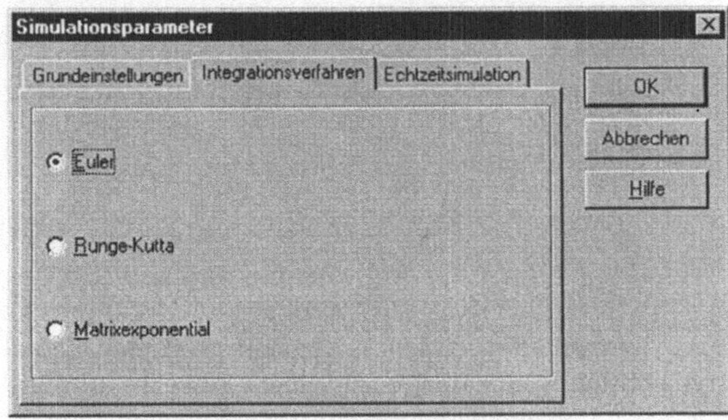

Palette *Integrationsverfahren*

Diese Palettenseite erlaubt die Wahl des numerischen Integrationsverfahrens zur Simulation der dynamischen Systemkomponenten. In der aktuellen Version von BORIS sind das explizite *Euler*-Verfahren, das *Runge-Kutta*-Verfahren 4. Ordnung sowie das Matrizenexponentialverfahren verfügbar.

Echtzeitsimulation

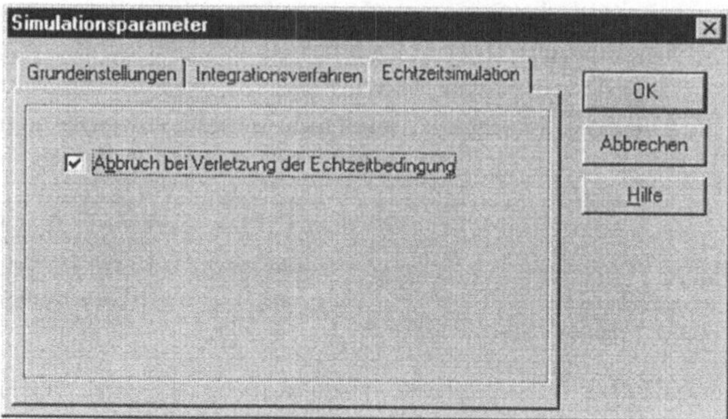

Palette *Echtzeitsimulation*

Das Optionsfeld *Abbruch bei Verletzung der Echtzeitbedingung* bestimmt das Verhalten von BORIS bei Echtzeitsimulation für den Fall, dass die gewünschte Simulationsschrittweite aus irgendeinem Grund (z. B. wegen einer sehr komplexen Systemstruktur mit vielen rechenintensiven Blöcken) nicht eingehalten werden kann. Ist die Option aktiviert, bricht BORIS die Simulation in diesem Fall mit einer entsprechenden Warnmeldung ab.

Priorität des Simulations-Threads

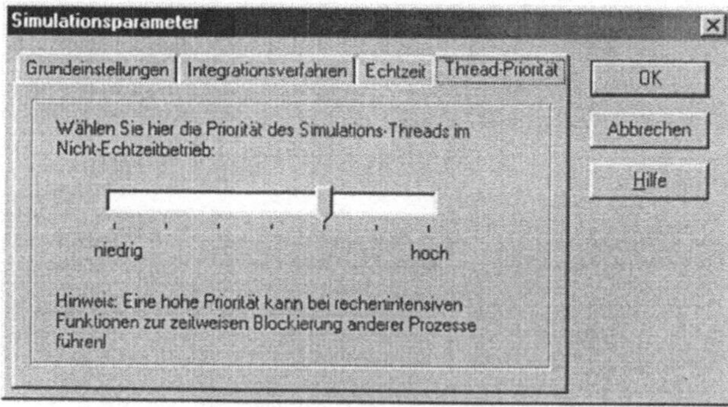

Palette *Thread-Priorität*

Simulation und Ausgabe laufen in BORIS in verschiedenen Programmfäden (Threads) ab. Für den Nicht-Echtzeitbetrieb kann über diese Palette die Priorität des Simulations-Threads eingestellt werden. Je höher diese gewählt wird, umso schneller läuft die eigentliche Simulation ab, umso seltener erfolgt allerdings eine Auffrischung der Ausgabe (z. B. des Simulationsfortschrittes in der Statuszeile). Um eine kontinuierliche Auffrischung zu erreichen, kann die Priorität des Simulations-Threads ggf. auf Kosten einer niedrigeren Simulationsgeschwindigkeit herabgesetzt werden.

5.1.4.2 Betriebsartensteuerung

Die Steuerung der Simulation erfolgt zweckmäßigerweise über die entsprechenden Schaltflächen der System-Toolbar, kann bei Bedarf aber auch über die jeweiligen Optionen des Untermenüs SIMULATION vorgenommen werden. Nachfolgende Tabelle gibt zunächst eine Übersicht über die entsprechenden Optionen.

Symbol	Menüoption SIMULATION |	Funktion
	START	Startet die Standard-Simulation
	STOP	Stoppt die Simulation
	PAUSE | EINZEL-SCHRITTMODUS	Aktiviert bzw. deaktiviert den Einzelschrittmodus
	EINZELSCHRITT AUSFÜHREN	Führt einen Einzelschritt aus
	START ENDLOSSIMULATION	Startet eine Endlossimulation
	BREAKPOINT SETZEN...	Setzt einen Breakpoint
	BREAKPOINT LÖSCHEN	Löscht einen Breakpoint

In der Standard-Betriebsart wird die Simulation über die Menüfolge SIMULATION | START bzw. die System-Toolbar gestartet. BORIS überprüft nun zunächst, ob eine algebraische Schleife vorliegt oder einer der vorhandenen Systemblöcke unzulässig parametriert wurde. Gegebenenfalls wird eine entsprechende Warnung ausgegeben.

Eingänge von Systemblöcken können für die Simulation offen bleiben; sie werden in der Regel zu null bzw. in Sonderfällen auf andere Vorgabewerte gesetzt. Dadurch ist es beispielsweise bei speziellen Simulationsaufgaben (z. B. Simulation eines freien Systems mit vorgegebenen Anfangswerten) möglich, die Simulation zu starten, ohne zusätzlich einen Generator mit der Ausgangsgröße null einzusetzen.

Ist die Fehlerprüfung negativ verlaufen, so wird die Simulation gestartet. Während der Simulation wird die bereits verstrichene Simulationsdauer in der Statuszeile des Hauptfensters protokolliert, sofern diese Option aktiviert wurde.

In der Standard-Betriebsart wird die Simulation bis zu der über die Simulationsdauer vorgegebenen Zeit durchgeführt, falls nicht zuvor ein Breakpoint erreicht wurde oder ein Benutzerabbruch erfolgte.

Im Gegensatz zur Standard-Simulation wird die vorgegebene Simulationsdauer bei einer Endlossimulation ignoriert. Die Simulation kann daher nur vom Anwender (bzw. ggf. auch über einen SIMCANCEL-Block) abgebrochen werden.

Der Anwender kann jederzeit während oder auch bereits vor der Simulation in den so genannten *Einzelschrittmodus* wechseln. Wird der Einzelschrittmodus aktiviert, so erfolgt eine Unterbrechung der Simulation (Pause) und es kann im Folgenden jeder Simulationsschritt einzeln freigegeben werden, bis der Einzelschrittmodus wieder verlassen wird. Diese Betriebsart eignet sich damit insbesondere für ein detailliertes Nachvollziehen bestimmter Simulationsbereiche. Der Einzelschrittmodus kann auch durch das Setzen von Breakpoints oder einen SIMCANCEL-Block automatisch aktiviert werden.

Die Simulation kann vom Anwender jederzeit vor ihrem regulären Ende abgebrochen werden. Dazu dient die Menüoption SIMULATION | STOP. Ist der Einzelschrittmodus aktiviert, so bleibt er dies auch nach Abbruch der Simulation!

Durch das Setzen von so genannten *Breakpoints* (Haltepunkten) kann ein automatisches Umschalten in den Einzelschrittmodus zu einem festgelegten Zeitpunkt erfolgen.

Breakpoint setzen

Breakpoint bei t = 5

OK Abbrechen Hilfe

Setzen eines Breakpoints (hier für $t = 5$)

Erreicht die Simulation den vorgegebenen Zeitpunkt, erfolgt eine automatische Umschaltung in den Einzelschrittmodus. Mit Hilfe dieser Funktion lässt sich damit ein vorgegebener Zeitpunkt exakt anfahren, ohne dass die Simulation "per Hand" (und damit i. Allg. recht ungenau) an dieser Stelle unterbrochen wird.

5.1.5 Visualisierung und Weiterverarbeitung von Simulationsergebnissen

BORIS bietet eine Vielzahl von Systemblöcken, mit denen eine Visualisierung oder sonstige Weiterverarbeitung von Simulationsergebnissen (beispielsweise mit Hilfe anderer Programme wie EXCEL etc.) möglich ist. Ein Großteil dieser Systemblocktypen befindet sich auf der Palette *Senken*.

Systemblock-Palette *Senken*

Nachfolgende Tabelle enthält jeweils eine Kurzbeschreibung der wichtigsten Blöcke der Palette.

Icon	Funktion
	y-t-Plotter zur Darstellung von bis zu drei Zeitverläufen. Diese können messtechnisch ausgewertet, gespeichert sowie im WMF-Format exportiert werden. Außerdem kann anhand einer Sprungantwort die Bestimmung von Verzugs- und Ausgleichszeit erfolgen.
	Mehrfachplotter zur Darstellung eines Signalverlaufs über mehrere Simulationen hinweg. Dieser Block ist insbesondere für die Auswertung ganzer Simulationsreihen (z. B. bei Modifikation bestimmter Systemparameter) im Batch-Betrieb geeignet.
	x-y-Plotter zur Darstellung von Trajektorien.
	FFT-Plotter zur Transformation von Zeitverläufen in den Frequenzbereich (Darstellung des Signalspektrums).
	Bode-Plotter zur Ermittlung des Frequenzgangs (Betrags- und Phasenkennlinie) eines Systems.
	y-t-Schreiber (Recorder) zur Darstellung von bis zu drei Zeitverläufen über einen längeren Zeitraum.
	Dateiausgabe für ein einzelnes Signal (ASCII-Datei).
	Tabellen-Dateiausgabe für bis zu 49 Signale im EXCEL-Format. Dieser Blocktyp bietet eine Vielzahl von Optionen zur Anpassung an unterschiedliche Formate.
	Virtuelles Instrument in Form eines Zweikanal-Oszilloskops.
	Virtuelles Instrument in Form eines Analog-Multimeters.
	Virtuelles Instrument in Form eines Digital-Multimeters.
	Virtuelles Instrument in Form einer Balkenanzeige (Bargraph).
	Virtuelles Instrument in Form einer Statusanzeige.

Zur Kommunikation mit Programmen anderer Anbieter (z. B. EXCEL, LabView oder Prozessvisualisierungssystemen) stehen auf der Systemblock-Palette *Kommunikation* einige weitere Systemblocktypen zur Verfügung.

Systemblock-Palette *Kommunikation*

Nachfolgende Tabelle beschreibt die Funktionalität der Blocktypen in aller Kürze.

Icon	Funktion
	DDE-Eingang. Ermöglicht das Einlesen von Daten aus einem DDE-Server (z. B. EXCEL).
	DDE-Ausgang. Ermöglicht die Ausgabe von Daten an einen DDE-Server (z. B. EXCEL).
	TCP-Client-Eingang. Ermöglicht das Einlesen von Daten aus einem TCP/IP-Server.
	TCP-Server-Eingang. Ermöglicht das Empfangen von Daten aus einem TCP/IP-Client.
	TCP-Client-Ausgang. Ermöglicht das Senden von Daten an einen TCP/IP-Server.
	TCP-Server-Ausgang. Ermöglicht das Senden von Daten an einen TCP/IP-Client.

5.1.6 Weitere Programmmerkmale

Über die im Rahmen der vorangegangenen Abschnitte beschriebene Funktionalität hinaus bietet BORIS insbesondere für fortgeschrittene Anwender eine Vielzahl weiterer Leistungsmerkmale, von denen die wichtigsten kurz stichpunktartig aufgezählt werden sollen:

- Anbindung benutzerdefinierter Funktionsblöcke über DLLs
- Definition hierarchischer Makros (Superblöcke)
- Kommentartexte und Gruppenrahmen
- Verwaltung von Alarmen/Meldungen
- Zugriffsschutz für Systemdateien
- Revisions-Kontrollsystem
- Simulationen im Batch-Betrieb
- Numerische Parameteroptimierung auf der Basis von Evolutionsstrategien
- Prozessankopplung über A/D- und D/A-Wandlerkarten, serielle Messmodule, Prozessleitsysteme etc.
- Überführung beliebiger Systemstrukturen in ANSI-C-Code durch den leistungsfähigen AutoCode-Generator

Ausführliche Hinweise dazu finden Sie in der Programmdokumentation bzw. Online-Hilfe.

5.2 Prozessvisualisierung mit dem Flexible Animation Builder

5.2.1 Leistungsumfang des Moduls

Der *Flexible Animation Builder* (kurz *FAB*) erlaubt die komfortable Erstellung einfacher bis komplexer Prozessvisualisierungen, Animationen und Bedienoberflächen für das blockorientierte Simulationssystem BORIS ohne jegliche Programmierung. Dazu stellt der FAB folgende Grundelemente zur Verfügung [34]:

- Linien und Polylinien
- Kreise, Ellipsen, Rechtecke und abgerundete bzw. schattierte Rechtecke
- Dreiecke und Parallelogramme (drehbar)
- y-t- und x-y-Grafiken
- Mehrspaltige Tabellen
- Bitmaps und Windows-Metafiles
- Bitmap-Statusanzeigen und Bitmap-Sequenzen (animierte Bitmaps)
- *Video für Windows*-Dateien (AVI-Dateien)
- Sound-Unterstützung (WAV-Dateien)
- Statische Texte und Textmeldungen
- Zeit- und Datumsfelder
- Numerische Ausgabefelder
- Horizontale und vertikale Balkenanzeigen, Ablaufanzeigen, Thermometer
- LED-Anzeigen (rund oder rechteckförmig) und LCD-Panels
- Analoginstrumente (skalierbar)
- Schalter und Taster (wahlweise mit Text und/oder Grafik) sowie Bitmap-Schaltflächen und Schaltergruppen
- Schaltflächen mit Sonderfunktionen (z. B. zur Simulationssteuerung)
- Editierfelder
- Schaltfelder (Checkboxen)
- Listenfelder, Kombinations-Listenfelder und Radioschalter-Gruppen
- Maus-sensitive Infotexte
- Horizontale und vertikale Schieberegler
- Horizontale und vertikale Leitungen (animiert)
- Tanksysteme
- Ventile, Hydraulikzylinder, Pumpen, Motoren und Laufbänder (animiert)
- Dynamische Farbfüllungen
- Vorgefertigte Animationen

Alle grafischen Elemente und Bedienelemente können beliebig miteinander verknüpft werden. Durch die Möglichkeit, die meisten Elementeigenschaften (z. B. Position oder Größe) an einzelne Blockein- oder -ausgänge anzukoppeln, lassen sich statische und dynamische Visualisierungen jeglicher Art realisieren. Weiterhin besteht die Möglichkeit, einzelne Elemente unabhängig voneinander zu- oder abzuschalten. Nachfolgende Abschnitte bieten lediglich eine knappe Einführung in die Benutzung des Animation Builders; detaillierte Informationen können der zugehörigen PDF-Dokumentation bzw. Online-Hilfe entnommen werden.

5.2.2 Einfügen eines FAB-Moduls

Der *Flexible Animation Builder* ist eine spezielle User-DLL (benutzerdefinierter Blocktyp) für BORIS, die zunächst wie alle anderen User-DLLs gehandhabt wird. Es gibt daher drei verschiedene Möglichkeiten, ein FAB-Modul in eine Systemstruktur einzufügen:

- Durch Einfügen eines leeren User-DLL-Blocks und Angabe des Dateinamens für das FAB-Modul. Befindet sich Ihre WinFACT-Installation z. B. im Verzeichnis C:\PROGRAMME\KAHLERT\WINFACT 6, so lautet der Dateiname für das FAB-Modul *C:\ PROGRAMME\KAHLERT\WINFACT 6\FAB.DLL*. Dieser Weg ist der umständlichste von allen.
- Durch Aufruf des Moduls über das BORIS-Hauptmenü. Sie finden den Block dann unter SYSTEMBLÖCKE | USER-DLL-BLÖCKE | FLEXIBLE ANIMATION BUILDER.
- Über die Schaltfläche der Palette *User* der Systemblock-Toolbar (siehe nachfolgende Grafik). Dies ist der einfachste Weg.

Das FAB-Modul in der BORIS-Systemblock-Palette *User*

Die nachfolgende Bildschirmgrafik zeigt das BORIS-Hauptfenster nach Einfügen eines FAB-Moduls.

Neben dem FAB-Block – der zunächst noch keine Ein- oder Ausgänge aufweist – erscheint auch das FAB-Visualisierungsfenster in seiner voreingestellten Größe. Dieses Fenster ist zunächst noch leer; es enthält später die benutzerdefinierte Visualisierung oder Animation sowie die Bedienelemente.

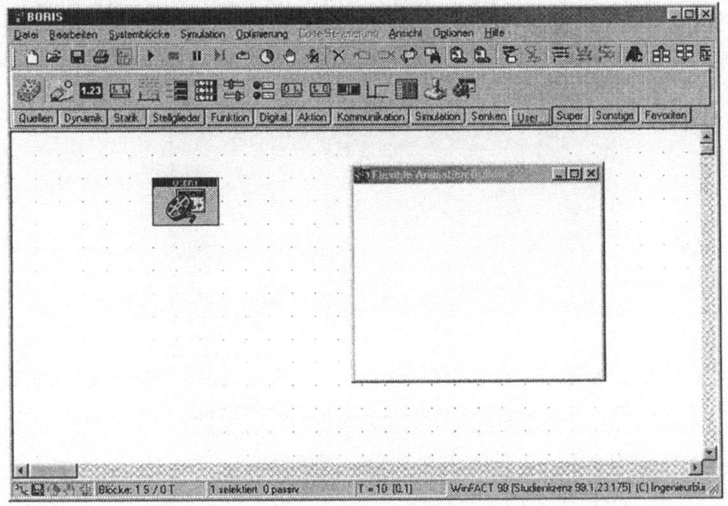

BORIS-Hauptfenster mit eingefügtem FAB-Modul

5.2.3 Konfigurierung der Modulein- und -ausgänge

Zur Konfigurierung des FAB-Blocks steht eine komfortable Benutzeroberfläche zur Verfügung, die über die Schaltfläche *Dialog...* des Standard-Parameterdialogs des User-DLL-Blocks von BORIS aufgerufen wird. Die Benutzeroberfläche besteht aus drei unabhängig voneinander verschiebbaren Fenstern:

- dem eigentlichen Konfigurierungsdialog (siehe unten),
- dem Fenster mit den verschiedenen Grafik- und Bedienelementen (*Elementfenster*),
- dem *I/O*-Kontrollfenster zur Vorgabe von Blockeingangswerten während des Entwurfs bzw. zur Kontrolle der aktuellen Blockausgangswerte.

Die Anzahl der Blockeingänge wird über das Feld *Anzahl der Blockeingänge* vorgegeben. Jeder Blockeingang kann mit einem eigenen Namen versehen werden, der dann später in den entsprechenden Listboxen des User-DLL-Standarddialogs erscheint (Eingabefeld *Name*). Zusätzlich kann jeder Eingang über die Eingabefelder *Faktor* und *Offset* umskaliert werden, um z. B. physikalische Eingangsgrößen des Blocks an das spätere Grafik-Koordinatensystem anzupassen; eine externe Beschaltung des Blocks mit entsprechenden Skalierungsblöcken wird damit überflüssig. Ist *IU1* beispielsweise der aktuelle Eingangswert für Eingang 1, so ergibt sich der skalierte Wert *I1* zu

$$I1 = Faktor1 * IU1 + Offset1.$$

Über die mit *Minimalwert* bzw. *Maximalwert* bezeichneten Eingabefelder können die (ggf. zuvor skalierten) Eingangsgrößen bei Bedarf FAB-intern begrenzt werden. Dies kann etwa in Verbindung mit bestimmten Anzeigeelementen sinnvoll sein, um ein "Überlaufen" der Anzeige zu verhindern. Man erspart sich in diesem Fall die Begrenzung des Eingangswertes über eine entsprechende externe Beschaltung des FAB-Blocks (z. B. mit Begrenzer-Komponenten).

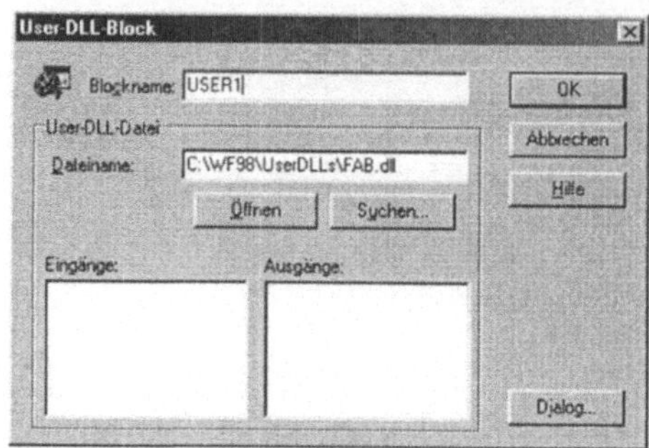

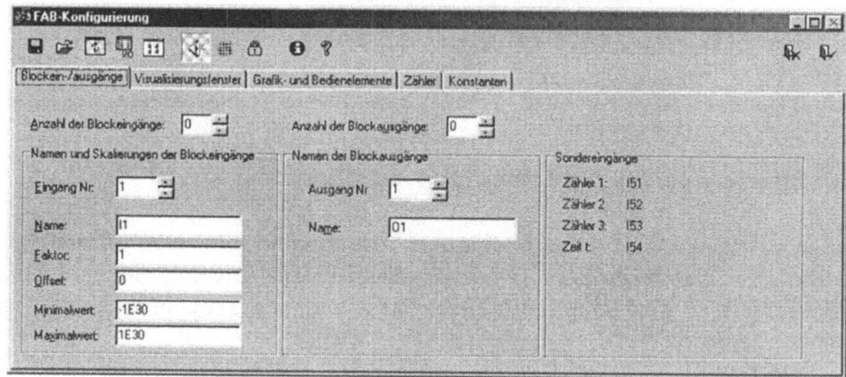

Aufruf des Konfigurierungsdialogs (unten) über den Standard-Parameterdialog des User-DLL-Blocks (oben)

Die Anzahl der Blockausgänge (die später z. B. über Bedienelemente beeinflusst werden sollen) wird über das Feld *Anzahl der Blockausgänge* festgelegt. Die entsprechenden Namen für die einzelnen Ausgänge können – analog zur Festlegung der Blockeingangsnamen – innerhalb der Gruppenbox *Namen der Blockausgänge* spezifiziert werden.

5.2.4 Die FAB-Grafik- und -Bedienelemente

Zur Konfigurierung der Grafik- und Bedienelemente dient die Palette *Grafik- und Bedienelemente* des FAB-Konfigurierungsdialogs. Sie ist nach Anlegen eines neuen FAB-Moduls zunächst leer (siehe nachfolgende Bildschirmgrafik). Die einzelnen Elementtypen befinden sich im frei schwebenden Fenster *Grafik- und Bedienelemente*, dem *Elementfenster*.

Der Dialog enthält zwei Tabellen: Die *Elementtabelle* (links) sowie die *Eigenschaftstabelle* (rechts). Alle aktuell vorhandenen Elemente mit einer benutzerdefinierten Beschreibung (Spalte *Comment*) werden in der Elementtabelle dargestellt. Die jeweiligen Eigenschaften des in der Elementtabelle aktuell selektierten Elements zeigt die Eigenschaftstabelle an. Die Breite der einzelnen Spalten beider Tabellen läßt sich mit der Maus beliebig verändern. Befindet sich die Maus über einem Eintrag, der nicht in voller Breite zu sehen ist, erscheint als Hilfestellung automatisch ein Hintfenster mit dem vollständigen Text. Über *Suche nach Zeichenfolge* kann die *Comment*-Spalte der Elementtabelle nach einer beliebigen Zeichenfolge durchsucht werden.

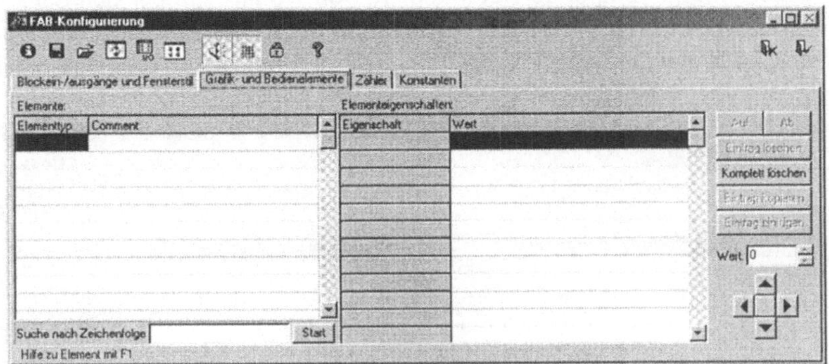

Palette *Grafik- und Bedienelemente* des FAB-Konfigurierungsdialogs (oben) und Elementfenster (unten)

Alle verfügbaren Elementtypen stehen über das Elementfenster zur Verfügung. Um ein neues Element einzufügen, gibt es zwei verschiedene Möglichkeiten:

- Durch einen *Einfachklick* mit der linken Maustaste auf die entsprechende Schaltfläche des Elementfensters fügen Sie das Element *an das Ende* der aktuellen Elementliste an.
- Durch Anklicken der Schaltfläche mit *festgehaltener* linker Maustaste gelangen Sie in den Drag&Drop-Modus und können das Element an eine beliebige Position innerhalb der aktuellen Elementliste ziehen. Das Element wird vor demjenigen Element der Liste eingefügt, über dem es "fallen gelassen" wurde.

Für das Element der jeweils selektierten Zeile der Tabelle kann jederzeit über die Taste F1 eine spezifische Hilfe angefordert werden.

Die Elemente werden später im Visualisierungsfenster in der Reihenfolge erstellt, in der sie sich in der Elementtabelle befinden (von oben nach unten). Diese Reihenfolge kann über die Schalter *Auf* und *Ab* jederzeit beliebig geändert werden. Alternativ dazu können einzelne Einträge der Elementtabelle auch per Drag & Drop verschoben werden. Dazu wird der zu verschiebende Eintrag der Elementtabelle angeklickt und dann bei festgehaltener Maustaste an die gewünschte Zielposition verschoben. Das verschobene Element wird vor demjenigen Eintrag eingefügt, auf dem es "fallen gelassen" wurde.

Über den Schalter *Eintrag kopieren* wird das aktuell selektierte Element mit sämtlichen Elementeigenschaften in eine temporäre Datei kopiert, von wo aus es über den Schalter *Eintrag einfügen* jederzeit wieder hinter das letzte Element der Elementtabelle eingefügt werden kann. Auf diese Weise kann eine einfache Duplizierung eines konfigurierten Elements erfolgen.

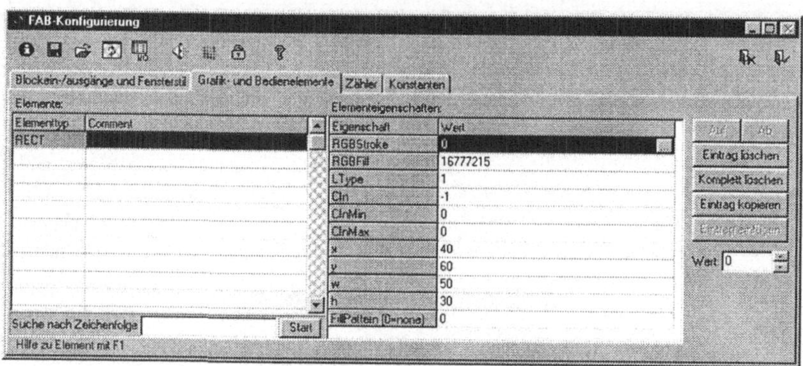

Dialog nach Einfügen eines neuen Elements vom Typ *RECT*

Die aktuellen Werte der Elementeigenschaften (rechte Spalte der Eigenschaftstabelle) werden zur besseren Übersichtlichkeit in verschiedenen Farben dargestellt. Alle Einträge, die als konstante Zahlenwerte (Ganzzahl- oder Fließkommazahl) interpretiert werden können, werden in schwarz dargestellt. Einträge, die als Formeln (siehe später) interpretiert werden können, erscheinen in grüner Schrift. Alle anderen Einträge schließlich werden in blau ausgegeben.

Um ein einzelnes Element zu löschen, klicken Sie zunächst auf eine beliebige Zelle innerhalb der entsprechenden Elementtabellenzeile und betätigen dann die *Eintrag löschen*-Schaltfläche. Um sämtliche Elemente zu löschen, klicken Sie auf die *Komplett löschen*-Schaltfläche. In diesem Fall erscheint vor dem Löschen zunächst eine Sicherheitsabfrage.

Ein einzelnes Grafik- oder Bedienelement kann auch direkt innerhalb des Visualisierungsfensters durch Anklicken mit der Maus selektiert werden. Bei festgehaltener linker Maustaste kann das Element dann mit der Maus beliebig innerhalb des Visualisierungsfensters verschoben werden. Die Koordinaten des Elements werden während des Verschiebevorgangs automatisch in der Eigenschaftstabelle aktualisiert. Weist allerdings eine der Elementkoordinaten einen *Formelausdruck* statt eines festen Zahlenwertes auf (siehe später), so ist ein Verschieben mit der Maus *nicht* möglich, da ansonsten beim Verschiebevorgang der Formelausdruck durch den aktuellen Koordinatenwert überschrieben würde. Um versehentliches Verschieben von Elementen mit der Maus zu verhindern, kann die Verschiebefunktion über die Schaltfläche der Toolbar des Konfigurierungsdialogs auf Wunsch deaktiviert werden.

Eine gleichzeitige Selektierung (und z. B. nachfolgende Verschiebung) mehrerer Elemente ist ebenfalls möglich – und zwar sowohl innerhalb der Elementtabelle als auch direkt im Visualisierungsfenster. Halten Sie dazu während der Selektierung einfach die <Strg>- oder <Shift>-Taste gedrückt oder ziehen Sie im Visualisierungsfenster mit der Maus ein Selektionsrechteck auf. Statt das bzw. die selektierten Elemente mit Hilfe der Maus zu verschieben (was in der Regel nur relativ grob möglich ist), können auch die *Navigationstasten* in der rechten unteren

Dialogecke benutzt werden. Diese erlauben ein pixelgenaues Verschieben der aktuell selektierten Elemente in beliebige Richtungen.

Sämtliche Koordinaten von Grafik- und Bedienelementen sind in Pixeln anzugeben. Dabei wird die x-Koordinate von links nach rechts, die y-Koordinate von oben nach unten angesetzt. Der Punkt (0, 0) liegt dabei in der linken oberen Ecke des Visualisierungsfensters (siehe nachfolgende Grafik).

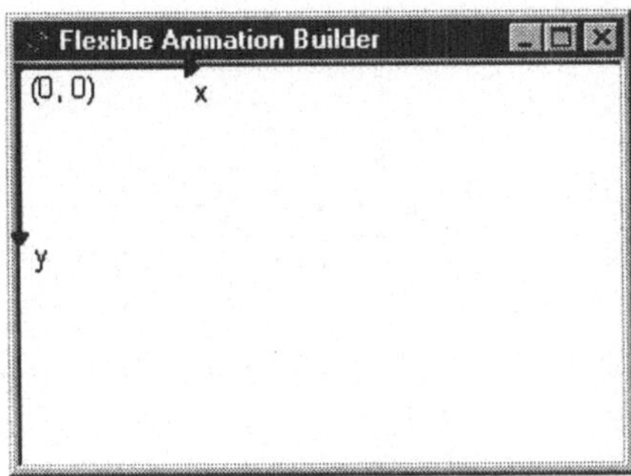

Koordinatensystem des FAB-Visualisierungsfensters

Das Erscheinungsbild der unterschiedlichen Elemente, die der Flexible Animation Builder zur Verfügung stellt, kann über die jeweiligen Elementeigenschaften gesteuert werden. Einige dieser Elementeigenschaften existieren für sämtliche (oder fast sämtliche) Elementtypen; diese sollen hier zunächst erläutert werden.

Eigenschaft	**Bedeutung**
RGBStroke	Stiftfarbe des Elements bzw. Textfarbe bei den Elementtypen *LABEL*, *NUMBER*, *SWITCH*, *BUTTON* und *EDIT*
RGBFill	Füllfarbe des Elements. Wird *RGBFill* auf -1 gesetzt, erhält das Element keine Füllung, erscheint später also transparent.
FillPattern	Füllmuster des Elements (nur von Bedeutung bei geschlossenen Formen wie z. B. *RECT*- oder *CIRCLE*-Elementen). Ist *FillPattern = 0*, wird kein Füllmuster ausgegeben.

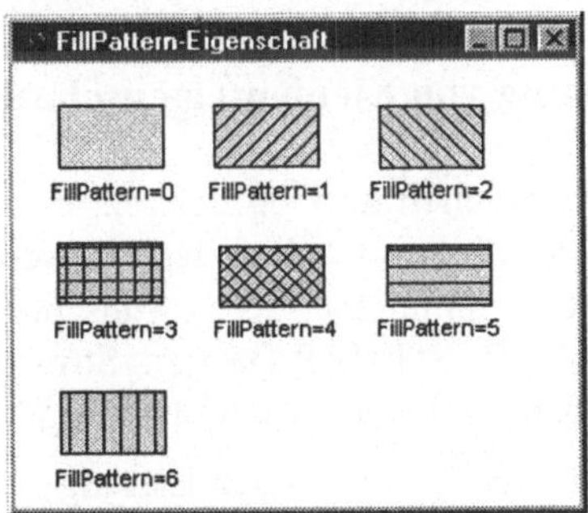

Bedeutung von *FillPattern*

LType Falls *LType* > 0 ist, gibt diese Eigenschaft die Linienbreite in Pixeln an; für *LType* = 0 wird keine Linie gezeichnet. Wird *LType* < 0 gewählt, lassen sich dadurch verschiedene Linientypen darstellen (siehe untenstehende Grafik). Letztere können allerdings nur in 1-Pixel-Breite gezeichnet werden.

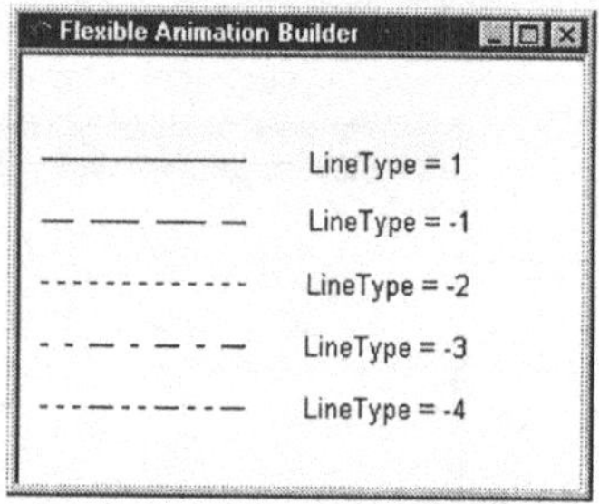

Unterschiedliche Linientypen

CIn Steuereingang für den Anzeigestatus (sichtbar/unsichtbar) des Elements. Ist dieser Wert -1 (Voreinstellung), so ist das Grafikelement immer sichtbar. Ist der Wert z. B. 2, wird der Anzeigestatus über Blockeingang 2 gesteuert. Das Element ist dann sichtbar, wenn der Wert der Eingangsgröße 2 im Bereich [*CInMin*, *CInMax*] (s. u.) liegt.

Bei Bedarf kann der Anzeigestatus auch über einen Block*ausgang* gesteuert werden. Dazu ist für *CIn* die Nummer des Blockausgangs + 100 anzugeben. Beispiel: Ist der Wert z. B. 103, wird der Anzeigestatus über Blockausgang 3 gesteuert. Das Element ist dann sichtbar, wenn der Wert der Ausgangsgröße 3 im Bereich [*CInMin*, *CInMax*] (s. u.) liegt.

CInMin Legt die untere Grenze des Bereichs für den über *CIn* spezifizierten Steuerein- bzw. -ausgang fest, bei dem das Element sichtbar ist.

CInMax Legt die obere Grenze des Bereichs für den über *CIn* spezifizierten Steuerein- bzw. -ausgang fest, bei dem das Element sichtbar ist.

Comment Kommentartext zum Grafikelement (kann vom Anwender frei vergeben werden)

5.2.5 Spezifizierung von Elementeigenschaften

Um eine Elementeigenschaft zu modifizieren, muss diese zunächst durch Anklicken der entsprechenden Zelle der Elementtabelle selektiert werden. Im Anschluss daran kann dann bei den meisten Eigenschaften unmittelbar der gewünschte Wert eingegeben werden. Bei einigen Elementeigenschaften (z. B. BITMAP-Dateien, Stift- oder Füllfarbe, Schriftarten) erfolgt die Änderung über einen entsprechenden Auswahldialog.

Um überhaupt eine dynamische Visualisierung erstellen zu können, muss es möglich sein, bestimmte Elementeigenschaften (z. B. die Position oder Größe eines Elements oder seine

Füllfarbe) mit Blockeingängen (u. U. aber auch mit Blockausgängen) zu verknüpfen. Der *Flexible Animation Builder* bietet dazu weitreichende Möglichkeiten.

Zunächst besitzen einige Elementtypen (z. B. *NUMBER* oder *HBAR*) eine *Input*-Eigenschaft, die die Nummer des Blockeingangs angibt, der vom Element angezeigt werden soll. Wird für ein *NUMBER*-Element z. B. *Input* = 2 gesetzt, so zeigt dieses den Wert des zweiten Blockeingangs an. Analog dazu weisen alle Bedienelemente (z. B. *SWITCH* oder *CHECKBOX*) eine *Output*-Eigenschaft auf, die die Nummer des Blockausgangs angibt, der vom Element angesteuert wird.

Die Besonderheit liegt nun darin, dass für die *Input*-Eigenschaft statt eines Blockeingangs auch ein Blockausgang angegeben werden kann, indem die Nummer des Blockausgangs erhöht um 100 angegeben wird (also z. B. *Input* = 103 für den dritten Blockausgang). Ein *NUMBER*-Element wäre dann also z. B. mit dem dritten Blockausgang verbunden. Dadurch ist es möglich, mit einem Bedienelement (z. B. einem Schieberegler, der auf den dritten Blockausgang wirkt) direkt, d. h. auch ohne äußere Rückführung innerhalb der BORIS-Struktur, ein Anzeigeelement anzusteuern. Dies funktioniert im Übrigen unabhängig davon, ob der entsprechende Blockausgang überhaupt aus dem Block "herausgeführt" wird.

Darüber hinaus erlaubt es das FAB-Modul, auch für (fast) alle anderen Elementeigenschaften eine nahezu beliebige Abhängigkeit zwischen Elementeigenschaft und Blockein- bzw. -ausgängen über einen Formelparser zu spezifizieren. Dabei werden die (ggf. skalierten, siehe Abschnitt *Konfigurierung der Modulein- und -ausgänge*) Blockeingänge mit *I1*, *I2*, *I3* usw., die Blockausgänge mit *O1*, *O2*, *O3*... bezeichnet. Soll sich z. B. ein Element in Abhängigkeit des ersten Blockeingangs horizontal bewegen, so verknüpft man die x-Position des Elements mit dem Eingang *I1*, beispielsweise in der Form

$$x = 100 * I1 + 50$$

Dazu wird der rechte Teil des obenstehenden Ausdrucks einfach in die entsprechende Zelle der Tabelle eingegeben. Die in diesem Beispiel erfolgte Skalierung des ersten Eingangs (Multiplikation mit 100, Addition von 50) kann selbstverständlich auch bereits bei der Eingangsskalierung (Palette *Blockein/ausgänge* des Dialogs) erfolgen.

Der integrierte Formelparser erlaubt die nachfolgend aufgelisteten Operationen.

Syntax	**Funktion**
+	Plus (Addition)
-	Minus und monadisches Minus
*	Multiplikation
/	Division
^	Potenzoperator
( )	Klammern (max. Verschachtelungstiefe 20)
Pi	Zahl π
ln	natürlicher Logarithmus
log	Zehnerlogarithmus
sqr	Quadrat

sqrt	Wurzel
exp	Exponentialfunktion
sin	Sinus
cos	Cosinus
tan	Tangens
asin	Arcussinus
acos	Arcuscosinus
atan	Arcustangens
sinh	Sinus hyperbolicus
cosh	Cosinus hyperbolicus
tanh	Tangens hyperbolicus
abs	Absolutwert
int	ganzzahliger Anteil
frac	gebrochener Anteil
round	rundet auf ganze Zahl
sign	Signumfunktion
step	Sprungfunktion (Heavisidefunktion)
random(z)	erzeugt eine Zufallszahl zwischen 0 und z

Der Funktionsstring darf maximal 255 Zeichen aufweisen. Groß- und Kleinschreibung werden nicht unterschieden.

Jeder Blockein- oder -ausgang kann selbstverständlich auf mehrere Elementeigenschaften (auch unterschiedlicher Elemente) wirken; ebenso kann eine Elementeigenschaft von mehreren Blockein- oder -ausgängen gleichzeitig abhängig sein.

Bei der Verknüpfung von Element-Farbeigenschaften (z. B. Elementeigenschaften *RGBStroke* oder *RGBFill*) mit Blockeingängen ist zu beachten, dass die Farbe im so genannten *RGB-Modus* definiert werden muss, d. h. die Farbzahl sich aus (R)ot-, (G)rün- und (B)lauanteil zusammensetzt. Intern ist dies eine 3-Byte-Zahl, wobei das niederwertige Byte den Rotanteil, das mittlere Byte den Grünanteil und das höchstwertige Byte den Blauanteil festlegt. Wird der Rotanteil mit r, der Grünanteil mit g und der Blauanteil mit b bezeichnet, so ergibt sich die Farbzahl F also zu

$$F = r + 256*g + 65536*b$$

Für reines Rot ergibt sich also z. B. ein Farbwert von $F = 255$, für reines Blau ein Farbwert von $F = 65536*255 = 16711680$. Soll nun z. B. die Füllfarbe eines Elements in Abhängigkeit vom ersten Blockeingang *fließend* von blau nach rot übergehen, so kann dies durch einen Ausdruck der Form

*RGBFill = ROUND(I1)*65536+(255-ROUND(I1))*

realisiert werden. Die *ROUND()*-Funktion ist dabei erforderlich, um auch bei nicht-ganzzahligen Eingangsgrößenwerten des Blockeingangs korrekte Farbwerte zu generieren. Alternativ dazu lassen sich derartige Farbübergänge auch sehr einfach mit Hilfe des *FILLCOLOR*-Grafikelements realisieren.

Manchmal soll die Ausgabe innerhalb des Visualisierungsfensters nicht absolut, sondern in Abhängigkeit von der aktuellen Fenstergröße erfolgen. Zu diesem Zweck bietet der FAB die Möglichkeit, die aktuelle Breite und Höhe des Client-Bereichs (d. h. des Innenbereichs) des Visualisierungsfensters in die Koordinatenberechnung einzubeziehen. Dies geschieht innerhalb des Formelparsers über die Variablen CW (für *client width*) für die Fensterbreite bzw. CH (für *client height*) für die Fensterhöhe. Soll also z. B. ein Rechteck der Breite $w = 60$ und der Höhe $h = 40$ unabhängig von der aktuellen Fenstergröße immer zentriert im Fenster erscheinen, so gelingt dies über die Beziehungen

$$x = CW/2 - 30$$

$$y = CH/2 + 20$$

Der Wert 30 im ersten Ausdruck entspricht der halben Breite des Rechtecks, der Wert 20 im zweiten Ausdruck der halben Höhe. Da die y-Koordinate von oben nach unten verläuft, ist der Wert hier zu addieren, während er im ersten Ausdruck subtrahiert werden muss.

5.2.6 Das I/O-Kontrollfenster

In der Regel ist es wünschenswert, die erstellte Visualisierung oder Bedienoberfläche testen zu können, ohne dazu die FAB-Konfigurierung verlassen und zu BORIS zurückkehren zu müssen. Dazu dient das *I/O-Kontrollfenster*, über das sich zu Testzwecken sämtliche Blockeingangswerte modifizieren und sämtliche Blockausgangswerte kontrollieren lassen. Das Fenster kann über die Schaltfläche der Toolbar des Konfigurierungsdialogs ein- bzw. ausgeblendet werden.

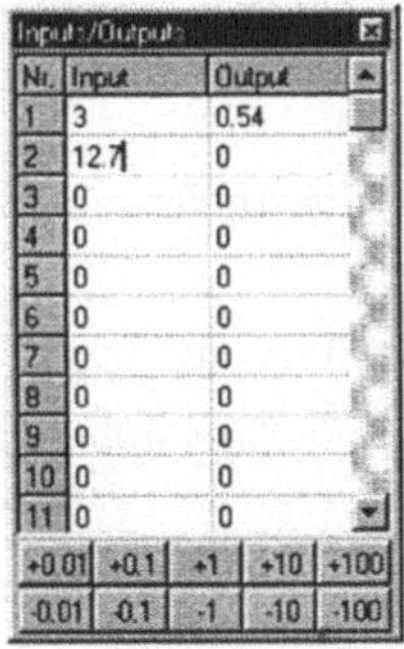

Das I/O-Kontrollfenster

Ändert sich z. B. durch Betätigung eines Bedienelements innerhalb des Visualisierungsfensters eine Ausgangsgröße, so wird der entsprechende Wert in der *Output*-Spalte des I/O-Kontrollfensters automatisch aktualisiert. In der *Input*-Spalte können beliebige Eingangswerte vorgegeben werden. Alternativ dazu kann der Eingangswert in der selektierten Zelle auch über die Schaltflächen am unteren Rand des Fensters schrittweise inkrementiert oder dekrementiert werden.

5.2.7 Einfaches Anwendungsbeispiel: Inverses Doppelpendel

Nachfolgend wird anhand eines einfachen Anwendungsbeispiels die Vorgehensweise bei der Erstellung einer Systemvisualisierung mit dem Flexible Animation Builder erläutert. Es soll eine Visualisierung für ein inverses (d. h. stehendes) Doppelpendel auf einem beweglichen Wagen erstellt werden (siehe nachfolgende Grafik). Eingangsgrößen der Visualisierung sind die Wagenposition s, der Ausschlag des unteren Stabs α_1 und der Ausschlag des oberen Stabs α_2. Die Wagenposition soll sich im Bereich $0 < s < 10$m bewegen.

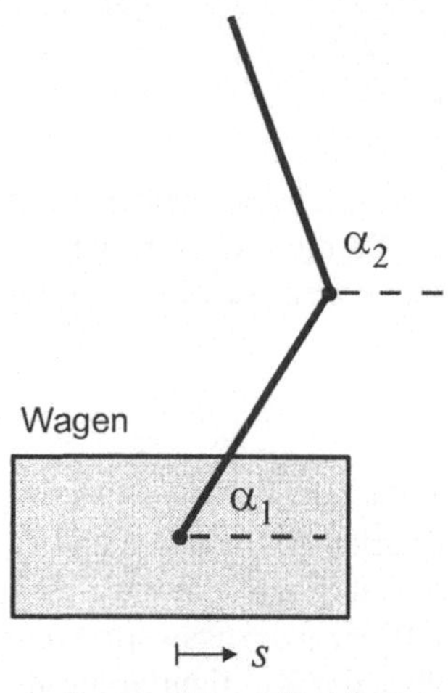

Inverses Doppelpendel

Nach dem Einfügen eines leeren FAB-Moduls werden zunächst die Blockeingänge konfiguriert. Dazu sind folgende Schritte auszuführen:

- Festlegung des Fenstertitels für das Visualisierungsfenster. Hier wird *Inverses Doppelpendel* gewählt.
- Festlegung der Anzahl der Blockeingänge auf 3.
- Benennung der drei Blockeingänge mit *Wagenposition*, *Winkel unterer Stab* und *Winkel oberer Stab*.
- Wahl einer geeigneten Hintergrundfarbe für die Visualisierung.

Auf eine Skalierung der Eingänge wird hier verzichtet; sie wird später direkt in der Elementtabelle mit Hilfe des Formelparsers vorgenommen. Der Fensterstil bleibt zunächst auf variable Größe gesetzt; nach Fertigstellung der Visualisierung kann er dann später auf eine passende, feste Größe gesetzt werden. Die nachfolgende Bildschirmgrafik zeigt den Konfigurationsdialog nach Eingabe aller Daten.

Konfigurierung
Blockein-/ausgänge und Fensterstil | Grafik- und Bedienelemente | Zähler
Anzahl der Blockeingänge: 3
Anzahl der Blockausgänge: 0
Fenstertitel: Inverses Doppelpendel
Namen und Skalierungen der Blockeingänge
Eingang Nr: 3
Name: Winkel oberer Stab
Faktor: 1
Offset: 0
Aktueller Wert: 0
Namen der Blockausgänge
Ausgang Nr: 1
Name: 01
Fensterstil
Feste Größe
Variable Größe
Hintergrundfarbe wählen...
Sondereingänge
Zähler 1: I51
Zähler 2: I52
Zähler 3: I53
Zeit t: I54
Info... Speichern... Laden... Vorschau Hilfe Schließen

Konfigurationsdialog nach Spezifizierung der Blockeingänge

Nach Konfigurierung der Blockeingänge können die Grafikelemente eingefügt und konfiguriert werden. Es sind vier Grafikelemente erforderlich:

- Ein *RECT*-Element für den Wagen
- Zwei *LINE*-Elemente für den unteren und oberen Stab
- Ein *CIRCLE*-Element für das Gelenk zwischen den beiden Stäben

Diese Elemente werden zunächst mit ihren Vorgabewerten eingefügt. Es ergibt sich anschließend nach Betätigung der *Vorschau*-Taste der nachfolgend dargestellte Bildschirm.

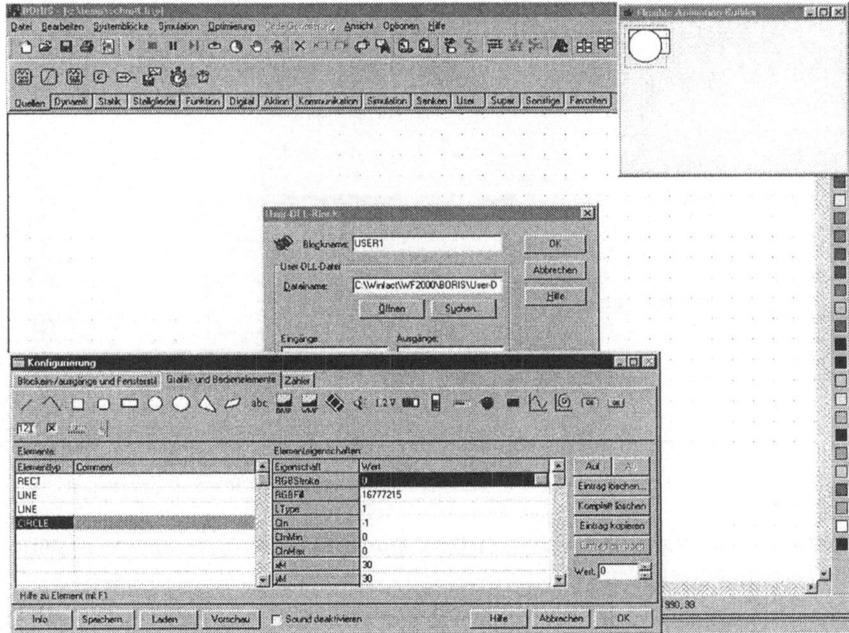

Bildschirm nach Einfügen der erforderlichen Grafikelemente mit ihren Vorgabewerten

In den nachfolgenden Schritten werden nun die Eigenschaften der einzelnen Elemente in der erforderlichen Weise gesetzt.

Der Wagen (*RECT*-Element) soll zunächst eine zwei Pixel breite Umrandung (Eigenschaft *LType* = 2) sowie eine braune Füllung (Eigenschaft *RGBFill*) erhalten. Die Größe soll 60x40 Pixel betragen (Eigenschaft $w = 60$, $h = 40$). Die y-Position (Eigenschaft y) legen wir auf 170 fest.

Die x-Position des Wagens (Eigenschaft x) muss nun mit Eingang *I1* (Wagenposition s in m) verknüpft werden. Dabei ist zu beachten, dass die Wagenposition s gemäß obiger Grafik über die Wagenmitte definiert ist, x aber über den linken Rand des Rechtecks. Ferner soll angenommen werden, dass die maximale Auslenkung von s = 10m im Visualisierungsfenster einer Auslenkung von 200 Pixeln entspricht. Es gilt dann also für die Umrechnung

$$x = I1/10*200 - 30 = I1*20 - 30$$

Der Ausdruck "-30" entspricht dabei gerade der halben Wagenbreite. Für die Eigenschaft x des Wagens ist also der Ausdruck

*I1*20-30*

einzugeben. Die Vorschau nach Eingabe aller Daten ergibt nachfolgende Grafik:

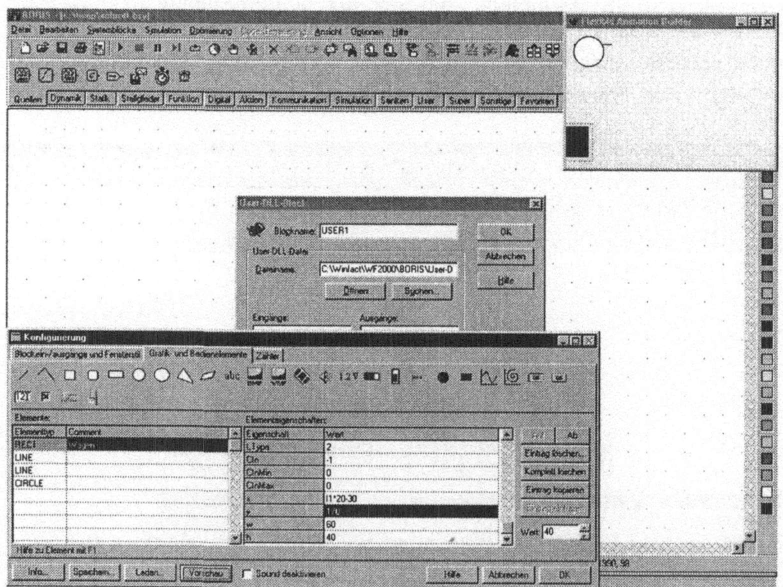

Bildschirm nach Eingabe aller Daten

Da der aktuelle Eingangswert *I1* noch 0 ist (es wurde noch keine Simulation gestartet), befindet sich die Wagenmitte genau auf Höhe des linken Fensterrandes.

Der untere Stab soll zunächst eine blaue Farbe (Eigenschaft *RGBStroke*) und eine Dicke von 5 Pixeln erhalten (Eigenschaft *LType* = 5). Die y-Koordinate muss auf der halben Höhe des Wagens liegen; es gilt also $y = 150$. Die x-Koordinate liegt in der Wagenmitte, entspricht also der umgerechneten Wagenposition s. Somit gilt $x = I1*20$ (s. o.). Die Länge des Stabs legen wir willkürlich auf 60 Pixel fest ($L = 60$). Der Winkel (Eigenschaft *Angle*) schließlich entspricht direkt dem zweiten Blockeingang; es gilt also *Angle* = *I2*. Nachfolgende Grafik zeigt das Visualisierungsfenster nach Eingabe aller Daten und Aktualisierung.

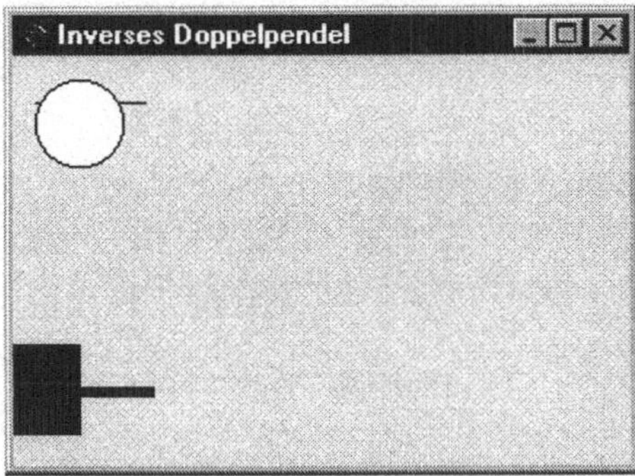

Visualisierungsfenster nach Parametrierung des unteren Stabs

Der obere Stab soll eine rote Farbe (Eigenschaft *RGBStroke*), eine Dicke von 5 Pixeln (Eigenschaft *LType* = 5) und ebenfalls eine Länge von 50 Pixeln erhalten (*L* = 50). Die x-Koordinate ergibt sich aus der x-Koordinate des unteren Stabs, der Stablänge und dem Kosinus des Stabwinkels. Da für die x-Koordinate des unteren Stabs die Beziehung *x* = *I1**20 gilt (s. o.), ergibt sich für die x-Koordinate des oberen Stabs

$$x = I1*20 + 50*cos(I2)\ .$$

Analog ergibt sich die y-Koordinate des oberen Stabs aus der y-Koordinate des unteren Stabs, der Stablänge und dem Sinus des Stabwinkels. Man erhält

$$y = 150 + 50*sin(I2)\ .$$

Der Winkel (Eigenschaft *Angle*) schließlich entspricht direkt dem dritten Blockeingang; es gilt also *Angle* = *I3*. Nachfolgende Grafik zeigt das Visualisierungsfenster nach Eingabe aller Daten und Aktualisierung.

Visualisierungsfenster nach Parametrierung des oberen Stabs

Abschließend bleibt noch das Gelenk (*CIRCLE*-Element) zu parametrieren. Es soll eine schwarze Füllung (Eigenschaft *RGBFill*) erhalten sowie einen Radius von 4 Pixeln aufweisen

(Eigenschaft $r = 4$). Das Gelenk soll genau zwischen den beiden Stäben sitzen; seine x- und y-Koordinaten entsprechen also gerade denen des oberen Stabs:

$$x = I1*20 + 50*cos(I2)$$

$$y = 150 + 50*sin(I2)$$

Nachfolgende Grafik zeigt das Visualisierungsfenster nach Eingabe aller Daten und Aktualisierung.

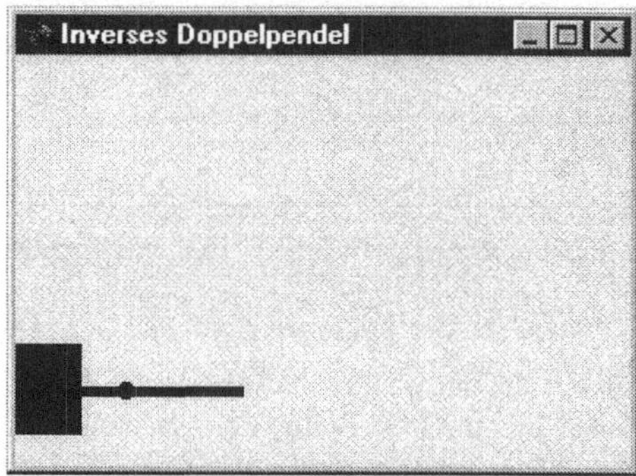

Visualisierungsfenster nach Parametrierung des Gelenks

Zum Testen des gerade erstellten Visualisierungsmoduls speist man am besten alle Blockeingänge mit Potentiometer-Blöcken, um die einzelnen Funktionen dann interaktiv austesten zu können. Dabei ist die Verstärkung des Potis für Eingang 1 (Wagenposition) auf 10 (maximale Auslenkung des Wagens), die für die Eingänge 2 und 3 (Stabwinkel) jeweils auf 6.28 (entsprechend 2π) festzusetzen. Nachfolgende Bildschirmgrafik zeigt die komplette Teststruktur.

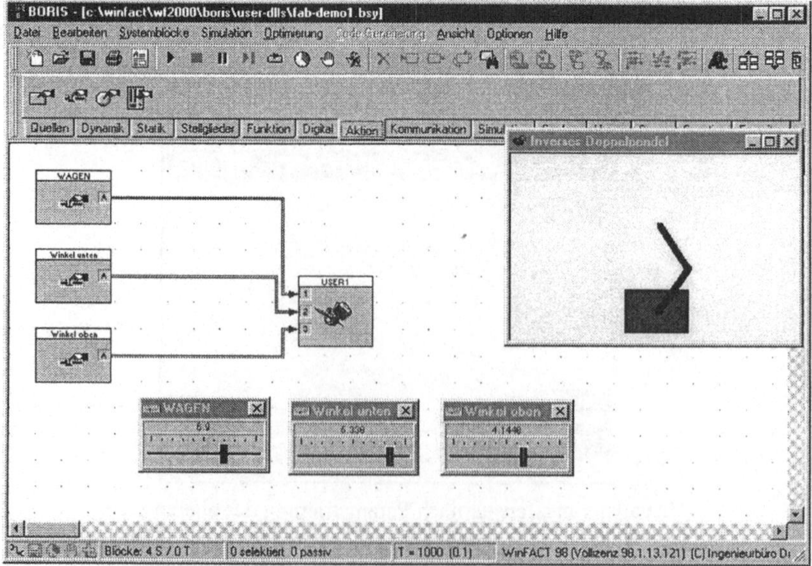

Inverses Doppelpendel mit Teststruktur

5.3 Ausgewählte Simulationsbeispiele

Nachfolgende Abschnitte erläutern die Durchführung von Simulationsexperimenten mit BORIS anhand einer Vielzahl unterschiedlicher Beispiele zunehmender Komplexität, die größtenteils bereits in vorangegangenen Kapiteln im Rahmen der Themen Modellbildung und Integrationsverfahren vorgestellt wurden. Der Schwerpunkt der jeweiligen Beschreibung liegt dabei weniger in der Vorstellung der Simulationsergebnisse selbst als vielmehr in der Umsetzung des jeweiligen mathematischen Modells in das entsprechende Blockschaltbild sowie der Erläuterung spezieller "Kniffe" bei bestimmten Problemstellungen wie Nichtlinearitäten, Unstetigkeiten etc. Zudem wird die eigentliche BORIS-Simulationsstruktur in einigen Fällen ergänzt durch eine Visualisierung bzw. Animation auf Basis des Flexible Animation Builders.

Alle vorgestellten Beispiele befinden sich (gegebenenfalls zusammen mit den Visualisierungen) auf der Begleit-CD im Verzeichnis *Kapitel5\xyz*. Dabei gibt *xyz* die Nummer des entsprechenden Kapitels an, in dem das Beispiel vorgestellt wird; beispielsweise befinden sich die Dateien zum nachfolgenden Abschnitt 5.3.1 auf der CD im Verzeichnis *Kapitel5\5.3.1*.

5.3.1 Nichtlineares Fadenpendel

Wir betrachten zunächst noch einmal das Fadenpendel aus Kapitel 1 (Bild 5-1).

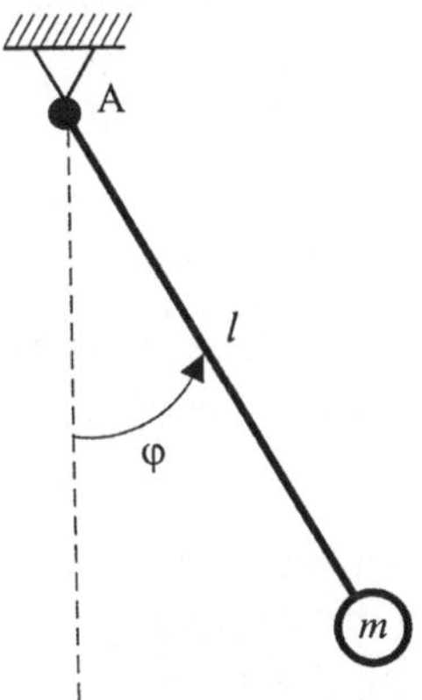

Bild 5-1 Fadenpendel

Wir wollen das Pendel allerdings in seiner nichtlinearen Form behandeln; das entsprechende Differentialgleichungssystem lautet dann (vgl. Gleichung 1.8)

$$\dot{\varphi} = \omega$$

$$\dot{\omega} = -\frac{g}{l} \sin \varphi .$$

Bild 5-2 zeigt die zugehörige Simulationstruktur. Wie wir erkennen können, besteht diese im Wesentlichen aus den beiden in Reihe geschalteten Integrierern und einer (nichtlinearen)

Rückkopplung des Auslenkwinkels φ auf den Eingang. Der Konstanten-Block schließlich bestimmt das Verhältnis $-g/l$.

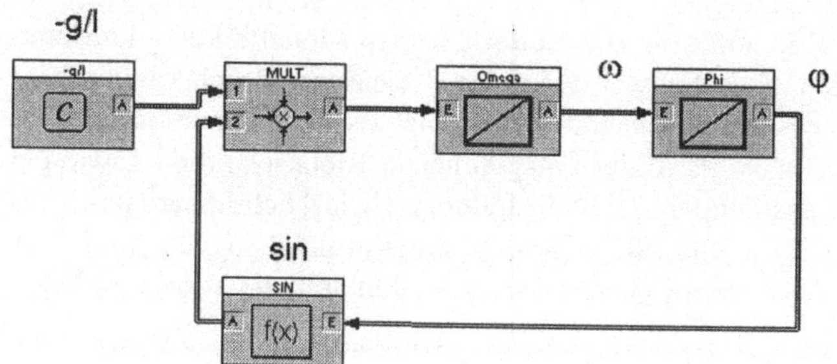

Bild 5-2 Simulationsstruktur für Fadenpendel

Zur Visualisierung mit Hilfe des Flexible Animation Builders benötigen wir in diesem Fall lediglich einige LINE-Elemente für die Pendelaufhängung und das Seil sowie ein CIRCLE-Element für die Pendelmasse. Dem FAB-Block muss nur der Auslenkwinkel zugeführt werden; dieser beeinflusst dann in der Visualisierung den Seilwinkel sowie die x- und y-Position des Massenmittelpunktes. Bild 5-3 zeigt die komplette Simulationsumgebung für das Fadenpendel. Ein Zeitverlauf-Block zeichnet zusätzlich den zeitlichen Verlauf des Auslenkwinkels auf; gewählt wurden die Parameter

$$g = 9.81, \quad l = 1, \quad \varphi(0) = 0.5, \quad \omega(0) = 0$$

bei einer Simulation mit dem *Euler*-Verfahren und einer Simulationsschrittweite von 0.001. Das komplette Projekt befindet sich unter dem Namen FADENPENDEL.BSY auf der Begleit-CD.

Überprüfen Sie den Einfluss von Seillänge, Anfangswerten und Simulationsschrittweite auf das Simulationsergebnis. Wiederholen Sie die Untersuchungen für das *Runge-Kutta*-Integrationsverfahren. Linearisieren Sie das Pendelmodell anschließend, indem Sie den *sin*-Block durch eine direkte Rückkopplung ersetzen. Überprüfen Sie, inwieweit diese Vereinfachung das Simulationsergebnis (speziell bei größeren Anfangsauslenkungen) beeinflusst.

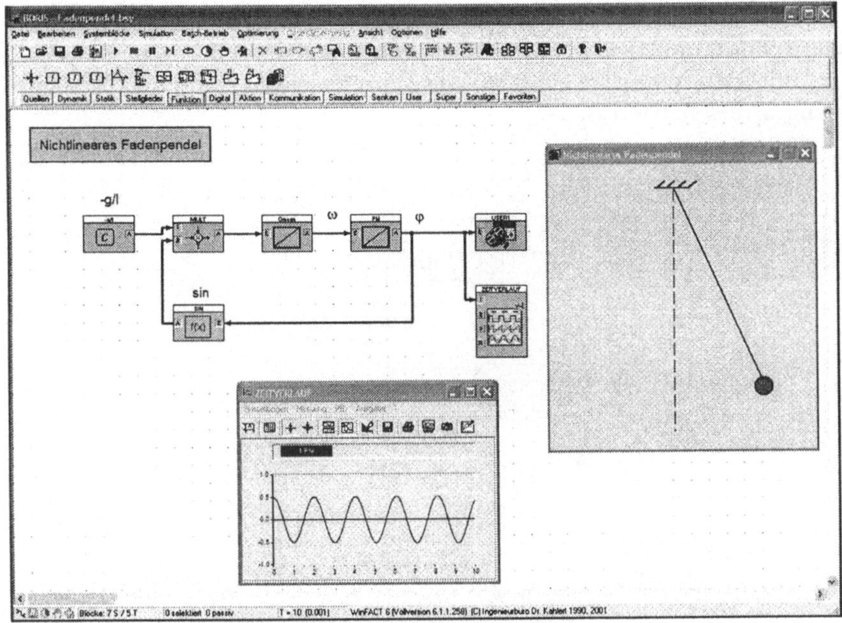

Bild 5-3 Visualisierung und Simulationsergebnis für Fadenpendel

5.3.2 RC-Glied

Wir betrachten das RC-Glied nach Bild 5-4.

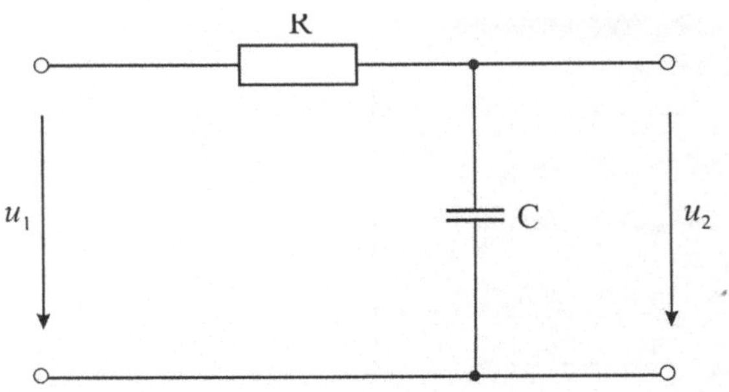

Bild 5-4 RC-Glied

Das Netzwerk wird beschrieben durch die Differentialgleichung

$$\dot{u}_2 = -\frac{1}{RC} u_2 + \frac{1}{RC} u_1, \tag{5.1}$$

es handelt sich um ein Verzögerungsglied 1. Ordnung (PT_1-Glied) mit der Zeitkonstanten $T = RC$ und dem Übertragungsbeiwert $K_P = 1$.

Bild 5-5 zeigt zwei alternative Simulationsstrukturen. Die obere Teilstruktur bildet unmittelbar die Systemgleichung 5.1 nach, während die untere Teilstruktur auf einen "fertigen" PT_1-Block von BORIS zurückgreift. Der vorgeschaltete Funktionsgenerator dient jeweils zur Erzeugung der Eingangsspannung u_1 des Netzwerks.

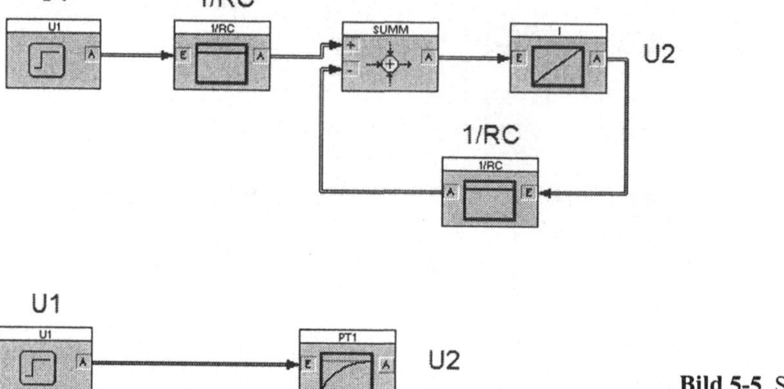

Bild 5-5 Simulationsstrukturen

Bild 5-6 zeigt die Simulationsergebnisse für eine Zeitkonstante von $T = RC = 10$, einer Eingangsgröße von $u_1(t) = \sigma(t)$ (Einheitssprung) und einem Anfangswert von $u_2(0) = 0$ bei Simulation mit dem *Euler*-Verfahren (Schrittweite 0.02). Neben der Darstellung des Zeitverlaufs der Ausgangsspannung wird ein FAB-Modul zur Visualisierung benutzt, welches Ein- und Ausgangsspannung des RC-Gliedes durch zwei Analoginstrumente (ANADISP-Elemente) darstellt. Das komplette Projekt befindet sich unter dem Namen RCGLIED1.BSY auf der Begleit-CD.

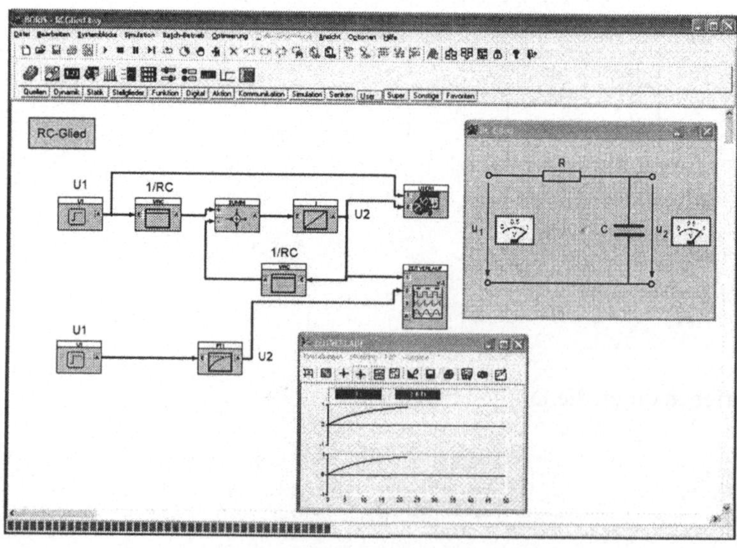

Bild 5-6 Visualisierung und Simulationsergebnis für RC-Glied (RCGLIED1.BSY)

Bild 5-7 zeigt eine etwas modifzierte Version der Simulationsumgebung (Datei RCGLIED2.BSY). Hier kann die Eingangsgröße über einen Schalter innerhalb des FAB-Fensters aufgeschaltet werden; die Anzeige des Schaltzustandes erfolgt über eine LED neben dem Schalter. Zur Anzeige der Zeitverläufe von Ein- und Ausgangsgröße wird in diesem Fall ein y-t-Schreiber (Recorder) benutzt.

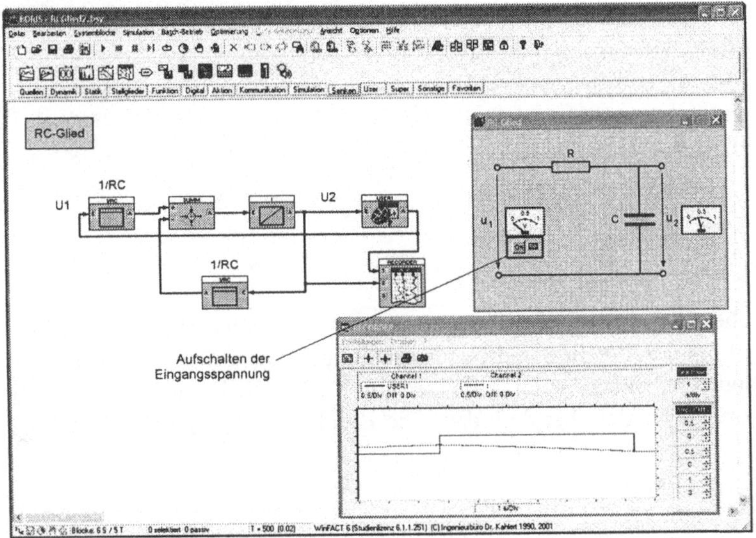

Bild 5-7 Variante mit Eingangsgrößenaufschaltung über FAB-Modul (RCGLIED2.BSY)

5.3.3 Mechanischer Schwinger

Als Beispiel für ein schwingfähiges System 2. Ordnung betrachten wir das Feder-Masse-Dämpfer-System nach Bild 5-8.

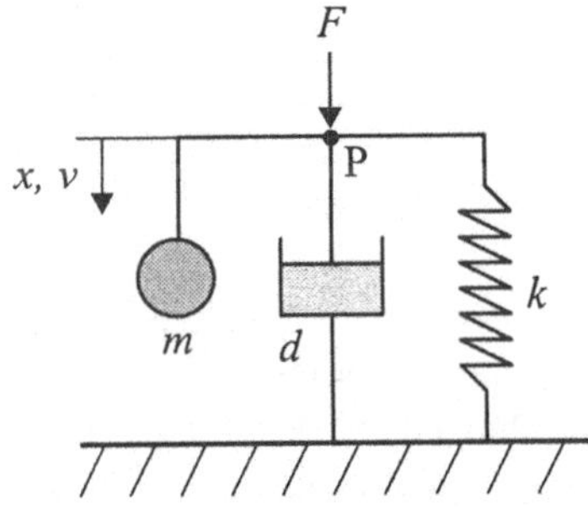

Bild 5-8 Gedämpfter mechanischer Schwinger

Die zugehörige Differentialgleichung für den Zusammenhang zwischen der Kraft F (Eingangsgröße) und der Position s (Ausgangsgröße) lautet

$$m\ddot{x} + d\dot{x} + kx = F$$

$$\Rightarrow \quad \ddot{x} = -\frac{d}{m}\dot{x} - \frac{k}{m}x + \frac{1}{m}F. \tag{5.2}$$

Der Vergleich mit der allgemeinen Gleichung eines schwingfähigen PT_2-Gliedes

$$\frac{1}{\omega_0^2}\ddot{y} + \frac{2D}{\omega_0}\dot{y} + y = K_P u$$

führt uns auf die Entsprechungen

$$\omega_0 = \sqrt{\frac{k}{m}}, \quad D = \frac{d}{2\sqrt{k\,m}}, \quad K_P = \frac{1}{k}. \tag{5.3}$$

Bild 5-9 zeigt die entsprechende Simulationsstruktur, in diesem Fall realisiert über zwei Integrierer mit einer Rückkopplung von Position und Geschwindigkeit. Anstelle dieser "diskreten" Nachbildung von Gleichung 5.2 kann auch ein "fertiger" PT_2-Block aus der BORIS-Systemblock-Bibliothek benutzt werden, bei dem dann die Blockparameter gemäß Gleichung 5.3 gesetzt werden.

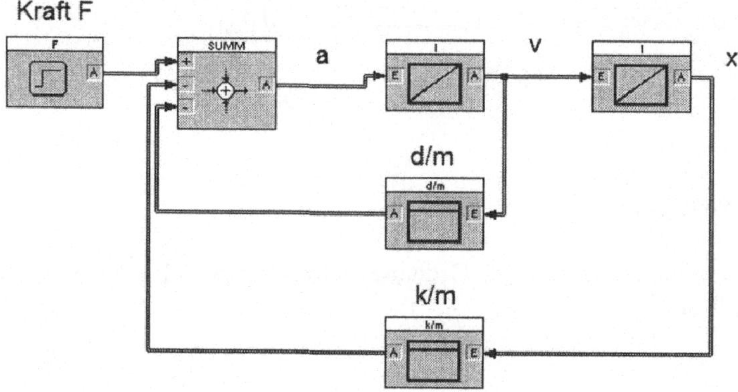

Bild 5-9 Simulationsstruktur

Bild 5-10 zeigt die Simulationsergebnisse für die Parameter $k = m = 1, d = 0.5$, eine Eingangsgröße von $F(t) = \sigma(t)$ (Einheitssprung) und Anfangswerte von $x(0) = v(0) = 0$ bei Simulation mit dem *Euler*-Verfahren (Schrittweite 0.01). Neben der Darstellung des Zeitverlaufs der Auslenkung x wird ein FAB-Modul zur Visualisierung benutzt, welches u. a. ein Feder-Element (Elementtyp SPRING) zur Darstellung verwendet. Das komplette Projekt befindet sich unter dem Namen MECHANISCHERSCHWINGER.BSY auf der Begleit-CD.

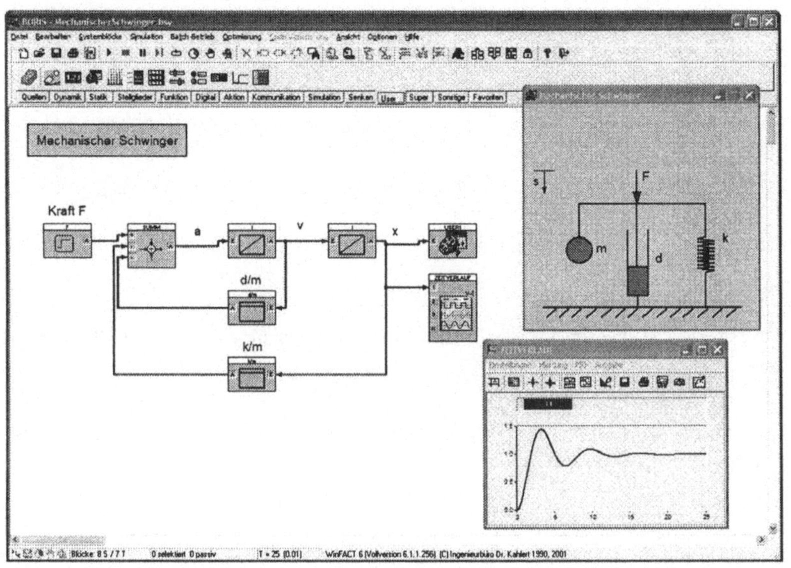

Bild 5-10 Simulationsergebnis und Visualisierung

Überprüfen Sie den Einfluss von Masse, Federkonstante, Dämpfung, Anfangswerten und Simulationsschrittweite auf das Simulationsergebnis. Versuchen Sie anschließend, die Simulationsstruktur derart zu modifizieren, dass statt der Faktoren $d\,/\,m$ und $k\,/\,m$ direkt die Modellparameter m, d und k über entsprechende P-Glieder eingegeben werden können.

5.3.4 Tanksystem

Anhand des nachfolgenden Beispiels sollen die im Zusammenhang mit der Simulation von Speicherelementen wie z. B. Tanks zu beachtenden Probleme erläutert werden. Dazu betrachten wir den als zylinderförmig angenommenen Wassertank nach Bild 5-11, der über einen Zulauf mit dem Volumenstrom q_{zu} gespeist und dem über einen Ablauf der Volumenstrom q_{ab} entnommen wird. Der Tank möge die Grundfläche A und die Höhe $h_{\max}$ besitzen. Für die Füllhöhe h gilt dann die Differentialgleichung

$$
\begin{aligned}
& h = \frac{1}{A}\int (q_{\mathrm{zu}} - q_{\mathrm{ab}})\,\mathrm{d}t \\
\Rightarrow \quad & \dot{h} = \frac{1}{A}(q_{\mathrm{zu}} - q_{\mathrm{ab}}).
\end{aligned}
\tag{5.4}
$$

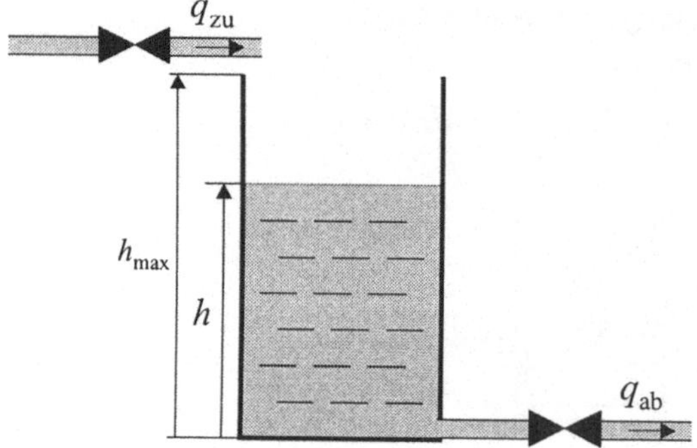

Bild 5-11 Wassertank mit Zu- und Ablauf

Speicher wie unser Wassertank weisen in der Praxis nahezu immer eine Ausgangsgrößenbegrenzung auf; für den Tank gilt beispielsweise

$$0 \leq h \leq h_{max}.$$

Zur Simulation derartiger Speicher weisen blockorientierte Simulationssysteme in der Regel *begrenzte Integrierer* auf, bei denen Unter- und Obergrenze als Parameter vorgegeben werden können. Bild 5-12 zeigt die Simulationsstruktur für das Tanksystem; Zu- und Abfluss sind hierin über zwei Funktionsgeneratoren realisiert.

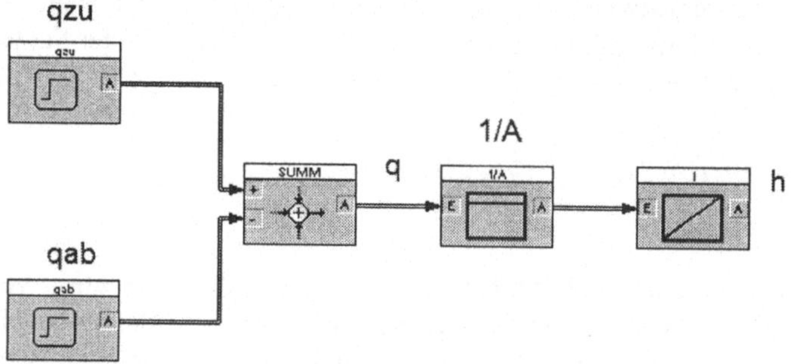

Bild 5-12 Simulationsstruktur

Zur Integrierer-internen Realisierung der Ausgangsgrößenbegrenzung genügt es allerdings *nicht* – wie man zunächst vielleicht annehmen könnte – die Ausgangsgröße lediglich auf den vorgegebenen Bereich zu begrenzen, sondern beim Erreichen des oberen oder unteren Grenzwertes muss der Algorithmus zusätzlich dafür sorgen, dass die Integration so lange gestoppt wird, bis die Eingangsgröße wieder ihr Vorzeichen wechselt. Diese Maßnahme – die als *Anti-Windup-Maßnahme* bezeichnet wird – sorgt dann nämlich dafür, dass der Integrierer selbst nicht immer weiter herauf- oder herabintegriert, während sich die Ausgangsgröße bereits in der Begrenzung befindet.

Dieser zunächst vielleicht etwas unverständlich erscheinende Sachverhalt soll an einem einfachen Fall anschaulich erläutert werden. Dazu nehmen wir an, unser Wassertank besitze eine

Grundfläche von $A = 1$ und eine maximale Füllhöhe von $h_{max} = 1$. Zu Beginn sei der Tank leer ($h = 0$). Nach dem Start unseres Experimentes soll der Abfluss zunächst geschlossen bleiben ($q_{ab} = 0$), während für 20 Sekunden ein konstanter Zufluss von $q_{zu} = 1$ aufgeschaltet wird. Nach 25 Sekunden (d. h. nachdem der Zufluss bereits wieder für 5 Sekunden verschlossen wurde) schalten wir dann für ebenfalls 20 Sekunden einen konstanten Abfluss von $q_{ab} = 1$ auf (Bild 5-13, obere drei Teilbilder). Was passiert nun während der Betrachtungsdauer mit der Füllhöhe unseres Tanks? Zunächst fließt nur Wasser zu – die Füllhöhe steigt also linear mit der Zeit an, bis sie nach 10 Sekunden ihren Maximalwert von $h_{max} = 1$ erreicht hat. Auf diesem Wert verharrt sie trotz des weiter aktiven Zuflusses, da der Tank kein weiteres Wasser mehr aufnehmen kann. Nach 25 Sekunden wird der Abfluss aufgedreht – die Füllhöhe beginnt nun *unverzüglich* linear mit der Zeit zu sinken, bis der Tank nach 35 Sekunden leer ist. Obwohl der Abfluss jetzt noch einige Zeit geöffnet bleibt, verharrt die Füllhöhe bei null. Bild 5-14 (unteres Teilbild) zeigt den resultierenden Gesamtverlauf der Füllhöhe, der – wie unschwer nachzuvollziehen ist – exakt der Realität entspricht.

Zum Vergleich ersetzen wir nun unseren "korrekten" Integrierer mit Anti-Windup-Maßnahme durch eine Reihenschaltung eines "einfachen" (d. h. unbegrenzten) Integrierers mit einer Begrenzer-Kennlinie, die die Ausgangsgröße h' des Integrierers auf den Bereich $0 \ldots h_{max}$ begrenzt (Bild 5-13). Mit dieser "Ersatzschaltung" führen wir nun unser Experiment erneut durch.

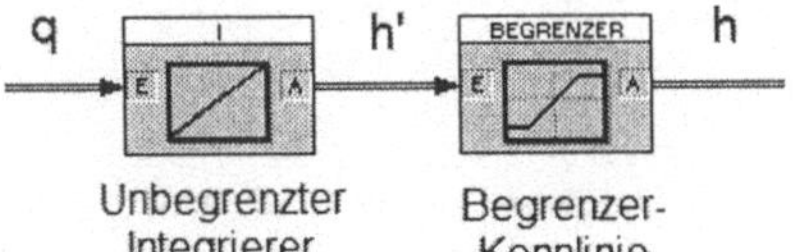

Bild 5-13 Unbegrenzter Integrierer mit Begrenzer-Kennlinie

Bild 5-15 zeigt die Ergebnisse. Wir erkennen, dass der Integrierer in diesem Fall bei Erreichen der Ausgangsgrößenbegrenzung nach 10 Sekunden weiter integriert, bis der Zufluss nach 20 Sekunden abgeschaltet wird. Die Ausgangsgröße h des nachgeschalteten Begrenzers hat zwar in diesem Moment noch den korrekten Wert, aber nur bis zum Zuschalten des Abflusses nach 25 Sekunden. Da der Ausgangswert h' des Integriers zu diesem Zeitpunkt oberhalb von h_{max} (nämlich bei einem Wert von 2) liegt, sinkt der Füllstand h *nicht* – wie es der Realität entsprechen würde – unverzüglich wieder ab, sondern verharrt noch so lange auf dem Maximalwert, bis der Integrierer-Ausgang h' wieder auf den Wert 1 herunterintegriert hat. Wir erhalten also für unseren Füllstand einen Verlauf, der nicht dem realen Verhalten des Systems entspricht.

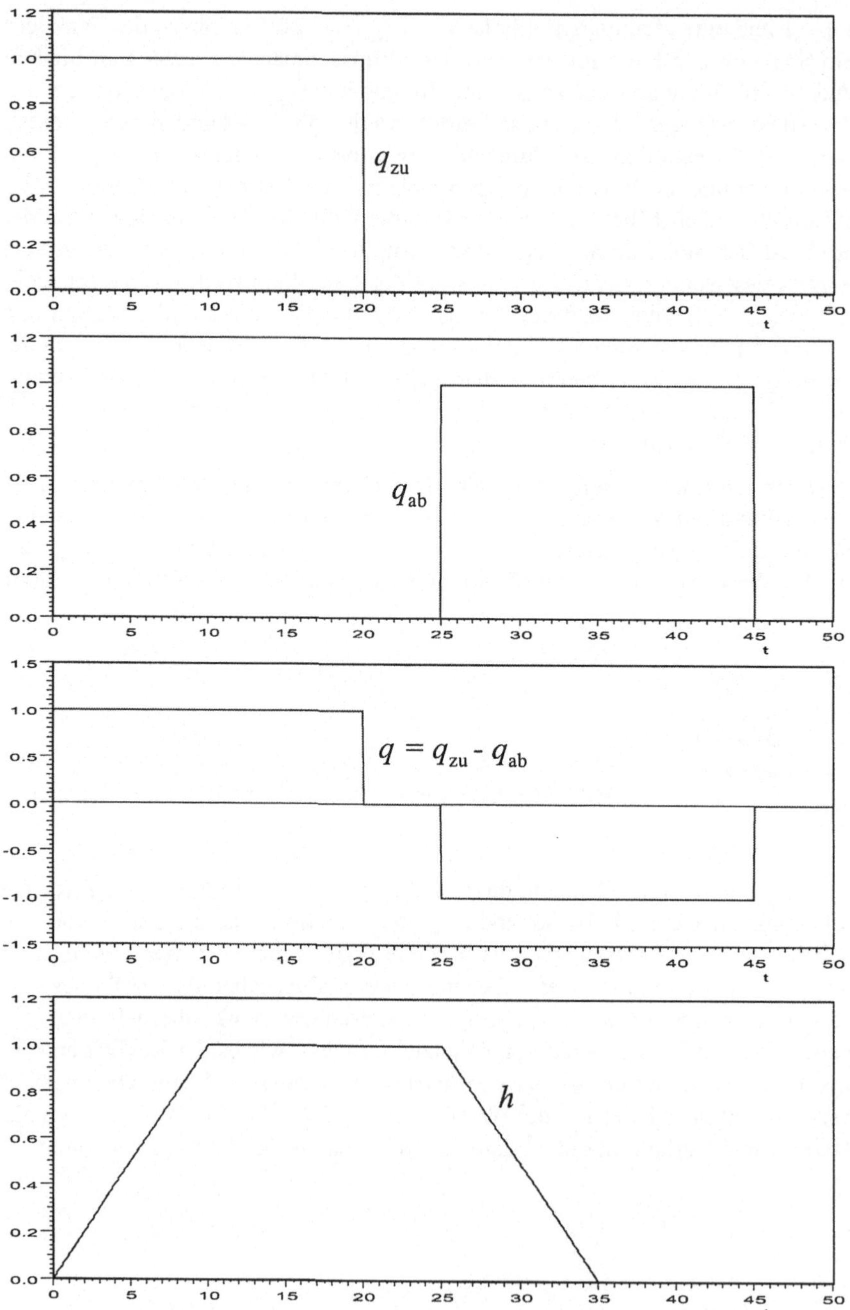

Bild 5-14 Verlauf der Füllhöhe bei begrenztem Integrierer mit Anti-Windup-Maßnahme

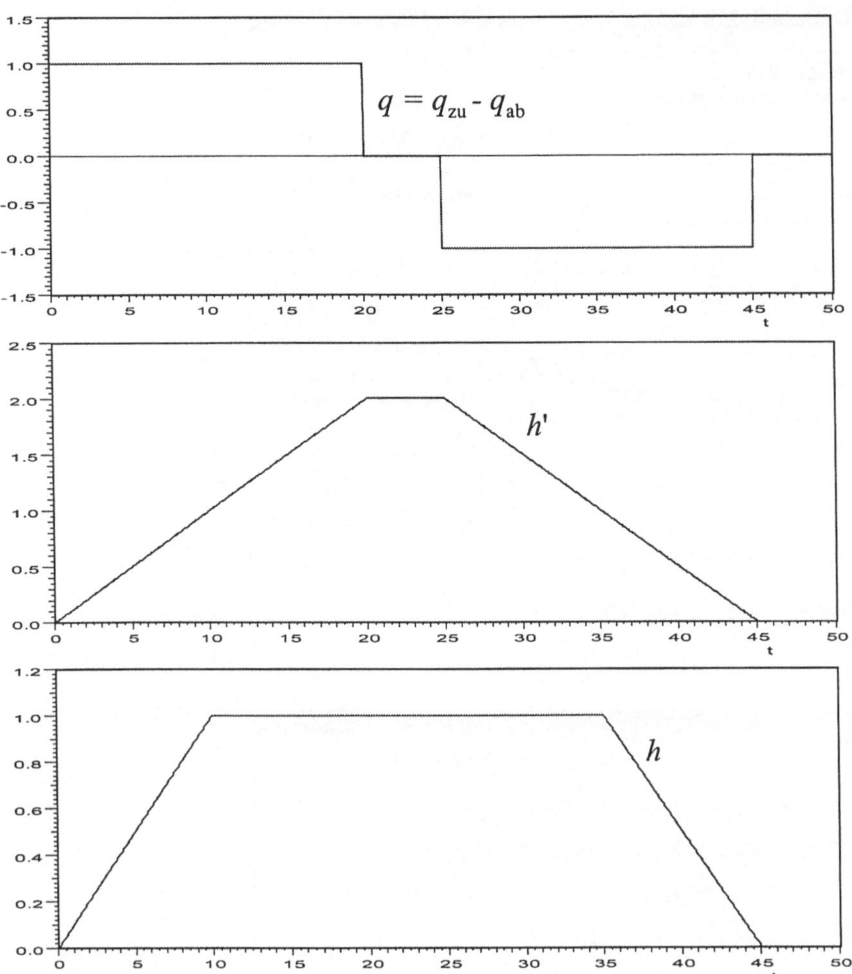

Bild 5-15 Verlauf der Füllhöhe bei unbegrenztem Integrierer mit nachgeschaltetem Begrenzungsglied

Bild 5-16 zeigt die zugehörige BORIS-Simulationsumgebung. Die entsprechende Datei befindet sich unter dem Namen TANK1.BSY auf der Begleit-CD. Bild 5-17 zeigt eine modifizierte Umgebung, bei der Zu- und Ablauf über Schieberegler innerhalb eines FAB-Bedien- und -Visualisierungsfensters vorgegeben werden können. Zusätzlich ist das komplette Tanksystem hier visualisiert und animiert. Diese Version befindet sich unter dem Namen TANK2.BSY auf der Begleit-CD.

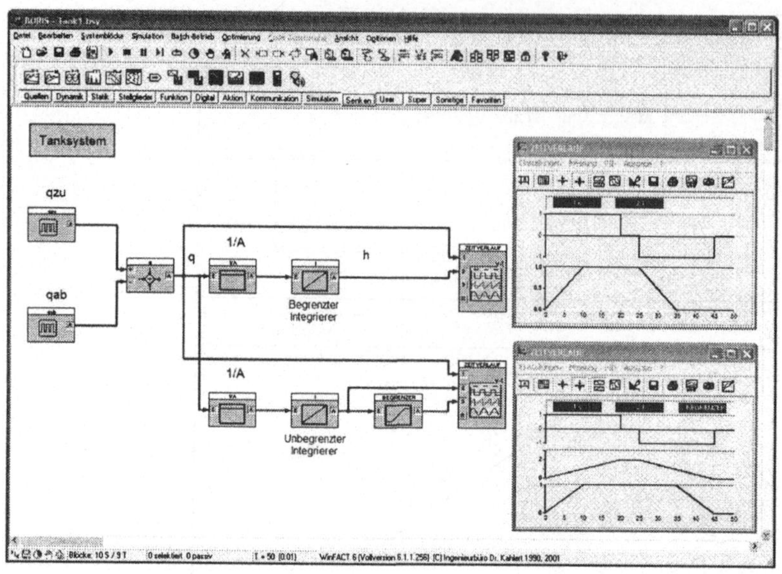

Bild 5-16 Simulationsergebnisse (Datei TANK1.BSY).

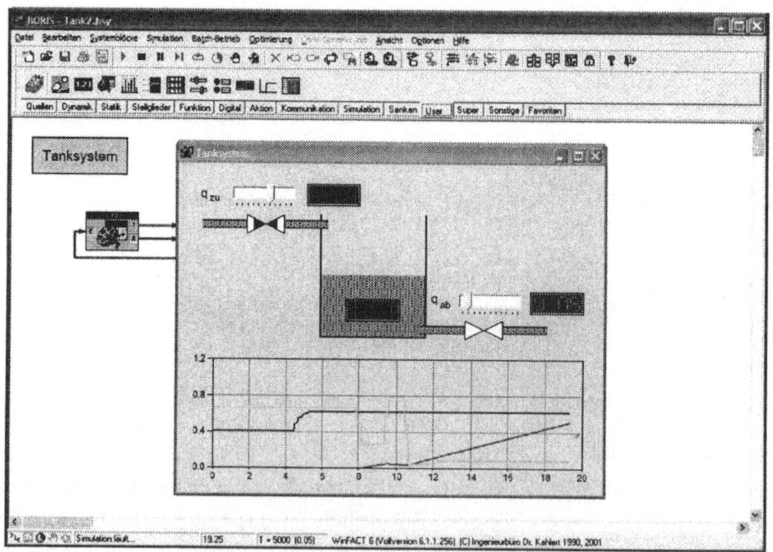

Bild 5-17 FAB-Bedien- und Visualisierungsoberfläche (Datei TANK2.BSY).

5.3.5 Stabpendel

Als Erweiterung des bereits in Abschnitt 5.3.1 vorgestellten Fadenpendels betrachten wir jetzt das (gedämpfte) Stabpendel nach Bild 5.18.

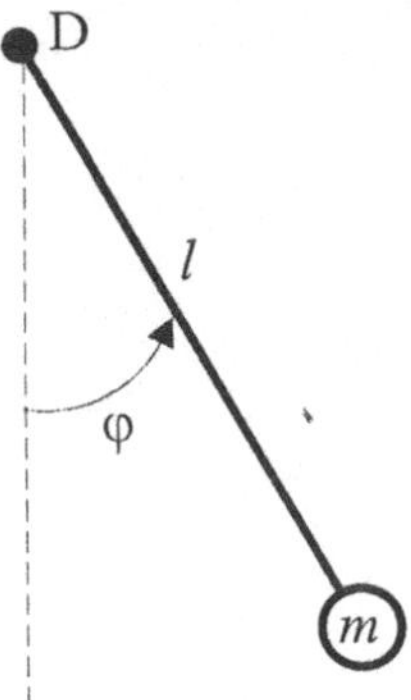

Bild 5-18 Stabpendel

Die zugehörige Differentialgleichung für den Auslenkwinkel φ lautet

$$\ddot{\varphi}+\frac{d}{m}\dot{\varphi}+\frac{g}{l}\sin\varphi=0. \tag{5.5}$$

Bild 5-19 zeigt die zugehörige Simulationsstruktur. Es handelt sich wegen der Sinus-Funktion um ein nichtlineares System; im Gegensatz zum Fadenpendel tritt hier jedoch noch eine geschwindigkeitsproportionale Dämpfung der Pendelbewegung in Form der Rückkopplung der Winkelgeschwindigkeit ω auf.

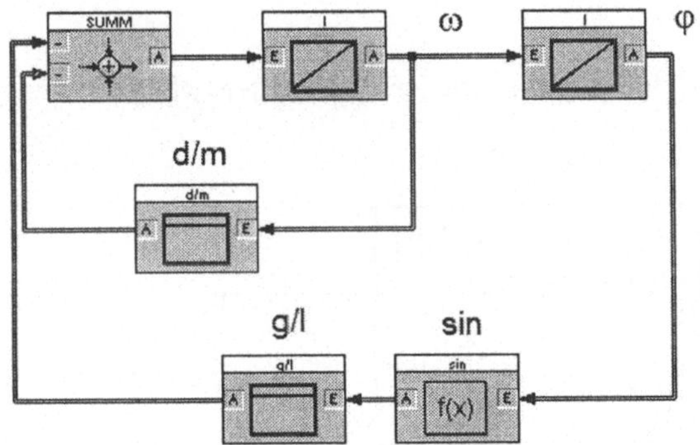

Bild 5-19 Simulationstruktur für Stabpendel

Bild 5-20 zeigt den Verlauf von Auslenkwinkel (oberes Diagramm im Zeitverlauf-Fenster) und Winkelgeschwindigkeit (unteres Diagramm im Zeitverlauf-Fenster) für die Parameter

$$g = 9.81,\ d = 0.5,\ l = 1,\ \varphi(0) = 0,\ \omega(0) = 20$$

bei einer Simulation mit dem *Euler*-Verfahren und einer Simulationsschrittweite von 0.01. Wir können erkennen, dass das Pendel wegen der hohen Anfangsgeschwindigkeit zunächst einige komplette 360°-Drehungen vollführt, bevor es dann in den eigentlichen Schwingvorgang übergeht. Das komplette Projekt befindet sich unter dem Namen STABPENDEL.BSY auf der Begleit-CD.

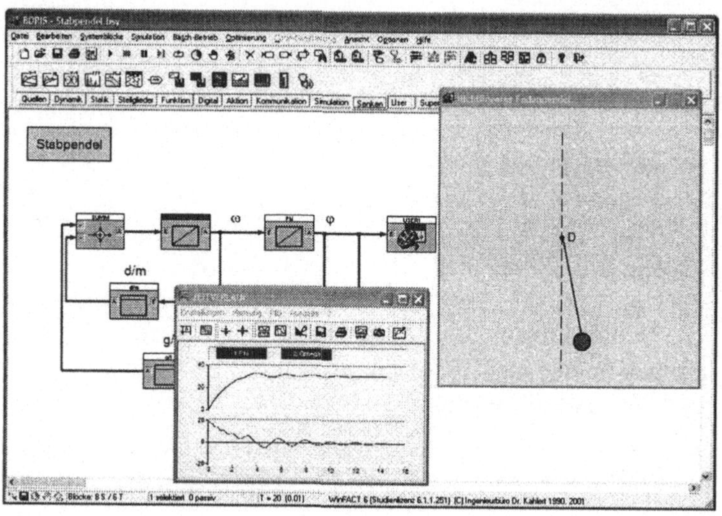

Bild 5-20 Simulationsergebnisse und Visualisierung

5.3.6 Ofensystem

Als Beispiel für eine Reihenschaltung von Übertragungsgliedern betrachten wir das Ofensystem nach Bild 5-21.

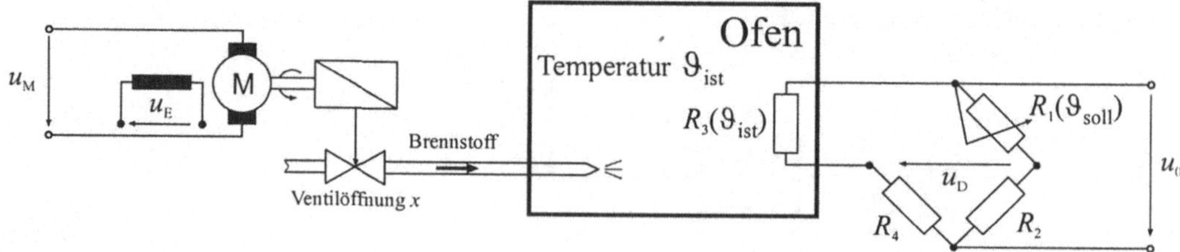

Bild 5-21 Ofensystem

Die zugehörige Übertragungsfunktion für den Zusammenhang zwischen der Motorspannung u_M und der Differenzspannung u_D lautet

$$G(s) = G_{\text{Stellglied}}(s) \cdot G_{\text{Ofen}}(s) \cdot G_{\text{Messbrücke}}(s) =$$

$$= \frac{K_{\text{M}}}{s(T_{\text{M}}s+1)} \cdot \frac{K_{\text{O}}}{(T_{\text{O}}s+1)} \cdot K_{\text{B}}.$$

Mit den Parametern

$$K_{\text{M}} = 0.4\,\text{cm/V s},\ T_{\text{M}} = 0.05\,\text{s}$$

$$K_{\text{O}} = 5\,°\text{C/cm},\ T_{\text{O}} = 2\,\text{s}$$

$$K_{\text{B}} = 1\,\text{V/°C}$$

ergibt sich daraus

$$G(s) = \frac{2}{s(0.05s+1)(2s+1)}. \tag{5.6}$$

Bild 5-22 zeigt die zugehörige Simulationsstruktur, realisiert als Reihenschaltung eines Funktionsgenerators zur Vorgabe der Motorspannung, eines PT_1-Gliedes mit nachgeschaltetem Integrierer (Stellglied), eines weiteren PT_1-Gliedes (Ofen) sowie eines P-Gliedes (Messbrücke). Das System weist somit insgesamt IT_2-Verhalten auf.

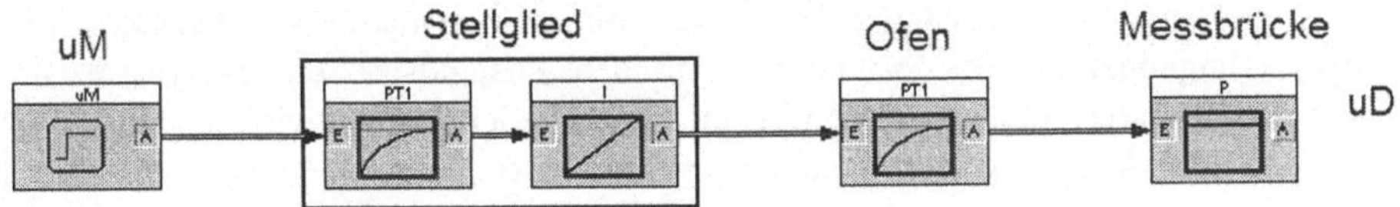

Bild 5-22 Simulationsstruktur

Bild 5-23 zeigt den Verlauf der Differenzspannung bei Aufschalten einer Motorspannung von $u_{\text{M}}(t) = \sigma(t)$ (Einheitssprung) und einer Simulation mit dem *Euler*-Verfahren bei einer Simulationsschrittweite von 0.001. Da es sich um ein System ohne Ausgleich mit einem Integrierer handelt, strebt die Ausgangsgröße für große Zeiten linear gegen unendlich. Das komplette Projekt befindet sich unter dem Namen OFENSYSTEM.BSY auf der Begleit-CD.

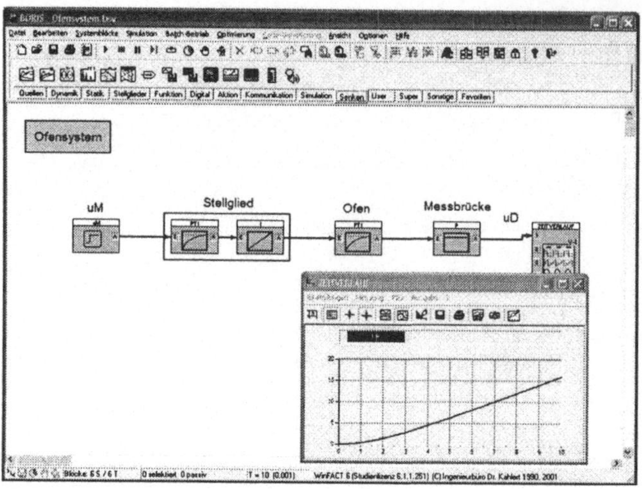

Bild 5-23 Simulationsergebnis

5.3.7 Verladekran

Bild 5-24 zeigt als Beispiel für ein lineares System 4. Ordnung einen Verladekran. Ein Wagen der Masse m_W, an dem sich ein Ausleger der Länge l mit der Lastmasse m_L befindet, wird über eine Kraft F (Eingangsgröße des Systems) angetrieben. Zustandsgrößen des Systems sind die Wagenposition x und die Wagengeschwindigkeit $\dot{x}$ sowie der Auslenkwinkel φ des Auslegers und seine zeitliche Änderung $\dot{\varphi}$ (Winkelgeschwindigkeit).

$\mapsto x, \dot{x}$

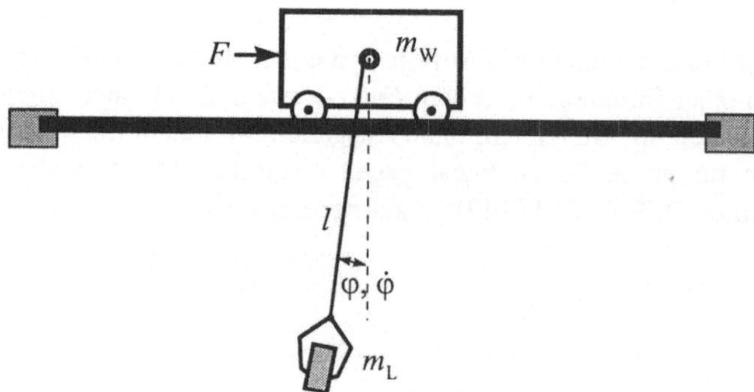

Bild 5-24 Verladekran

Das zugehörige Zustandsraummodell lautet

$$\begin{aligned}
\dot{x} &= v \\
\dot{v} &= g\frac{m_L}{m_W}\varphi + \frac{1}{m_W}F \\
\dot{\varphi} &= \omega \\
\dot{\omega} &= -\frac{g(m_w + m_L)}{l m_w}\varphi - \frac{1}{l m_w}F.
\end{aligned} \tag{5.7}$$

Bild 5-25 zeigt die zugehörige Simulationsstruktur in BORIS. Für die Modellparameter wählen wir die Werte

$$\begin{aligned}
m_W &= 1000 \\
m_L &= 100 \\
l &= 20 \\
g &= 9.81.
\end{aligned}$$

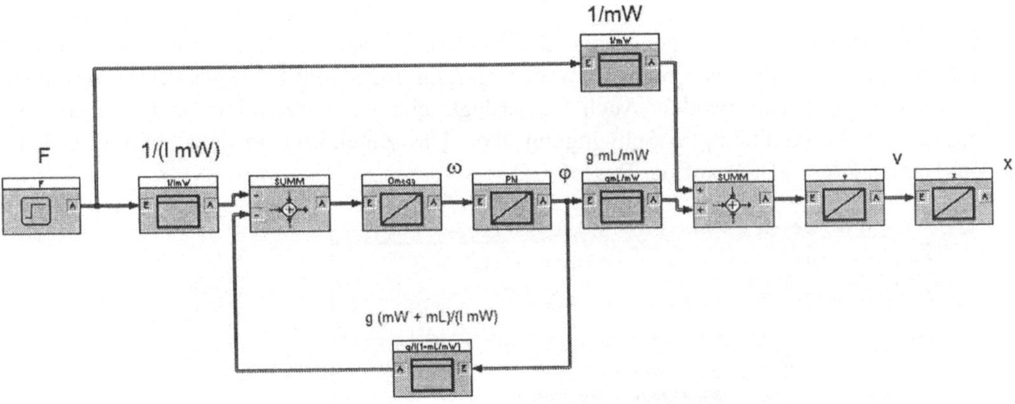

Bild 5-25 Simulationsstruktur

Wir wollen den Verladekran anregen mit einem Doppelimpuls, wie er in Bild 5-26 dargestellt ist. Der Anfangszustand des Systems sei

$$\underline{x}_0 = \begin{pmatrix} 0 \\ 0 \\ 0 \\ 0 \end{pmatrix}.$$

Zur Simulation wählen wir eine Schrittweite von $h = 0.01$. Die Simulation soll bis zu einer Endzeit von 50 durchgeführt werden.

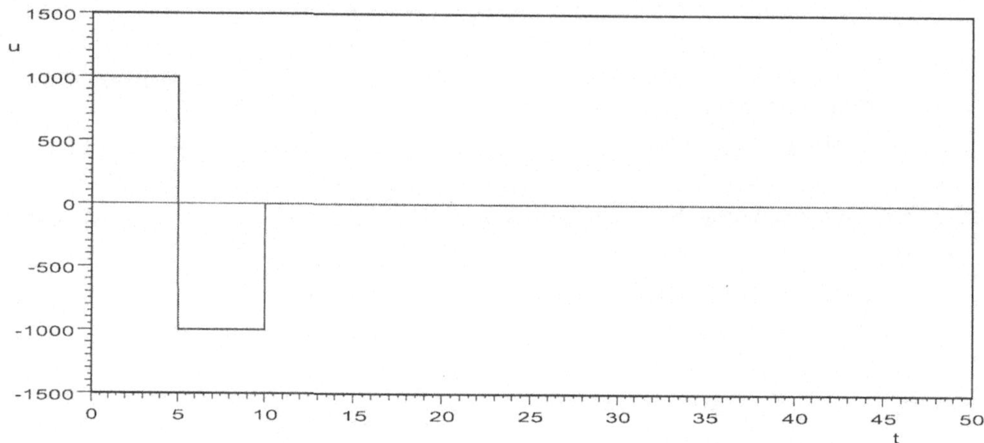

Bild 5-26 Verlauf der Kraft F auf den Wagen

Bild 5-27 zeigt die zugehörigen Simulationsergebnisse. Wir erkennen, dass sich der Wagen zunächst kontinuierlich nach rechts bewegt und dann ungedämpft mit geringer Amplitude um einen Mittelwert herum pendelt. Auch der Ausleger geht nach einem kurzzeitigen Einschwingvorgang in eine ungedämpfte Schwingung über. Das zugehörige Projekt befindet sich unter dem Namen KRAN.BSY auf der Begleit-CD.

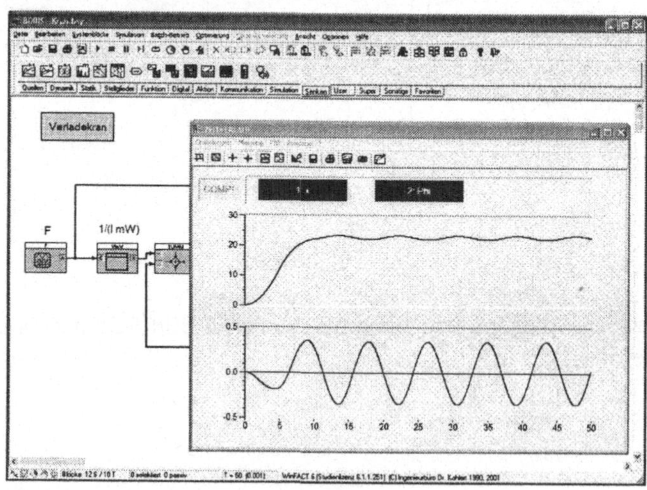

Bild 5-27 Simulationsergebnis bei Anregung mit Doppelimpuls

Beim Verladekran handelt es sich um ein *instabiles* System; regen wir den Kran nämlich mit einer konstanten Kraft an, so wächst z. B. die Wagenposition x mit der Zeit (zumindest theoretisch) über alle Grenzen. Wir können dies in der Simulation auf einfache Weise überprüfen, indem wir den Funktionsgenerator zur Erzeugung der Kraft F so "umprogrammieren", dass z. B. eine konstante Kraft von $F = 1000$ auf den Wagen geschaltet wird. Bild 5-28 zeigt die zugehörigen Simulationsergebnisse für Wagenposition (obere Kurve) und Auslenkwinkel (untere Kurve).

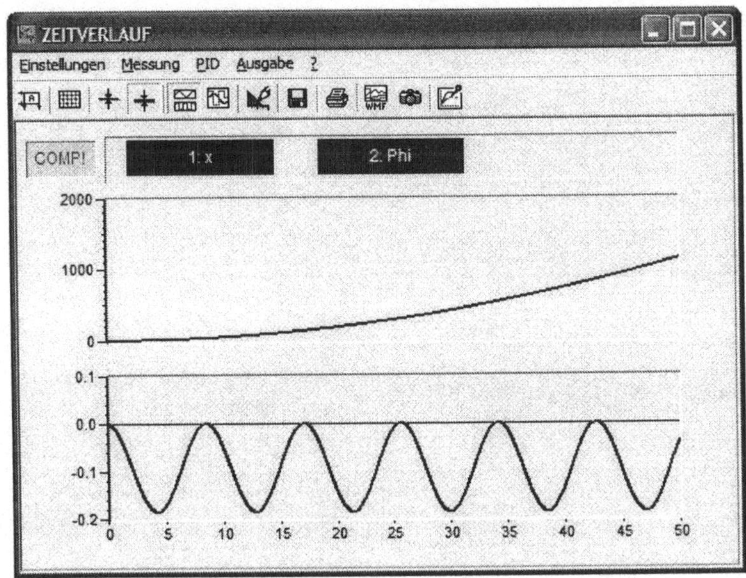

Bild 5-28 Simulationsergebnisse bei Anregung mit konstanter Kraft

Um den Kran nun in der Praxis auf einfache Weise in eine bestimmte Sollposition x_{soll} zu bringen, bedient man sich des Prinzips der *Zustandsregelung*. Dabei werden die im Zustandsvektor $\underline{x}$ zusammengefassten Zustandsgrößen x, v, φ und ω zurückgeführt in einen Zustandsregler, der dann gemäß der Gleichung

$$\begin{aligned} F &= -\underline{k}^{\mathrm{T}}\,\underline{x} + k_{\mathrm{V}} x_{\text{soll}} \\ &= -k_1 x - k_2 v - k_3 \varphi - k_4 \omega + k_{\mathrm{V}} x_{\text{soll}} \end{aligned} \tag{5.8}$$

die Stellgröße – nämlich die Kraft F – berechnet. Die Parameter $k_1 \ldots k_4$ repräsentieren die Reglerparameter, während der Parameter k_{V} einen Gewichtungsfaktor für den Sollwert darstellt, der dafür sorgt, dass keine bleibende Regeldifferenz entsteht, d. h. die Wagenposition x im stationären Zustand auch tatsächlich exakt den gewünschten Sollwert x_{soll} erreicht. Bild 5-29 zeigt die Struktur des so genannten *Zustandsregelkreises*.

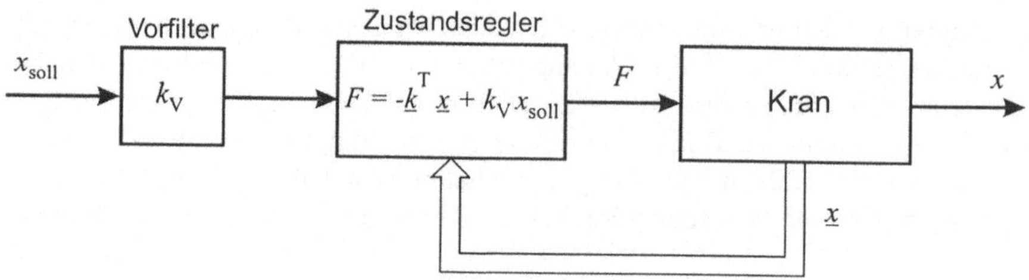

Bild 5-29 Kran mit Zustandsregler

Bild 5-30 zeigt die entsprechende BORIS-Simulationsstruktur. Mit der Frage, *wie* ein geeigneter Zustandsregler entworfen wird, wollen wir uns an dieser Stelle nicht beschäftigen; dies ist Thema der einschlägigen regelungstechnischen Literatur (z. B. [19]). Wir wollen annehmen, dass der Reglerentwurf die Parameter

$$\underline{k}^T = (2546,\ 9166,\ -63278,\ 103318)$$

$$K_V = 2546$$

für den eigentlichen Zustandsregler und den Vorfilter liefert.

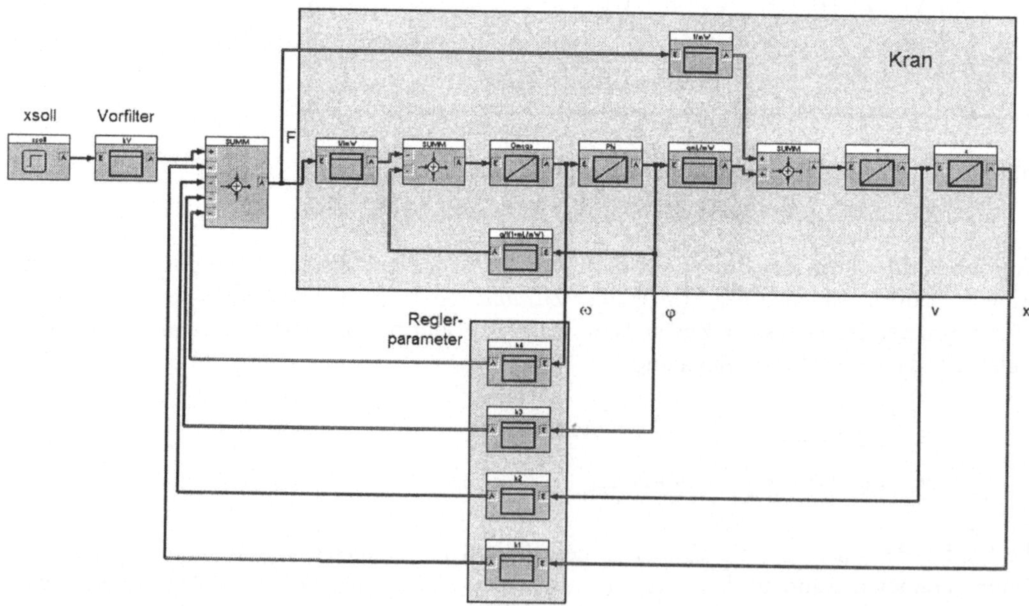

Bild 5-30 Simulationsstruktur für Zustandsregelkreis

Bild 5-31 zeigt die Simulationsergebnisse für Wagenposition (obere Kurve) und Auslenkwinkel (untere Kurve) bei Aufschalten eines konstanten Sollwertes von $x_{soll} = 1$. Wir erkennen, dass der Wagen seine Sollposition nach relativ kurzer Zeit erreicht und der Ausleger nach einem kurzen Einschwingvorgang wieder seine ursprüngliche Lage einnimmt.

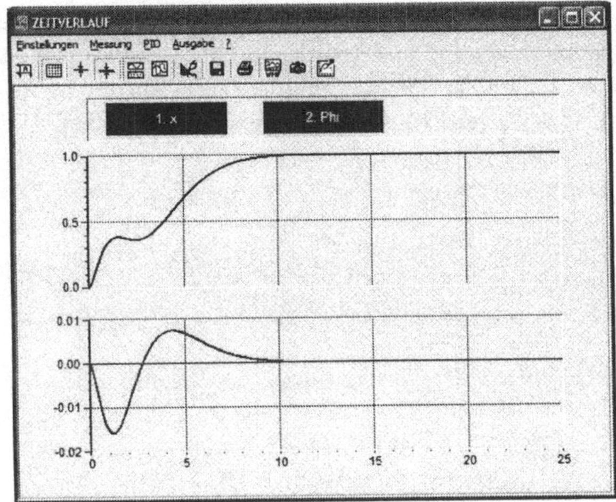

Bild 5-31 Simulationsergebnisse für konstanten Sollwert von $x_{soll} = 1$

Die entsprechende Datei befindet sich unter dem Namen KRANREGELUNG1.BSY auf der Begleit-CD. Bild 5-32 zeigt eine modifizierte Umgebung mit einer grafischen Visualisierung des Verladekrans, bei der die Sollposition direkt über einen Schieberegler vorgegeben werden kann. Diese Version befindet sich unter dem Namen KRANREGELUNG2.BSY auf der Begleit-CD.

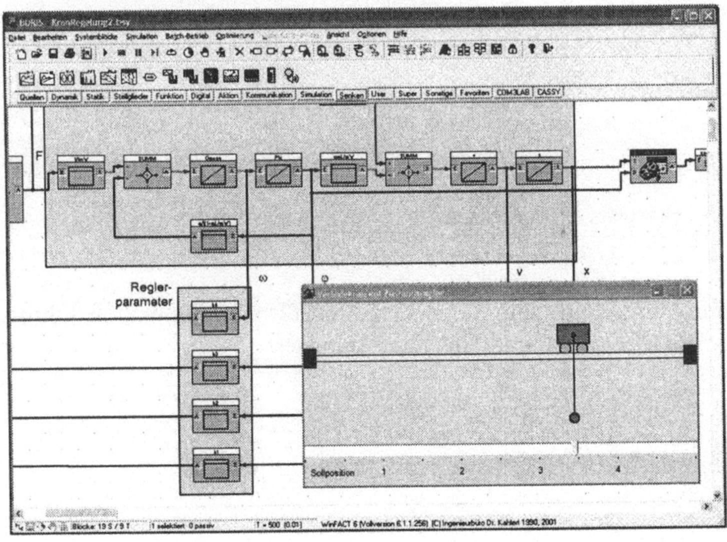

Bild 5-32 Simulationsumgebung mit Visualisierung des Verladekrans

5.3.8 Gekoppelte Dynamos

Zwei baugleiche Dynamos mögen miteinander gekoppelt sein, wobei jeweils der Strom des einen Dynamos das magnetische Feld des anderen Dynamos erregt. Die Ströme in den beiden Stromkreisen sind die Zustandsgrößen x (Dynamo 1) und y (Dynamo 2). Die Zustandsgröße z ist die Rotationsgeschwindigkeit für Dynamo 1. Der Parameter c gibt die Differenz der Rotationsgeschwindigkeiten beider Dynamos an. Das System weist chaotisches Verhalten auf. Das zugehörige Differentialgleichungssystem lautet [6]

$$\begin{aligned} \dot{x} &= zy - ax \\ \dot{y} &= (z-c)x - ay \quad c = a(b^2 - 1/b^2) \\ \dot{z} &= 1 - xy. \end{aligned} \tag{5.9}$$

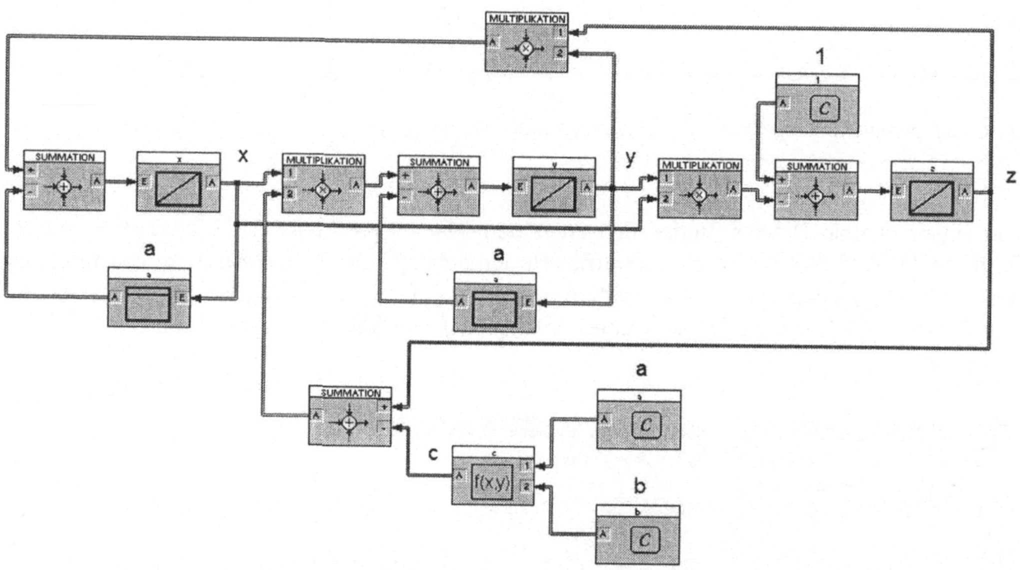

Bild 5-33 Simulationsstruktur für gekoppelte Dynamos

Wir wollen die Simulation durchführen mit dem *Euler*-Verfahren für eine Simulationsschrittweite von 0.01, eine Simulationsdauer von 50 und folgende Parameter:

$a = 1, b = 2$

$x(t = 0) = 1$

$y(t = 0) = z(t = 0) = 0$

Bild 5-34 zeigt den resultierenden Verlauf für die drei Zustandsgrößen x, y und z. Wir können deutlich das chaotische Verhalten des Systems erkennen. Die zugehörige Simulationsdatei befindet sich unter dem Namen DYNAMOS.BSY auf der Begleit-CD.

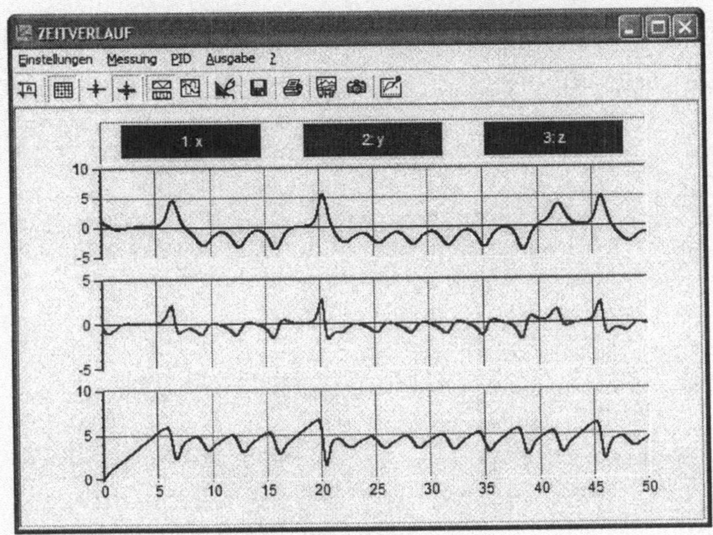

Bild 5-34 Simulationsergebnisse (oben: x, Mitte: y, unten: z)

Untersuchen Sie den Einfluss der Simulationsschrittweite, der Anfangswerte sowie der Parameter a und b auf das Systemverhalten.

5.3.9 Drei-Körper-Problem

Wir betrachten das bereits an früherer Stelle vorgestellte *Drei-Körper-Problem*, welches die Bewegung eines Himmelskörpers K mit vernachlässigbarer Masse unter dem Einfluss von Erde und Mond beschreibt (Bild 5-35).

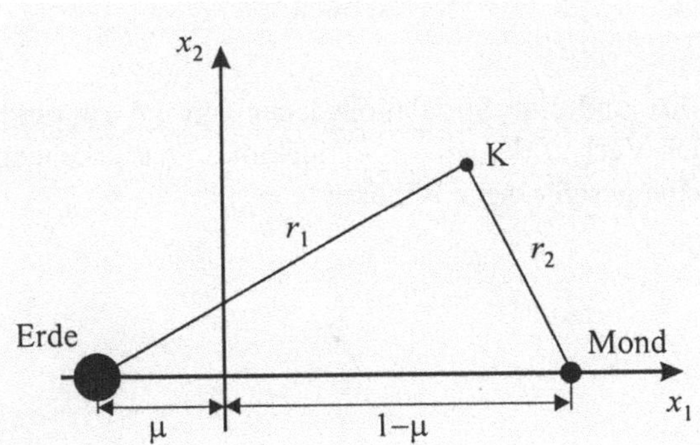

Bild 5-35 Drei-Körper-Problem

Die Bewegung des Körpers K wird beschrieben durch das nichtlineare Differentialgleichungssystem

$$\begin{aligned}
\dot{x}_1 &= x_3 \\
\dot{x}_2 &= x_4 \\
\dot{x}_3 &= x_1 + 2x_4 - \frac{\lambda(x_1+\mu)}{r_1^3} - \frac{\mu(x_1-\lambda)}{r_2^3} \\
\dot{x}_4 &= x_2 - 2x_3 - \frac{\lambda x_2}{r_1^3} - \frac{\mu x_2}{r_2^3}
\end{aligned} \tag{5.10}$$

mit

$$\mu = \frac{1}{82.45}, \quad \lambda = 1 - \mu$$

$$r_1 = \sqrt{(x_1+\mu)^2 + x_2^2}$$

$$r_2 = \sqrt{(x_1-\lambda)^2 + x_2^2}\,.$$

Die Zustandsgrößen x_1 und x_2 stellen dabei die Koordinaten des Körpers dar, die Zustandsgrößen x_3 und x_4 die entsprechenden Geschwindigkeitskomponenten. Bild 5-36 zeigt die zugehörige Simulationsstruktur. Um diese übersichtlich zu halten, wurde mit Signalquellen und -senken gearbeitet und die Gesamtstruktur aus drei Teilstrukturen zusammengesetzt. Die Teilstruktur oben links berechnet zunächst lediglich den Parameter λ aus dem Parameter μ. Die Teilstruktur oben rechts dient zur Ermittlung der Ausdrücke r_1^3 und r_2^3. Die untere Teilstruktur schließlich repräsentiert dann die eigentlichen Differentialgleichungen.

Das System soll mit Hilfe des *Runge-Kutta*-Verfahrens simuliert werden für die Anfangswerte

$$\underline{x}_0 = \begin{pmatrix} 1.2 \\ 0 \\ 0 \\ -1.04935750983 \end{pmatrix},$$

wobei eine Simulationsschrittweite von 0.0001 und eine Simulationsdauer von 6.5 zugrunde gelegt wird. Bild 5-37 zeigt den resultierenden Verlauf der $x_1 - x_2$-Trajektorie. Wir erkennen, dass sich bei den gewählten Anfangswerten eine geschlossene Bahnkurve ergibt.

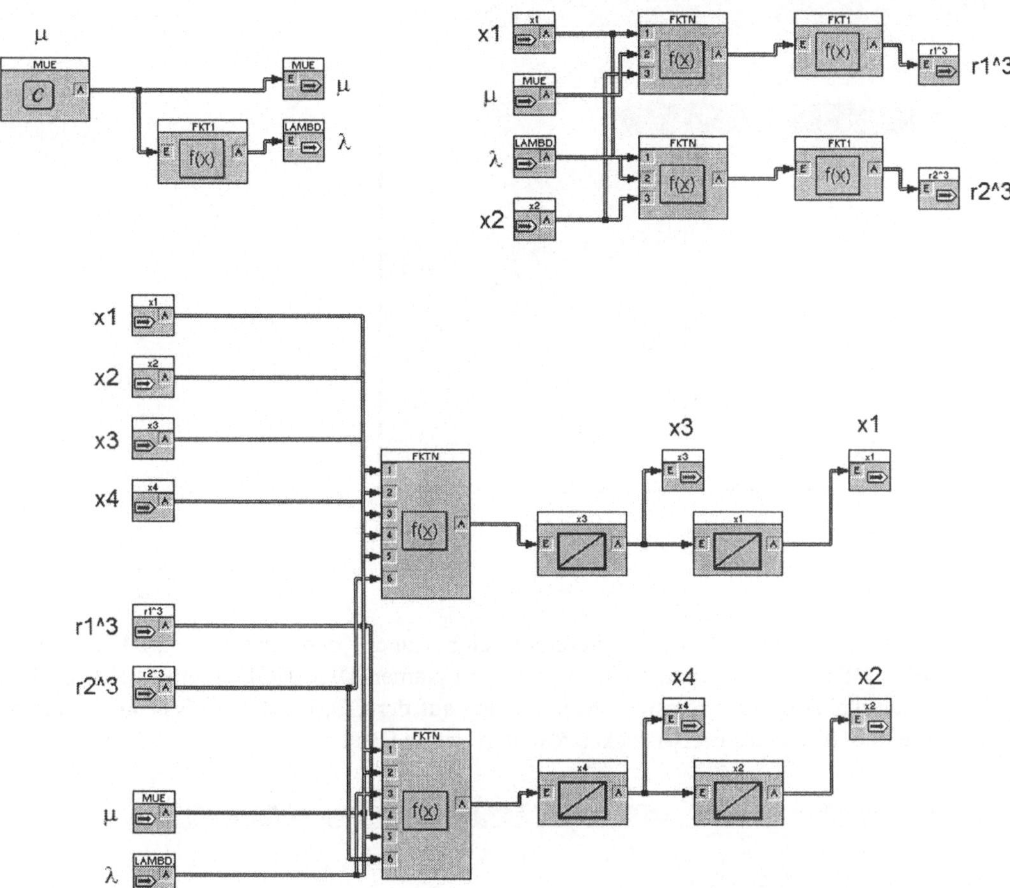

Bild 5-36 Simulationsstruktur für Drei-Körper-Problem

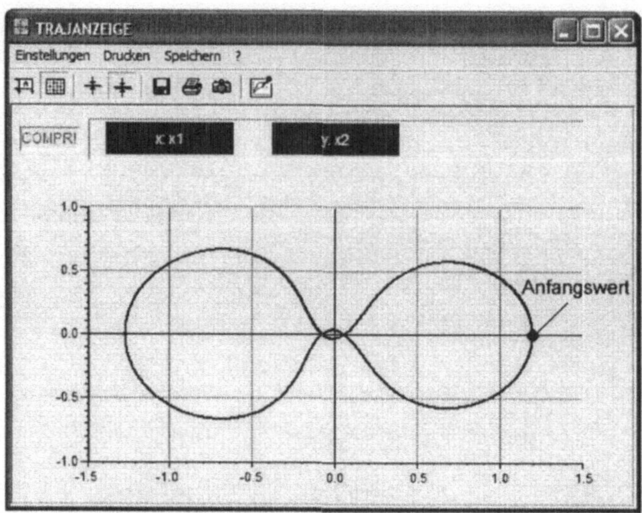

Bild 5-37 Verlauf der x_1 - x_2 -Trajektorie

Die zugehörige Simulationsdatei befindet sich unter dem Namen DREIKÖRPER-PROBLEM1.BSY auf der Begleit-CD. Unter dem Namen DREIKÖRPERPROBLEM2.BSY befindet sich weiterhin eine Simulationsumgebung auf der CD, bei der die Visualisierung der Bahnkurve mit Hilfe eines FAB-Blockes realisiert wurde (Bild 5-38).

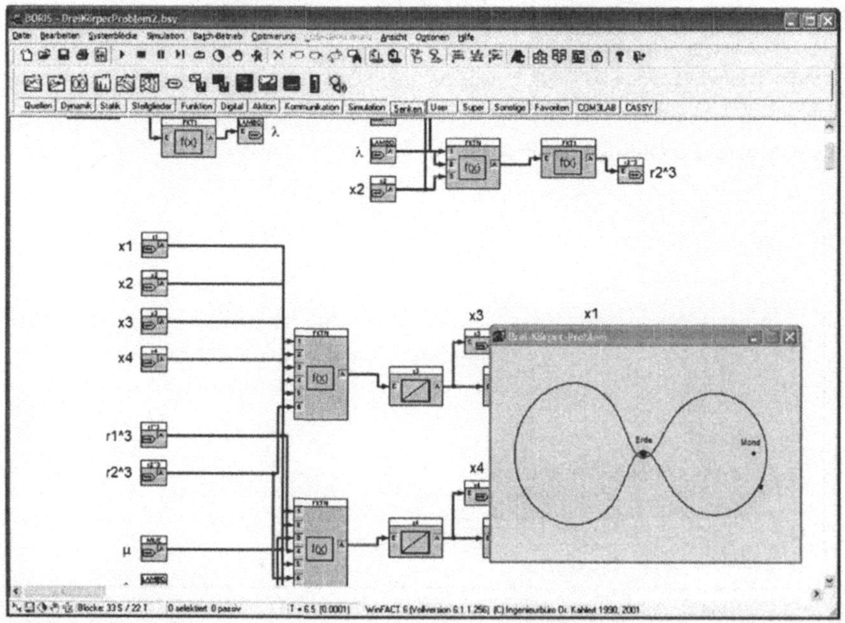

Bild 5-38 Visualisierung des Drei-Körper-Problems mit Hilfe des Flexible Animation Builders

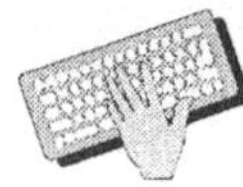

Untersuchen Sie den Einfluss des Integrationsverfahrens, der Simulationsschrittweite und der Anfangswerte auf das Systemverhalten.

5.3.10 Fadenpendel mit Anschlag

Als Erweiterung des Fadenpendels aus Kapitel 5.3.1 wollen wir ein (in diesem Fall gedämpftes) Fadenpendel mit Anschlag als Beispiel für ein System mit einer zustandsbedingten Unstetigkeit betrachten (Bild 5-39).

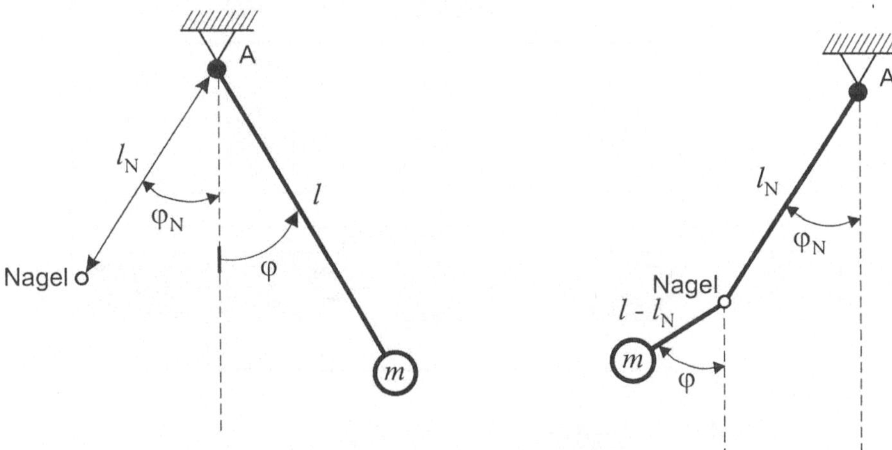

Bild 5-39 Fadenpendel mit Anschlag

Im Abstand l_N und Winkel φ_N zum Aufhängungspunkt A des Pendels befindet sich ein Nagel, der beim Anschlag des Pendels zu einer Umlenkung führt. Solange das Pendel keinen Kontakt mit dem Nagel hat (Bild 5-39 links), lautet die Bewegungsgleichung

$$m l^2 \ddot{\varphi} = -m g l \sin\varphi - d l^2 \dot{\varphi}. \tag{5.11}$$

Nach dem Auftreffen des Pendels auf den Nagel, das durch die Bedingung $\varphi = \varphi_N$ spezifiziert ist, stellt der Nagel den neuen "Aufhängepunkt" dar, um den das Pendel dann mit der verkürzten Pendellänge $l - l_N$ schwingt (Bild 5-39 rechts). Es gilt dann die Bewegungsgleichung

$$m(l - l_N)^2 \ddot{\varphi} = -m g (l - l_N) \sin\varphi - d (l - l_N)^2 \dot{\varphi}. \tag{5.12}$$

Aufgrund des Impulserhaltungssatzes muss der Impuls der Masse m vor und nach dem Auftreffen des Pendels auf den Nagel identisch sein; es muss also gelten

$$m l \dot{\varphi}_{\text{vorher}} = m(l - l_N) \dot{\varphi}_{\text{nachher}}.$$

Dies bedeutet, dass sich die Winkelgeschwindigkeit $\omega = \dot{\varphi}$ im Auftreffmoment unstetig ändert – es gilt

$$\omega_{\text{nachher}} = \frac{l}{l - l_{\text{N}}}\, \omega_{\text{vorher}}. \tag{5.13}$$

Bild 5-40 zeigt die Simulationsstruktur für dieses Beispiel.

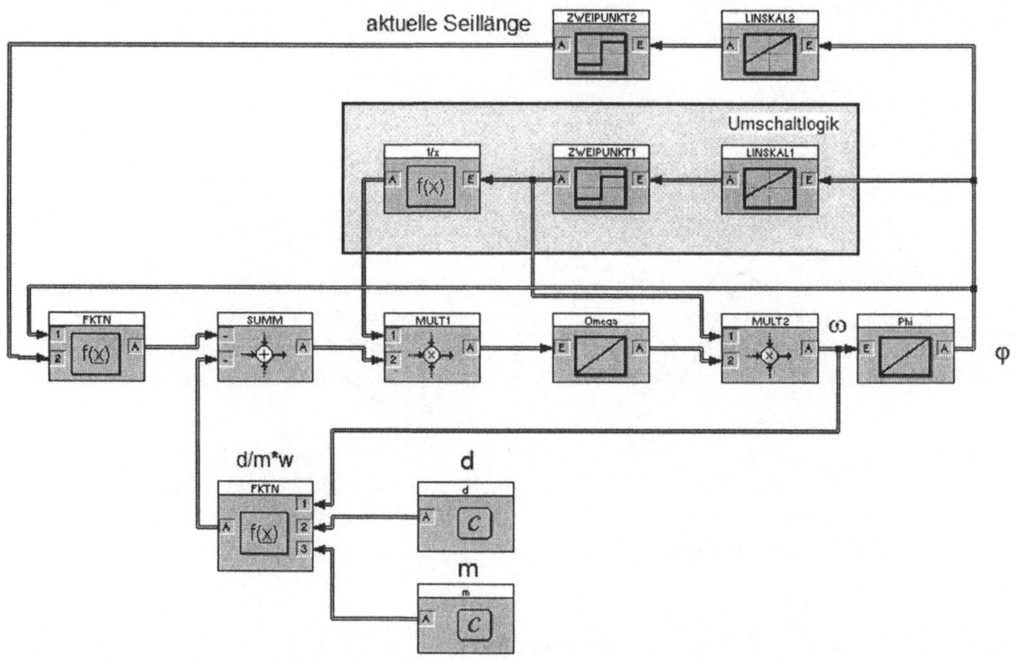

Bild 5-40 Simulationsstruktur für Fadenpendel mit Anschlag

Der untere Teil der Struktur stellt zunächst das "normale" Pendelmodell nach Gleichung 5.11 dar. Dieses Modell arbeitet jedoch nicht mit einer konstanten Seillänge, sondern die Seillänge wechselt je nach Zustand des Pendels zwischen l und $l - l_{\text{N}}$. Zur Realisierung dieses Wechsels dient der obere Zweig der Struktur bestehend aus den Blöcken LINSKAL2 und ZWEIPUNKT2. Ersterer führt eine lineare Transformation des aktuellen Auslenkwinkels φ gemäß

$$\varphi^* = \varphi - \varphi_{\text{N}}$$

durch, sodass am Ausgang dieses Blockes im Moment des Auftreffens auf den Nagel gerade die Bedingung

$$\varphi^* = 0$$

erfüllt ist. Die nachgeschaltete Zweipunktkennlinie schaltet dann die effektive Seillänge von l auf $l - l_N$ um.

Der mittlere, umrandete Teil der Systemstruktur (bestehend aus den Blöcken LINSKAL1, ZWEIPUNKT1 und 1/x) stellt die Realisierung der Bedingung 5.13 dar. Solange das Pendel sich nicht am Anschlag befindet, liefert die Zweipunktkennlinie einen Wert von 1, andernfalls einen Wert von $l/(l - l_N)$. Dieser Wert wird multiplikativ auf den Ausgang des ersten Integrierers aufgeschaltet. Um den durch diese Multiplikation entstehenden Effekt bezüglich der Auswirkung auf die Winkelauslenkung zu kompensieren, wird gleichzeitig der entsprechende Kehrwert multiplikativ auf den Eingang des Integrierers geschaltet.

Wir wollen die Simulation für folgende Parameter durchführen:

$$m = 1.02,\ d = 0.2,\ l = 1.0$$

$$g = 9.81$$

$$l_N = 0.7,\ \varphi_N = -\pi/12 = -0.262$$

$$\varphi(0) = \pi/6 = 0.524,\ \dot{\varphi}(0) = 0$$

Um den Auftreffmoment des Pendels auf den Nagel jeweils möglichst exakt zu treffen, sollte die Simulation mit einer sehr kleinen Schrittweite durchgeführt werden; wir wählen daher bei Benutzung des *Runge-Kutta*-Verfahrens eine Schrittweite von 0.001 und eine Simulationsdauer von 10.

Bild 5-41 zeigt die Simulationsergebnisse. Wir erkennen deutlich die Unstetigkeit der Winkelgeschwindigkeit (untere Kurve), die jeweils beim Auftreffen des Pendels auf den Nagel bzw. Loslösen vom Nagel auftritt; die effektive Seillänge (obere Kurve) wechselt dabei jeweils zwischen den Werten $l = 1$ und $l - l_N = 0.3$. Der Auslenkwinkel (mittlere Kurve) selbst verläuft stetig.

Die zugehörige Simulationsdatei befindet sich unter dem Namen PENDELMIT-ANSCHLAG1.BSY auf der Begleit-CD. Unter dem Namen PENDELMITANSCHLAG2.BSY befindet sich weiterhin eine Simulationsumgebung mit Visualisierung des Pendels auf der CD (Bild 5-42).

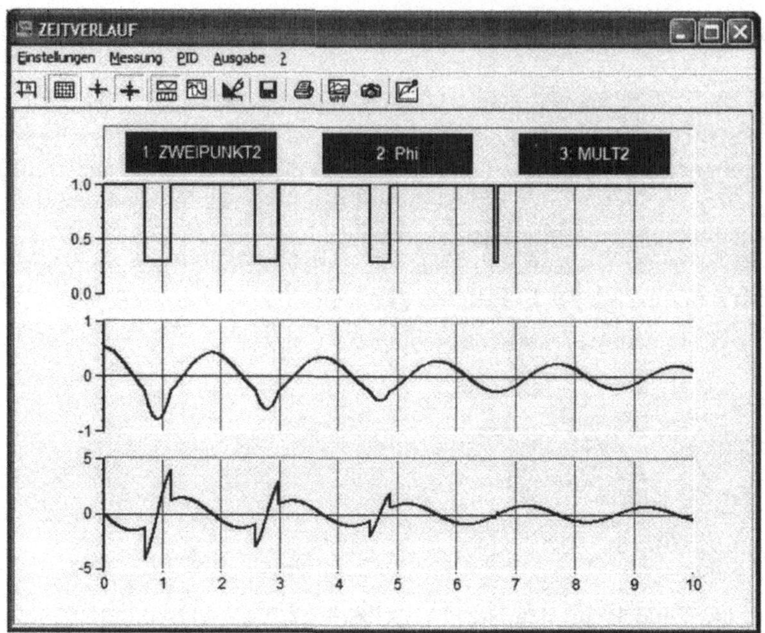

Bild 5-41 Simulationsergebnisse (oben: effektive Seillänge, Mitte: Auslenkwinkel, unten: Winkelgeschwindigkeit)

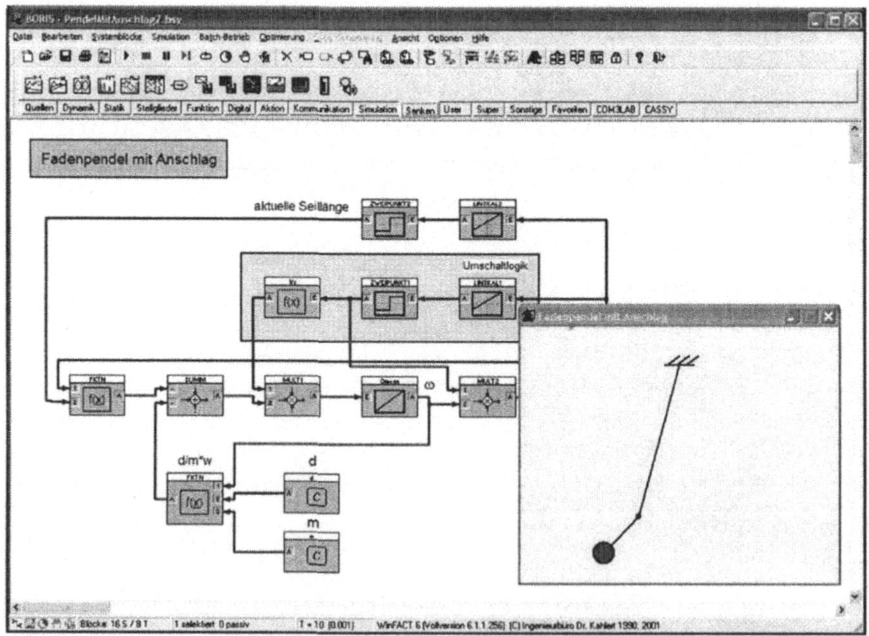

Bild 5-42 Simulationsumgebung mit Visualisierung des Fadenpendels

5.3.11 Springender Ball

Als zweites Beispiel für ein System mit einer Unstetigkeit einer Zustandsgröße wollen wir einen springenden Ball betrachten (Bild 5.43).

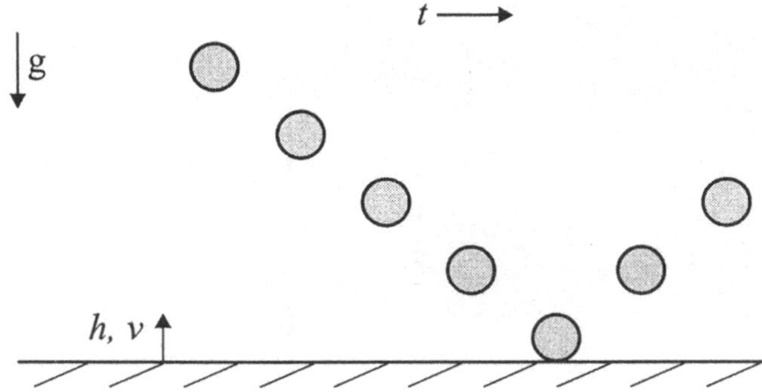

Bild 5-43 Springender Ball

Lassen wir einen elastischen Ball (z. B. einen Tennisball) aus einer Anfangshöhe h_0 auf den Boden fallen, so bewegt er sich er sich zunächst unter dem Einfluss der Schwerkraft gemäß den Gleichungen

$$\begin{aligned} \dot{h} &= v \\ \dot{v} &= -g \end{aligned} \tag{5.14}$$

auf den Boden zu. Im Moment des Bodenkontaktes (gegeben durch die Bedingung $h = 0$) kehrt sich die Bewegungsrichtung des Balles um; es gilt dabei für die Geschwindigkeit unmittelbar nach Auftreffen auf den Boden

$$v_{\text{nachher}} = -\varepsilon\, v_{\text{vorher}}, \tag{5.15}$$

wobei der Parameter ε die Elastizität des Balles und damit den Energieverlust beim Aufprall beschreibt.

Bild 5-44 zeigt die zugehörige Simulationsstruktur. Die beiden Differentialgleichungen 5.14 werden zunächst wiederum durch zwei Integrierer realisiert, wobei es sich beim ersten Integrierer für die Geschwindigkeit jedoch um einen rücksetzbaren Integrierer handelt, der über den Rücksetzeingang R während der Simulation auf seinen Anfangswert (hier 0) zurückgesetzt werden kann; die eigentliche Geschwindigkeit v ergibt sich dann als Ausgangsgröße des nachgeschalteten Summierers. Zur Erkennung des Aufpralls des Balles auf den Boden wird ein Nulldurchgangdetektor eingesetzt; dieser liefert an seinem Ausgang einen HIGH-Impuls, sobald die Ballhöhe h kleiner gleich 0 wird. Dieser Impuls wird einerseits genutzt, um den ersten Integrierer zurückzusetzen, andererseits um über ein Abtast-/Halteglied den aktuellen Wert der Geschwindigkeit multipliziert mit $-\varepsilon$ auf den Summierer zu schalten; durch diesen Schaltungsteil wird also Gleichung 5.15 nachgebildet. Da durch die Rückführung der Geschwindigkeit auf den Summierer eine algebraische Schleife entstehen würde, wird in die Rückführung ein zusätzliches Verzögerungsglied (UNITDELAY-Block) eingefügt, welches eine Verzögerung um genau einen Simulationsschritt bewirkt.

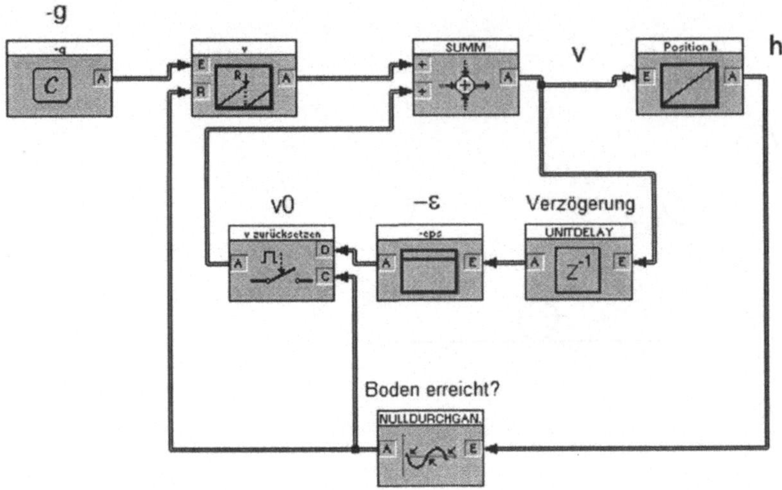

Bild 5-44 Simulationsstruktur

Wir wollen das System simulieren für die Parameter

$$\varepsilon = 0.9,\ h(0) = 1,\ v(0) = 0.$$

Um den Auftreffmoment möglichst exakt zu treffen, muss die Simulation mit einer sehr kleinen Schrittweite durchgeführt werden; wir wählen eine Schrittweite von 0.001 und simulieren mit Hilfe des *Euler*-Verfahrens bis zu einer Simulationsdauer von 10. Bild 5-44 zeigt die resultierenden Simulationsergebnisse (obere Kurve: Position des Balls, untere Kurve: Ballgeschwindigkeit). Die Unstetigkeit der Geschwindigkeit im Moment des Auftreffens des Balls auf den Boden lässt sich gut erkennen.

Die zugehörige Simulationsdatei befindet sich unter dem Namen SPRINGENDERBALL1.BSY auf der Begleit-CD. Unter dem Namen SPRINGENDERBALL2.BSY befindet sich weiterhin eine Simulationsumgebung mit Visualisierung des Balls auf der CD. Der Parameter ε kann dabei über einen Schieberegler eingestellt werden (Bild 5-46).

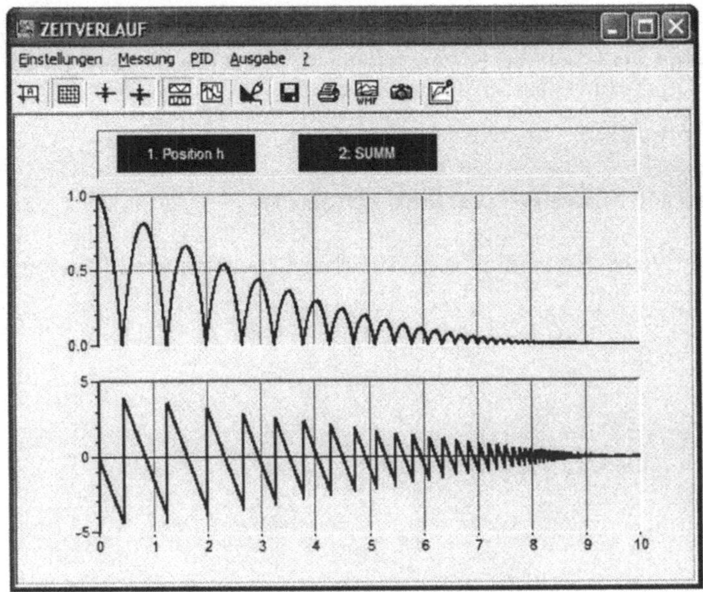

Bild 5-45 Simulationsergebnisse

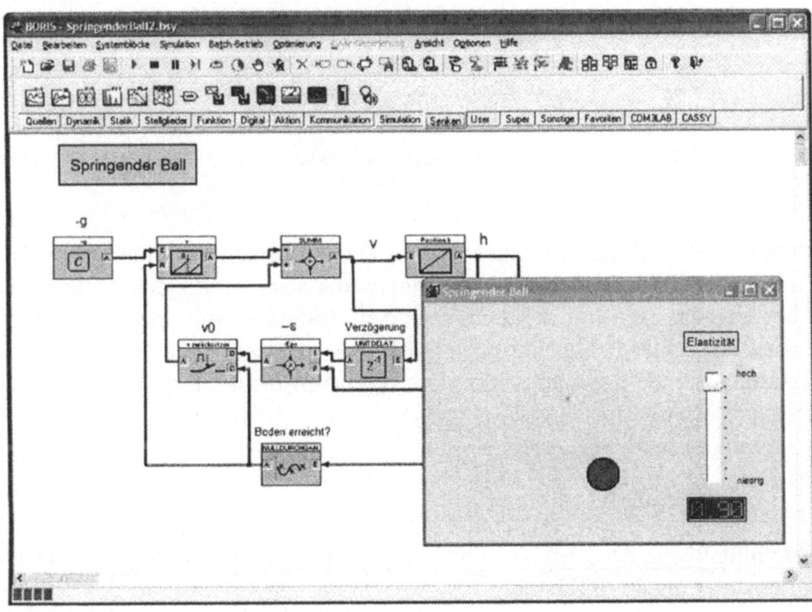

Bild 5-46 Simulationsumgebung mit Visualisierung und Einstellung der Elastizität über einen Schieberegler

Untersuchen Sie den Einfluss des Integrationsverfahrens, der Simulationsschrittweite und des Parameters ε auf das Systemverhalten. Versuchen Sie die Systemstruktur so zu modifizieren, dass auch ein Anfangswert $v(0) \neq 0$ für die Geschwindigkeit vorgegeben werden kann.

5.3.12 Schwinger mit variabler Masse (zeitvariantes System)

Wir wollen als Beispiel für ein System mit zeitlich veränderlichen Parametern den Schwinger nach Bild 5-47 betrachten.

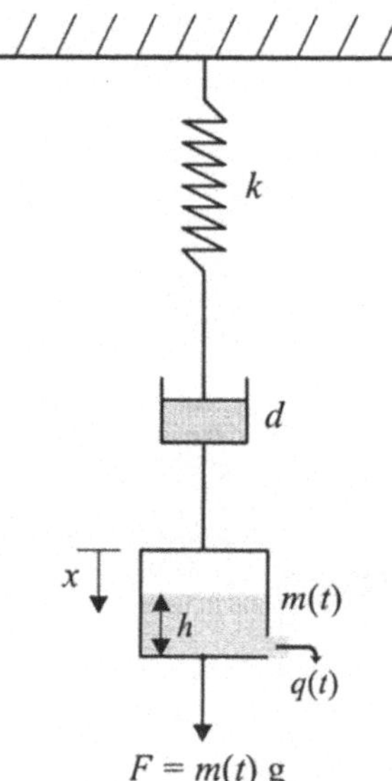

Bild 5-47 Schwinger mit variabler Masse

Der Schwinger besteht aus einer (linearen) Feder mit der Federkonstanten k, einem (ebenfalls linearen) Dämpfer mit der Dämpfung d sowie einer Masse, die aus einem zylindrischen wassergefüllten Gefäß besteht, das sich mit der Zeit über den Volumenstrom $q(t)$ entleert. Im Gegensatz zu den bisher betrachteten mechanischen Schwingkreisen ist bei diesem System die Masse also nicht konstant, sondern zeitabhängig. Der Volumenstrom ist abhängig von der Füllhöhe h des Gefäßes; es gilt die Beziehung

$$q = A_1 \sqrt{2(\mathrm{g} - \ddot{x})\, h}\,, \tag{5.16}$$

wobei A_1 die Querschnittsfläche der Abflussöffnung angibt. Ist A_2 die Grundfläche des Gefäßes, dann gilt für die Änderung der Füllhöhe

$$\dot{h} = -\frac{1}{A_2} q.$$

Lösen wir diese Gleichung nach dem Volumenstrom auf und setzen den erhaltenen Ausdruck dann in Gleichung 5.16 ein, so erhalten wir für die Füllhöhe die Differentialgleichung

$$\dot{h} + \frac{A_1}{A_2}\sqrt{2\,(\mathrm{g} - \ddot{x})\,h} = 0. \qquad (5.17)$$

Für die Masse m_W des im Gefäß befindlichen Wassers gilt mit dem spezifischen Gewicht γ von Wasser

$$m_\mathrm{W} = \gamma\, A_2\, h\,. \qquad (5.18)$$

Die Gesamtmasse setzt sich zusammen aus der (zeitlich unveränderlichen) Masse des leeren Gefäßes m_0 und der Wassermasse gemäß

$$m(t) = m_0 + m_\mathrm{W}(t). \qquad (5.19)$$

Für den Schwingkreis selbst gilt die bereits an früherer Stelle hergeleitete Differentialgleichung zweiter Ordnung

$$\ddot{x} = -\frac{k}{m(t)}x - \frac{d}{m(t)}\dot{x} + \mathrm{g}. \qquad (5.20)$$

Die Gleichungen 5.17 - 5.20 bilden nunmehr das mathematische Modell unseres Systems. Bild 5-48 zeigt die zugehörige Simulationsstruktur. Die obere Teilstruktur dient zur Berechnung von Wasserhöhe h und Gesamtmasse m. Da die Wasserhöhe nicht negativ werden kann, ist die Ausgangsgröße des entsprechenden Integrierers nach unten auf den Wert 0 begrenzt. Der Begrenzer in der Rückführung von $\ddot{x}$ auf die obere Teilstruktur sorgt dafür, dass der Ausdruck $\mathrm{g} - \ddot{x}$ in Gleichung 5.16 keine negativen Werte annehmen kann (was z. B. aufgrund von Diskretisierungsfehlern sonst der Fall werden könnte). Die Masse wird über eine Signalsenke in die untere Teilstruktur überführt. Diese bildet Differentialgleichung 5.20 nach.

Wir wollen für unsere Beispiel-Simulation folgende Parameter wählen:

$$m_0 = 10,\ \gamma = 1000,\ A_1 = 0.0002,\ \ A_2 = 0.05,\ \ d = 0.8,\ \ k = 5,\ \ \mathrm{g} = 9.81$$

Der Anfangszustand des System sei gegeben durch die Werte

$$h(0) = 0.5,\ \dot{x}(0) = x(0) = 0\,.$$

Wir simulieren mit Hilfe des *Euler*-Verfahrens bei einer Simulationschrittweite von 0.005 bis zu einer Endzeit von 120. Bild 5-49 zeigt die erhaltenen Simulationsergebnisse. Die Wasserhöhe (obere Kurve) läuft ausgehend von ihrem Anfangswert von 0.5 asymptotisch gegen den Wert null. Die Gesamtmasse (mittlere Kurve) startet entsprechend bei einem Wert von $m_0 + \gamma\, A_2\, h(0) = 35$ und strebt gegen einen Endwert von $m_0 = 10$. Die Auslenkung schließlich (untere Kurve) läuft oszillatorisch gegen einen Endwert von $\mathrm{g}\, m_0 / k \approx 20$. Die Frequenz der Schwingung nimmt dabei mit der Zeit zu, da die Gesamtmasse abnimmt.

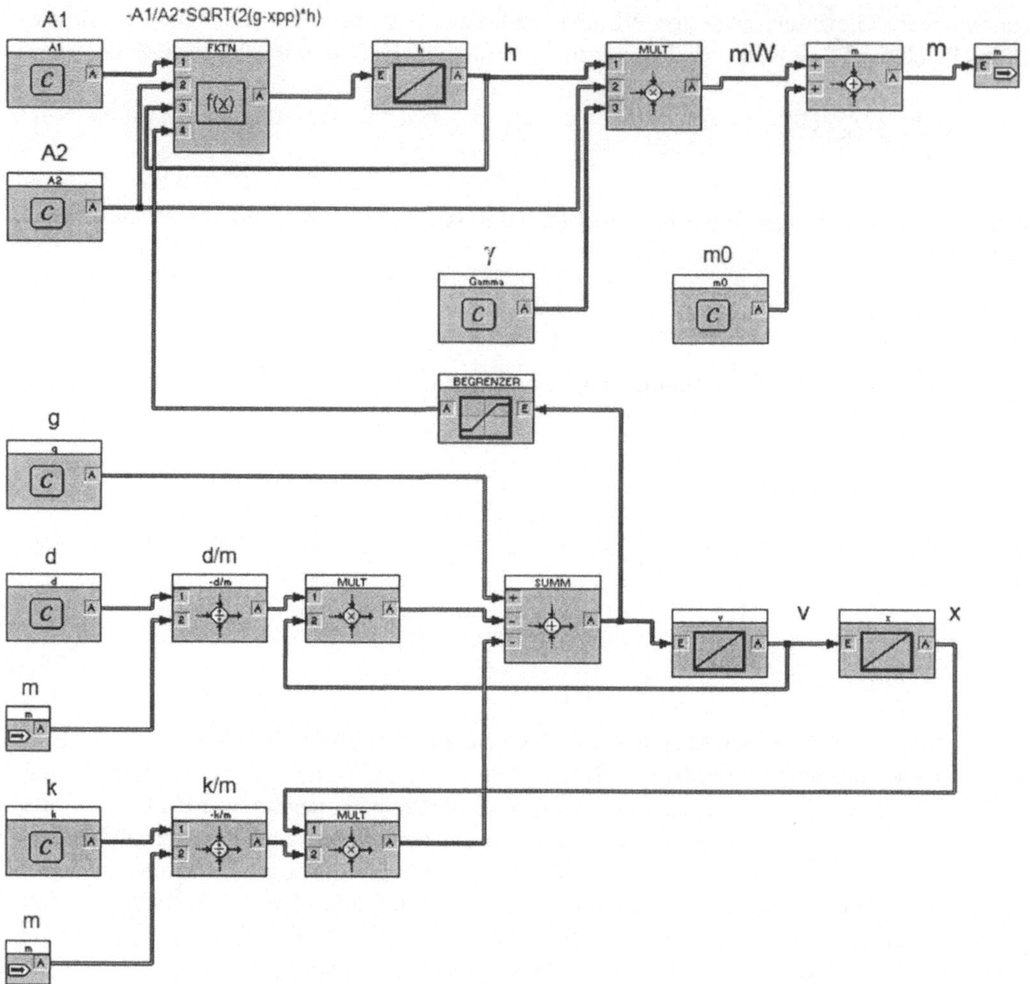

Bild 5-48 Simulationsstruktur

Die zugehörige Simulationsdatei befindet sich unter dem Namen SCHWINGERMIT-VARIABLERMASSE1.BSY auf der Begleit-CD. Unter dem Namen SCHWINGERMIT-VARIABLERMASSE2.BSY befindet sich weiterhin eine Simulationsumgebung mit Visualisierung des Schwingers auf der CD. Die Modellparameter können dabei über Editierfelder mit Wippregler eingestellt werden (Bild 5-50).

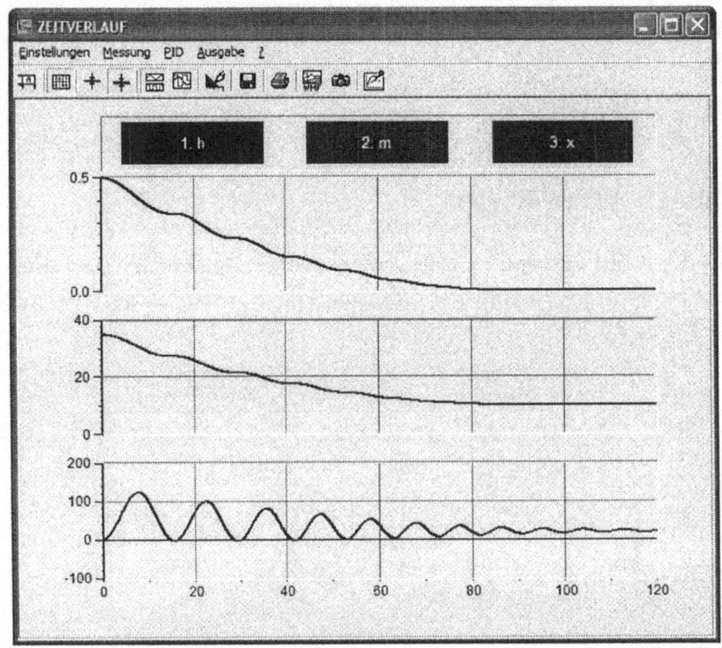

Bild 5-49 Simulationsergebnisse (oben: Wasserhöhe, Mitte: Gesamtmasse, unten: Auslenkung)

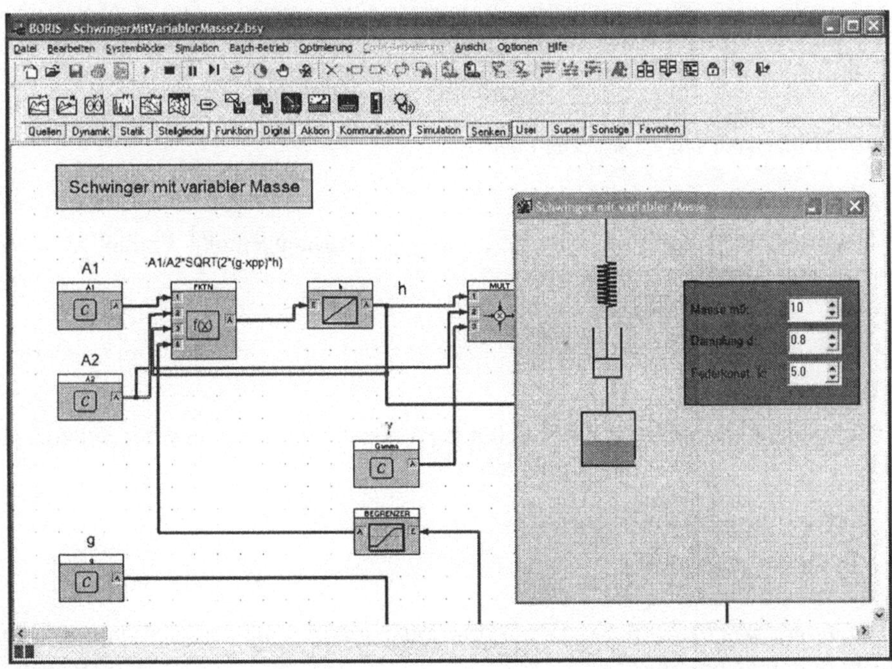

Bild 5-50 Simulationsstruktur mit Visualisierung und Bedienoberfläche

Untersuchen Sie den Einfluss des Integrationsverfahrens, der Simulationsschrittweite, der Anfangswerte und der Modellparameter auf das Systemverhalten. Versuchen Sie die Systemstruktur so zu modifizieren, dass auch der Anfangswert $h(0)$ über das Visualisierungs- und Bedienfenster vorgegeben werden kann.

5.3.13 Füllstandsregelkreis mit Abtast-Regler

Als Beispiel für ein System mit sowohl zeitkontinuierlichen als auch zeitdiskreten Elementen betrachten wir nochmals den bereits in Abschnitt 4.1 vorgestellten Füllstandsregelkreis mit Abtast-Regler (Bild 5-51).

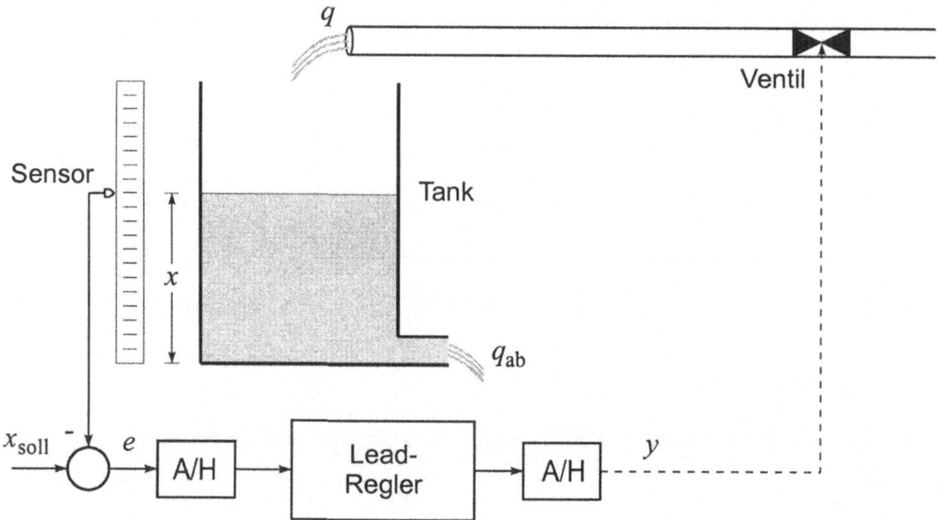

Bild 5-51 Füllstandsregelkreis mit Abtast-Lead-Regler

Der Tank (Eingangsgröße Volumenstrom $q_{\mathrm{res}} = q - q_{\mathrm{ab}}$, Ausgangsgröße Füllhöhe x) wird beschrieben durch die Übertragungsfunktion

$$G_{\mathrm{T}}(s) = K_{\mathrm{T}} \frac{1}{s}.$$

Das Ventil wird modelliert durch ein PT_1-Glied mit der Verstärkung K_{V} und der Zeitkonstanten T_{V} und besitzt somit die Übertragungsfunktion

$$G_{\mathrm{V}} = \frac{K_{\mathrm{V}}}{T_{\mathrm{V}} s + 1}.$$

Als Regler möge ein Abtast-Lead-Regler mit der Abtastzeit T_{A} zum Einsatz kommen, der durch die z-Übertragungsfunktion

$$H(z) = \frac{b_0 - b_1 z^{-1}}{1 - a_1 z^{-1}} \tag{5.21}$$

beschrieben wird.

Für die Konstanten wählen wir die Werte

$$K_\mathrm{T} = 1$$

$$K_\mathrm{V} = 5,\ T_\mathrm{V} = 1$$

$$b_0 = 5,\ b_1 = 4.82,\ a_1 = 0.82,\ T_\mathrm{A} = 0.1$$

$$x(0) = 0.5,\quad x_\mathrm{soll} = 1,\ q_\mathrm{ab} = 1$$

$$h = 0.001,\ t_\mathrm{max} = 5.$$

Bild 5-52 zeigt die zugehörige Simulationsstruktur, die den zugrunde liegenden Regelkreis unmittelbar widerspiegelt.

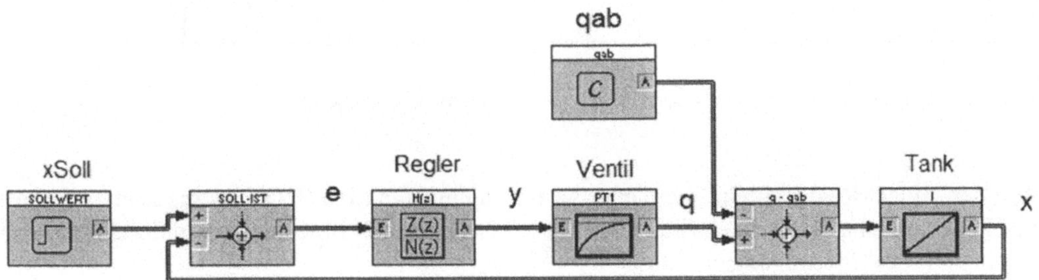

Bild 5-52 Simulationsstruktur

Bild 5-53 zeigt die erhaltenen Simulationsergebnisse, die mit den in Abschnitt 4.1 erhaltenen Ergebnissen identisch sind. Die Regelgröße (oberes Diagramm) schwingt langsam auf den Sollwert von eins ein, während die Stellgröße (unteres Diagramm) über eine Abtastperiode T_A jeweils einen konstanten Wert annimmt. Die zugehörige Simulationsdatei befindet sich unter dem Namen FUELLSTANDSREGELUNG1.BSY auf der Begleit-CD.

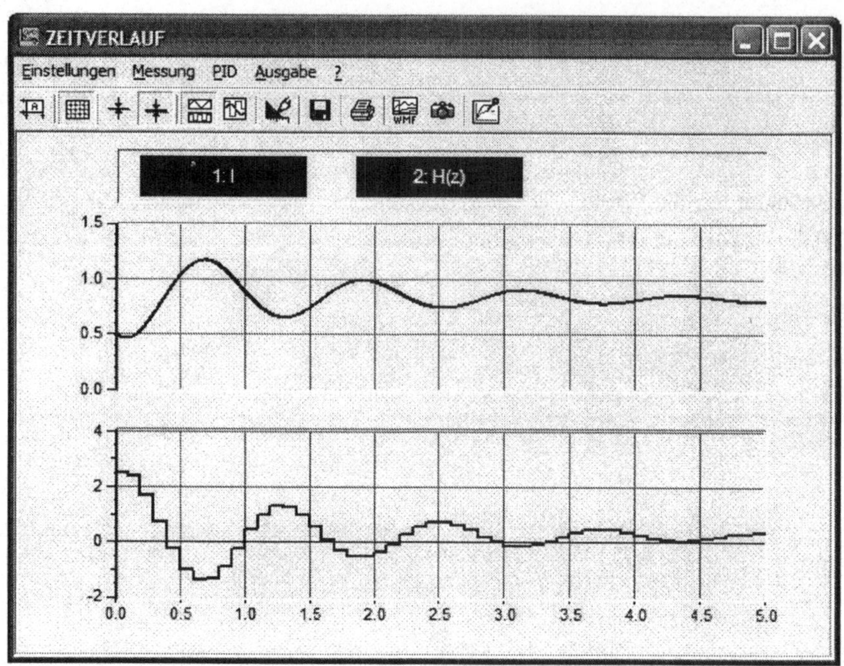

Bild 5-53 Simulationsergebnisse (oben: Regelgröße x, unten: Stellgröße y)

Statt den Abtast-Regler direkt über seine z-Übertragungsfunktion $H(z)$ zu realisieren, können wir ihn entsprechend der Darstellung in Bild 5-51 auch mit Hilfe eines kontinuierlichen Lead-Reglers mit der Übertragungsfunktion

$$G(s) = \frac{1+T_1 s}{1+T_2 s}$$

und vor- bzw. nachgeschaltetem Abtast-/Halteglied realisieren. Der Zusammenhang zwischen den Parametern b_0, b_1 und a_1 des Abtast-Reglers und den Parametern T_1 und T_2 des zeitkontinuierlichen Reglers ist dabei über die *z-Transformation* gegeben (siehe z. B. [20]). Auf eine Darstellung der mathematischen Zusammenhänge wollen wir an dieser Stelle verzichten; die z-Übertragungsfunktion des Abtast-Reglers ergibt sich aus den Parametern des kontinuierlichen Reglers und der Abtastzeit zu

$$H(z) = \frac{\left(1+\frac{T_1-T_2}{T_2}\right) - \left(e^{-T_\mathrm{A}/T_2} + \frac{T_1-T_2}{T_2}\right) z^{-1}}{1-e^{-T_\mathrm{A}/T_2} z^{-1}}.$$

Ein Koeffizientenvergleich mit Gleichung 5.21 liefert die Zusammenhänge

$$b_0 = 1 + \frac{T_1 - T_2}{T_2}$$

$$b_1 = e^{-T_A / T_2} + \frac{T_1 - T_2}{T_2}$$

$$a_1 = e^{-T_A / T_2}.$$

Diese Gleichungen lassen sich einfach nach T_1 und T_2 auflösen; wir erhalten dann die Parameter des zeitkontinuierlichen Reglers zu

$$T_1 = 2.5,\ T_2 = 0.5.$$

Bild 5-54 zeigt die entsprechende Simulationsstruktur. Die zugehörige Simulationsdatei befindet sich unter dem Namen FUELLSTANDSREGELUNG2.BSY auf der Begleit-CD. Die mit dieser Struktur erhaltenen Simulationsergebnisse sind mit den in Bild 5-53 dargestellten Ergebnissen deckungsgleich.

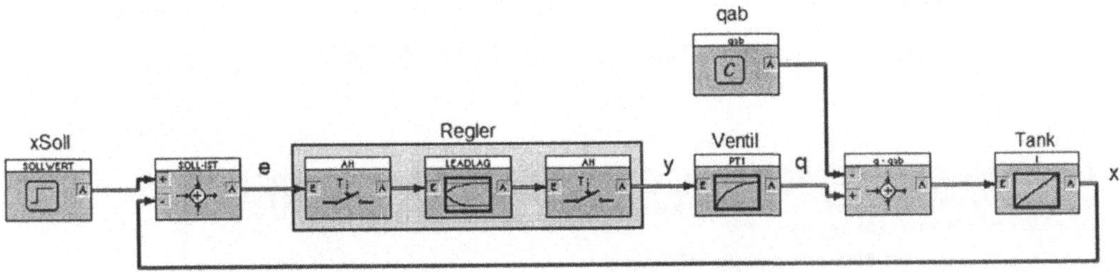

Bild 5-54 Alternative Simulationsstruktur

Unter dem Namen FUELLSTANDSREGELUNG3.BSY befindet sich weiterhin eine Simulationsumgebung mit Visualisierung des Füllstandsregelkreises auf der CD. In dieser Simulationsumgebung kann der Sollwert über einen Schieberegler vorgegeben werden; weiterhin kann ein Starten und Stoppen der Simulation über entsprechende Schaltflächen innerhalb des Visualisierungsfensters erfolgen (Bild 5-55).

Wir wollen die mit unserem Simulationsmodell erhaltenen Ergebnisse noch ein wenig kritisch hinterfragen. Dazu betrachten wir neben Regel- und Stellgröße nunmehr auch den Verlauf des Zuflusses q (Bild 5-56).

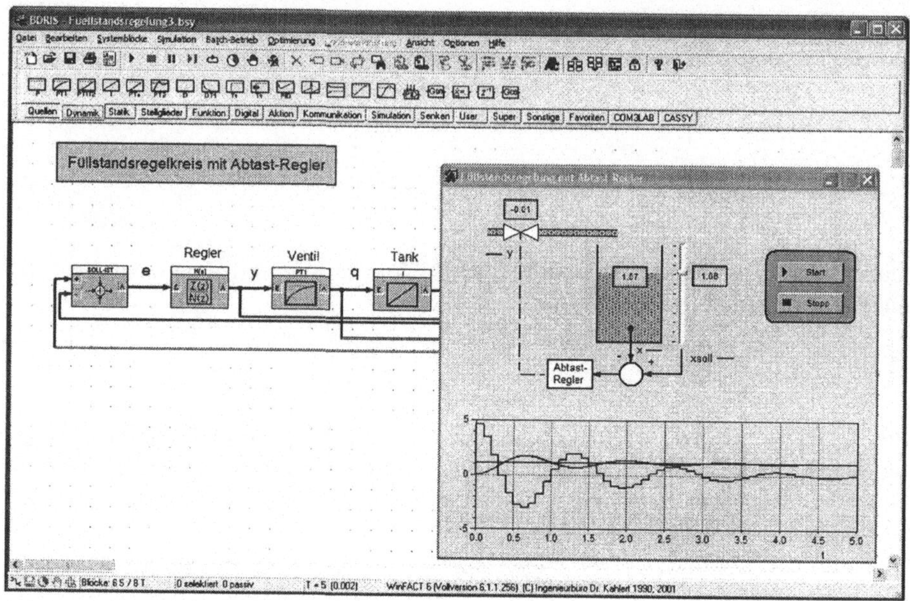

Bild 5-55 Simulationsumgebung mit Visualisierung und Bedienoberfläche

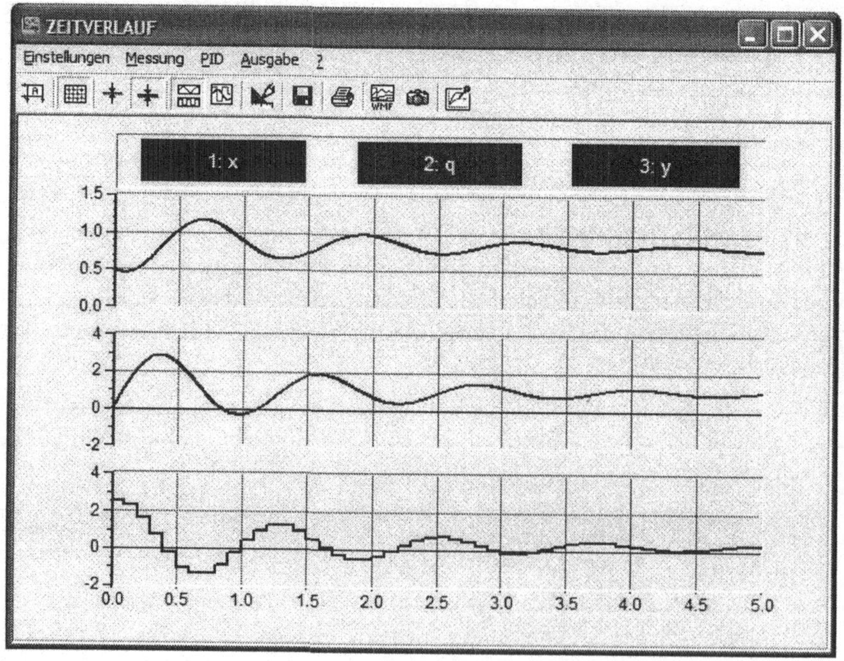

Bild 5-56 Simulationsergebnisse mit Verlauf des Zuflusses *q* (mittleres Diagramm)

Wie wir dem Diagramm entnehmen können, nimmt der Zufluss während des Ausregelvorganges gemäß unseres Simulationsmodells nach einer Simulationszeit von ungefähr einer Sekunde zeitweise *negative* Werte an. Dies würde in der Realität bedeuten, dass aus dem Zufluss ein "Abfluss" wird, d. h. durch das Zulaufrohr Wasser aus dem Tank heraus strömt. Dieser Effekt – der in der Praxis natürlich so nicht auftreten kann – kommt dadurch zustande, dass die Stellgröße y (die Öffnung des Zulaufventils) ebenfalls negative Werte annehmen kann. Nehmen wir an, eine Stellgröße von $y = 1$ würde einer Ventilöffnung von 100% (Ventil voll geöffnet) und eine Stellgröße von $y = 0$ einer Ventilöffnung von 0% (Ventil vollständig geschlossen) entsprechen, dann würde ein negativer Stellgrößenwert bedeuten, dass das Ventil "mehr als zu" ist und ein Stellgrößenwert oberhalb von eins, dass das Ventil "mehr als auf" ist. Beides kann in der Realität nicht auftreten.

Um zu realistischeren Simulationsergebnissen zu gelangen, müssen wir also die *Stellgrößenbegrenzung*, die ein reales Ventil aufweist, in unser Simulationsmodell integrieren. Dazu können wir eine Begrenzerkennlinie heranziehen, die dem bisherigen PT_1-Modell des Ventils vorgeschaltet ist und die Stellgröße auf den Bereich

$$0 \leq y \leq 1$$

begrenzt. Bild 5-57 zeigt die entsprechend erweiterte Simulationsstruktur.

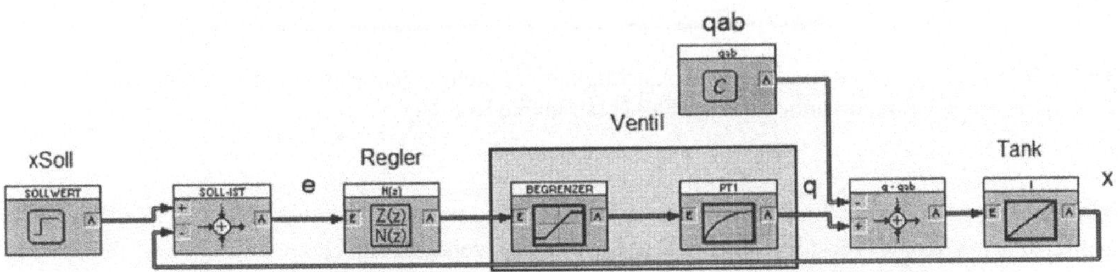

Bild 5-57 Simulationsstruktur mit Berücksichtigung der Stellgrößenbegrenzung

Bild 5-58 zeigt gegenübergestellt die Simulationsergebnisse basierend auf der Struktur mit Begrenzer-Kennlinie (Simulationsdatei FUELLSTANDSREGELUNG4.BSY) und die Ergebnisse für den unbegrenzten Fall (oberes Diagramm: Regelgröße, mittleres Diagramm: Zufluss, unteres Diagramm: Stellgröße). Wir können erkennen, dass die Stellgröße und damit auch der Zufluss nunmehr keine "unrealistischen Werte" annehmen. Dies hat natürlich auch Auswirkungen auf den Verlauf der Regelgröße – diese strebt jetzt mit wesentlich weniger Schwingneigung, dafür aber auch erheblich langsamer gegen ihren stationären Endwert.

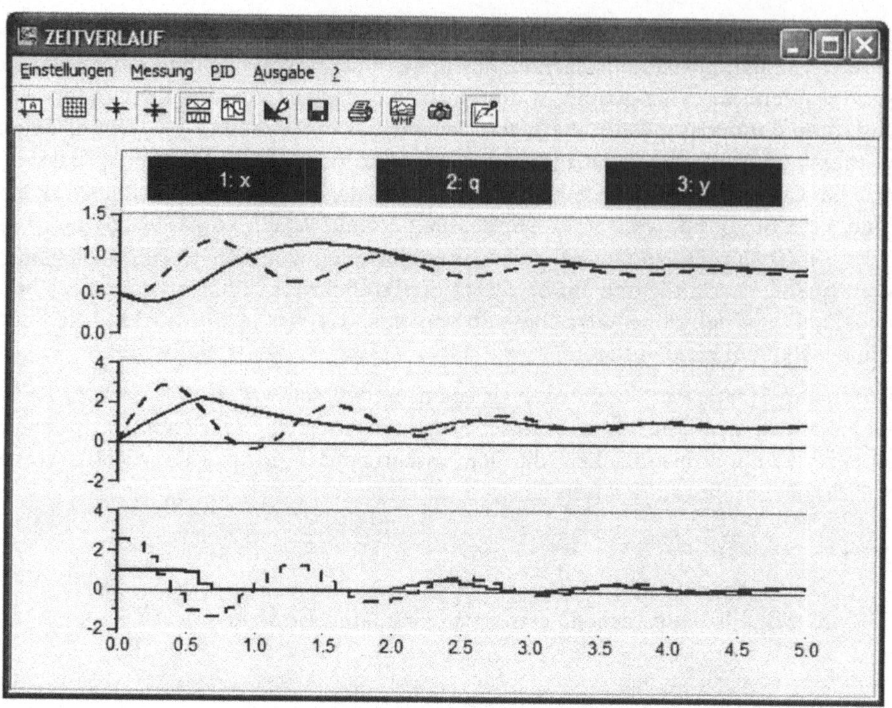

Bild 5-58 Simulationergebnisse bei Berücksichtigung der Stellgrößenbegrenzung (durchgezogene Kurven) im Vergleich mit dem unbegrenzten Fall (gestrichelte Kurven)

Als Regelungstechniker könnten wir nun versuchen, das Regelkreisverhalten z. B. durch Vergrößerung der Reglerverstärkung noch ein wenig zu verbessern. Dazu müssen wir die Reglerparameter b_0 und b_1 vergrößern, z. B. um den Faktor zwei auf die Werte

$$b_0 = 10, \ b_1 = 9.64.$$

Bild 5-59 zeigt die zugehörigen Simulationsergebnisse (Simulationsdatei FUELLSTANDS-REGELUNG5.BSY). Wir können erkennen, dass sich das Regelkreisverhalten im Bereich "mittlerer" Zeiten tatsächlich verbessert hat; zudem ist die bleibende Regeldifferenz wegen der größeren Reglerverstärkung nun kleiner. Erhöhen wir die Reglerverstärkung noch weiter, weist die Regler-/Ventilkombination aufgrund der Stellgrößenbeschränkung zunehmend Zweipunktverhalten auf.

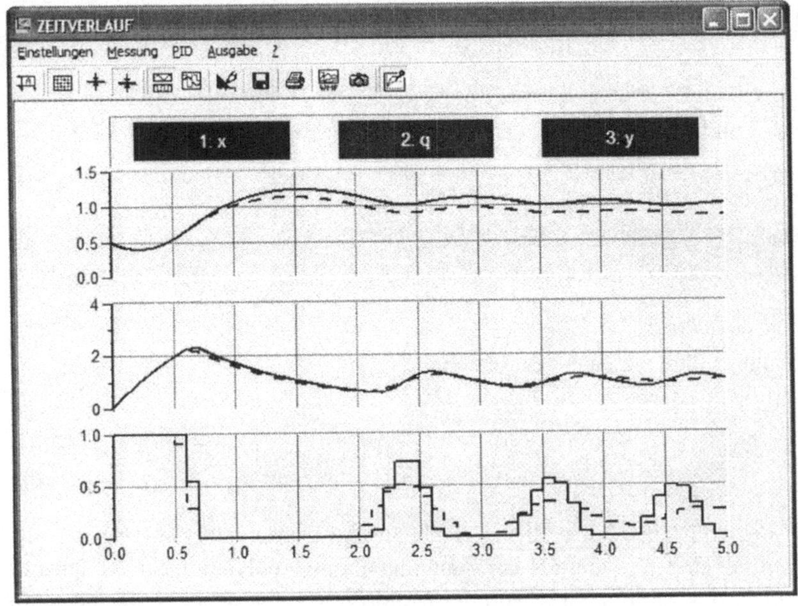

Bild 5-59 Simulationsergebnisse bei vergrößerter Reglerverstärkung (durchgezogene Kurven) im Vergleich mit den ursprünglichen Reglereinstellungen (gestrichelte Kurven)

5.3.14 Beschleunigungsvorgang bei PKW

Wir hatten bereits in Abschnitt 5.3.12 ein System mit zeitveränderlichen Parametern (Schwinger mit variabler Masse) simuliert. Das nachfolgende Beispiel stellt nunmehr ein System vor, bei dem während der Simulation Unstetigkeiten auftreten [5]. Dazu betrachten wir den PKW nach Bild 5-60.

Bild 5-60 Kräfte am PKW

Auf den Wagen, der die Masse m besitzen soll, wirken drei unterschiedliche Kräfte:

- die Antriebskraft F_A, die durch das Drehmoment des Motors hervorgerufen wird,
- der Rollwiderstand F_R und
- der Luftwiderstand F_L.

Für die Beschleunigung $\ddot{x}$ des Wagens gilt dann die Beziehung

$$m\ddot{x} = F_\text{A} - F_\text{R} - F_\text{L}. \tag{5.22}$$

Die Antriebskraft des Wagens lässt sich aus der Beziehung

$$F_A = \frac{M(n)\,i_\text{G}(G)\,i_\text{D}}{r_\text{Dyn}} \tag{5.23}$$

ermitteln. Darin ist i_G die vom eingelegten Gang G abhängige Getriebeübersetzung, i_D die Übersetzung des Differentials und r_Dyn der als konstant angenommene dynamische Reifenrollradius. Das Drehmoment M des Motors hängt von der Motordrehzahl n ab; bei einer konstanten Stellung des Gaspedals lässt sich der Zusammenhang als Kennlinie der Form $M = M(n)$ darstellen (siehe Bild 5-61). Für den Zusammenhang zwischen der Wagengeschwindigkeit $v = \dot{x}$ und der Motordrehzahl (in min^{-1}) gilt dann

$$n = \frac{v\,i_\text{G}\,i_\text{D}}{r_\text{Dyn}}\frac{60}{2\pi}. \tag{5.24}$$

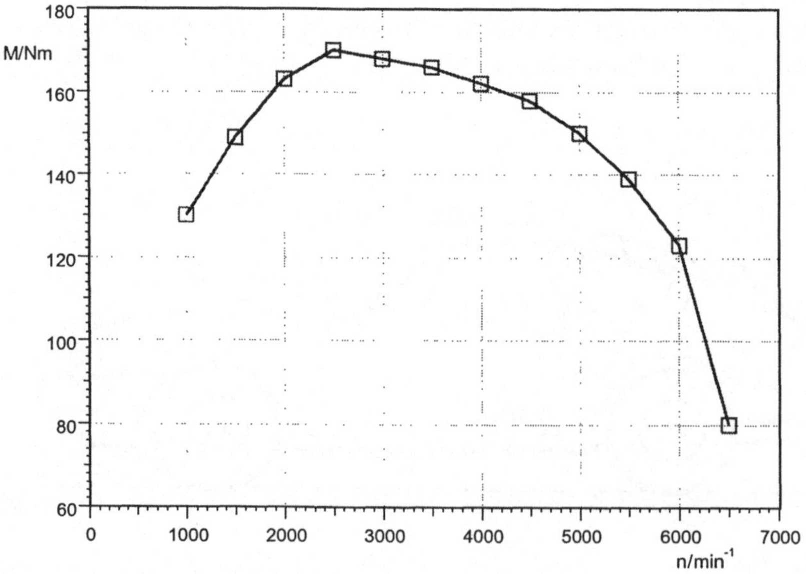

Bild 5-61 Motorkennlinie $M(n)$

Der Rollwiderstand F_R ergibt sich aus der Beziehung

$$F_R = f_R \, m \, g, \tag{5.25}$$

wobei f_R den Rollwiderstandsbeiwert und g die Erdbeschleunigung angibt. Der Luftwiderstand F_L kann bei Windstille als proportional zum Quadrat der Fahrgeschwindigkeit angenommen werden; es gilt

$$F_L = c_w \rho \frac{A}{2} v^2. \tag{5.26}$$

Dabei ist c_w der von der Fahrzeugform abhängige Luftwiderstandsbeiwert, ρ die Luftdichte und A die projizierte Querschnittsfläche des Wagens.

Damit haben wir alle Modellgleichungen für die Simulation des Beschleunigungsvorgangs beieinander. Wir wollen annehmen, dass der Wagen zu Beginn unserer Untersuchungen im ersten Gang mit einer Leerlaufdrehzahl n_0 läuft; dem entspricht gemäß Gleichung 5.24 eine Anfangsgeschwindigkeit von

$$v_0 = \frac{n_0 \, r_{Dyn}}{i_G(1) \, i_D} \frac{2\pi}{60}. \tag{5.27}$$

Der Wagen wird dann durch volles Durchtreten des Gaspedals (d. h. maximales Drehmoment) beschleunigt. Bei Erreichen der Schaltdrehzahl n_{Schalt} wird jeweils in den nächsthöheren Gang geschaltet, sofern sich der Wagen nicht bereits im vierten Gang befindet. Um die Modellierung des Schaltvorgangs etwas komplizierter zu gestalten, wollen wir annehmen, dass er jeweils eine gewisse Zeitdauer – nämlich die Schaltdauer T_{Schalt} – benötigt. Während dieser Schaltphase sind Motor und Getriebe über die Kupplung voneinander getrennt, sodass das Antriebsmoment zu null wird. Erst nach Wiedereinkuppeln wird der Beschleunigungsvorgang dann mit der aus der aktuellen Fahrzeuggeschwindigkeit resultierenden Motordrehzahl fortgesetzt.

Die Bilder 5-62a und 5-62b zeigen die zugehörige Simulationsstruktur (zur einfacheren Bezugnahme auf die einzelnen Blöcke enthalten diese in der rechten oberen Ecke jeweils einen eindeutigen Blockindex). Das obere Teilsystem in Bild 5-62a bildet zunächst die Wagendynamik (Gleichung 5.22) nach und besteht im Wesentlichen aus zwei in Reihe geschalteten Integrierern, deren Ausgänge die Wagengeschwindigkeit v und die (für unsere Untersuchungen eigentlich nicht benötigte) Wagenposition x darstellen. Dem Ausgang des ersten Integrierers wird additiv die Anfangsgeschwindigkeit v_0 aufgeschaltet, die gemäß Gleichung 5.27 aus der Anfangsdrehzahl n_0 berechnet wird (Blöcke 25 und 29). Der Eingang des ersten Integrierers wird gespeist aus der Summe der Antriebskräfte, die zuvor noch mit dem Kehrwert der Wagenmasse gewichtet wird (Block 4).

Die beiden unteren Teilstrukturen in Bild 5-62a übernehmen die Berechnung von Roll- und Luftwiderstand gemäß den Gleichungen 5.25 und 5.26; sie bergen keinerlei große Geheimnisse. Die beiden Funktionsblöcke 9 bzw. 5 verknüpfen dabei lediglich die Konstanten bzw. Zustandsgrößen und leiten das Ergebnis an eine entsprechende Signalsenke weiter.

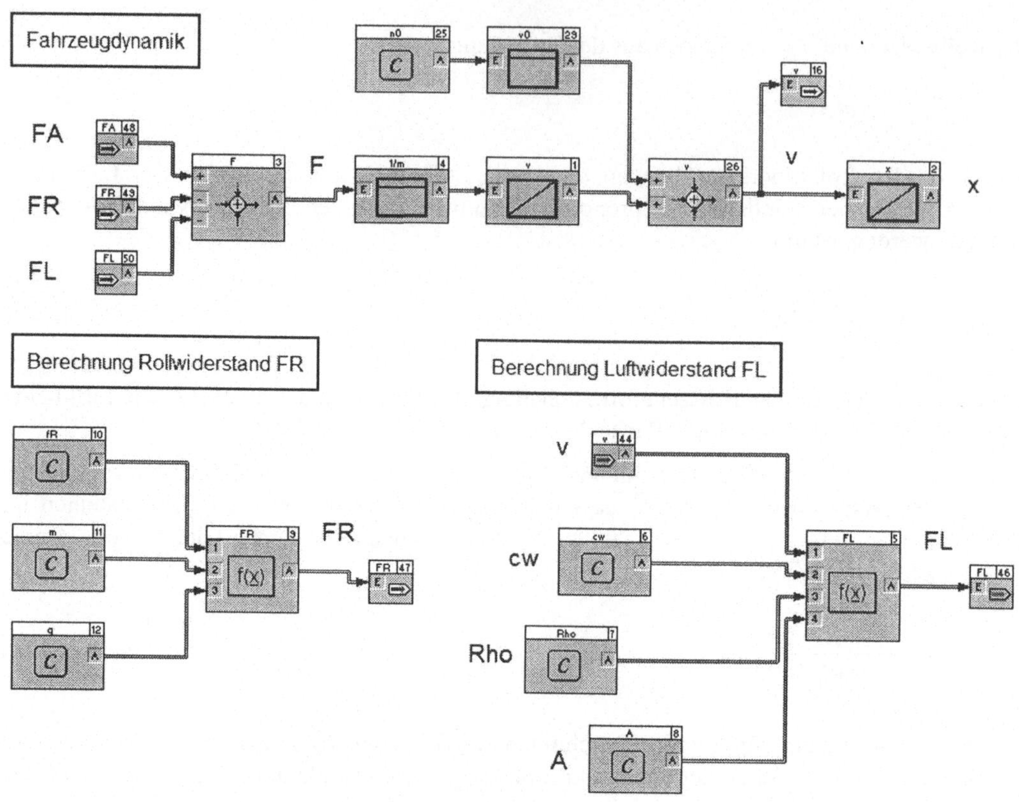

Bild 5-62a Simulationsstruktur für PKW-Beschleunigungsphase (Teil I)

Betrachten wir nun die Ermittlung der Antriebskraft F_A (Bild 5-62b oben). Diese Teilstruktur gibt im Wesentlichen Gleichung 5.23 wieder. Block 0 enthält dabei die Motorkennlinie gemäß Bild 5-61, die durch die als Quadrate eingezeichneten Stützstellen approximiert wird und das Motormoment in Abhängigkeit von der Motordrehzahl beschreibt. Der Analogschalter (Block 27) modelliert dabei quasi die Kupplung des Fahrzeugs – er unterbricht nämlich die Weiterleitung des Drehmoments an die Antriebsräder während der Schaltphase. Dazu dient das am Steuereingang S des Blocks anliegende Gangwechsel-Signal, das während der Schaltphase HIGH-Pegel annimmt.

Die Erzeugung des Gangwechsel-Signals wird von der Schaltlogik (untere Teilstruktur in Bild 5-62b) vorgenommen. Diese überprüft, ob die aktuelle Drehzahl oberhalb der Schaltdrehzahl liegt (Block 23). Ist dies der Fall, wird über ein nachgeschaltetes UND-Gatter (Block 32) überprüft, ob sich der Wagen bereits im vierten Gang befindet (Komparator-Block 33); nur falls dies nicht der Fall ist, erzeugt das nachgeschaltete Mono-Flop (Block 28) einen logischen HIGH-Impuls, dessen Länge gerade der Schaltdauer T_{Schalt} entspricht. Dieser Impuls stellt nunmehr das Gangwechsel-Signal dar, welches in der darüber liegenden Struktur zur Abkopplung des Motormoments herangezogen wird.

Zähler-Block 22 nutzt den Gangwechsel-Impuls, um den Wert für den eingestellten Gang zu erhöhen*. Kennlinien-Block 15 schließlich ermittelt aus dem eingelegten Gang die zugehörige Getriebe-Übersetzung $i_G(G)$ mit Hilfe einer stufenförmigen Kennlinie, deren Amplitudenwerte gerade den diskreten Übersetzungen für die vier Gänge entsprechen; in diesem Block verbirgt sich also die Unstetigkeit unseres Modellsystems.

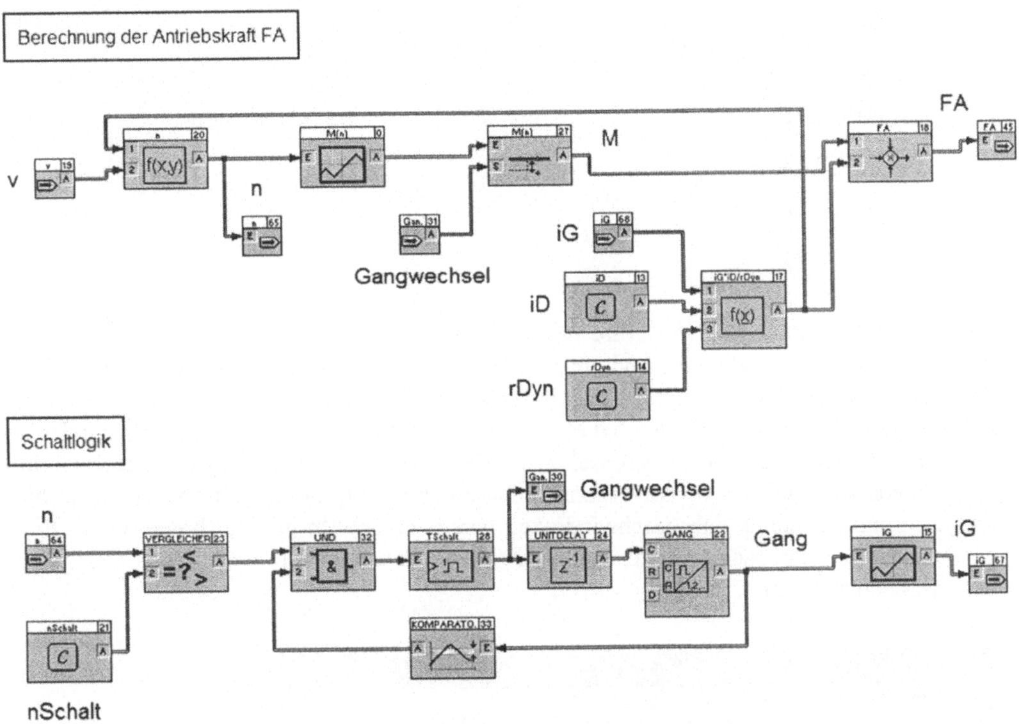

Bild 5-62b Simulationsstruktur für PKW-Beschleunigungsphase (Teil II)

Wir wählen für die nachfolgende Simulation folgende Modellparameter:

$$m = 1400\,\text{kg}$$

$$r_{\text{Dyn}} = 0.28\,m$$

$$f_{\text{R}} = 0.015$$

$$\rho = 1.202\,\text{kg/m}^3$$

$$c_{\text{w}} = 0.32$$

* Der vorgeschaltete UNITDELAY-Block 24 (Einheitsverzögerung) dient lediglich zur Verhinderung einer algebraischen Schleife; er verzögert das Signal um genau einen Simulationsschritt.

$$A = 1.9\,\mathrm{m}^2$$

$$T_{\mathrm{Schalt}} = 0.7\,\mathrm{s}$$

$$n_{\mathrm{Schalt}} = 6000\ \mathrm{U/min}$$

$$n_0 = 1000\,\mathrm{U/min}$$

$$i_{\mathrm{D}} = 3.42$$

$$\mathrm{g} = 9.81\,\mathrm{m/s}^2$$

$$i_{\mathrm{G}}(1) = 3.91$$

$$i_{\mathrm{G}}(2) = 2.17$$

$$i_{\mathrm{G}}(3) = 1.37$$

$$i_{\mathrm{G}}(4) = 1.00$$

Die Simulation führen wir mit Hilfe des expliziten *Euler*-Verfahrens bei einer Simulationsschrittweite von 0.01 Sekunden und einer Simulationsdauer von 60 Sekunden durch. Bild 5-63 zeigt zunächst den Verlauf der Fahrzeuggeschwindigkeit v über der Zeit. Sehr schön lassen sich hier jeweils die Schaltphasen bei etwa 2, 7 und 18 Sekunden erkennen. Insbesondere können wir feststellen, dass beim Wechsel vom dritten in den vierten Gang die Geschwindigkeit des Wagens während des Schaltvorgangs deutlich abnimmt, da der Luftwiderstand in diesem Fall aufgrund der hohen Fahrgeschwindigkeit bereits einen sehr großen (bremsenden) Einfluss hat. Bei den Schaltphasen im unteren Geschwindigkeitsbereich ist dieser Effekt dagegen praktisch vernachlässigbar.

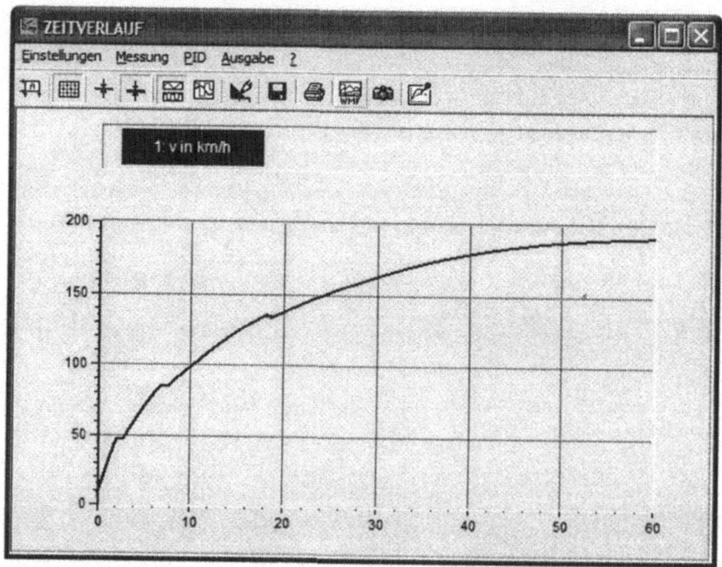

Bild 5-63 Verlauf der Fahrzeuggeschwindigkeit über der Zeit

Bild 5-64 zeigt den Verlauf der Motordrehzahl über der Wagengeschwindigkeit. Hier lässt sich das unstetige Systemverhalten der Drehzahl recht gut erkennen; beim Wechsel in einen höheren Gang ändert sich jeweils die Getriebeübersetzung sprunghaft, sodass die Drehzahl nach dem Wiedereinkuppeln einen deutlich kleineren Wert besitzt als im niedrigeren Gang.

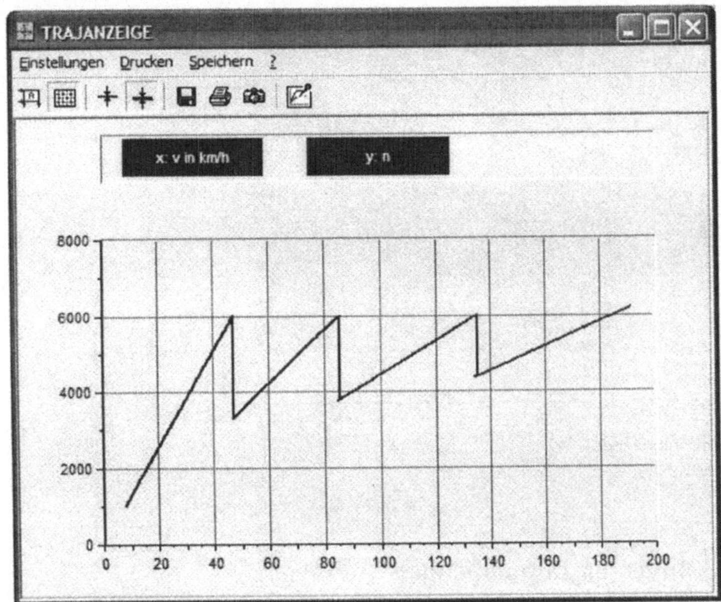

Bild 5-64 Verlauf der Motordrehzahl über der Fahrzeuggeschwindigkeit

Die zugehörige Simulationsdatei befindet sich unter dem Namen PKW1.BSY auf der Begleit-CD. Unter dem Namen PKW2.BSY befindet sich weiterhin eine Simulationsumgebung mit Visualisierung auf der CD. Das Visualisierungsfenster enthält dabei u. a. eine Tachometer- und Drehzahlmesser-Animation (Bild 5-65).

Untersuchen Sie den Einfluss der verschiedenen Modellparameter (beispielsweise c_W-Wert, Getriebe-Übersetzungen, Motor-Kennlinie oder Schaltdauer) auf das Systemverhalten. Wie hängt die erreichbare Höchstgeschwindigkeit von diesen Größen ab?

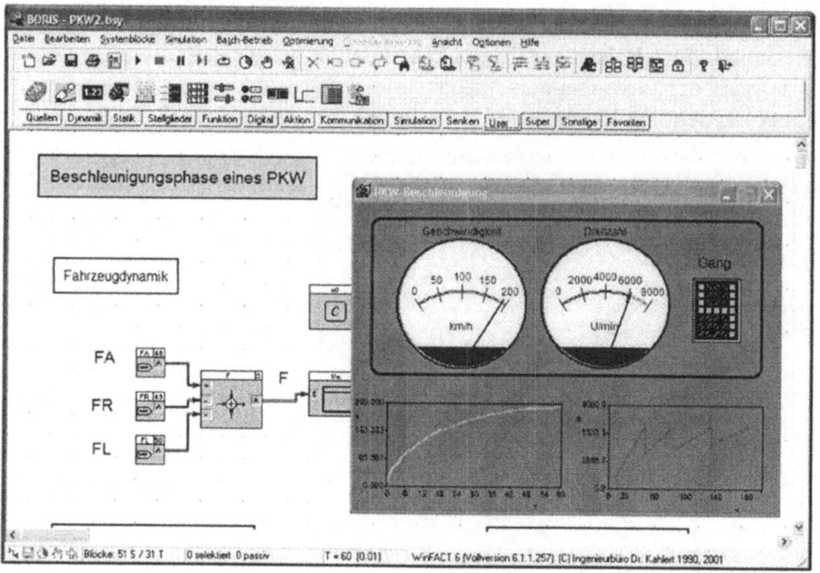

Bild 5-65 Simulationsstruktur mit Visualisierung

5.3.15 Stabilisierung eines inversen Doppelpendels

Wir hatten bereits bei der Vorstellung des *Flexible Animation Builder* in Kapitel 5.2.7 als Anwendungsbeispiel ein inverses Doppelpendel betrachtet; dieses Beispiel wollen wir in diesem Abschnitt aufgreifen und mit einer entsprechenden Simulationsstruktur versehen. Dazu betrachten wir zunächst das Doppelpendel nach Bild 5-66.

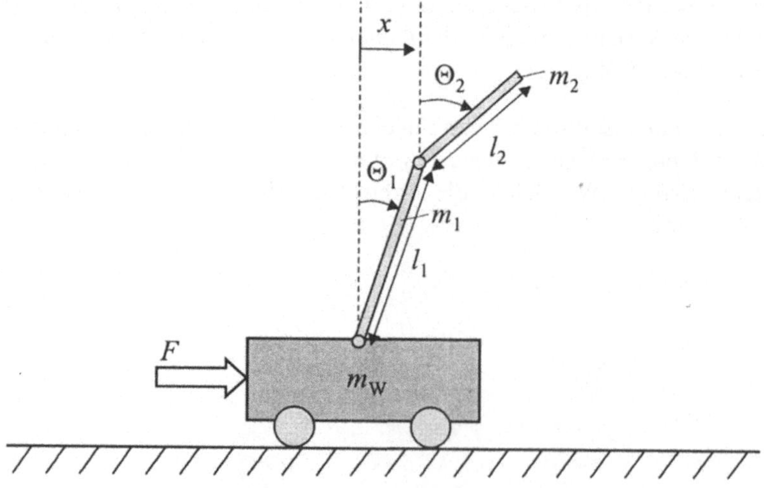

Bild 5-66 Inverses Doppelpendel auf Wagen (siehe z. B. [5])

Auf einem Wagen der Masse m_W befinden sich zwei durch Gelenke verbundene Stangen mit den Massen m_1 bzw. m_2 und den Längen l_1 bzw. l_2. Der Wagen kann durch Einwirkung einer äußeren Kraft F bewegt werden.

Das Doppelpendel ist von Hause aus ein instabiles System: Lenken wir eine der beiden Stangen auch nur minimal aus ihrer Ruhelage $\Theta_1 = \Theta_2 = 0$ aus, so fällt das Pendel "in sich zusammen". Um es zu stabilisieren, soll daher ein Regler eingesetzt werden. Dieser hat die Aufgabe, die Antriebskraft so zu steuern, dass der Wagen in eine beliebige Sollposition x_{Soll} verfahren werden kann, wobei die Auslenkwinkel Θ_1 und Θ_2 im stationären Zustand zu null werden, d. h. sich beide Stangen nach Erreichen der Endposition wieder in der Senkrechten befinden.

Die mathematische Modellierung dieses Systems ist extrem schwierig, sodass wir sie der entsprechenden Fachliteratur überlassen wollen. Endergebnis der Modellbildung ist in jedem Fall ein System von drei nichtlinearen Differentialgleichungen, das die Form

$$\underline{M} \begin{pmatrix} \ddot{x} \\ \ddot{\Theta}_1 \\ \ddot{\Theta}_2 \end{pmatrix} = \underline{b} \tag{5.28}$$

besitzt. Dabei ist $\underline{M}$ die (symmetrische) Massenmatrix des Systems, die jedoch nicht konstant, sondern von den beiden Auslenkwinkeln Θ_1 und Θ_2 abhängig ist:

$$\underline{M}(\Theta_1,\Theta_2) = \begin{pmatrix} m_W + m_1 + m_2 & (\frac{m_1}{2} + m_2) l_1 \cos\Theta_1 & \frac{m_2}{2} l_2 \cos\Theta_2 \\ (\frac{m_1}{2} + m_2) l_1 \cos\Theta_1 & (\frac{m_1}{3} + m_2) l_1^2 & \frac{m_2}{2} l_1 l_2 \cos(\Theta_2 - \Theta_1) \\ \frac{m_2}{2} l_2 \cos\Theta_2 & \frac{m_2}{2} l_1 l_2 \cos(\Theta_2 - \Theta_1) & \frac{m_2}{3} l_2^2 \end{pmatrix} \tag{5.29}$$

Das Gleiche gilt für die rechte Seite des Gleichungssystems, die durch den Vektor

$$\underline{b} = \begin{pmatrix} F + (\frac{m_1}{2} + m_2) l_1 \sin\Theta_1 \dot{\Theta}_1^2 + \frac{m_2}{2} l_2 \sin\Theta_2 \dot{\Theta}_2^2 \\ \frac{m_2}{2} l_1 l_2 \sin(\Theta_2 - \Theta_1) \dot{\Theta}_2^2 + (\frac{m_1}{2} + m_2) g l_1 \sin\Theta_1 \\ \frac{m_2}{2} l_2 (g \sin\Theta_2 - l_1 \sin(\Theta_2 - \Theta_1) \dot{\Theta}_2^2) \end{pmatrix} \tag{5.30}$$

gegeben ist.

Wir wollen im Weiteren von folgenden Parametern ausgehen:

$$m_W = 0.2 \text{ kg}$$
$$m_1 = 0.01 \text{ kg}$$
$$m_2 = 0.01 \text{ kg}$$
$$l_1 = 0.5 \text{ m}$$
$$l_2 = 0.7 \text{ m}$$
$$g = 9.81 \text{kg m/s}^2$$

Mit diesen Werten erhalten wir für die Massenmatrix

$$\underline{M} = \begin{pmatrix} 0.22 & 0.0075\cos\Theta_1 & 0.0035\cos\Theta_2 \\ 0.0075\cos\Theta_1 & 0.003333 & 0.00175\cos(\Theta_2-\Theta_1) \\ 0.0035_2\cos\Theta_2 & 0.00175\cos(\Theta_2-\Theta_1) & 0.0016333 \end{pmatrix} \qquad (5.31)$$

und für die rechte Seite des Gleichungssystems

$$\underline{b} = \begin{pmatrix} F + 0.0075\sin\Theta_1\dot{\Theta}_1^2 + 0.0035\sin\Theta_2\dot{\Theta}_2^2 \\ 0.00175\sin(\Theta_2-\Theta_1)\dot{\Theta}_2^2 + 0.0733575\sin\Theta_1 \\ 0.0035(9.81\sin\Theta_2 - 0.5_1\sin(\Theta_2-\Theta_1)\dot{\Theta}_2^2) \end{pmatrix}. \qquad (5.32)$$

Als Regler soll eine Kombination aus einem Zustandsregler und einem PID-Positionsregler zum Einsatz kommen, der durch die Gleichung

$$F = K_P e + K_D \dot{e} + K_I \int e\,dt - k_1\Theta_1 - k_2\Theta_2 - k_3\dot{\Theta}_1 - k_4\dot{\Theta}_2 \qquad (5.33)$$

charakterisiert ist. Dabei ist

$$e = x_{\text{Soll}} - x \qquad (5.34)$$

die Regeldifferenz bezüglich der Wagenposition und x_{Soll} der entsprechende Sollwert.

Auch der Entwurf des Reglers (d. h. die Ermittlung geeigneter Reglerparameter) soll uns an dieser Stelle nicht weiter interessieren; wir wollen mit folgenden Werten arbeiten:

$$K_P = 2.769165$$
$$K_D = 3.334$$
$$K_I = 1$$

$$k_1 = -32.8641$$
$$k_2 = 51.804812$$
$$k_3 = 0.385336$$
$$k_4 = 8.42461$$

Damit erhalten wir als Reglergesetz den Ausdruck

$$F = 2.769165e + 3.334\dot{e} + \int e\,dt + 32.8641\Theta_1 - 51.804812\Theta_2 - 0.385336\dot{\Theta}_1 - 8.42461\dot{\Theta}_2. \quad (5.35)$$

Bild 5-67 zeigt die zugehörige Simulationsstruktur. Sie birgt keinerlei Geheimnisse: Die drei Teilstrukturen links bilden Gleichung 5.32 nach, d. h. sie übernehmen die Berechnung der rechten Seite des Gleichungssystems. Dementsprechend dienen die zugehörigen Systemstrukturen rechts jeweils der Auswertung einer Zeile der Massenmatrix gemäß Gleichung 5.31. Zur Ermittlung der Zustandsgrößen x, Θ_1 und Θ_2 aus den zugehörigen zweiten Ableitungen $\ddot{x}$, $\ddot{\Theta}_1$ und $\ddot{\Theta}_2$ werden jeweils zwei in Reihe geschaltete Integrierer benutzt. Die jeweils vor dem ersten Integrierer befindlichen UNITDELAY-Blöcke (Einheitsverzögerungen) dienen lediglich zur Verhinderung von algebraischen Schleifen; sie verzögern das Signal jeweils um genau einen Simulationsschritt. Die untere Teilstruktur schließlich bildet das Reglergesetz nach Gleichung 5.35 nach; außerdem übernimmt sie die Berechnung der Regeldifferenz aus Sollposition und Istposition (Gleichung 5.34).

Wir wollen das Systemverhalten simulieren für die Anfangswerte

$$x(0) = \Theta_1(0) = \Theta_2(0) = 0$$

und eine Sollposition

$$x_{\text{Soll}} = 0.2.$$

Die Simulation soll mit Hilfe des *Runge-Kutta*-Verfahrens bei einer Schrittweite von 0.0025 Sekunden bis zu einer Endzeit von 8 Sekunden durchgeführt werden.

In Bild 5-68 finden wir die zugehörigen Simulationsergebnisse für die Wagenposition x (obere Kurve) sowie die Winkelauslenkungen Θ_1 (mittlere Kurve) und Θ_2 (untere Kurve). Wir können erkennen, dass der Wagen sich zunächst kurzzeitig in negativer x-Richtung (d. h. nach links) bewegt, dann ein wenig über das Ziel "hinausschießt" und schließlich die Sollposition erreicht; beide Pendelstangen gehen wie gefordert im stationären Zustand in ihre Gleichgewichtslage über.

Die zugehörige Simulationsdatei befindet sich unter dem Namen DOPPELPENDEL1.BSY auf der Begleit-CD. Unter dem Namen DOPPELPENDEL2.BSY befindet sich weiterhin eine Simulationsumgebung mit Visualisierung und Bedienoberfläche auf der CD, bei der sich die Sollposition des Wagens über einen Schieberegler vorgeben lässt (Bild 5-69).

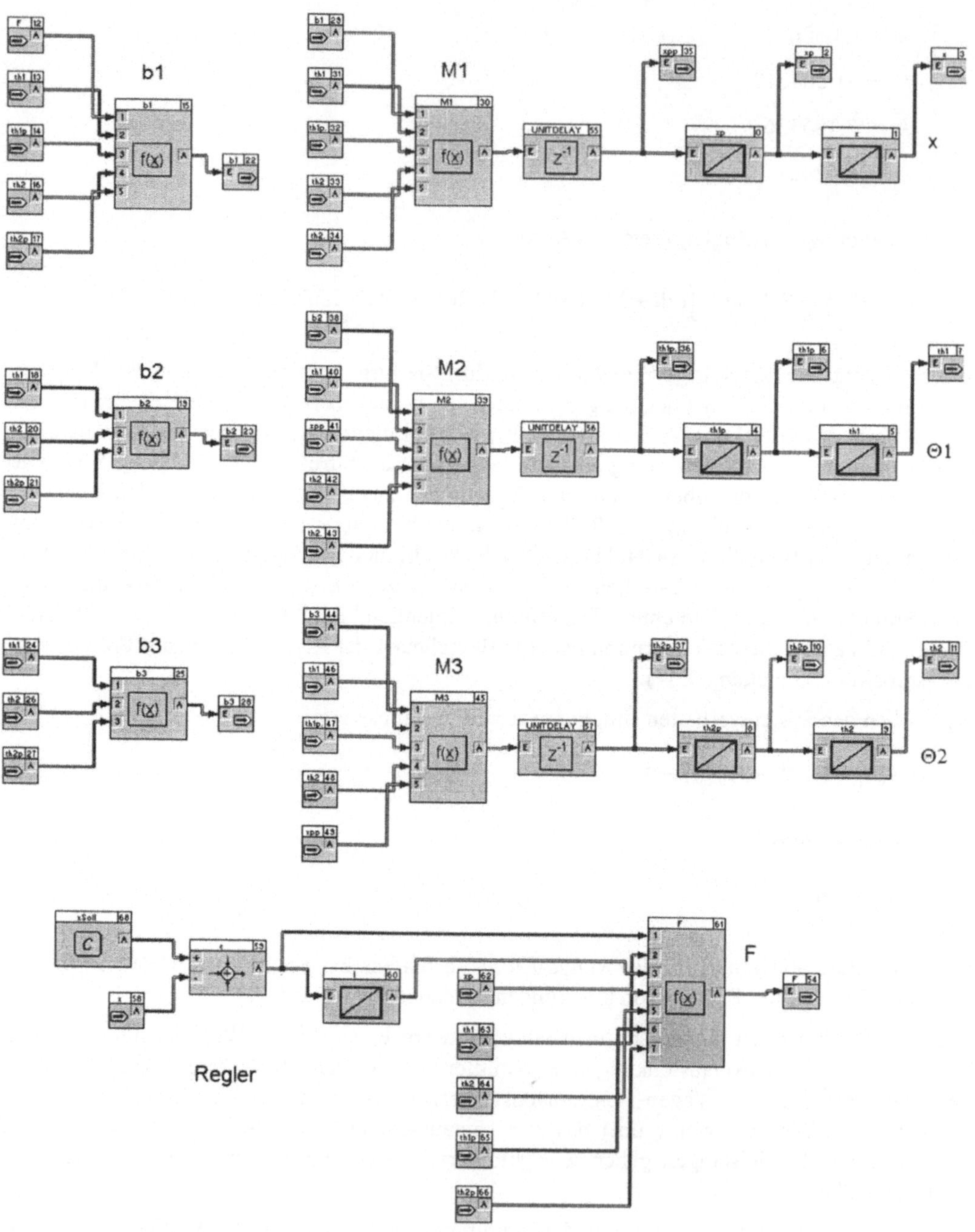

Bild 5-67 Simulationsstruktur für geregeltes Doppelpendel

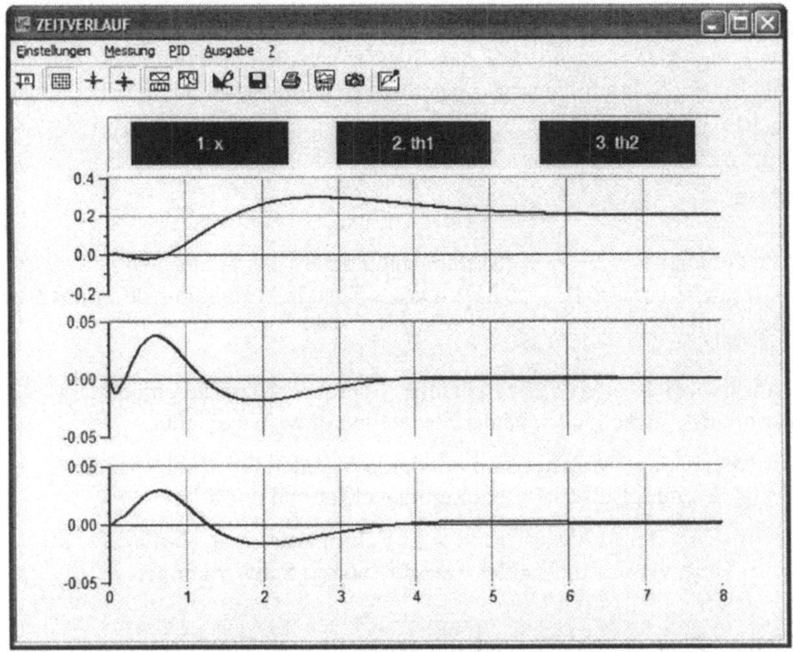

Bild 5-68 Simulationsergebnisse

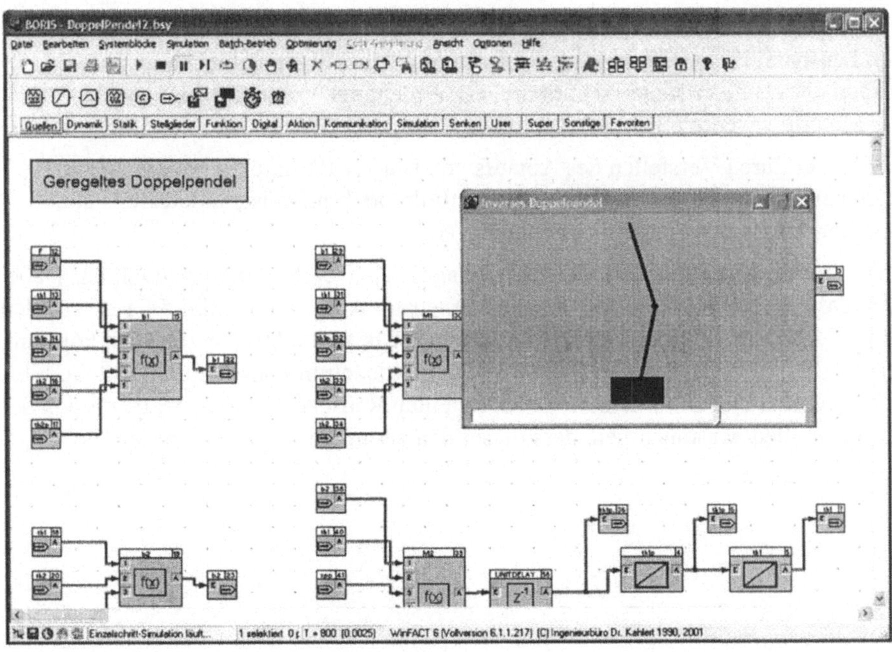

Bild 5-69 Simulationsstruktur mit Visualisierung und interaktiver Vorgabe der Sollposition

Untersuchen Sie den Einfluss der verschiedenen Modellparameter (Wagenmasse, Masse und Länge der Stangen) auf das Systemverhalten. Kann der Regler das Pendel auch noch stabilisieren, wenn die Anfangs-Winkelauslenkungen $\Theta_1(0), \Theta_2(0) \neq 0$ sind?

5.3.16 Abfördersystem

Als Beispiel für ein laufzeitbehaftetes System (System mit Totzeit) betrachten wir das Abfördersystem nach Bild 5-70 (siehe dazu z. B. [35, 36]). Dieses System besteht aus den folgenden Komponenten:

- Einem Bunker B1, aus dem sich durch Verstellen eines Schiebers Material entnehmen lässt; der Volumenstrom des abfließenden Materials werde mit q_1 bezeichnet.
- Einem Laufband L1 der Länge l_1, welches sich mit der konstanten Geschwindigkeit v_1 nach rechts bewegt und das dem Bunker B1 entnommene Material befördert.
- Einem Zulauf Z, der am Zulaufende Material mit dem Volumenstrom q_2 liefert. Dieser Volumenstrom soll im Tagesverlauf mehr oder weniger starken Schwankungen unterworfen sein.
- Einem Laufband L2 der Länge l_2, welches sich mit der konstanten Geschwindigkeit v_2 nach links bewegt und das vom Zulauf Z gelieferte Material befördert.
- Einem Laufband L3 der Länge l_3, welches sich mit der konstanten Geschwindigkeit v_3 nach rechts bewegt und das von den Laufbändern L1 und L2 gelieferte Material befördert.
- Einem (zylinderförmigen) Bunker B2 mit einer Höhe h_{max} und einer Grundfläche A, der das von Laufband L3 gelieferte Material aufnimmt. Über einen Schieber am Bunkerboden kann dem Bunker Material entnommen werden; der Volumenstrom des entnommenen Materials werde mit q_{ab} bezeichnet.
- Einem Regler, der durch Verstellen des Ablaufs von Bunker B1 dafür sorgen soll, dass Bunker B2 einerseits immer eine gewisse Mindestfüllhöhe h aufweist, andererseits aber auch die Gefahr des Bunkerüberlaufs eliminieren soll.

Wir wollen das System über den Zeitraum eines Tages (also 24 Stunden) betrachten. Dabei nehmen wir an, dass der vom Zulauf gelieferte Volumenstrom q_2 den in Bild 5-71 skizzierten Tagesverlauf hat. Der Zulauf verläuft also zwischen 0:00 Uhr und 6:00 Uhr zunächst konstant, steigt dann bis 12:00 Uhr linear an, bleibt bis 18:00 Uhr wiederum konstant und fällt dann bis 24:00 linear ab; außerdem ist er von einem gleichverteilten Rauschen überlagert. Bezüglich des Ablaufstroms q_{ab} wollen wir annehmen, dass dieser den gesamten Tag über konstant ist.

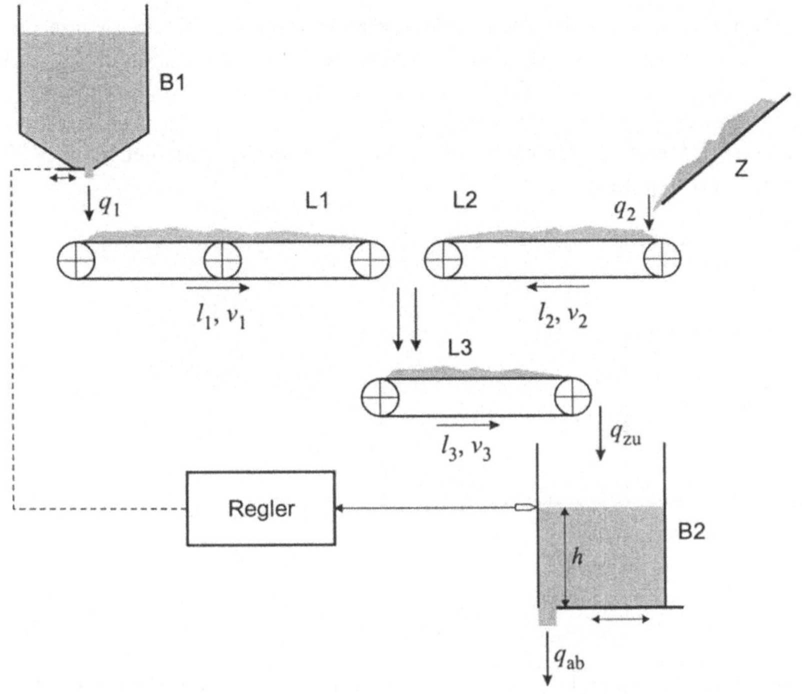

Bild 5-70 Abfördersystem

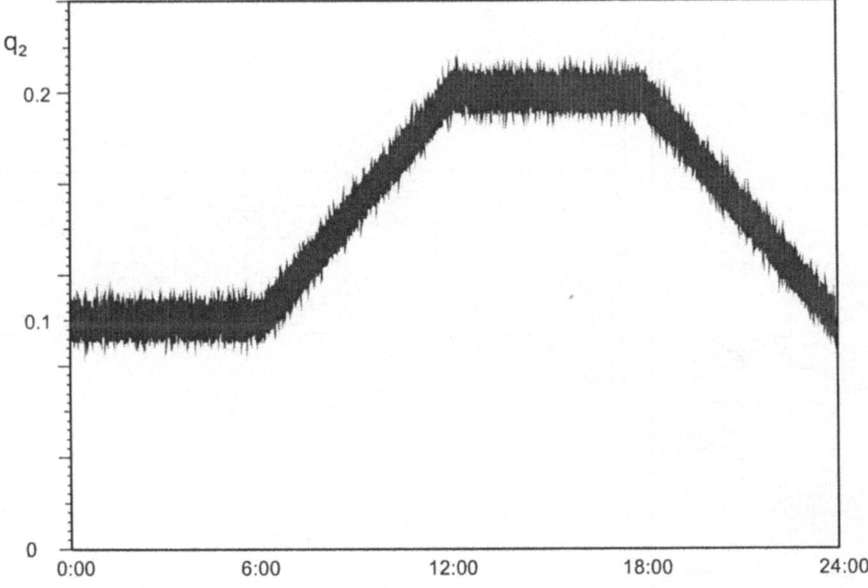

Bild 5-71 Angenommener Tagesverlauf des Zulaufstroms q_2

Als Regler soll ein Zweipunktregler mit Hysterese eingesetzt werden, der abhängig von der Füllhöhe h des Bunkers B2 den Ablauf von Bunker B1 entweder vollständig schließt ($q_1 = 0$) oder komplett öffnet ($q_1 = q_{1\max}$). Dabei soll Bunker B1 geöffnet werden, sobald h eine untere Grenze h_u unterschreitet und dann so lange geöffnet bleiben, bis eine obere Grenze h_o überschritten wird. Danach wird B1 erst wieder nach Unterschreiten von h_u geöffnet. Bild 5-72 zeigt die entsprechende Regler-Kennlinie.

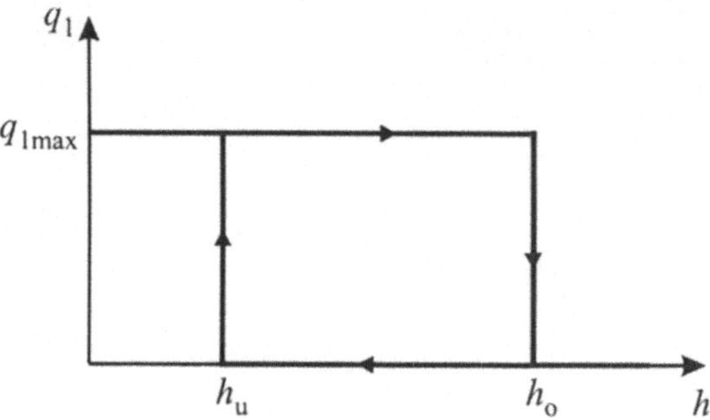

Bild 5-72 Kennlinie des Reglers

Mit diesen Informationen sind wir nunmehr in der Lage, die zugehörige Simulationsstruktur zu erstellen (Bild 5-73).

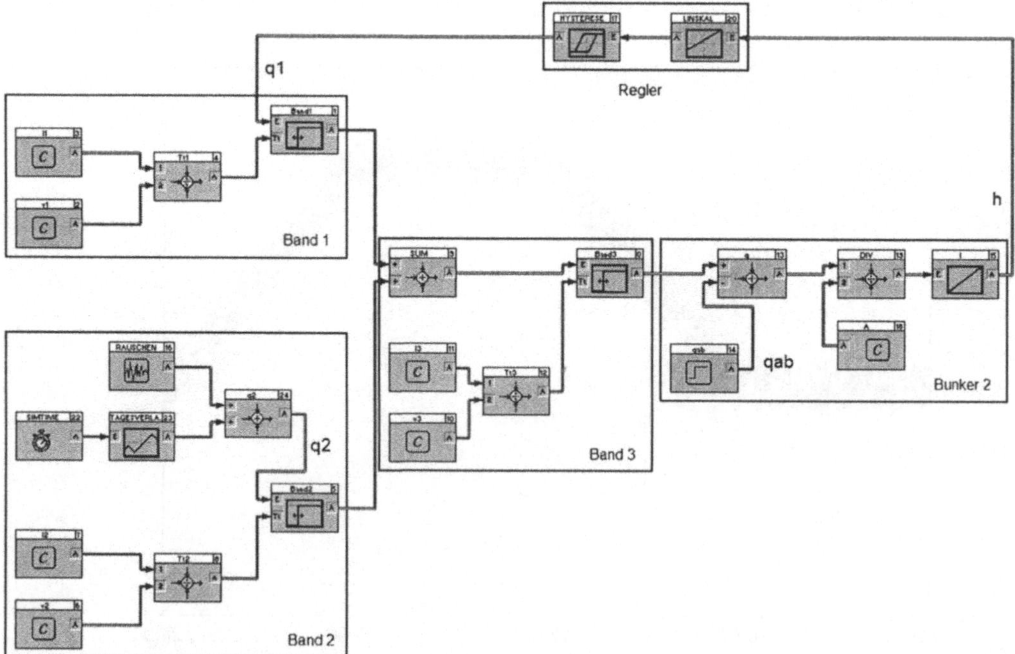

Bild 5-73 Simulationsstruktur für Abfördersystem

Wir erkennen, dass die drei Laufbänder durch Totzeitblöcke modelliert werden, deren Totzeiten sich jeweils als Quotient aus Bandlänge und -geschwindigkeit ergeben. Der Tagesverlauf für q_2 wird mit Hilfe eines Kennlinienblocks realisiert, dessen Ausgangssignal gleichverteiltes Rauschen aufaddiert wird. Der Bunker B2 wird durch einen auf den Wertebereich $[0, h_{\text{max}}]$ begrenzten Integrierer nachgebildet, dessen Eingangsgröße mit dem Kehrwert der Bunker-Grundfläche A gewichtet wird. Der Regler schließlich besteht aus einer Reihenschaltung eines Variablenskalierers und einer Hysterese-Kennlinie.

Für unsere Beispielsimulation setzen wir folgende Parameter an:

$$h(0) = 5\,\text{m}$$

$$h_{\text{max}} = 20\,\text{m}$$

$$A = 10\,\text{m}^2$$

$$l_1 = 200\,\text{m}$$

$$v_1 = 1\,\text{m/s}$$

$$l_2 = 100\,\text{m}$$

$$v_2 = 1\,\text{m/s}$$

$$l_3 = 50\,\text{m}$$

$$v_3 = 2\,\text{m/s}$$

$$q_{\text{ab}} = 0.2\,\text{m}^3/\text{s}$$

$$q_{1\text{max}} = 0.12\,\text{m}^3/\text{s}$$

$$h_{\text{u}} = 7\,\text{m}$$

$$h_{\text{o}} = 13\,\text{m}$$

Zur Simulation wählen wir das *Euler*-Verfahren mit einer Schrittweite von 10 Sekunden und einer Simulationsdauer von 86400 Sekunden (entsprechend 24 Stunden). Bild 5-74 zeigt die erhaltenen Simulationsergebnisse für die Füllhöhe h von Bunker 2 (oberes Diagramm), den Ablauf q_1 von Bunker 1 (mittleres Diagramm) und den Zulauf q_2 (unteres Diagramm).

Wir erkennen, dass der Bunker B2 – dessen Anfangsfüllhöhe $h(0)$ wir auf 5 m gesetzt hatten – zunächst sehr schnell fast vollständig leer läuft, da alle Laufbänder zu Simulationsbeginn leer sind. Erst nach Verstreichen einer Totzeit, die in etwa durch die Summe der Totzeiten von Band L1 und Band L3 gegeben ist, beginnt sich der Bunker wieder zu füllen. Das System geht dann in eine Dauerschwingung über, wobei der Regler den Ablauf von Bunker 1 wechselweise zu- und abschaltet, sodass die Füllhöhe von Bunker 2 um einen Wert von 10 Metern pendelt. Nach 6 Stunden (entsprechend 21600 Sekunden) beginnt der Zulauf q_2 dann anzusteigen, sodass Bunker 1 immer seltener zugeschaltet werden muss; nach 12 Stunden (entsprechend 43200 Sekunden) bleibt Bunker 1 schließlich für einen längeren Zeitraum komplett geschlossen, da der Zulauf q_2 in diesem Bereich mit dem Ablauf q_{ab} identisch ist. Erst mit wieder abnehmendem Zulauf q_2 nach etwa 18 Stunden (entsprechend 64800 Sekunden) muss Bunker 1 wieder "aushelfen".

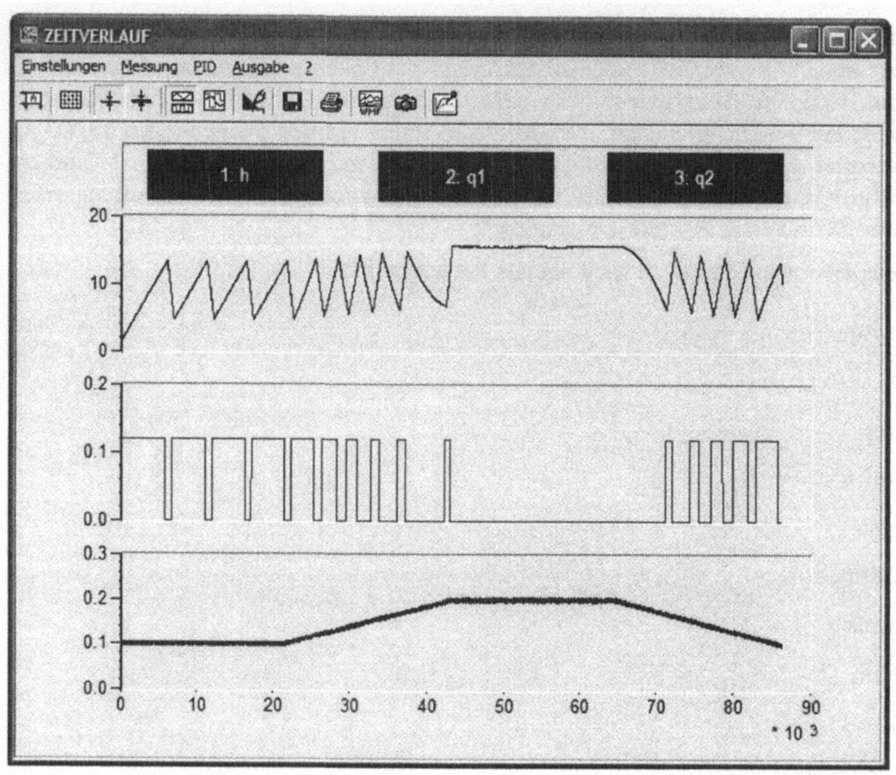

Bild 5-74 Simulationsergebnisse für Füllhöhe (oben), Stellgröße (mitte) und Zulauf (unten)

Die zugehörige Simulationsdatei befindet sich unter dem Namen ABFOERDER-SYSTEM1.BSY auf der Begleit-CD. Unter dem Namen ABFOERDERSYSTEM2.BSY befindet sich weiterhin eine Simulationsumgebung mit Visualisierung auf der CD, bei der der Ablauf-Volumenstrom q_{ab} zudem über einen Schieberegler eingestellt werden kann (Bild 5-75).

Untersuchen Sie den Einfluss der verschiedenen Modellparameter (z. B. Bandlängen und -geschwindigkeiten) auf das Systemverhalten. Wie müssen die Reglerparameter geändert werden, damit die Schwankungsbreite der Füllhöhe geringer wird?

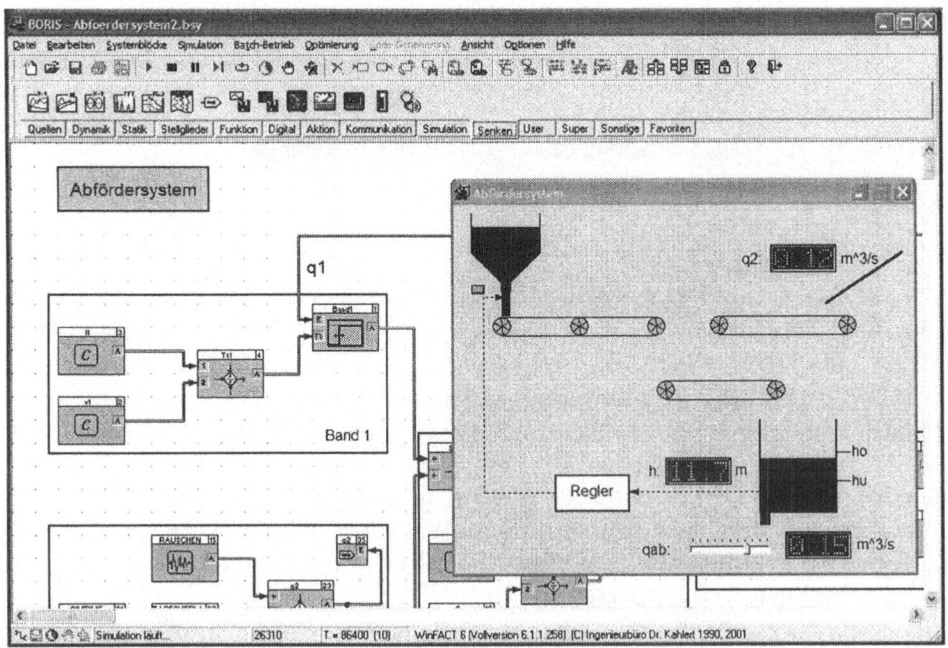

Bild 5-75 Simulationsstruktur mit Visualisierung und manueller Einstellung von q_{ab}

5.3.17 Feder-Masse-System mit Anschlägen

Wir betrachten noch einmal ein gedämpftes Feder-Masse-System, das jetzt jedoch in seiner Auslenkung x durch einen linken und rechten Anschlag begrenzt werden soll [27]. Dazu setzen wir einen Wagen der Masse m in eine durch zwei Wände begrenzte Ebene, wobei der Abstand zwischen Wagen und Seitenwänden durch x_{l} bzw. x_{r} gegeben sei. Während der Wagen rechtsseitig über den Dämpfer d fest mit der Seitenwand verbunden sein soll, kann linksseitig über die Feder k eine Verschiebung x_{e} vorgegeben und damit eine Wagenbewegung angeregt werden (Bild 5-76).

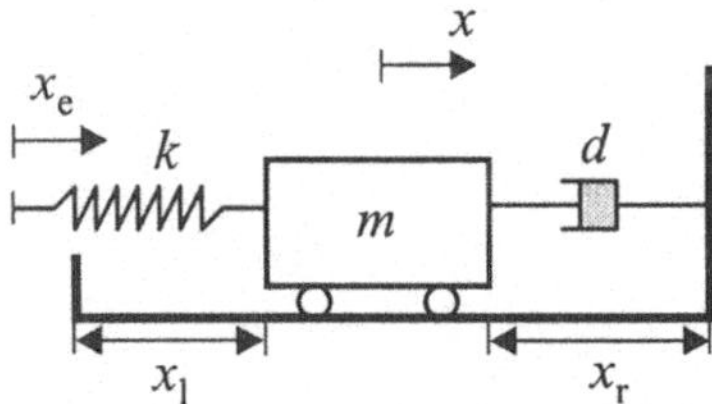

Bild 5-76 Feder-Masse-System mit linkem und rechtem Anschlag

Wir betrachten zunächst das unbegrenzte System. Dieses kann beschrieben werden durch die Differentialgleichung zweiter Ordnung

$$m\ddot{x} = k\,x_{\text{e}} - k\,x - d\,\dot{x}\,. \tag{5.36}$$

Erreicht der Wagen nunmehr während der Bewegung einen der beiden Anschläge ($x = x_l$ oder $x = x_r$), so tritt ein erzwungener Stillstand des Wagens auf. Gleichung 5.36 gilt in diesem Moment nicht mehr; vielmehr wird die Wagenauslenkung x auf den Anschlagswert x_l bzw. x_r begrenzt und die Geschwindigkeit $v = \dot{x}$ des Wagens wird zu null. Je nach Richtung der in diesem Zustand auf den Wagen einwirkenden eingeprägten Gesamtkraft

$$F = k\,x_e - k\,x$$

bewegt sich der Wagen entweder unmittelbar in Gegenrichtung zurück (harter Stoß) oder aber verharrt am Anschlag; in letzterem Fall tritt während des Verharrens am Anschlag auch keine Beschleunigung des Wagens auf ($\ddot{x} = 0$) .

Betrachten wir die zugehörige Simulationsstruktur (Bild 5-77). Die beiden Integrierer (Blöcke 1 und 2) bilden zusammen mit den P-Gliedern (Blöcke 3, 4 und 5) und dem Summationspunkt (Block 6) die Bewegungsgleichung 5.36 des unbegrenzten Wagens nach. Dabei ist die Ausgangsgröße des hinteren Integrierers auf den Bereich $[x_l,\ x_r]$ begrenzt. Die beiden Komparatoren (Blöcke 9 und 11) überprüfen nun, ob sich der Wagen am linken oder rechten Anschlag befindet; ist eins von beiden der Fall, wird der rücksetzbare Integrierer (und damit die Wagengeschwindigkeit) auf null zurückgesetzt.

Der Analogschalter (Block 10) dient nunmehr dazu, die Beschleunigung des Wagens ebenfalls auf null zu halten, während der Wagen sich am Anschlag befindet. Dies ist der Fall, solange entweder die Bedingung

$$(x = x_r) \wedge (F \geq 0)$$

oder aber die Bedingung

$$(x = x_l) \wedge (F \leq 0)$$

erfüllt ist. Beide Bedingungen werden über die Komparatoren 12 und 13 in Verbindung mit den UND-Gattern 14 und 15 sowie dem ODER-Gatter 16 ausgewertet und dem Steuereingang des Analogschalters zugeführt.

Wir wollen für eine Beispielsimulation folgende Parameter wählen:

$$m = 2$$

$$d = 0.4$$

$$k = 20$$

$$x_l = -0.02$$

$$x_r = 0.05$$

$$x(0) = \dot{x}(0) = 0$$

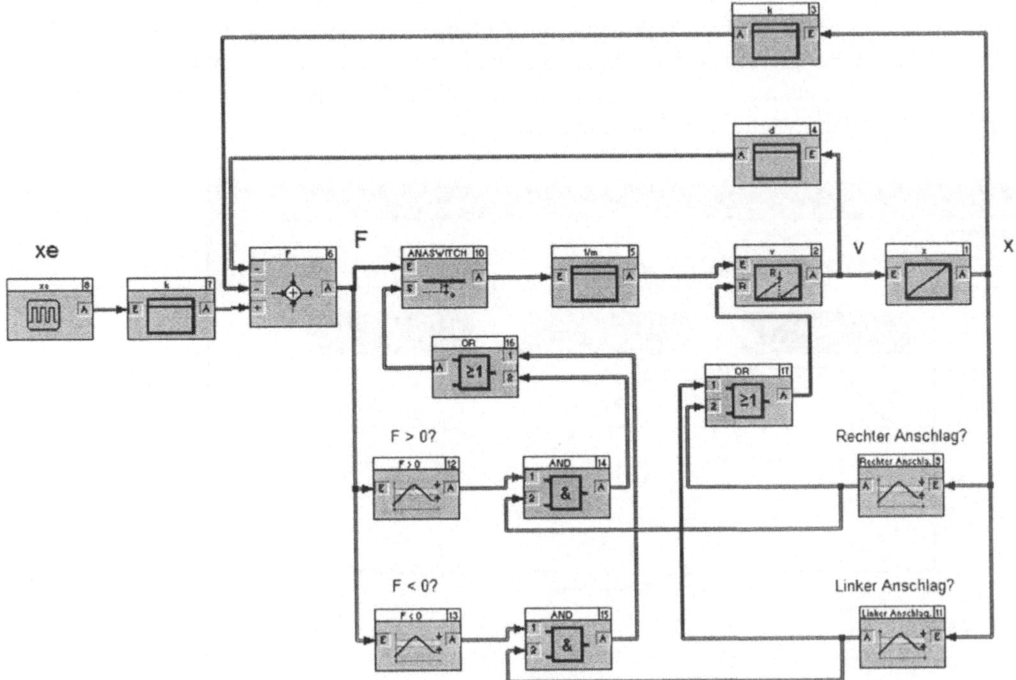

Bild 5-77 BORIS-Simulationsstruktur

Die Anregung des Systems soll durch eine Auslenkung x_e erfolgen, deren Verlauf in Bild 5-78 skizziert ist. Wir führen die Simulation durch mit Hilfe des expliziten *Euler*-Verfahrens bei einer Schrittweite von 0.0005 und einer Simulationsdauer von 3.

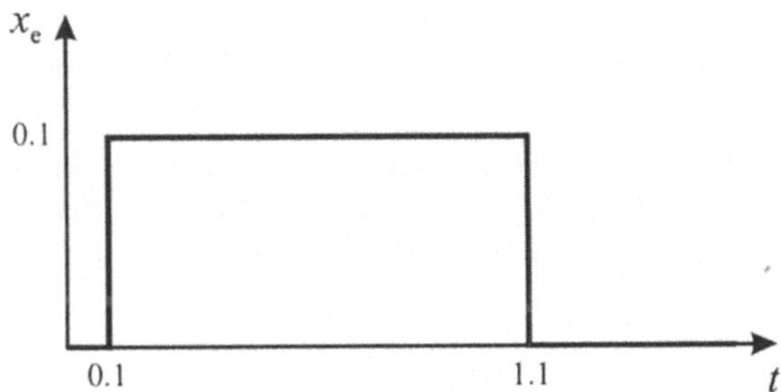

Bild 5-78 Verlauf der Eingangsgröße x_e

Bild 5-79 zeigt die erhaltenen Simulationsergebnisse für die Wagenposition (oben), -geschwindigkeit (mitte) und -beschleunigung (unten). Nach dem Sprung der Eingangsgröße bei $t = 0.1$ bewegt sich der Wagen zunächst in Richtung des rechten Anschlags, den er bei etwa $t = 0.4$ erreicht. Geschwindigkeit und Beschleunigung springen in diesem Moment auf den Wert null und verharren dort so lange, bis die Eingangsgröße bei $t = 1.1$ wieder auf null zurückspringt. Der Wagen löst sich nun vom rechten Anschlag und bewegt sich auf den linken Anschlag zu. Diesen erreicht er bei etwa $t = 1.75$, tippt dort kurz an (ohne allerdings am Anschlag zu verweilen) und wechselt dann wieder die Bewegungsrichtung.

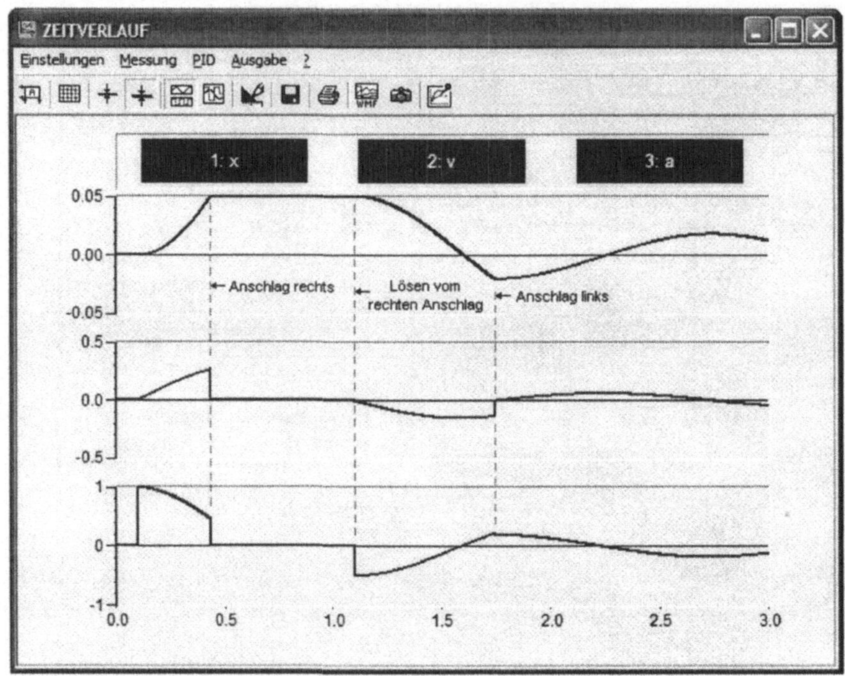

Bild 5-79 Simulationsergebnisse

Die zugehörige Simulationsdatei befindet sich unter dem Namen SCHWINGERMIT-ANSCHLAG1.BSY auf der Begleit-CD.

Untersuchen Sie den Einfluss der verschiedenen Modellparameter (z. B. Masse und Dämpfung) auf das Systemverhalten. Wie ändert sich das Systemverhalten, wenn für die Eingangsgröße x_e ein Impuls mit negativer Amplitude (d. h. Auslenkung nach links) auf das System geschaltet wird?

5.3.18 Lithium-Cluster-Dynamik

Als Beispiel für ein steifes System (wir erinnern uns – das war ein System mit extrem unterschiedlichen Zeitkonstanten) betrachten wir das Verhalten von Lithium-Kristallen unter Elektronenbeschuss [29]. Nahe der Kristalloberfläche kommt es dabei zu Elektronendefekten, die zur Bildung so genannter *F-Center* führen (Bild 5-80). Zwei F-Center können zu einem *M-Center*, drei F-Center zu einem *R-Center* aggregieren. Nach dem Elektronenbeschuss diffundieren die F-Center sehr rasch, wobei einige F-Center direkt diffundieren, während andere zunächst zu M- oder R-Centern aggregieren und dann wieder in F-Center verfallen und diffundieren. Die Aggregation und Disaggregation der M- und R-Center verläuft dabei wesentlich langsamer als das Diffundieren der F-Center.

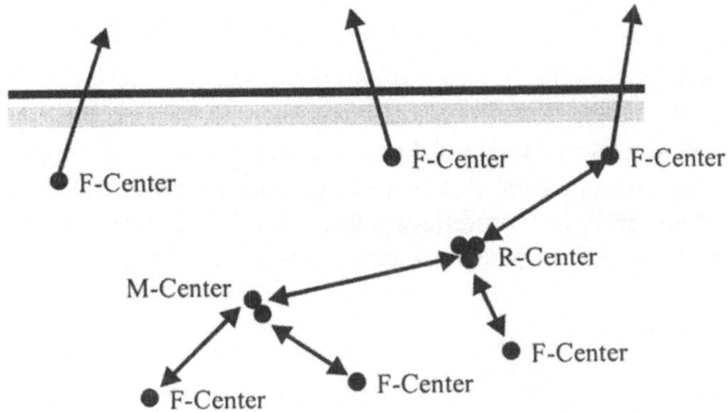

Bild 5-80 Diffusion und Aggregation von Atomen unter Elektronenbeschuss

Bezeichnen wir die Konzentrationen der F-, M- und R-Center mit $f(t), m(t)$ und $r(t)$ und den als konstant angenommenen Elektronenbeschuss mit p, dann lässt sich das System beschreiben durch das nichtlineare Differentialgleichungssystem

$$\begin{aligned}
\dot{f} &= d_{\mathrm{r}} r + 2 d_{\mathrm{m}} m - k_{\mathrm{r}} m f - 2 k_{\mathrm{f}} f^2 - l_{\mathrm{f}} f + p \\
\dot{m} &= d_{\mathrm{r}} r - d_{\mathrm{m}} m - k_{\mathrm{r}} m f + k_{\mathrm{f}} f^2 \\
\dot{r} &= -d_{\mathrm{r}} r + k_{\mathrm{r}} m f
\end{aligned} \tag{5.37}$$

mit den Anfangswerten

$$\begin{aligned}
f(t=0) &= f_0 \\
m(t=0) &= m_0 \\
r(t=0) &= r_0
\end{aligned}$$

und den Parametern

$$\begin{aligned}
k_{\mathrm{f}} &= 0.1 \\
l_{\mathrm{f}} &= 1000 \\
d_{\mathrm{m}} &= 1 \\
k_{\mathrm{r}} &= 1 \\
d_{\mathrm{r}} &= 0.1 \\
p &= 0
\end{aligned}$$

sowie den Anfangskonzentrationen

$$f_0 = 9.975$$
$$m_0 = 1.674$$
$$r_0 = 84.99.$$

Bild 5-81 zeigt zunächst die zugehörige Simulationsstruktur, die "straight forward" realisiert ist, wobei der Übersichtlichkeit wegen die meisten Rückkopplungen der Zustandsgrößen über Signalquellen und –senken ausgeführt sind. Die Nichtlinearität des Modells kommt einerseits durch das Produkt der Zustandsgrößen *m* und *f* sowie den quadratischen Term in *f* zustande.

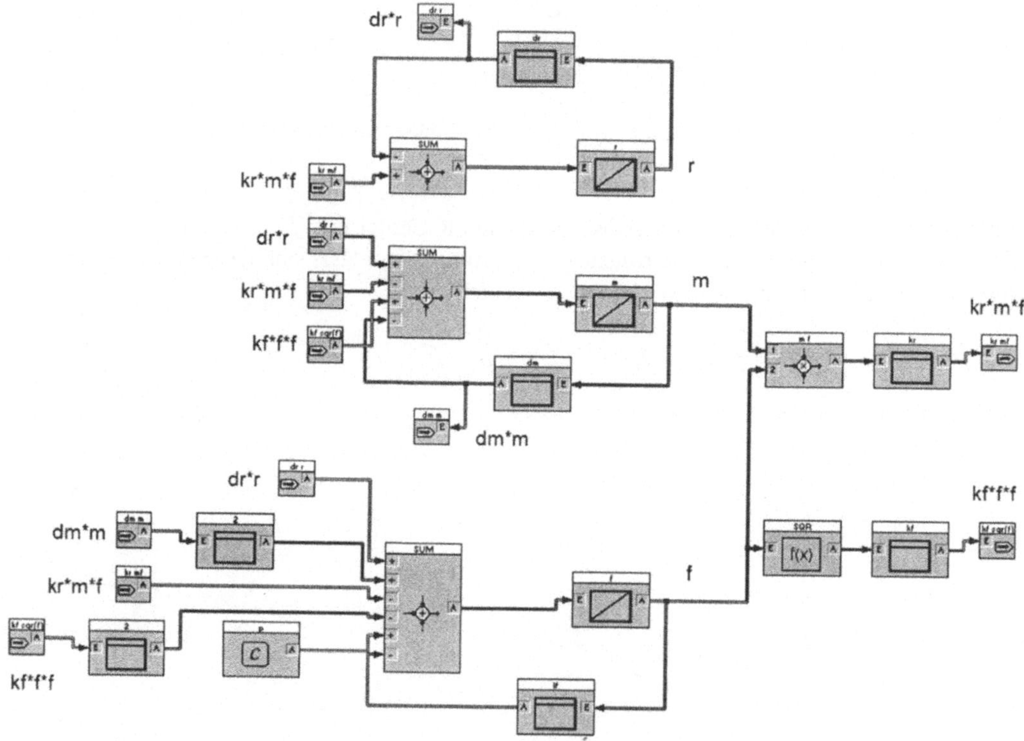

Bild 5-81 Simulationsstruktur für Lithium-Cluster-Dynamik

Bevor wir uns an eine Simulation wagen, wollen wir einen kurzen Blick auf die Zeitkonstanten des Systems werfen. Dazu müssen wir das System mit Hilfe der *Jakobi*-Matrix um den Anfangszeitpunkt $t = 0$ linearisieren*; wir erhalten Zeitkonstanten mit den Werten

* Es lässt sich zeigen, dass der Zeitpunkt $t = 0$ bezüglich der Steifheit des Systems den "worst case" darstellt.

$$T_1 = 111.31$$

$$T_2 = 0.09$$

$$T_3 = 9.94 \cdot 10^{-4}.$$

Dabei ist die Zeitkonstante T_3 maßgeblich für das Diffundieren der F-Center, während die anderen beiden Zeitkonstanten für die Dynamik der Zustandsgrößen m und r verantwortlich sind. Wir erkennen, dass der Quotient aus größter und kleinster Zeitkonstanten etwa bei 10^5 liegt – es handelt sich also tatsächlich um ein extrem steifes System.

Wollen wir eine Simulation dieses Systems mit dem expliziten *Euler*-Verfahren vornehmen, müssen wir uns an das Problem der Stabilität von Integrationsverfahren zurückerinnern, das wir im Kapitel 3 *Numerische Integrationsverfahren* angesprochen hatten. Wir hatten seinerzeit für die Stabilität des *Euler*-Verfahrens für die Simulationsschrittweiten die Bedingung

$$\left| \frac{h}{T} \right| < 2$$

hergeleitet. Angewendet auf unser Beispiel sollten wir also eine Schrittweite von

$$h < 1.988 \cdot 10^{-3}$$

wählen.

Versuchen wir unser Glück also mit einer Schrittweite von $5 \cdot 10^{-4}$ und einer Simulationsdauer von 10. Bild 5-82 zeigt die ermittelten Ergebnisse für die Zustandsgrößen r (oben), m (mitte) und f (unten). Wir erhalten ein stabiles Simulationsergebnis – die Schrittweitenwahl war also in Ordnung. Die Konzentration der F-Center nimmt wegen der sehr kleinen relevanten Zeitkonstanten T_3 extrem schnell ab; im Rahmen des gewählten Zeitmaßstabs ist sie praktisch "sofort" auf null gesunken; erst wenn wir den Zeitmaßstab auf den Bereich $0 \le t \le 0.01$ verkleinern, lässt sich die Abnahme der Konzentration genauer beobachten (Bild 5-83). Die Konzentrationen der M- und R-Center ändern sich wegen der erheblich größeren Zeitkonstanten T_1 und T_2 wesentlich langsamer.

Die zugehörige Simulationsdatei befindet sich unter dem Namen LITHIUMCLUSTER.BSY auf der Begleit-CD.

Erhöhen Sie die Simulationsschrittweite ausgehend von einem Wert von $5 \cdot 10^{-4}$ schrittweise. Bei welcher Schrittweite wird das Simulationsergebnis instabil? Wie ändert sich das Simulationsergebnis, wenn Sie mit einer Schrittweite arbeiten, die wesentlich kleiner als $5 \cdot 10^{-4}$ ist?

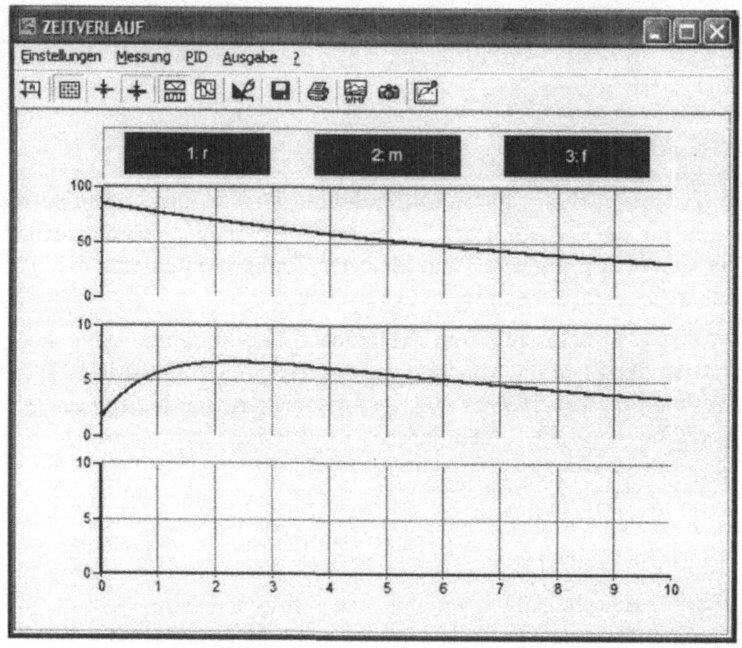

Bild 5-82 Simulationsergebnisse für Zustandsgrößen *r* (oben), *m* (mitte) und *f* (unten)

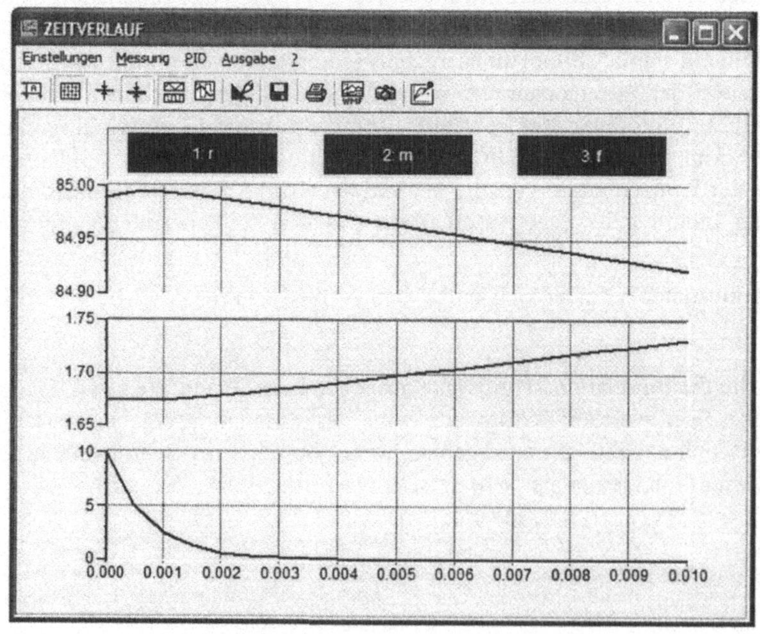

Bild 5-83 Simulationsergebnisse bei geändertem Zeitmaßstab

Literatur

[1] MacFarlane, A. G. J.: *Analyse technischer Systeme*, BI Hochschultaschenbücher, 1967

[2] Kramer, U.; Neculau, M.: *Simulationstechnik*, Hanser Verlag, 1998

[3] Gipser, M.: *Systemdynamik und Simulation*, Teubner Verlag, 1999

[4] Kahlert, J.: Skriptum zur Vorlesung *Simulationstechnik*, Universität Dortmund, 1993

[5] Breitenecker, F. et al: *Simulieren mit ACSL*, Vieweg Verlag, 1993

[6] Bossel, H.: *Modellbildung und Simulation*, Vieweg Verlag, 1992

[7] Makarov, A.: *Regelungstechnik und Simulation*, Vieweg Verlag, 1994

[8] Tavangarian, D. (Hrsg.): *Fortschritte in der Simulationstechnik*, Tagungsband zum 7. Symposium Simulationstechnik in Hagen 1991, Vieweg Verlag, 1991

[9] Kuhn, A.; Wenzel, S. (Hrsg.): *Fortschritte in der Simulationstechnik*, Tagungsband zum 11. Symposium Simulationstechnik in Dortmund 1997, Vieweg Verlag, 1997

[10] Biethahn, J. (Hrsg.): *Simulation als betriebliche Entscheidungshilfe: Neuere Werkzeuge und Anwendungen aus der Praxis*, Proceedings zum 5. Symposium Braunlage 1995

[11] Bernstein, H.: *PC-Simulation der Regelungstechnik und Fuzzy-Logik*, VDE Verlag, 1998

[12] Kahlert, J.: *Fuzzy Control für Ingenieure*, Vieweg Verlag, 1995

[13] Unbehauen, H.: *Regelungstechnik I*, Vieweg Verlag, 1992

[14] Föllinger, O.: *Regelungstechnik*, Elitera Verlag Berlin, 1972

[15] Golubev, B.; Horowitz, I.: *Plant rational transfer approximation from input-output data*. International Journal on Control 4/1982

[16] *WinFACT – Windows Fuzzy And Control Tools* (Version 6), Programmdokumentation, Ingenieurbüro Dr. Kahlert, Hamm, 2002

[17] Tietze, U.; Schenk, Ch.: *Halbleiter-Schaltungstechnik*, 5. Auflage, Springer Verlag Berlin Heidelberg, New York, 1980

[18] Jordan-Engeln, G.; Reutter, F.: *Numerische Mathematik für Ingenieure*, BI Hochschultaschenbücher, 1978

[19] Schlüter, G.: *Regelung technischer Systeme - interaktiv*, Fachbuchverlag Leipzig, 2001

[20] Schlüter, G.: *Digitale Regelungstechnik interaktiv*, Fachbuchverlag Leipzig, 2000

[21] Karavas, A.; Mohn, A.; Kamp, D.: *Simulation mit ACSL*, VDE Verlag, 1996

[22] Bausch-Gall, I.; Breitenecker, F.: *Die Welt im Baukasten*, DOS, Mai 1997

[23] Krause, P.; Schumann, R.; Stein, G.: Test und Bewertung von regelungstechnischen CAE-Programmen: Programmpaket WinFACT, Automatisierungstechnische Praxis 10/2002

[24] Krause, P.; Schumann, R.; Stein, G.: Test und Bewertung von regelungstechnischen CAE-Programmen: Programmpaket MatLab/SimuLink, Automatisierungstechnische Praxis 9/2003

[25] URL: <http://www.labview.de>

[26] URL: <http://www.vissim.com>

[27] Gall, H. A.: *Zur Simulation von Haftreibung und mechanischen Anschlägen.* In: ASIM-Nachrichten 1/2001

[28] Kahlert, J.; Frank, H.: *Fuzzy-Logik und Fuzzy-Control*, Vieweg Verlag, 1993

[29] Husinsky, W.: *Lithium-Cluster Dynamics under Electron Bombardment*, EUROSIM Simulation News Europe No. 1, März 1991

[30] Küpfmüller, K.: *Über die Dynamik der selbsttätigen Verstärkungsregler*, Elektrische Nachrichtentechnik 5/1928

[31] Strejc, V.: *Approximation aperiodischer Übertragungscharakteristiken*, Regelungstechnik 7/1959

[32] Fischer, R.: *Elektrische Maschinen*, 9. Auflage, Hanser Verlag, 1995

[33] Iwanitz, F.; Lange, J.: *OLE for Process Control*, Hüthig Verlag, 2000

[34] *Flexible Animation Builder* (Version 5), Programmdokumentation, Ingenieurbüro Dr. Kahlert, Hamm, 2003

[35] Voß, H.-W.; Schulz, G.: *Untersuchung der Leistungsfähigkeit eines gurtbandgebundenen Abfördersystems*. In: Glückauf 139 (2003) Nr. 10

[36] Stenmans, K.-H.; Schulz, G.: *Untersuchung der Wirkung zusätzlicher Bunkerkapazität im Sinn einer optimalen Ausnutzung des Schachtfördervermögens*. In: Glückauf 140 (2004) Nr. 1/2

[37] Tracht, R.: Skriptum zur Vorlesung *Regelungstechnik*, Universität Essen, 2002

[38] URL: <http://www.acslsim.com>

[39] URL: <http://www.argesim.org>

[40] URL: <http://www.eurosim.org>

[41] URL: <http://www.asim-gi.org>

[42] URL: <http://www.winfact.de>

Sachwortverzeichnis

A

Abfördersystem 278
Ablaufdiagramm 34
Abtastregler 258
ACSL 169
ACSL-Laufzeitsystem 181
ACSL-Programm
  Grundstruktur 170
Adams-Bashforth-Moulton-Verfahren 138
Adams-Bashforth-Verfahren 134
Adams-Moulton-Verfahren 138
algebraische Schleife 36
Analogie 1. Art 24
Analogie 2. Art 24
Anfangswert 16, 98
Anfangswertproblem 98
Anti-Windup-Maßnahme 228
aperiodischer Grenzfall 65
aperiodisches Verhalten 65
Arbeitspunkt 49
Ausgangsgröße 12
Ausgangsgrößenbegrenzung 57
Ausgangsvektor 43
Ausgleichszeit 76

B

Ball, springender 251
Beschleunigungsvorgang
  beim PKW 265
Bewegungsgleichung 1
Bilanzgröße 22
Black box 20
Blockschaltbild 186

C

Computermodell 19
Computersimulation 18
CSSL-Standard 169

D

Dämpfung 64, 87
Dekomposition 10
DERIVATIVE-Bereich 169
D-Glied 60
Differentialgleichung
  homogene 39
  lineare 38
Differentialgleichungssystem
  lineares 42
  nichtlineares 48, 98
Differentiations-Zeitkonstante 60
Differenzengleichung 164
Differenzenquotient 3
Differenzierbeiwert 60
Differenzierglied 60
Dirac-Impuls 60, 95
Diskretisierungsfehler 8, 141, 151
Doppelimpuls 96
Doppelpendel
  inverses 272
Drei-Körper-Problem 125, 139, 243
DT1-Glied 68
Durchgriff 43
Durchgröße 22
DYNAMIC-Bereich 169

E

Echtzeitsimulation 160, 188
effort-Zustandsgröße 22
Eigenwert 149
Ein-/Ausgangsverhalten 38
Eingangsgröße 12
Eingangsvektor 43
Einheitssprung 94
Einschrittverfahren 99
Energie
  kinetische 22
  potentielle 22
Euler-Rückwärts-Verfahren 110
Euler-Verfahren
  explizites 100
  implizites 110
  modifiziertes 112
Euler-Vorwärts-Verfahren 100

F

Feder-Masse-Schwinger 39, 113, 225
  mit Anschlag 283
  mit variabler Masse 254
Fehler
  globaler 151
  lokaler 151
flow-Zustandsgröße 22
Flussdiagramm 34
Fortpflanzungsfehler 151

G

Gear-Verfahren 140
Gleichstrommaschine 62
Gleichung
  implizite 35
grenzstabil 17

H

Halbschrittverfahren 112
Hebel 55
Heun, Verfahren von 117
Hooksche Feder 39

I

I2T-Glied 96
Identifikation 74
I-Glied 58
Impulsantwort 96
Impulsfläche 95
INITIAL-Bereich 169
instabil 17
Integrationsverfahren
  in ACSL 173
Integrations-Zeitkonstante 58
Integrierbeiwert 58
Integrierer 58
  begrenzter 228
Intensitätsgröße 22
IT1-Glied 167
IT2-Glied 73
Iteration 8

J

Jacobi-Matrix 51, 53, 181

K

Kausalität 33
Kennfeld 34
Kennkreisfrequenz 64
Knotenregel 29
Kommunikationsintervall 171
Küpfmüller-Verfahren 74

L

Laplace-Transformation 40
Leap-Frog-Verfahren 132
Linearisierung um Arbeitspunkt 49
Linearität 31

M

Maschenregel 29
Mehrschrittverfahren 132
Messbrücke 72
Mittelpunktsregel 132
Modellbildung 9
Motorkennlinie 266

N

Naslin, Verfahren von 84
Newton-Verfahren 36
Nichtlinearität 31

O

Ofen 72, 234
Operationsverstärker 56, 60
Ordnung
  des Integrationsverfahrens 151

P

Parameter
  konzentrierte 32
  verteilte 32
Parameteridentifikation 74
Paynttersches Viereck 23
Pendel 1, 51, 102, 221, 233
  mit Anschlag 247
Petri-Netz 34
P-Glied 54
Polygonzugverfahren 100
Prädiktor-Korrektor-Verfahren 117
PROCEDURAL-Block 173
Proportionalbeiwert 54
Proportionalglied 54
PT1-Glied 61
PT2-Glied 64
PT2-Glied, schwingfähig 86
PTn-Glied 80

Q

Quergröße 22

R

Rampenfunktion 94
RC-Glied 16, 101, 142, 223
Regeldifferenz 67
Regelkreis 66, 163, 258
Regelungsnormalform 45
Reibungsmoment 51
Reihenschwingkreis 65
Reproduzierbarkeit 19
Rückstellkraft 2
Ruhelage 1, 52
Rundgungsfehler 141
Runge-Kutta-Fehlberg-Verfahren 156
Runge-Kutta-Verfahren 124
  verallgemeinerte 130

S

Schrittweite 6, 99
  optimale 141
Schrittweitenadaption 154
Schwingfall 64
Schwingkreis, elektrischer 27, 38
Schwingungsdauer 86
Simpson-Verfahren 121
Simulationskreislauf 19
Spannungsteiler 12

Speicherglied 22
Sprungantwort 55
Sprungfunktion 93
stabil 17
  absolut 146
Stabilität 33
  von Integrationsverfahren 142
Stabilitätsbereich
  eines Integrationsverfahrens 145
Steifheitsmaß 148
Strejc-Verfahren 77
Strukturbild 186
strukturinstabil 133
Summationspunkt 34
Superpositionsprinzip 31
System 9
  instabiles 33
  kausales 33
  nichtlineares 31
  stabiles 33
  steifes 141, 148, 286
  zeitinvariantes 32
  zeitvariantes 32
Systemanalyse 15
Systemanalyse 31
Systemeigenschaften 31
Systemmatrix 43
Systemmodell
  mathematisches 18
Systemparameter 11, 12
Systemstruktur 10

T

Tangentenverfahren 100
Tank 59, 164, 227
Taylor-Reihe 50
TERMINAL-Bereich 169
Testsignal 15, 31
Testsignale 93
Totzeit 70
Totzeitglied 70, 278
Trapezverfahren 117

U

Überlagerungsgesetz 31
Überschwingweite 86
Übertragungsfunktion 40

V

Validierung 19
Verbraucher 23
Verladekran 104, 122, 236
Verstärkung 54
Verstärkungsfaktor 54
Verstärkungsprinzip 31
Verzögerungsglied 1. Ordnung 61
Verzögerungsglied 2. Ordnung 64
Verzugszeit 76
Vorhalteglied 68

W

Wendepunkt 75
Wendetangente 75
Wirkungsplan 186

Z

zeitinvariant 32
Zeitkonstante 17, 62
Zustandsraumdarstellung 43
Zustandsregelkreis 239
Zwei-Massen-Schwinger 28
Zweischrittverfahren 132

Begleit-Software zum Buch

Übersicht

Die Begleit-CD zum Buch enthält folgende Beispieldateien und Programme (siehe auch nachfolgenden Screenshot):

Ordner bzw. Datei	Inhalt
ReadMe.txt	Textdatei mit letzten Informationen zur Begleit-CD. Sie sollten diese Datei zunächst lesen, bevor Sie Software von der CD installieren.
Kapitel1	Enthält alle in Kapitel 1 *Einführung: Simulation eines Fadenpendels* vorgestellten Programme sowohl in ablauffähiger Form (EXE-Datei) als auch in Quelltextform als DELPHI-Projekt
Kapitel2	Enthält alle in Kapitel 2 *Modellbildung* vorgestellten Programme sowohl in ablauffähiger Form (EXE-Datei) als auch in Quelltextform als DELPHI-Projekt
Kapitel3	Enthält alle in Kapitel 3 *Numerische Integrationsverfahren* vorgestellten Programme sowohl in ablauffähiger Form (EXE-Datei) als auch in Quelltextform als DELPHI-Projekt
Kapitel4	Enthält alle in Kapitel 4 *Simulationswerkzeuge* vorgestellten Programme sowohl in ablauffähiger Form (EXE-Datei) als auch in Quelltextform als DELPHI-Projekt
Kapitel5	Enthält alle in Kapitel 5 *Das blockorientierte Simulationssystem BORIS* vorgestellten Simulationsbeispiele als BORIS-Dateien
WF6Light	Enthält eine Light-Version des Programmpaketes *WinFACT*. Einzelheiten dazu finden Sie im nachfolgenden Abschnitt *Leistungsumfang und Installation der WinFACT-Light-Version*
FABLight	Enthält eine Light-Version des *Flexible Animation Builders*. Einzelheiten dazu finden Sie im nachfolgenden Abschnitt *Leistungsumfang und Installation der FAB-Light-Version*
Demo	Enthält Demo-Versionen einer Reihe von Zusatztools zu WinFACT. Nähere Hinweise dazu finden Sie im nachfolgenden Abschnitt *Weitere Komponenten auf der CD*

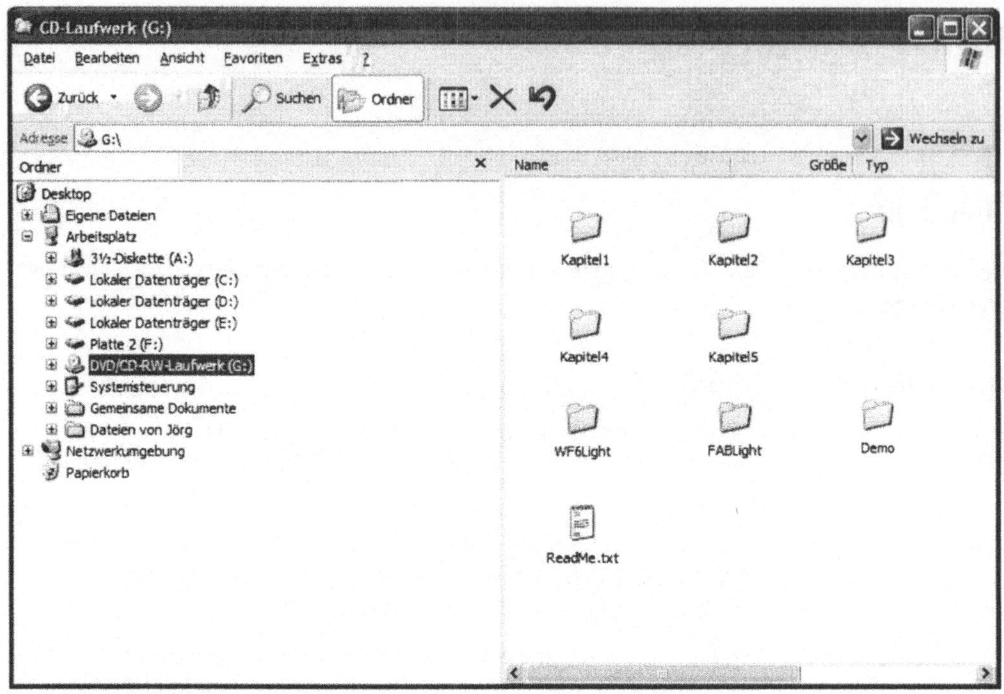

Inhalt der Begleit-CD zum Buch

Leistungsumfang und Installation der WinFACT-Light-Version

Zur Installation der WinFACT 6-Light-Version von der Begleit-CD gehen Sie wie folgt vor:

(1) Starten Sie das Programm SETUP.EXE aus dem Verzeichnis *\WF6Light* der CD. Das Installationsprogramm meldet sich daraufhin mit einem Begrüßungsbildschirm (siehe nachfolgenden Screenshot).

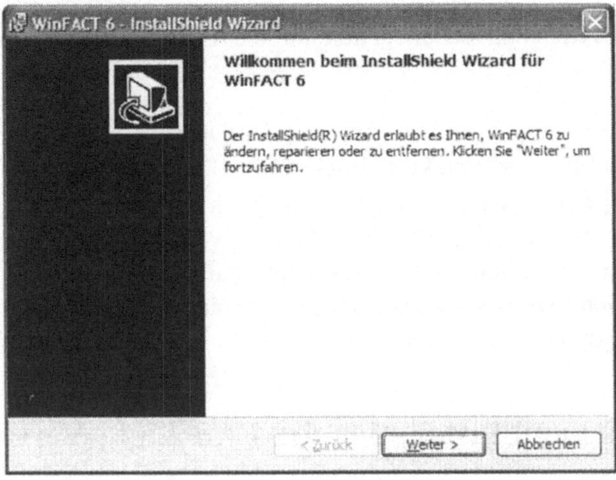

Begrüßungsbildschirm des WinFACT 6-Installationsprogramms

(2) Folgen Sie den Anweisungen des Installationsprogramms. Es wird empfohlen, WinFACT in das vom Installationsprogramm vorgeschlagene Verzeichnis zu installieren. Nach der Installation stehen Ihnen sämtliche WinFACT-Programmmodule (und damit insbesondere das blockorientierte Simulationssystem BORIS) in der WinFACT 6-Programmgruppe zur Verfügung (siehe nachfolgende Bildschirmgrafik). Im Untermenü *PDF-Dokumentationen* finden Sie zudem die Komplettdokumentationen zu sämtlichen Komponenten des Programmsystems.

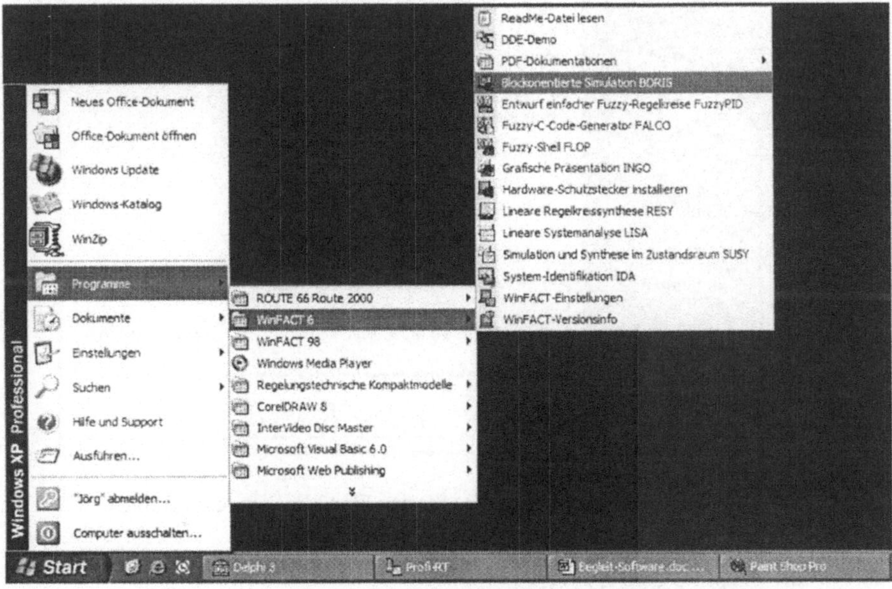

Inhalt der WinFACT 6-Programmgruppe

Gegenüber der WinFACT-Vollversion gelten für die Light-Version insbesondere folgende Einschränkungen:

- Alle Programmmodule mit Ausnahme des Moduls BORIS arbeiten im Demo-Mode, d. h. erlauben kein Speichern und kein Drucken
- Im Programmmodul BORIS lassen sich Systeme nur bis zu einer maximalen Systemstrukturgröße von 70 Blöcken simulieren und nur bis zu einer Maximalgröße von 25 Blöcken speichern. Außerdem sind die numerische Parameteroptimierung auf Basis von Evolutionsstrategien sowie die Möglichkeit zum Einbinden benutzerdefinierter Blöcke (User-DLLs) deaktiviert.

Leistungsumfang und Installation der FAB-Light-Version

Zur Installation der Light-Version des *Flexible Animation Builders* gehen Sie wie folgt vor:

(1) Starten Sie das Programm SETUP.EXE aus dem Verzeichnis *\FABLight* der CD. Das Installationsprogramm meldet sich daraufhin mit einem Begrüßungsbildschirm.

(2) Folgen Sie den Anweisungen des Installationsprogrammes bis Sie zur Angabe des Zielverzeichnisses für den Animation Builder aufgefordert werden (siehe nachfolgende Bildschirmgrafik). Geben Sie hier das Programmverzeichnis an, in das Sie zuvor WinFACT 6 installiert haben und fahren Sie dann mit der Installation fort.

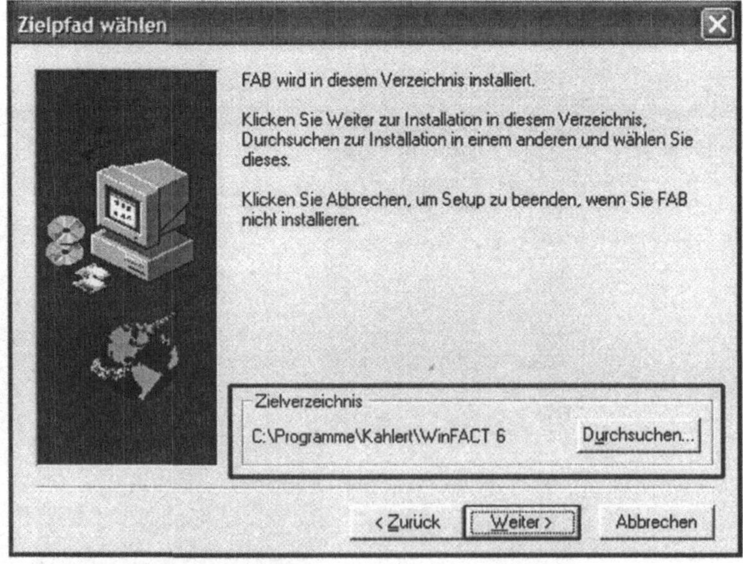

Eingabe des Zielverzeichnisses für den Flexible Animation Builder

(3) Starten Sie nach erfolgter Installation das blockorientierte Simulationsprogramm BORIS und wechseln Sie innerhalb der Systemblock-Toolbar auf die *User*-Palette. Dort muss nun

ein entsprechendes Icon für das FAB-Modul erscheinen (siehe nachfolgenden Bildschirmausschnitt).

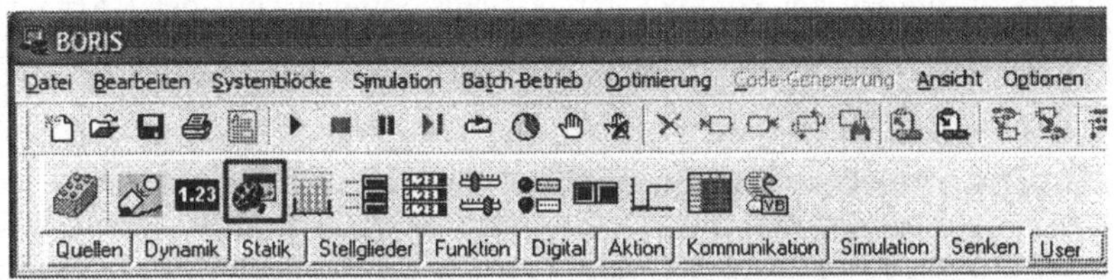

Das FAB-Icon in der Systemblock-Toolbar

(4) Sollte dies *nicht* der Fall sein (z. B. weil der Animation Builder nicht in das Standard-Verzeichnis installiert wurde), müssen Sie das Installationsverzeichnis in BORIS noch manuell als Suchverzeichnis spezifizieren. Wählen Sie dazu aus dem BORIS-Hauptmenü die Menüoption OPTIONEN | ANPASSEN.. und wechseln Sie im daraufhin erscheinenden Dialog auf die Seite *Suchverzeichnisse*. Selektieren Sie hier nun im Verzeichnisbaum Ihr FAB-Installationsverzeichnis (standardmäßig *c:\programme\kahlert\winfact6\userdlls*) und ziehen Sie es in die darüber befindliche Suchverzeichnis-Liste (siehe nachfolgende Bildschirmgrafik). Schließen Sie BORIS anschließend und starten Sie es erneut. Das FAB-Icon sollte nun ordnungsgemäß in der Systemblock-Toolbar erscheinen.

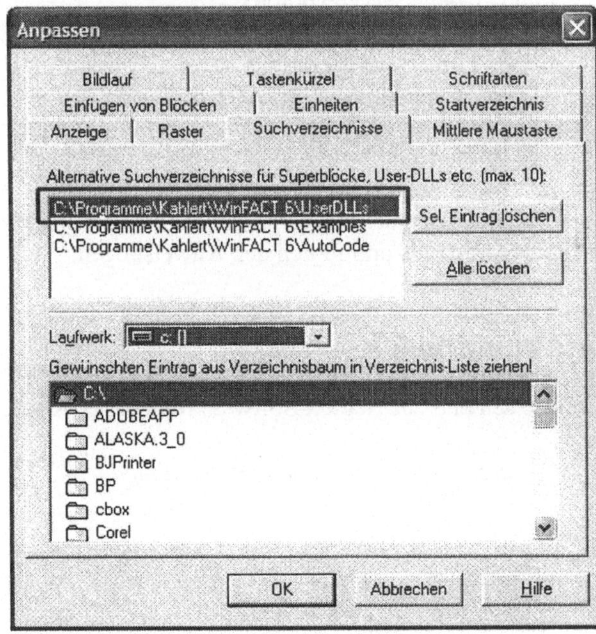

Spezifizierung von Suchverzeichnissen in BORIS

Die komplette Programmdokumentation zum Flexible Animation Builder befindet sich nach erfolgter Installation im Unterverzeichnis *FAB-Docs*. Gegenüber der Vollversion lassen sich mit der Light-Version nur Visualisierungen mit einer maximalen Elementanzahl von 35 innerhalb von BORIS abspielen; bei komplexeren Visualisierungen läuft der FAB nur im Demo-Mode.

Weitere Komponenten auf der CD

Im Verzeichnis *Demo* der CD befindet sich – verteilt auf mehrere Unterverzeichnisse – eine Reihe von WinFACT-Zusatzkomponenten, die das blockorientierte Simulationssystem BORIS um spezielle Funktionen erweitern, als Demo-Version. Nachfolgende Tabelle gibt einen kurzen Überblick über die verschiedenen Add-Ons; detaillierte Hinweise zu den jeweiligen Leistungsmerkmalen finden Sie im Internet unter *http://www.winfact.de*. Außerdem enthalten alle Komponenten eine integrierte Online-Hilfe bzw. Dokumentation im PDF-Format.

Unterverzeichnis	**Inhalt**
\PIDDesignCenter	PID Design Center zur Streckenanalyse und zum Entwurf von PID-Reglern anhand von Einstellregeln
\VBScript	VBSkript-Modul zur Programmierung benutzerdefinierter Systemblöcke in VBSkript
\OPC	OPC Client/Server Toolbox
\CompactModels	Regelungstechnische Kompaktmodelle
\WF6	Demo-Version von WinFACT 6
\FAB	Demo-Version des Flexible Animation Builders

Zur Installation der Anwendungen starten Sie einfach das Installationsprogramm SETUP.EXE aus dem jeweiligen Unterverzeichnis und folgen den Anweisungen.

Die Internetseite zum Buch

Aktuelle Hinweise zum Buch und zur Begleit-Software finden Sie jederzeit im Internet unter

http://www.kahlert.com/web/simbuch.php .

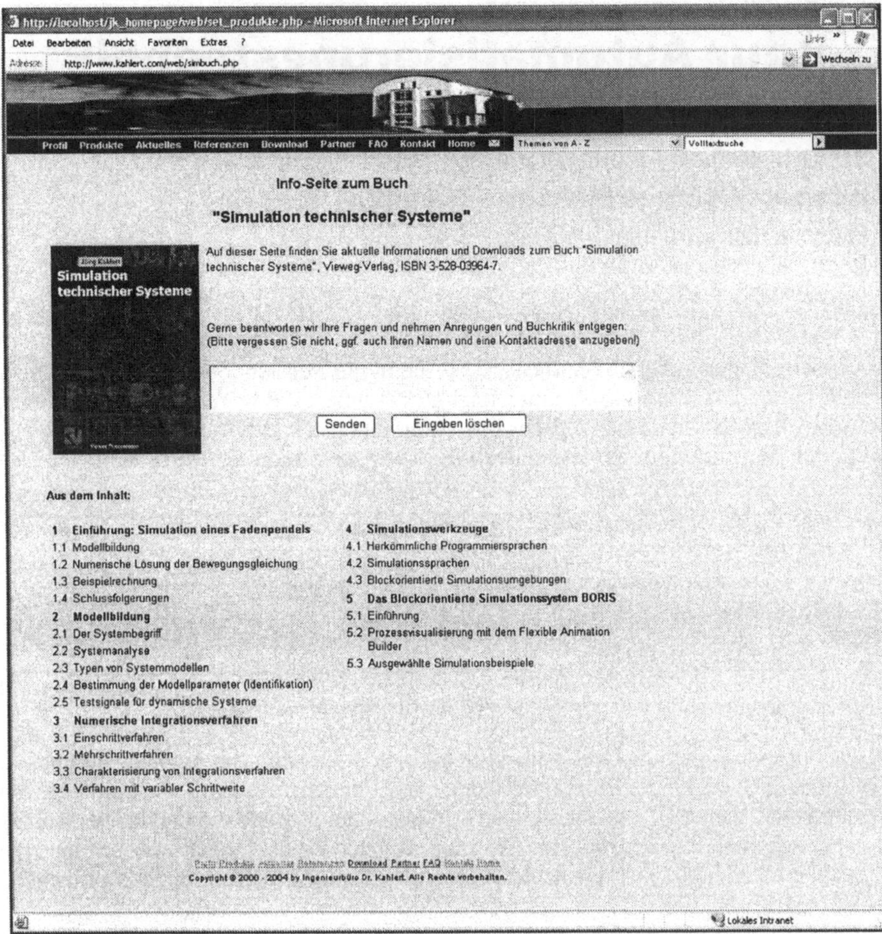

Die Internetseite zum Buch (hier noch in einer frühen Version...)

Diese Internetseite können Sie nutzen,

- um sich über eventuelle Fehlerkorrekturen zu informieren, die erst nach Erscheinen des Buches durchgeführt wurden,
- um Ihrem Verlangen nach einer Buchkritik nachzukommen, den Autor auf Fehler hinzuweisen oder aus anderen Gründen Kontakt mit dem Autor aufzunehmen,
- um aktualisierte Versionen der Begleit-Software zum Buch zu downloaden,
- um sich über Leistungsmerkmale, Lizenzformen und Bezugsbedingungen der WinFACT-Vollversionen und der entsprechenden Add-Ons zu informieren,
- ...